卓越工程师教育培养计划食品科学与工程类系列教材

功能食品学

邓泽元　主编

科学出版社

北　京

内 容 简 介

本书为“卓越工程师教育培养计划食品科学与工程类系列教材”之一，全书共5篇、15章，主要介绍了功能食品的理论基础，重要活性成分的结构、性质与功效，功能食品的原料，相关加工技术，功能食品的开发及其案例，功能食品的申报与管理。

本书适合作为食品科学与工程、营养与食品卫生学、烹饪与营养、医学保健等专业与方向教师和学生的教材，也可作为从事功能食品、医学保健、食品行业、食品监管、疾病控制有关人员的参考书。

图书在版编目（CIP）数据

功能食品学/邓泽元主编. —北京：科学出版社，2017.8

卓越工程师教育培养计划食品科学与工程类系列教材

ISBN 978-7-03-052855-1

Ⅰ. ①功… Ⅱ. ①邓… Ⅲ. ①疗效食品-高等学校-教材 Ⅳ. ①TS218

中国版本图书馆CIP数据核字（2017）第110700号

责任编辑：席 慧 刘 晶/责任校对：高明虎

责任印制：赵 博/封面设计：铭轩堂

科学出版社出版

北京东黄城根北街16号

邮政编码：100717

http://www.sciencep.com

中煤（北京）印务有限公司印刷

科学出版社发行 各地新华书店经销

*

2017年8月第 一 版 开本：787×1092 1/16

2025年12月第九次印刷 印张：20 1/4

字数：480 000

定价：69.00元

（如有印装质量问题，我社负责调换）

《功能食品学》编委会名单

主　编　邓泽元（南昌大学）

副主编　阮　征（南昌大学）

王舒然（吉林中医药学院）

杨兴斌（陕西师范大学）

编　委　张久亮（华中农业大学）

李　静（南昌大学）

余　宙（南昌大学）

王文君（江西农业大学）

任顺成（河南工业大学）

薛照辉（天津大学）

李红艳（南昌大学）

曾绍校（福建农林大学）

黄桂东（江南大学）

范青生（南昌大学）

前　言

功能食品学是最近 30 年快速发展的学科，是研究具有调节人体生理机能的功效成分与人体健康关系的一门科学， 它具有理论性和应用性强的特点，以化学、生物学、营养学、生理学、毒理学、食品科学、预防医学、中医理论和管理学等为基础学科。针对食品科学与工程专业的知识结构和特点，将本书分为五篇：第一篇介绍功能食品的理论基础，包括营养学与医学理论基础和中药学基本知识；第二篇介绍各类功能活性成分，包括功能性营养素、功能性糖类、功能性植物化学物和功能性微生物及其代谢物产物；第三篇介绍功能食品的原料，包括中药类功能食品原料、新食品原料和功效成分明确的功能原料；第四篇介绍功能食品的开发及功能评价，包括不同形态功能食品的加工技术、营养补充剂的加工技术和常见保健食品开发及其功能评价；第五篇介绍功能食品的申报与管理，包括食品安全性毒理学评价程序、保健食品的申报与管理。本书融合了营养学、食品科学与工程、生物学、医学等相关知识，既介绍了功能食品学的基础理论知识，又重点介绍了相关加工和生产技术；既概括了功能食品学最新研究进展，又探讨了功能食品学研究的热点问题；既介绍了相关医学背景的知识，又结合了具体功能食品（案例）的工艺工程问题，是一本理论和实践紧密联系的教材。

本书由南昌大学、陕西师范大学、华中农业大学、天津大学、江南大学、吉林中医药学院、江西农业大学、河南工业大学、福建农林大学等院校食品专业与医学专业背景教师参加编写，均为一线教学教师或专门从事功能食品研究的研究人员。在本书中他们很好地将功能成分、功能食品加工和代谢性疾病的预防与控制等知识交叉渗透在一起，相信这是一本很有价值的高校教材，适合为食品科学与工程专业、营养与食品卫生学专业、烹饪与营养专业、预防医学专业、中药保健专业的教材，也可作为从事功能食品、医学保健、食品行业、食品监管、疾病控制和保健养生有关人员的参考用书。

感谢南昌大学阮征教授编写绪论第一节、第 4 章第一节、第 12 章第五节，并协助统稿；感谢陕西师范大学杨兴斌教授编写绪论第二节、第 10 章、第 12 章第四节；感谢天津大学薛照辉副教授编写绪论第三节，第 3 章第一节，第 5 章第一节、第二节及第四节至第六节；感谢吉林中医药学院王舒然教授编写第 1 章第二节；感谢南昌大学余宙副教授编写第 2 章、第 7 章、第 8 章、第 9 章及附录 1~3；感谢河南工业大学任顺成教授编写第 3 章第二节、第三节和第四节；感谢福建农林大学曾绍校副教授编写第 13 章；感谢江西农业大学王文君教授编写第 4 章第二节、第 12 章第三节；感谢江南大学黄桂东副教授编写第 6 章；感谢南昌大学李静副教授编写第 11 章、第 12 章第六节；感谢华中农业大学张久亮副教授编写第 5 章第三节和第七节、第 12 章第一节和第七节；感谢南昌大学李红艳副教授编写第 12 章第二节及附录 4；感谢南昌大学范青生教授编写第 12 章第八节。邓泽元教授主要负责编写第 14 章、第 1 章第一节，参编绪论、第二篇和第四篇的部分内容，并对各章节进行了调整、修改和统稿。

由于编者水平有限，书中难免有不当之处，请读者批评指正，以便再版时改正，不断提高本书质量。

主　编

2017 年 4 月于南昌大学

目录

第一篇 功能食品的理论基础

第二篇　各类功能活性成分

第三篇 功能食品的原料

第四篇 功能食品的开发及功能评价

第五篇 功能食品的申报与管理

《功能食品学》教学课件索取单

凡使用本书作为教材的主讲教师，可获赠教学课件一份。欢迎通过以下两种方式之一与我们联系。本活动解释权在科学出版社。

科学 EDU

1. 关注微信公众号“科学 EDU”索取教学课件

关注→“教学服务”→“课件申请”

2. 填写教学课件索取单拍照发送至联系人邮箱

姓名：	职称：	职务：
学校：	院系：	
电话：	QQ：	
电子邮箱（重要）：		
通讯地址及邮编：		
所授课程 1：	学生数：	
课程对象：□ 研究生 □ 本科（____年级）□ 其他______	授课专业：	
所授课程 2：	学生数：	
课程对象：□ 研究生 □ 本科（____年级）□ 其他______	授课专业：	
使用教材名称 / 作者 / 出版社：		
贵校（学院）开设的食品专业课程还有哪些？ 使用教材名称 / 作者 / 出版社： 扫码获取食品专业教材最新目录		

联系人：席　慧　　咨询电话：010-64000815　　回执邮箱：xihui@mail.sciencep.com

绪　论

第一节　功能食品学的内容和分类

食品（或食物）是指能被食用并经过消化吸收后为机体提供能量或者提供营养支持的物质。它通常含有人体必需的营养物质，如碳水化合物、脂肪、蛋白质、维生素或矿物质，该物质被机体摄取，被生物体消化吸收（同化）来产生能量，维持生命，或刺激生长。2015 年，我国《食品安全法》对食品的定义为“各种供人食用或者饮用的成品和原料以及按照传统既是食品又是中药材的物品，但是不包括以治疗为目的的物品”。通常认为食品具有两项作用：一是营养功能，用来提供人体所需的各种营养素和能量；二是感官功能，具有不同的口感、外观或质地，以满足人们不同的感官喜好和要求。

随着社会经济的发展和人民生活方式的改变，国内外人民的膳食结构发生了巨大变化，导致肥胖、糖尿病、高血脂和高血压等多种代谢相关性症状聚集（或疾病）的发生率越来越高。据中国国家体育总局发布的 2010 年国民体质监测公报显示：2010 年成年人和老年人的肥胖率分别为 9.9%和 13.0% ，其超重率分别为 32.1%和 39.8%，比 2005 年分别增长 3.0%和 4.2%。人类健康状况日益恶化并且严重影响人们的生活质量。

随着食品工业的发展，食品在数量和质量方面均有显著的增加和提高，基于现代化学与生物学的营养学研究和观点也日臻完善。但是，现实中“食品”与人们健康状况或需求之间产生了越来越大的距离和鸿沟。因此，诞生了以促进机体健康为首要任务的食品前沿学科——功能食品学。

功能食品学是食品科学和生物学及预防医学等相关内容相互融合而成的一门科学，涉及食品化学、生物化学、营养学、生理学、食品工程和管理学等内容。本课程主要讲授功能食品的国内外发展历史与发展状况，功能食品的主要健康（或生理）功能，功能食品的功效成分，以及功能食品的设计、研发与生产，并介绍食品功能性的检测评价方法、有关功能食品的法规法律（图 0-1）。

一、功能食品的定义

目前，功能食品名称在我国学术研究领域内获得一致认同；在食品行业和国家法律法规管理领域，以保健食品名称出现。2005 年，《保健食品注册管理办法（试行）》定义保健食品为“具有特定保健功能或者以补充维生素、矿物质为目的的食品”。前者强调其成分对人体能有效调节特定生理功能和机体防御功能、预防疾病和促进健康的工业化食品（狭义的功能食品）；后者强调是强化特殊营养素（维生素和矿物质）为目的的强化食品。因此，保健食品可以认为是广义的功能食品。“保健食品”定义为适宜于特定人群食用，具有调节机体功能，

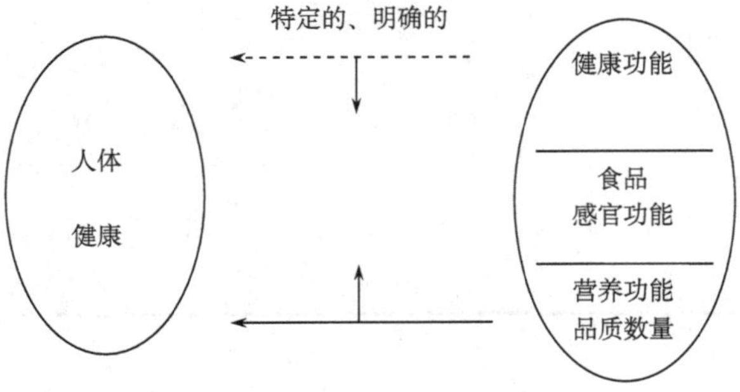

图 0-1 食品的作用及其与健康的相互联系

图 0-2 保健食品的标志（颜色：蓝色）

不以治疗疾病为目的，并且对人体不产生任何急性、亚急性或者慢性危害的食品。

蓝帽产品是由国家食品药品监督管理局批准的保健食品标志，是我国保健食品专用标志，为天蓝色，呈帽形，业界俗称“蓝帽子”，也叫“小蓝帽”（图 0-2）。

在日本，与“功能食品”这一概念所涵盖的范畴接近的是“特定保健用食品”，其定义为“凡附有特殊标志说明属于特殊用途的食品，在饮食生活中为达到某种特定保健目的而摄取本品的人，可望达到该保健目的食品；具有调节机体功能作用或降低因生活习惯引起的健康风险，有效性及安全性等相关科学依据经审查并经日本消费者厅（部）许可的具有保健用途的食品”。与此并列的一类产品是营养功能食品，它是指以补充特定的营养成分为目的，标示所含营养素的功能食品。营养素的种类及每日服用量必须符合规定（下限为日本推荐膳食供给量的 1/3，上限为非处方药的最高用量）。按照日本的有关法规，目前仅将 5 种矿物质和 12 种维生素列入营养功能食品范围（图 0-3）。

图 0-3 日本特定保健用食品标志

A.2009 年前的标志；B. 2009 年后的标志

在美国，目前对功能食品的界定没有统一，出现多种类型的认识和名词，因此没有官方定义。其中，对“膳食补充剂”的界定如下：一种旨在补充膳食的产品（而非烟草），它可能含有一种或多种如下膳食成分，如一种维生素、一种矿物质、一种草本（草药）或其他植物、一种氨基酸、一种用以增加每日总摄入量来补充膳食的食物成分，或以上成分的一种浓缩品、代谢物、组成物、提取物或混合物等。这些产品可以是多种形态，如胶囊、软凝胶、粉状物、浓缩物或提取物，但必须标明是膳食补充品而不是常用食品或餐饮中的一种；也包括得到批准、发证、许可前已作为膳食补充剂或食品上市的、已批准的新药、维生素或生物制剂。需要注意的是，膳食补充剂不是食品添加剂。

二、功效性成分的分类

目前，保健食品的功效成分主要包括以下7类。

（1）蛋白质、肽与氨基酸类：如谷氨酰胺、精氨酸、谷胱甘肽、免疫球蛋白。谷氨酰胺能减轻肠道屏障功能损伤、预防肠道细菌易位；免疫球蛋白能与相应抗原发生特异性结合，与补体结合后可杀死细菌和病毒，因此可增强机体的防御能力。

（2）功能性油脂类：包括多不饱和脂肪酸、磷脂、胆碱。不饱和脂肪酸在血脂调控、免疫调节、改善记忆等方面起重要作用。例如，紫苏籽、核桃仁中含有较高的γ-亚麻酸，具有较强的抗炎活性，对于风湿性关节炎和皮肤炎症具有很好的改善症状作用；ω-3多不饱和脂肪酸在海鱼的油中含量很高，很多流行病学资料表明，摄入适量的鱼油可以减少心脑血管病的发病率和死亡率。

（3）功能性糖类：①功能性多糖，具有调节肠道功能和菌群、降血糖、抗炎、抗衰老等多方面作用，如膳食纤维、香菇多糖、枸杞多糖、人参多糖与银耳多糖。多糖的生物活性与其化学结构、分子质量、溶解度等多方面因素有关，由于多糖的结构非常复杂，许多结构上的立体构型和构象还需要进一步阐明，多糖构效关系还没有完全搞清楚；②功能性低聚糖，具有调节肠道菌群、降低血脂、改善便秘等作用。

（4）活性菌类：具有调节肠道菌群、改善便秘等作用，如乳酸菌与双歧杆菌。

（5）植物化合物类：具有降血脂、降血压、抗氧化、增强免疫等作用，包括酚酸、黄酮类、植物甾醇、皂苷等。葡萄籽和葡萄皮中含有大量的多酚类成分，山楂中表儿茶素和多酚类缩合黄烷聚合物含量很高，均具有良好的抗氧化能力。金荞麦中的多酚类成分具有明显的抗肿瘤活性。

（6）维生素类：具有很好的抗氧化能力，如维生素A、维生素E、维生素C。

（7）微量元素类如铁、锌、硒，具有较好的抗氧化与改善贫血能力。

三、功能食品的功能范围和分类

我国保健食品主要分为两大类：营养强化食品和具有调节人体功能作用的保健食品（狭义的功能食品）。目前，功能食品主要按其调节功能来进行分类。

（一）中国

功能食品除了具有普通食品的营养和感官两大功能外，还具有调节机体生理活动的第三大功能，即保健功能，我国法律针对特定保健功能限定为27类：①增强免疫力；②辅助降血脂；③辅助降血糖；④抗氧化；⑤辅助改善记忆；⑥缓解视疲劳；⑦促进排铅；⑧清咽；⑨辅助降血压；⑩改善睡眠；⑪促进泌乳；⑫缓解体力疲劳；⑬提高缺氧耐受力；⑭对辐射危害有辅助保护功能；⑮减肥；⑯改善生长发育；⑰增加骨密度；⑱改善营养性贫血；⑲对化学性肝损伤的辅助保护作用；⑳祛痤疮；㉑祛黄褐斑；㉒改善皮肤水分；㉓改善皮肤油分；㉔调节肠道菌群；㉕促进消化；㉖通便；㉗对胃黏膜损伤有辅助保护功能。

最近几年，国家食品药品监督管理总局为规范功能声称，严格准入门槛，拟对保健食品功能范围进行调整，并开展征集意见。例如，合并相近功能，规范功能名称，使其更具针对性；取消或调整功能定位不够准确、声称科学性不强、易与疾病治疗相混淆和易误导消费者的功能；取消缺乏客观指标评价、缺乏社会需求的功能。具体调整情况拟如下：①有助于增强免疫力；②有助于降低血脂；③有助于降低血糖；④有助于改善睡眠；⑤抗氧化；⑥有助于缓解运动疲劳；⑦有助于减少体内脂肪；⑧有助于增加骨密度；⑨有助于改善缺铁性贫血；⑩有助于改善记忆；⑪清咽；⑫有助于提高缺氧耐受力；⑬有助于降低酒精性肝损伤危害；⑭有助于排铅；⑮有助于泌乳；⑯有助于缓解视疲劳；⑰有助于改善胃肠功能；⑱有助于促进面部皮肤健康。

（二）日本

日本批准的产品保健功能有以下 9 类：①改善胃肠道（包括调节肠道菌群）；②辅助降血糖；③辅助降血压；④辅助降低胆固醇；⑤调节体脂肪或血中中性脂肪；⑥改善牙齿健康；⑦改善骨骼健康；⑧促进矿物质吸收；⑨改善缺铁性贫血。

（三）美国

美国食品药品监督管理局（FDA）已发布了 17 种食品及其食物成分与特定疾病的关系：①钙与骨质疏松；②钠与高血压；③膳食脂肪与癌症；④膳食中饱和脂肪及胆固醇与冠心病风险；⑤含有纤维素的谷类产品、水果、蔬菜与癌症风险；⑥含有纤维特别是可溶性纤维的水果、蔬菜与冠心病的风险；⑦水果蔬菜与癌症；⑧叶酸盐与神经管形成缺陷；⑨糖醇与龋齿；⑩膳食中可溶性纤维与冠心病；⑪大豆蛋白与冠心病风险；⑫全谷食品与冠心病及某些癌症风险；⑬植物固醇/睾酮醇酯与冠心病风险；⑭食物中的钾与高血压、脑卒中风险；⑮叶酸与神经管畸形；⑯ω-3 脂肪酸与冠心病风险；⑰叶酸、维生素 B_6、维生素 B_{12} 与血管性疾病。

四、功能食品的产品形态

我国法律允许功能食品以独立于传统食品之外的形态存在，如胶囊、粉末、片剂、液体制剂。2012 年，我国功能食品的形态主要采取胶囊、片剂口服液、颗粒剂（冲剂）等剂型；而具有一般食品形态的产品（如酱油、醋、面制品、饮料、饼干与罐头等）比例很小，不到 5%。

在产品形态方面，基于“产品是在日常饮食生活中能够被食用的食品”的审批原则，日本鼓励基于普通食品形态进行特定保健用食品开发，到目前为止，极少批准片剂胶囊等典型药品剂型的产品。美国的功能食品剂型则以胶囊、片剂等非传统食品形态为主。

食品载体的选择对功能食品的开发与推广发挥着非常重要的作用。不同国家食品载体的选择也存在差异，奶制品、饮料、能量棒和早餐谷物食品是美国最流行的功能食品载体；饮料是日本最普遍的功能食品载体，约占产品总量的 1/3 以上。

第二节　功能性食品与人类健康

一、健康的定义和标志

（一）健康的定义

健康是人类生活质量的基础，是生命存在的最佳状态，已日益成为社会发展和进步的重要标志。健康有着丰富深蕴的内涵，随着“生物－心理－社会”医学模式的逐步确立，健康的概念也有了新的变化。1948 年，世界卫生组织（WHO）对“健康”所下的定义是：健康不仅是免于疾病和衰弱，而且是保持体格方面、精神方面和社会方面的完美状态。1978 年 9 月，国际初级卫生保健大会所发表的《阿拉木图》宣言中，对健康的内涵有新的描述：健康不仅仅是没病和不虚弱，而且包括在身体、心理和社会各方面的完好状态，并且提出“健康是基本人权，达到尽可能的健康水平，是世界范围内的一项最重要的社会性目标”（Bircher, 2005）。1990 年，世界卫生组织对健康又给出了最新的定义：一个人在躯体健康、心理健康、社会适应良好和道德健康四个方面皆健全，才算健康。可见，只有具备这四个方面，才算是真正全面健康的人。

身体健康是指身体结构完整，生理功能正常。心理健康是指有爱心和同情心，知足常乐。社会适应性良好是指能适应工作单位、家庭及社会上的各种角色。道德健康的最高标准是无私奉献，底线是不损害他人利益。关于身体健康的问题，一般理解为人体生理上的健康，大多用“体格健壮，精力充沛”来形容，那么，人到底有怎样的形态才算是“健壮”和“充沛”呢？这实际上很难有一个精确的量化标准。医务部门常用的身高、体重、心跳、脉搏、血压、肺活量等指标，也只能起到一个参考作用。每年高等院校招生，或选拔运动员、芭蕾舞演员等，各自的健康指标要求均不相同。此外，人有不同的年龄阶段，还有性别的不同、地域的差异、民族与宗教的不同。因此，制定一个统一量化标准十分困难，医学上的健康标准只能起参考作用。

（二）健康的标志

健康的标志体现在以下 4 个方面。

1）*身体上的良好状态*　①体质强壮，生长发育达到该年龄应有的标准；②饮食、睡眠等生活起居符合科学要求。

对身体健康状态非定量的描述是：精力充沛，能从容不迫地应付日常生活和工作；处事乐观，态度积极，乐于承担任务而不挑剔；善于休息，睡眠良好；应变能力强，能适应各种环境；对一般感冒和传染病有一定的抵抗力；体重适当，体型匀称，头、臂、臀比例协调；眼睛明亮，反应敏锐，眼睑不发炎；牙齿清洁，无缺损，无疼痛，齿龈颜色正常，无出血；头发光泽，无屑；肌肉、皮肤有弹性，走路轻松。

2）*心理上的良好状态*　①智力正常；②善于协调和控制情绪；③具有较强的意志品质；④人际关系和谐；⑤可以能动地适应和改善现实环境；⑥保持人格的完整和健康；⑦心理行为符合年龄特征。

3）*社会适应的良好状态*　在人际交往和各种社会活动中，能够恰如其分地扮演生活中的各种社会角色。同时，重视人类与其所生存的自然环境和社会环境的融洽与协调。

4）*道德的良好状态*　注意以法律和道德规范自己的行为。

二、亚健康的定义和表现

（一）亚健康的定义

亚健康（sub-health）是指机体虽无明确的疾病，却呈现出活力降低、适应能力呈不同程度减退的一种非健康、非患病的中间状态，又称“第三状态”、“灰色状态”等。亚健康是相对于健康状态提出的，它是指机体在内外环境的不良刺激下引起心理、生理发生异常变化，但尚未达到明显病理性反应的程度。从生理学角度来讲，就是人体各器官功能稳定性失调，但尚未引起器质性损伤，医学上称为慢性疲劳综合征（chronic fatigue syndrome, CFS）。亚健康是近年来人们对新的生物-社会-心理医学模式认识深化的结果，是一种动态的变化状态，是人体介于健康与疾病之间的边缘状态，既可转化为疾病状态，也可转化为健康状态。长期处于亚健康状态容易导致肿瘤、心血管疾病、呼吸及消化系统疾病和代谢性疾病等。

亚健康与中医“未病”有极高的重合度。中医未病理论早在春秋战国时期就有许多记载，后世医家先后提出“圣人不治已病治未病”、“上工治未病，中工治欲病，下工治已病”、“消患于未兆”、“济羸劣以获安”。“未兆”即指未有显著疾病征兆之时；而“羸劣”则是指瘦弱/虚弱或不太健康，但不是有病的状态。这些内容描述的状态正符合现代医学所说的“亚健康”状态。

亚健康的产生可源于人的饮食摄入、生态环境、社会压力、生活方式等方面的系统失衡。虽然现代医学对亚健康进行了大量研究，然而迄今为止，亚健康的确切发生与发展尚不清楚。目前，对于亚健康的发生机制认为是由于心理、社会、生物等多种环境因素，引起机体的神经-内分泌-免疫网络功能紊乱及氧化应激损伤，导致基因表达紊乱，最终导致亚健康的发生，其中机体的免疫系统功能紊乱为亚健康发生的一个重要环节。

（二）亚健康的特性与评判标准

1. 亚健康的分类 躯体性亚健康：躯体性症状以疲劳为主，还可有失眠、便秘、头痛、腰背酸痛等。心理性亚健康：急躁、焦虑、抑郁、担心、恐惧等。社会交往性亚健康：与他人之间的心理距离加大，交往频率下降，人际关系紧张等。道德性亚健康：在世界观、价值观上存在着不利于自己和社会的偏差，导致行为的偏差、失范和越轨。

2. 亚健康的临床特点 亚健康的发病率高，严重危害身体健康；无确定病因或病因不明；是机体身心轻度失调状态的一组临床症状，即“不定陈述综合征”。其临床特点为“一多三少”，“一多”是指疲劳多，“三少”即三种减退（活力减退、反应能力减退和适应能力减退）；无器质性病变，属功能性改变；临床上无疾病诊断依据；呈慢性发病及发展；若及时干预可逆转为健康状态；若不及时防治，可发展为疾病。

3. 亚健康的常见临床表现 亚健康是指处于健康和疾病两者之间的一种状态，即肌体出现某些功能紊乱，西方医学指标改变极少或没有，症状可单一出现，也可以交替或合并出现，临床上具体表现为：疲劳、失眠或嗜睡、健忘、食欲不振、烦躁不安、抑郁或消沉、焦虑不安、头晕、心悸、气短、大小便异常、性欲低下或免疫功能下降（如有感冒症状、咽喉不适、口腔溃疡）等。

4. 亚健康的诊断标准 目前国内外尚未有统一的诊断标准。国外有不少国家针对亚健康状态中最常见的慢性疲劳综合征制定了相关标准，其中美国标准的使用较多。我国广东省中医药学会亚健康专业委员会也制定了亚健康诊断的参考标准。

（1）已经出现各种不适症状，持续或反复出现6个月以上，通过系统检查，无明显的器质性病理损害证据和实验室检查指标的阳性改变；

（2）无重要器官的器质性疾病及精神心理疾病，或原有疾病在康复过程中的病理损害及实验室检查指标改变与现有的临床表现无明显内在联系；

（3）尽管具有明确的非重大器官器质性疾病或精神心理疾病诊断，但无需用药维持；

（4）具有以疲劳为主的各种躯体不适症状（以躯体性亚健康为主）；

（5）具有急躁、焦虑、抑郁、恐惧等心理不适症状（心理亚健康）；

（6）具有人际交往频率下降、人际关系紧张等社会适应能力下降（社会交往性亚健康）。

判断标准：具第（1）、（2）、（3）项可诊断为亚健康状态，加上（4）、（5）、（6）任一项即可判断为亚健康状态的类型。

三、功能性食品在促进健康方面的作用

功能性食品强调其成分对人体能充分显示机体防御功能、调节生理节律、预防疾病和促进康复等方面的作用。它促进健康的范围包括：增强人体体质（调节免疫能力等），防止疾病（高血压、糖尿病、冠心病、便秘和肿瘤等），恢复健康（控制胆固醇、防止血小板凝集与调节造血功能等），调节身体节律（神经中枢、神经末梢、摄取与吸收功能等）和延缓衰老。目前，食品药品管理局（SFDA）依据我国的实际情况，确定保健功能与适宜人群，允许申报27种功能范围的保健食品。

值得注意的是，世界卫生组织的卫生战略及我国的新卫生战略已开始“前移”，注重亚健康及未病状态的防治，功能食品的研究也因此成为该战略备受关注的焦点。从“十一五”科技战略规划以来，“功能食品研制和开发”及“治未病和亚健康中医干预研究”均列入国家科技部科技支撑计划。功能食品的研究与开发在我国尚属新兴学科和领域，是多学科、多领域不断交叉与融合的产物。更适宜于亚健康及慢性疾病防治的保健食品，其研发也是一项系统的工程。实现保健食品产业的研发技术创新，至少需要在基础研究、应用技术及产业化等三个层面实现创新。

“治未病”和“亚健康态”是未来研究功能食品重要的理论课题之一。与生活方式相关的高血糖、高血压、糖尿病、肥胖症、自由基危害、贫血和老年痴呆等慢性疾病将成为今后功能食品研发的主要靶目标（这些疾病大多与膳食结构和饮食习惯不合理有关，而且治疗费用高，缺乏良好治疗手段）。在我国，以中草药为重要原料的功能产品是中华保健食品的主要特点。现代生物学、营养学与传统医学结合是研发保健食品的主要方法。现代的医学模式已由生物医学模式转变为生物、心理、社会和环境相结合的医学模式，现代的医学理念已由治愈疾病向预防疾病和提高健康水平方向进行调整，其实质就是由以疾病为中心转变为以健康为中心，由“治已病之人”转变为“治未病之人”。“未病之人”是保健食品的主要调理对象。

四、功能性食品与药品的区别

功能食品（保健食品）首先必须是食品，它必须无毒无害。功能食品与药品有着严格的区别，不能认为功能食品是介于食品与药品之间的一种中间产品或加药产品。功能性食品与医药品的区别主要体现在以下几个方面（表0-1）。

表 0-1　药品、保健食品与普通食品的区别

项目	药品	保健食品	普通食品
属性	药物属性	食品属性	食品属性
用途	治疗疾病	特定保健功能	强调提供营养成分
人群	患者（特定人群）	特定人群和不适宜人群	普通人群
使用量	有严格剂量规定	有规定，范围较宽	无
使用方法	遵医嘱，口服、注射、涂抹等	口服	口服
特性	有一定毒副作用	无毒副作用	无毒副作用
原料	可能有毒有害	无毒无害	无毒无害

（一）使用目的不同

保健食品具有特定的保健功能，适宜于特定人群食用，用于调节机体机能，提高人体抵御疾病的能力，改善亚健康状态，降低疾病发生的风险，不以治疗疾病为目的，不能取代药物对患者的治疗作用。药品是指用于预防、治疗、诊断人的疾病，有目的地调节人的生理机能并规定有适应证或者功能主治、用法和用量的物质。

（二）毒副作用不同

保健食品按照规定的食用量食用，要达到现代毒理学上基本无毒或无毒水平，正常摄入不能带来任何毒副作用，即不能给人体带来任何急性、亚急性和慢性危害。保健食品安全、有功能，而无“适应证”、“禁忌证”和毒副反应，符合应有的营养要求。而药品允许有一定程度的毒副作用存在（如以毒攻毒治疗）。

（三）使用方法不同

保健食品一般仅口服使用，不需要医生处方或无需在医生监督下食用。药品可以有注射、喷雾、涂抹等多种方法。

（四）使用的原料种类不同

有毒有害物质不得作为保健食品原料。药品可以使用有毒的砷、汞、中药等治疗疾病。

第三节　功能食品的现状与发展趋势

一、功能食品发展概况

（一）功能食品的发展历史

功能食品主要经历了营养强化、初级功能性食品和高级功能性食品三个阶段。国外较早研究的功能食品是强化食品。1935 年，美国提出了“强化食品”的概念，并得到迅速发展。

1938 年，路斯提出了“必需氨基酸”概念，必需氨基酸的缺乏造成负氮平衡会导致蛋白质营养不良，提示人们在食品中添加某种或某些营养素能够避免营养素不足引起的疾病。为了规范强化食品的发展并加强对其监管，美国于 1942 年公布了强化食品法规，明确规定了强化食品的定义、范围和强化标准。随后，加拿大、菲律宾、欧洲各国以及日本也先后对强化食品进行立法管理，并建立了强化指标、强化食品市场检查和商标标识等方面的规定和管理。美国食品药品监督管理局（FDA）还曾规定了一些必须强化的食品，包括面粉、面包、通心粉、玉米条、面条、大米等。强化食品是人类营养研究的基础理论与人类膳食营养的实践活动密切结合的典范。由于价格便宜、效果明显、食用方便、工艺简单，所以强化食品有很大的市场优势，深受消费者欢迎。

随着强化食品的发展，“强化”的概念也得到不断拓宽：不仅向食物中添加营养素，而且添加某些能够调节人体生物节律、提高免疫能力、防止衰老等功能的功效成分。这就超出了原有的强化食品的范畴。鉴于这些情况，日本于 1962 年率先提出了“功能食品”（functional food）概念，并将其纳入法制化管理。1987 年日本政府确定了国家研究计划“食品功能的系统分析与开发”。之后教育部又发起了对“食品的健康调节功能分析”和“功能食品的分析和分子设计”的研究。

功能食品的兴起是在社会文明不断进步的推动下，人们进入较高层次饮食生活的一种合理的必然要求，并且随着国民经济发展和人民生活水平的提高而不断增长。大量高质量营养素的摄入，导致营养过剩而引起的富贵病、成人病及老年病已成为中国人民主要的疾病。于是，对功能食品的渴望促进了中国食品行业的迅猛发展。人口老龄化促进了功能食品的发展；疾病谱和死因谱的改变刺激了功能食品的消费；科学的进步推动了保健食品功能的发展。

中国功能性食品的发展历史悠久，以“食养”和“阴阳五行”等理论为基础开发的补益食品和药膳为开端，经过强化食品和营养滋补保健食品的发展，至今已有近两千年的历史。

（二）国外功能食品研究现状

1995 年 9 月，由联合国粮食及农业组织（FAO）、世界卫生组织（WHO）、国际生命科学研究所（ILSI）共同举办的“东西方功能食品第一届国际科研会”在新加坡举行。会议制定了功能性食品的生产规章，讨论了地区功能性食品工作网及关于功能性食品共同感兴趣的问题和研究领域。研究领域比较集中的有：有助于脑营养功能的益智食品，延缓衰老的食品，控制糖尿病的食品。

目前，全球第三代功能性食品占整个食品销售的 50%，达到 2000 亿美元；欧美国家的消费者平均用于功能性食品方面的花费占其总支出的 25%；美国目前的功能性食品销售额达 750 亿美元，占食品销售额的 1/3；欧洲的功能性食品也有 2000 多种，销售额以每年 17%的速度递增。

近年来，国外功能性食品市场呈现以下特点：一是低脂肪、低热量、低胆固醇的保健食品品种多，销售量大；二是植物性功能食品受宠，保健茶、中草药在国外崛起，销路看好；三是工艺先进、纯度高、性能好、使用方便、易于吸收的高档功能性食品异军突起。

美国第三代功能性食品的具体品种主要有维生素和矿物质类、天然产品（提取浓缩）类、鱼油类、合成单体类、医药类和蜂产品，较国内第三代功能性食品科技含量高、品种丰富、产品功效成分含量准确、价格便宜。

日本功能性食品企业在饮料中添加活菌、原生物体、膳食纤维等添加剂，制成有特殊功能的保健饮料。欧洲保健食品主要集中于奶制品和饮料，如具有降低胆固醇功能的人造奶油、高咖啡因含量和添加稀有氨基酸的饮料等。

（三）我国功能食品发展概况

我国功能食品行业兴起于20世纪80年代，历经两次高潮和低谷，功能性的食品市场呈波浪式发展趋势，说明随着消费观念的日趋成熟和理性，人们对功能食品的消费需求却并未衰减，反而呈递增趋势，也提示我国功能食品市场前景比较乐观。

我国功能食品市场容量继续扩大，随着国民经济增长和人们收入水平的提高，消费品市场容量将继续扩大。中国的经济增长在未来相当一段时期，仍然会保持一个较高的速度，经济增长必然带来消费需求的增长。当然，在全国的不同地区，消费品市场的增长速度可能有所差别。目前，我国功能食品市场的消费主力是大中型城市；而广大农村地区的消费量相对较低。随着我国“三农”问题的逐步解决，农村消费品市场拓展空间将是非常可观的。2013 年我国保健品行业销售收入达 1579 亿元，据相关机构预测，2020年可达2400亿元。

广义的功能性食品作为新事物在我国出现只有 30 多年，其内涵和外延在不同时期具有显著的差异性，大体可分为三个阶段。第一阶段，20世纪八九十年代，市场上出现了强化食品，它是根据各类人群的营养需要，有针对性地将营养素添加到食品中去，属于仅根据食品中的各类营养素和其他有效成分的生物学功效来推断整个产品具有某功能，而声称的这些功能并没有经过任何试验予以证实。第二阶段，2000年前后，初级阶段的保健食品，这类产品要求经过人体及动物试验，证实该产品具有某种生理功能。目前我国市场上的保健食品大多属于此类。第三阶段，处于中级阶段比较完善的保健食品，在逐步完善与严格的法律法规指导下，这类产品不仅需要经过人体及动物试验证明该产品具有某种生理功能，而且需要明确具有该项功能的功效成分，以及该成分的结构、含量、作用机理、在食品中的稳定性。目前，我国的保健食品从功能上说，基本淘汰了第一代产品，主要为第二代产品，第三代产品正在迅速成长中。

到2016年底，中国已审批保健食品16 628个（国产15 876个，进口752个）。55%产品的功能范围集中在免疫调节、抗疲劳和调节血脂上。其产品主要以胶囊、口服液、片剂为主。在使用原料方面，我国应用最多的微量元素是Ca、Fe、Zn；应用最多的维生素是维生素C、维生素D和维生素E；应用最多的植物提取物是大豆异黄酮、原花青素、银杏提取物；采用的主要中药材有西洋参、虫草、当归、枸杞子、首乌、阿胶、绞股蓝、枇杷叶等，其中银杏、红景天、人参、林蛙、鹿茸为具有中国特色的基础原料。我国国家卫生和计划生育委员会批准的功能性食品厂家有3000多家，其中2/3以上属于中小企业，年销售额达到1亿元的不超过18家。

我国不同功能性食品的消费群体正逐步形成。据资料统计，北京、上海、广州、天津等大城市中有93%的少年儿童、98%的老人、50%的中青年都在使用各类功能食品。同时，保健食品的消费人群也在逐步年轻化，2008年保健食品消费人群的42%为60岁以上的老年人，35%为40～60岁中年女性。2010年调查发现，21～35岁的中青年人的比例大幅提升，正在成为主要的购买群体之一。

二、我国功能食品研究和生产中存在的问题

（一）功能相对集中、同质化严重

中国保健食品结构不甚合理，与国家现行申报功能的限制有关。目前我国生产的保健食品功能相对集中，在卫生部准许申报的18项保健功能（2011年8月1日发布的保健食品功能范围调整方案征求意见稿）中，免疫调节、辅助降血脂和抗疲劳等三类功能产品占全部产品的55%（图0-4），造成功能相对集中、同质化严重，导致产品进入市场后缺乏竞争性。随着科技的提高和市场的进一步细分，产品功能逐步分散，如近年来涌现出来的肝保健品、心血管类保健品等。

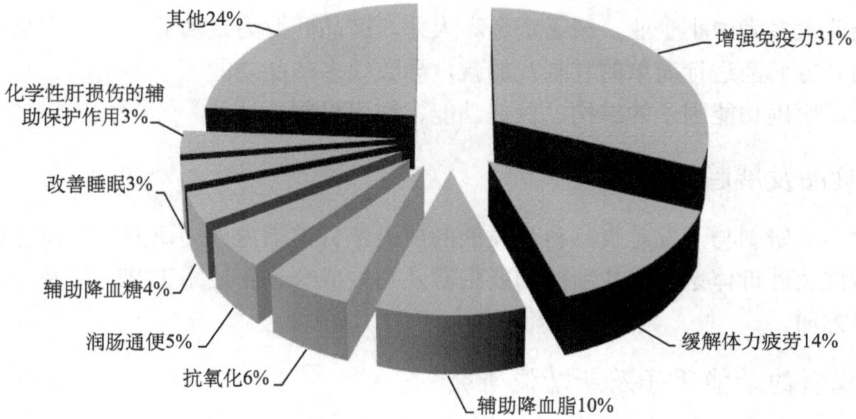

图0-4　1996～2014年获批准的功能类产品的保健功能分布

（二）生物功效评价方法相对滞后

随着科学技术方法的发展及理论基础知识的逐步完善，一些功能食品生理功能的评价方法显得相对滞后。以抗氧化功能食品活性评价为例，大多数学者多采用化学模拟体系通过分析清除·OH、O_2·、DPPH·、$ABTS^{+\cdot}$自由基的能力来评价产品的抗氧化能力。但抗氧化剂对单一自由基的清除作用并不能代表它在体内的一个相互协同的综合作用。同时，由于食品等中含有多种数量不同的抗氧化物质，生命组织中也存在多种内源性抗氧化物质来抵御生命过程中过剩产生的活性氧，使得测定综合抗氧化能力比测定特定抗氧化剂的水平更有意义。因此，很有必要通过新的科学、快速、精确的方法对样品的相对总抗氧化能力（total antioxidant capacity，TAC）或总清除自由基能力（total radical-trapping antioxidative capacity，TRAC）进行评价。另外，尽管化学方法简单方便，已经被广泛应用，但很多化学方法不是在生理pH和温度条件下进行的，也没有考虑抗氧化剂在体内的吸收、代谢及其生理活性，不能准确反映抗氧化剂的体内抗氧化能力。生物系统比简单的化学物系统复杂得多，并且抗氧化剂可能通过多种机制发挥效用。细胞培养模型为研究提供了一种经济的、相对较快的方法，并且能够阐明吸收、运输和代谢中的一些机理问题。因此有必要建立一种以细胞为基础的测定抗氧化剂活性的方法，并借此方法研究样品（食品中或者植物化学物）的一些潜在的、具有抗氧

化活性的物质。

（三）标准缺乏

我国一些保健食品（特别是原料）既缺国家标准，又无行业标准，导致投机取巧者有可乘之机。

（四）我国保健食品产业结构不合理，产业集成度低，产品开发力量薄弱

本行业以中小企业占绝大多数，据中国保健协会 2014 年的调查数据，截止到 2014 年底，通过 GMP 认证的保健食品企业达到 2100 余家，投资总额在 1 亿元以上的大型企业占 1.5%；投资总额在 5000 万元至 1 亿元的中型企业占 38.2%；投资在 100 万～5000 万元的企业占 6.7%；投资在 10 万～100 万元的小型企业占 41.9%；投资不足 10 万元的作坊式企业占 12.5%。

由于企业大多为中小企业，缺乏资金和人才，产品开发力量薄弱。许多产品配方只是将传统养生的名方名药进行简单的复制及加减，导致很多产品功能因子不明确、甚至无功能因子，更不用说明确功能因子的结构、保健功能、作用机制。

三、功能食品发展趋势

功能食品的研制与开发是食品科学发展的前沿，目前国内外的研究与开发主要集中在功能性生物活性及评价体系、寻找新的功能资源及功效成分、新技术工艺，以及功能和安全性评价体系等方面。

（一）寻找新的功能因子及新功能研究

在功效成分开发方面，国际上逐渐呈现出以下趋势。首先，微生态制剂的研制和开发成为热点。其次，中草药动植物类功能原料备受瞩目。中草药动植物功能原料是我国传统功能性食品开发的主要配料。此外，近年来国际上非常关注低能量、增强免疫力、抗氧化、抗过敏、抗应激、健脑、减肥和美容等功能素材的研究。开发新的功能资源成为 21 世纪功能性食品研究的重点。

众所周知，列入我国《保健食品检测与评价技术规范》的保健功能为 27 项（2011 年拟调整为 18 项）。虽然 2005 年公布的《保健食品注册管理办法》明确并鼓励企业进行新功能的研究和申报，但自管理办法实施以来，未见一家企业申报新功能。其原因一方面是因为国家对新功能的研究没有实质性的支持，另一方面可能是企业因研发的新功能得不到应有的保护而不愿进行投入。当前有不少新功能是值得开发的，如改善妇女更年期综合征、预防蛀牙、改善老年骨关节功能。因此，采取国家倾斜支持和企业研究相结合的方法是一条行之有效的道路。

（二）建立生物活性评价体系及明确作用机制

功能食品有别于普通食品和药品，因为其含有调节生理机能的生物活性物质，这些物质能够通过刺激酶的活性或其他途径调节人体机能。所以，确立评价这些功能成分的方法和指标不仅是功能食品发展的关键，也是今后市场监督的前提。食物成分大多是多种成分的混合物，分离纯化其有效成分、确立评价其生理效应的方法和指标是功能食品发展的关键。近年

来，国外十分注重从生理学、遗传学、分子生物学及细胞学等不同角度研究功能性食品及功能引资的特定生物学功能。

功能食品的功能在于本身的活性成分对人体生理节律的调节。功能食品的研究与生理学、生物化学、营养学及中医药等多种学科的基本理论相关。功能食品的应用基础研究应是多学科的交叉。因此，需要我们应用多学科的知识、采用现代科学仪器和实验手段，从分子、细胞、器官等分子生物学水平上研究功能食品的功效及功能因子的稳定性，开发出具有知识产权的功能性食品。

（三）功效成分构效关系解析

随着人们对功能食品功效成分重视程度的不断加深，功能因子构效关系研究也取得了一定成果，天然产物开发的功能食品功效成分主要包括活性蛋白质（如糖蛋白、酶等）、活性肽、活性氨基酸（如牛磺酸）及黄酮、皂苷、萜类等活性小分子化合物。

化学结构是生物活性物质呈现活性的基础。黄酮类化合物苯环上取代基不同，其活性差别很大。黄酮类化合物抗肿瘤活性及其构效关系的研究也尤为受到重视。黄酮的抗肿瘤活性结构主要集中在黄酮分子中的 B 环和 C 环，以及羟基的位置和 C_2、C_3 位的双键。进一步研究发现，B 环和 C 环对黄酮的抗肿瘤活性影响较大，B 环负电性越高，C 环正电性越高，活性越强。B 环 4′位羟基是活性必需基团，C 环 4 位羰基和 2,3 位间的双键是诱导肿瘤细胞毒性的活性结构。黄酮类化合物抗菌抗病毒及抗炎构效关系研究目前也较为活跃。在厘清构效关系的基础上对黄酮类化合物进行结构改造和结构优化，以提高其针对性、高效性和合理性，这将对黄酮类功能食品的进一步开发利用，以及对以黄酮类为先导的功能食品的开发研究产生重大而积极的影响。又如，多肽及多糖缀合物及其结构特别是高级结构与生物活性密切相关。许多活性肽及多糖结构尚未确定，这极大地影响了多肽、多糖及其构效关系研究的进程。

功能食品功效成分构效研究具有复杂性。构效关系的研究对象应是结构明确且具有较高纯度的化合物，然而食品作为富有多样性的复杂体系，其组分的精细分离存在难度，某些组分可能较难获得纯品，某些组分可能由于丰度较低而难以获得充足的量。构效关系研究是一个多学科交叉的研究方向，研究中涉及分离纯化、结构鉴定、功能评价等一系列技术，不同类型化合物的具体研究手段亦不尽相同。构效关系研究往往要对一系列化合物的结构、功能同时展开研究。由于受到研究方法的限制，目前研究的效率及准确性仍不理想。

功能食品研究的不断拓展与深入要求其研究技术向着准确、快速、高通量的趋势发展。将药物设计中定量构效关系研究（QSAR）手段引入食品功效成分构效关系研究，利用量子化学、分子动力学、生物物理学、统计学及计算机分子图形学等前沿学科的思路与技术辅助研究，借助液相色谱串联质谱（LC-MS/MS）技术等现代仪器分析技术建立精细结构快速分析平台，这些尝试都将有利于对功能食品构效关系的解析及深入研究。

（四）重视安全性评价

随着消费者健康、安全和环保意识的增强，健康安全的消费理念已经将功能性食品推向市场消费的主流。功能食品及食品功能因子的安全性评价，包括毒理学（如亚慢性毒性试验、致突变试验、过敏反应试验等）、耐受性等，是开发该类产品时应特别注意的一个问题。

在我国“十五”期间，国家在重大科技专项中将“功能（保健）食品原料安全评价技术的研究”作为食品安全关键技术课题进行攻关，提出了功能性食品主要原料安全评价的快速筛选方法。一般要求进行动物试验，根据产品的具体情况进行第一阶段、第二阶段、第三阶段或第四阶段毒性试验，必要时进行人体试食试验。在国外，日本对特定保健用食品均要求进行动物和人体安全评价实验。安全评价的研究是一个需要逐步完善的过程，在现有评价体系上还要加强对功能性食品长期使用、剂量等安全性研究，逐步规范其研制、开发和生产的各个环节。

产品功效成分是功能性食品质量控制的主要指标，由于世界各国技术水平的差异，各种功效成分检测分析方法和要求不同。在功能学评价方面，我国功能性食品多以药食同源的原料生产而成，由于中药理论与西方现代营养学不同，功能性评价体系也存在差异。目前，我国功能性评价主要按照 2012 年版《保健食品功能范围调整方案（草案）》进行。该规范确定 18 项功能性评价的具体项目和检测指标，使我国功能性评价的研究逐步走上了现代化、科学化和规范化的道路。

本章小结

绪论介绍了功能食品的概念及其与一般食品和药品的差异，以及功能因子和目前我国保健食品的分类，从对亚健康人群生理调节作用出发，阐述了功能食品的重要性，探讨了国内外功能食品的发展方向与趋势，也指出了目前我国功能食品发展中存在的问题。

思考题

1. 功能食品（保健食品）的定义如何界定?
2. 了解功能食品学的发展背景与任务。
3. 总结功能食品发展阶段的特点。
4. 什么是健康和亚健康? 亚健康的临床表现有哪些?
5. 功能食品在促进健康方面有什么作用? 举例说明。
6. 功能食品种类繁多，消费者在其选择上有一定的误区，试分析功能食品和药品的区别。
7. 简述功能食品的研究现状。
8. 浅谈功能食品的发展趋势。

第一篇　功能食品的理论基础

多种因素致使亚健康人群的数量剧增，随着健康饮食观念的深入人心，食品的健康化与功能化已经成为世界食品制造行业的大势所趋。针对不同亚健康人群，开发出有针对性的各种功能的保健食品是功能食品学的任务。而开发保健食品的科学依据主要是营养学理论、生命科学和医学理论。

第1章　营养学与医学理论基础

随着人们生活水平的不断提高，我国居民越来越注重调整自身的营养状况，以达到良好的机体状态。营养学的基本理论是合理营养（rational nutrition），是指人体每天从食物中摄入的能量和各种营养素的量及其相互间的比例能满足人们在不同生理阶段、不同劳动环境及不同劳动强度下的需要，并使机体处于良好的健康状态，即从食物中摄入种类齐全、数量适宜的营养素。

受自身和环境条件限制，以及饮食习俗的制约，一些人达不到合理营养，发生营养不良（malnutrition），表现为营养不足（nutrition deficiency）或营养过剩（nutrition excess）。杨晓光等(2012）总结发现中国居民面临微量营养素缺乏和能量过剩的双重挑战。营养不足导致营养缺乏病，目前世界上主要的营养缺乏病是蛋白质-能量营养不良、缺铁性贫血、缺碘性疾病及维生素 A 缺乏病；营养过剩诱发营养相关疾病，如肥胖症、高脂血症、冠心病、糖尿病等。专家建议通过补充相应的营养素纠正营养缺乏病；通过补充膳食纤维、降低食物能量和脂类等方式来防治营养相关疾病，实现机体的合理营养，增进健康。这些营养素（蛋白质、铁、碘、维生素 A、膳食纤维）属于营养补充剂，是保健食品的常见种类。

医学是以保护和增进人类健康、预防和治疗疾病为研究内容的科学。世界上医学主要有西方微观西医学和东方宏观中医学两大体系，这两大体系基本理论各成体系并有根本差异。尽管在中西医结合的问题上一直存在不同观点，但中西医学并存共荣、整合互补是必然的趋势。

第一节 营养学理论基础

一、各种营养素

食物是人类赖以生存的物质基础，供给人体必需的各类营养素。营养素（nutrients）是维持机体繁殖、生长发育和生存等一切生命活动及过程，需要从外界环境中摄取的物质。人类所需的营养素包括蛋白质、脂类、碳水化合物和膳食纤维、矿物质、维生素等，其中蛋白质、脂类、碳水化合物被称为宏量营养素，矿物质和维生素被称为微量营养素。宏量营养素在体内氧化可以释放能量，故又称它们为供能营养素。营养素的生理功能主要包括提供能量、构成细胞组织、调节机体生理活动三个方面。各种营养素具体的消化、吸收、代谢和功能等已在《食品营养学》中讲述。

我国国家食品药品监督管理总局《营养素补充剂管理规定》中明确规定：营养素补充剂是指以补充维生素、矿物质等营养物质保健功能而不以提供能量为目的的产品。其作用是补充膳食供给的不足，预防营养缺乏和降低发生某些慢性退行性疾病的风险。

二、生物活性食物成分

食物中除营养素外还含有其他一些对人体有益的物质。这些物质不仅为食物带来感官上的特性，使食物呈现不同颜色、气味和口感，而且，越来越多的研究证据表明，这些物质对维护人体健康、调节生理机能和预防疾病有重要的作用，因此被称为生物活性食物成分（bioactive food component），包括植物化学物（phytochemicals）和动物性活性成分。

来自植物性食物的生物活性食物成分（植物化学物）种类繁多，常见种类包括多酚、类胡萝卜素、萜类化合物、有机硫化物、芥子油苷、皂苷、植物雌激素、植酸、植物固醇、姜黄素、辣椒素、叶绿素和吲哚等。植物化学物的生物活性主要表现在抗癌、抗氧化、免疫调节、抗微生物、降胆固醇、调节血压、调节血糖、调节血小板和血凝，以及抑制炎症等。大量流行病学调查发现多吃蔬菜和水果有益身体健康，目前认为，植物性食物有益身体健康的物质基础就是植物化学物。

日常的水果、蔬菜大多数都含有抗氧化剂，具有清除氧自由基的活性。现已发现多种植物化学物，如类胡萝卜素、多酚、黄酮类、植物雌激素、蛋白酶抑制剂和有机硫化物等具有明显的抗氧化作用。植物化学物已经成为食品工业和食品研究的热点，是抗氧化功能保健食品的主要来源。流行病学调查发现，新鲜蔬菜和水果可明显降低癌症发生的危险性，日常蔬菜和水果摄入量高的人群癌症发生率比摄入量低的人群要低50%左右，其中，胃肠道、肺、口腔和喉的上皮肿瘤证据最为充分。研究发现，蔬菜和水果中所富含的多类植物化学物具有潜在预防人类癌症发生作用，其机制是减缓肿瘤细胞生长、影响细胞周期、促进凋亡、提高机体免疫功能等。

十字花科植物中的莱菔硫烷（sulforaphane）对细胞的Ⅱ相解毒酶——苯醌还原酶有活化作用；某些酚酸（phenolic acid）与活化的致癌剂结合并掩盖DNA与致癌剂的结合位点，阻止由DNA损伤所造成的致癌作用；大豆中的金雀异黄素（genistein）可抑制肿瘤的血管生长，并对肿瘤细胞的生长和转移有抑制作用；单萜类可减少内源性细胞生长促进因子的形成，从而抑制肿瘤细胞增生和促进肿瘤细胞凋亡；番茄红素对前列腺癌、宫颈癌、食道癌、胰腺癌、胃肠癌、乳腺癌具有明显的抗癌作用，能有效地预防多种癌症的发生；植物固醇能降低一些癌症如结肠癌、乳腺癌和前列腺癌等的发病风险；大豆皂苷可抑制多种肿瘤细胞（如结肠癌、肝癌、乳腺癌、白血病、肺癌、胃癌、前列腺癌、子宫颈癌、黑色素瘤和神经胶质瘤等）的生长；人参皂苷能抑制肿瘤血管新生、侵袭和转移；离体试验、动物试验及人群研究资料证实黄酮类化合物尤其是茶多酚和大豆异黄酮有抗肿瘤作用，黄酮类化合物成为近年来抗癌研究的一个热点。黄酮类化合物抗癌的机制包括：抗氧化和抗突变作用；阻断致癌物的合成及代谢活化；抑制蛋白激酶活性；抑制细胞信号转导通路；阻滞细胞周期，抑制细胞增殖；诱导细胞凋亡；抑制血管生成及提高机体免疫力等。大豆异黄酮还抑制促分裂原活化的蛋白激酶（MAPK）和 NF-κB 信号转导通路，从而抑制前列腺癌、结肠癌、胃癌及肺癌的发生和发展。目前，这些植物化学物成为了开发抗突变和抑制肿瘤保健食品的主要对象。

动物性活性成分的常见种类包括辅酶 Q（coenzyme Q，CoQ）、硫辛酸（lipoic acid，LA）、γ-氨基丁酸、褪黑素及左旋肉碱等。与植物化学物不同，这些动物性活性成分是人体本身就存在的生物活性物质，在机体新陈代谢过程中发挥着重要的生物学功能。例如，辅酶 Q 是呼吸链的组分之一，参与 ATP 合成，还具有抗氧化作用、保护心血管作用、免疫调节和抗炎作用。人体既可以体内合成，也可以从动物性食物中摄取这些动物性活性成分。当机体处于衰老、功能低下和疾病时，机体的合成能力会降低，从食物中补充这些动物性活性成分对于恢复健康就显得十分重要。

三、营养素的新活性

随着生命科学相关学科的进展，对一些传统的营养素有了新的认识，研究发现某些营养素对于人类特殊年龄阶段、特殊情况如严重应激的状态或某些疾病时具有特殊的生物活性，为保健食品的开发提供了理论基础。其中研究较多的是牛磺酸、精氨酸、谷氨酰胺、*n*-3 脂肪酸、活性肽和低聚糖等，这些营养素的新功能将会在后面几章中逐一阐述。

第二节　医学理论基础

一、高脂血症

（一）高脂血症概述

高脂血症是指血液中一种或多种脂质成分异常增高的病症。它既可以由于遗传和环境因素（关键是饮食）相互作用所引起，也可由糖尿病、肥胖症、胰腺炎，以及肝、胆和肾脏等疾病所诱发。高脂血症可诱发动脉粥样硬化和冠状动脉粥样硬化性心脏病，并且与肥胖症、Ⅱ型糖尿病、高血压和脑卒中等密切相关。因此，防治高脂血症对健康具有十分重要的意义。

1. 血浆脂蛋白　脂质不溶或微溶于水，血液中的脂质不能够游离存在，而是与蛋白质结合成脂蛋白。血浆脂蛋白由载脂蛋白、磷脂、胆固醇酯、胆固醇和甘油三酯组成。通常采用超速离心方法和电泳方法可以对血浆脂蛋白进行分类。采用超速离心法，血浆脂蛋白分为乳糜微粒、极低密度脂蛋白、低密度脂蛋白和高密度脂蛋白。采用电泳法，血浆脂蛋白分为乳糜微粒、前 β 脂蛋白、β 脂蛋白和 α 脂蛋白。

目前对血浆脂蛋白的组成和作用已研究清楚，乳糜微粒（CM）在小肠上皮细胞合成，主要成分来自食物脂肪，经过乳糜管、胸导管进入血液，其功能是从小肠转运甘油三酯至肝及肝外组织。极低密度脂蛋白（VLDL）由肝细胞合成，主要成分是肝细胞利用脂肪酸和葡萄糖合成的甘油三酯，故为内源性脂肪，其主要生理功能是从肝脏转运甘油三酯至身体的各个组织。低密度脂蛋白（LDL）是肝脏的极低密度脂蛋白转变生成的，它是血浆运送胆固醇及其酯的工具，转运胆固醇等物质至机体各组织。目前认为低密度脂蛋白是一种致动脉粥样硬化的脂蛋白。高密度脂蛋白（HDL）来自肝脏，其颗粒最小，主要成分为磷脂和胆固醇，其功能是摄取肝外组织胆固醇，并将其送至肝脏代谢，因此，高密度脂蛋白被称为胆固醇清道夫，是抗动脉粥样硬化脂蛋白。

2. 高脂血症分类 高脂血症分为单纯性高胆固醇血症、单纯性高甘油三酯血症和混合型高脂血症。由于血液中的脂质是以血浆脂蛋白的形式存在的，因此，高脂血症实质就是高脂蛋白血症。高脂蛋白血症可分为以下 5 型。

Ⅰ型高脂蛋白血症：也称为高乳糜微粒血症，其特点是血甘油三酯明显增高，临床表现为摄入脂肪后反复腹痛，肝脾肿大，在肘、背和臀部可见皮疹样的黄色瘤，眼底检查有脂血症性视网膜炎。这一类型绝大多数为家族性遗传，系脂蛋白脂肪酶存在先天性缺陷，食物中的甘油三酯不能充分分解，导致大量乳糜微粒在血液堆积。

Ⅱ型高脂蛋白血症：称为高 β 脂蛋白血症，也称为家族性高胆固醇血症，其特点是血胆固醇增高，临床表现为眼睑部、手肘、足跟肌腱处有黄色瘤。该型容易导致动脉粥样硬化，约有半数病例小于 40 岁。除家族遗传外，饮食不当是主要原因。Ⅱ型又分成为Ⅱa 和Ⅱb 型，它们的区别在于：Ⅱb 型 LDL 和极低密度脂蛋白（VLDL）水平都升高，而Ⅱa 型只有 LDL 的升高。

Ⅲ型高脂蛋白血症：也称为高 β 脂蛋白血症兼高前 β 脂蛋白血症，其特点是血液中出现一种宽 β 带脂蛋白，血胆固醇和甘油三酯均增高，两者比例相近。这类型多为家族性，比较少见，常伴有肥胖和血尿酸增高。

Ⅳ型高脂蛋白血症：也称为高前 β 脂蛋白血症，特点是内源性甘油三酯含量增高，可能由于肝脏合成甘油三酯增加，或由于周围组织清除甘油三酯能力减弱。表现为血胆固醇和 LDL 基本正常，甘油三酯显著增高，VLDL 增多，可伴随糖耐量异常，血尿酸增高。该类型是一种较为常见的脂类代谢紊乱疾病，导致血管疾病的发病率显著增高，出现视网膜脂血症，局部有黄色瘤。

Ⅴ型高脂蛋白血症：也称为高前 β 脂蛋白血症兼高乳糜微粒血症，为Ⅰ型和Ⅳ型的混合型，可同时兼有两型的特征，临床表现疹状黄色瘤、肝脾肿大、腹痛、脂血症性视网膜炎，以及高血糖、高尿酸血症。这类型不常见，常继发于急性代谢紊乱，如糖尿病酸中毒、糖尿病和肾病综合征等。

3. 与高脂血症密切相关的疾病 高脂血症与动脉粥样硬化和冠心病的关系密切，大量研究表明，除Ⅰ型外，其他四型高脂血症均与冠心病有关，尤其是Ⅱ型和Ⅳ型发生冠心病患者更为多见。低密度脂蛋白胆固醇、极低密度脂蛋白胆固醇是冠心病的危险因素，高密度脂蛋白胆固醇则是保护因素。

胰岛素依赖型糖尿病常出现乳糜微粒和极低密度脂蛋白的异常代谢；非胰岛素依赖型糖尿病发生脂质代谢异常更为普遍，约有 40%的糖尿病患者并发高脂血症。因此，有必要对糖尿病患者定期监测血脂的情况。

脂肪主要在肝脏代谢，肝脏患病时，脂质代谢也随之发生障碍，使脂肪在肝细胞中堆积，导致脂肪肝。脂肪肝时甘油三酯和极低密度脂蛋白含量增高，表现为Ⅳ型高脂蛋白血症。急性病毒性肝炎、药物性肝炎、酒精性肝炎时出现高密度脂蛋白含量降低。部分慢性肝炎患者表现为Ⅱb 型高脂蛋白血症。肝硬化、肝癌患者血脂和脂蛋白含量降低。

包括肾移植和血液透析的肾脏疾病伴有脂质代谢紊乱，最常发生高胆固醇血症。其中以肾病综合征最为突出。

肥胖表现为能量失衡和脂质代谢紊乱，一般甘油三酯含量升高，部分患者血胆固醇增高，主要表现为Ⅳ型和Ⅱb 型高脂蛋白血症。

4. 高脂血症的流行情况　高脂血症是一个常见的疾病，在发达国家，特别是在以动物食物为主的国家广泛流行。随着我国居民生活水平提高和生活方式改变，高脂血症患病率明显升高。《中国心血管报告 2014》指出，2010 年全国调查显示，≥18 岁的男性和女性总胆固醇（TC）≥6.22mmol/L 患病率分别为 3.4%和 3.2%，甘油三酯（TG）≥2.26mmol/L 患病率分别为 13.8%和 8.6%，估计患病人数为 1.6 亿。可见，防治高脂血症对延长寿命、提高生活质量具有重要意义。

（二）临床表现

在真皮内脂质沉积引起黄色瘤、早发性角膜环和脂血症眼底改变；在血管内皮脂质沉积引起动脉粥样硬化，引起早发性和迅速进展性心脑血管及周围血管病变；常与肥胖症、高血压、冠心病、糖耐量异常或糖尿病等疾病同时存在或先后发生。

（三）发病原因

机体的脂蛋白代谢过程极为复杂，脂质来源、脂蛋白合成及脂质代谢过程中的关键酶异常或脂质降解过程的受体通路障碍等，均可能导致血脂异常。高脂血症可分为原发性和继发性两类。

原发性高脂血症与先天性和遗传有关，由单基因、多基因缺陷或环境因素（饮食习惯、体力活动不足、肥胖、年龄增加及吸烟、酗酒等）而引起，使脂蛋白合成、转运和代谢异常。大多数原发性血脂异常原因不明。血浆总胆固醇随年龄增长而升高，女性绝经后雌激素缺乏，总胆固醇升高更明显。随着饮食与血脂关系的研究日益深入，发现原发性肥胖、以肥胖及胰岛素抵抗为特征的代谢综合征是高脂血症的常见原因。流行病学调查发现，膳食脂肪占总能量摄入量 40%以上的地区，高血脂发病率明显升高，膳食中胆固醇与血胆固醇呈正相关。葡萄糖在肝脏中能够转化为甘油三酯，也是血脂的主要来源。摄入大量精制糖，如蔗糖、果糖等，可增加胰岛素分泌，使血清甘油三酯含量增高。酒精抑制脂肪酸氧化，增加甘油三酯的合成。

继发性高脂血症多发生于代谢性紊乱疾病，全身系统性疾病如糖尿病、甲状腺功能减退症、库欣综合征、肝肾疾病、系统性红斑狼疮、骨髓瘤等均可引起继发性高脂血症。某些药物如噻嗪类利尿剂、β 受体阻滞剂等和大量使用糖皮质激素也可促进脂肪分解，引起血浆总胆固醇和甘油三酯水平升高，导致高脂血症。

（四）诊断

根据病史、体征和血脂测定可明确诊断。询问病史包括个人的饮食和生活习惯，引起继发性血脂异常的相关疾病，引起血脂异常的药物应用史，以及家族史。体格检查注意黄色瘤、角膜环和脂血症眼底改变等特征。《中国成人血脂异常防治指南（2007 年）》规定，中国人血清 TC 的合适范围为<5.18mmol/L（200mg/dL），5.18～6.19mmol/L（200～239mg/dL）为边缘升高，≥6.22mmol/L（240mg/dL）为升高。血清 LDL-C 的合适范围为<3.37mmol/L（130mg/dL），3.37～4.12mmol/L（130～159mg/dL）为边缘升高，≥4.14mmol/L（160mg/dL）为升高。血清 HDL-C 的合适范围为≥1.04mmol/L（40mg/dL），≥1.55mmol/L（60mg/dL）为升高，<1.04mmol/L（40mg/dL）为减低。TG 的合适范围为<1.70mmol/L（150mg/dL），1.70～2.25mmol/L（150～199mg/dL）为边缘升高，≥2.26mmol/L（200mg/dL）为升高。原发性高脂血症要进行病因诊断，需进行相关基因与 LDL 受体分析、酶活性或其他特殊检查才能确诊。

（五）治疗

高脂血症治疗的主要目的在于纠正血脂谱异常，尽量降低心脑血管病的发病风险和死亡率。治疗原则：继发性高脂血症以治疗原发病为主，并适当结合饮食控制和调脂药物治疗。例如，糖尿病或甲状腺功能减退症被控制后，血脂有可能恢复正常；原发性高脂血症采用综合性的治疗措施，治疗性生活方式改变（therapeutic lifestyle change，TLC）为首要、基本的治疗措施，药物治疗需严格掌握指征，必要时考虑血浆净化疗法或外科治疗。

一般治疗主要包括纠正不良生活方式、控制体重、运动锻炼和戒烟等。体质指数（BMI）和身体脂肪的分布与血脂水平密切相关，中心型肥胖者更容易发生高脂血症，体重减轻后，血脂紊乱亦有所改善。体育运动增强心肺功能，降低血浆甘油三酯和胆固醇水平，升高高密度脂蛋白胆固醇水平。运动形式以中速步行、慢跑、游泳、跳绳、做健身操、骑自行车等有氧活动为宜。运动强度一般是运动后的心率控制在个人最大心率的 80%左右。每周至少活动 3～4 次，每次 30min。研究发现，停止吸烟一年后血浆高密度脂蛋白胆固醇可上升至不吸烟者的水平，冠心病的危险程度可降低 50%，甚至接近于不吸烟者。

控制饮食治疗可以降低肥胖者体重，使血浆胆固醇水平降低 5%～10%，增加脂蛋白酶活性，并使降脂药物发挥出最佳的效果。通过饮食治疗常可使多数Ⅲ型高脂蛋白血症恢复正常。控制饮食的内容包括：限量摄入胆固醇和饱和脂肪酸含量多的食物，如蛋黄、动物内脏和肥肉；选择胆固醇含量低的食物，如蔬菜、豆制品、瘦肉、海蜇等；尤其是多吃含纤维素多的蔬菜，可以减少肠内胆固醇的吸收；少吃煎炸食品，做菜少放油，选择含较多不饱和脂肪酸的植物油，如花生油、豆油、菜籽油等；限制甜食的摄入。

不同类型高脂血症的饮食控制各有侧重。Ⅰ型采用低脂饮食。Ⅱ型重点限制胆固醇和饱和脂肪酸，对于Ⅱb 型合并肥胖的患者，应控制总热量和碳水化合物的摄入。Ⅲ型和Ⅳ型控制总热量，维持理想体重，Ⅲ型避免食用胆固醇丰富的食物，Ⅳ型限制胆固醇不超量。Ⅴ型既限制脂肪，也控制碳水化合物，限制胆固醇不超量。

调脂药物治疗：常用药物有他汀类（体内胆固醇合成的重要限速酶羟甲基戊二酰辅酶 A 还原酶抑制剂）和贝特类（增强脂蛋白脂酶的活性）两类。为了观察药物的有效性和安全性，应每隔 1～3 个月复查血脂，并根据血脂水平适当调整调脂药物的种类和剂量。定期复查肝肾功能、肌酸磷酸激酶、血糖、血尿酸及心电图等。

手术治疗：严重的高脂血症和重度肥胖者可考虑回肠末端部分切除术、门-腔静脉分流吻合术、胃搭桥术或胃成形术。

（六）开发调节血脂功能食品的原料

具有调节血脂活性的食物有香菇、木耳、大蒜、茶叶、海带、海藻、新鲜的蔬菜和水果等。具有调节血脂活性的营养素有不饱和脂肪酸、膳食纤维、维生素 C、维生素 B 族、维生素 E、碘、铬和锌等。具有调节血脂活性的植物化学物有多酚（如花色苷）、皂苷、植物固醇、有机硫化物、黄酮类化合物、白藜芦醇和生育三烯酚等。具有调节血脂活性的中草药有枸杞、银杏叶、麦根须、茉莉花、金银花、灵芝、香菇、山楂和花粉等。

二、糖尿病

（一）糖尿病概述

糖尿病（diabetes mellitus）是在遗传和环境因素共同作用下，由体内胰岛素绝对或相对不足而引起的一组以糖代谢紊乱为主要表现的临床综合征。1999 年 WHO 糖尿病专家委员会提出了病因学分型标准，主要分为Ⅰ型糖尿病（胰岛 β 细胞破坏，胰岛素绝对缺乏）、Ⅱ型糖尿病（胰岛素抵抗）、特异型糖尿病及妊娠糖尿病。

糖尿病是一种常见病，其特点是血糖及尿糖增高，常伴有脂肪和蛋白质代谢紊乱。糖尿病按病因可分为原发性和继发性糖尿病两大类。原发性糖尿病占绝大多数，一般可分为胰岛素依赖型和非胰岛素依赖型。胰岛素依赖型患者体内胰岛素分泌极少，对外源性胰岛素绝对依赖，胰岛素缺乏会出现酮症酸中毒。临床上“三多一少”（多饮、多食、多尿，身体消瘦）症状明显。非胰岛素依赖型患者体内胰岛素分泌量并不少，但是胰岛素的效应得不到正常发挥，一般控制饮食或口服降糖药治疗即可有效控制。

1. 血糖的调节　人体的血糖相对稳定，一般正常空腹血糖维持在 80～120mg/dL 水平，为大脑和血细胞等组织细胞提供能量，维持其正常功能。若大脑不能获得足够葡萄糖，便会出现低血糖昏迷。可见，血糖恒定对人体有着重要的生理意义。

在调节糖代谢和保持血糖水平恒定方面，激素起着非常主要的作用。血糖的调节是由降低血糖水平的激素——胰岛素，以及升高血糖水平的激素——胰高血糖素、肾上腺素、糖皮质激素、甲状腺素和生长激素等综合作用的结果。

胰岛素由胰岛 β 细胞分泌，其作用是促进多种组织细胞摄取葡萄糖，降低血糖，控制血糖上升，具体表现为：促使葡萄糖进入细胞，并促进其在细胞内氧化分解；促进葡萄糖合成肝糖原及肌糖原；促进葡萄糖转化为脂肪；促进葡萄糖转化成某些氨基酸；抑制蛋白质的糖原异生作用，并抑制脂肪的氧化。

升高血糖水平的激素能够促使葡萄糖的来源增多，糖原分解加速，糖异生作用加强，而糖的利用消耗减少，在肌肉及脂肪组织中，葡萄糖进入细胞膜减慢，其结果是血糖升高。

糖尿病以糖代谢紊乱为主，本质是血糖的来源与去路之间失去正常的动态平衡，糖代谢发生障碍，能量代谢不足。为满足机体能量需要，机体会分解脂肪和部分蛋白质来氧化供能。机体大量动用脂肪，以致肝内生成很多酮体，超过肝外细胞转化利用能力，体内酮体堆积而导致酮血症和酮尿症，引起代谢性酸中毒。由于胰岛素分泌不足，体内脂肪合成减慢，血浆脂质增多，导致高血脂。蛋白质进行氧化分解，出现负氮平衡，机体消瘦，免疫力降低，伤口不易愈合。血液中氨基酸和非蛋白氮浓度增高，尿中氨化物及有机酸增多，影响水及酸碱平衡，发生脱水和酸中毒。

2. 糖尿病的流行情况　随着人们生活水平的提高、人口老化和生活方式改变，糖尿病患病率正在迅速增加，呈逐渐增长的流行趋势，发展中国家尤为明显。2011 年 WHO 调查报告显示，全世界有 3.47 亿人患有糖尿病。其中，90%以上的糖尿病病例为Ⅱ型糖尿病。近年来我国糖尿病患病率以惊人速度增长，糖尿病患者总数从 1995 年的 2500 万增长到 2013 年的 1.5 亿，患病人数居世界首位，糖尿病患病率已达 9.7%，城市高于农村。糖尿病已成为严重威胁人类健康的世界性公共卫生问题。

（二）临床表现

糖尿病典型的临床表现为多饮、多食、多尿，身体消瘦，即“三多一少”症状。血糖升高有渗透性利尿作用，表现为饮水量明显增加和尿量增加；糖尿病患者细胞摄取和利用葡萄糖不足，并且有大部分葡萄糖随尿排出，体内缺乏能源，脂肪和蛋白质消耗增多，引起乏力和体重减轻；由于患者常感饥饿，因此，有多食现象。一般Ⅰ型糖尿病有典型临床表现；Ⅱ型糖尿病发病缓慢，症状相对较轻，半数以上无任何症状。

糖尿病对健康的危害不在糖尿病本身，而在其诱发的并发症，包括糖尿病性血管病变，如冠心病、脑血管疾病和周围血管疾病等，以及糖尿病性微血管病变，如肾病、神经病变和视网膜病变等。糖尿病患者动脉粥样硬化性疾病的患病率高（是正常人群的 2～4 倍），发病年龄较轻，病情进展较快。微血管病变是糖尿病的特征性并发症，表现为微循环障碍、微血管瘤形成和微血管基底膜增厚。其损害几乎可累及全身各组织器官，主要表现为视网膜病变、糖尿病肾病和糖尿病神经病变。

此外，糖尿病患者经常反复发生疖、痈等皮肤化脓性感染，严重时导致败血症和脓毒血症；有时出现皮肤真菌感染，如足癣、体癣、女性真菌性阴道炎和巴氏腺炎，多为白念珠菌感染所致。糖尿病合并肺结核也较为常见，表现为结核病灶多呈渗出干酪性，易扩展播散并形成空洞。

（三）发病原因

糖尿病的病因和发病机制是十分复杂的，尚未完全阐明。正常情况下，胰岛 β 细胞合成和分泌的胰岛素经血液循环到达体内各组织器官的靶细胞，与特异受体结合并引发细胞内物质代谢效应。如果在遗传及环境因素共同作用下，胰岛素合成、分泌、运输、与受体结合及发挥作用的整个过程中任何一个环节发生异常，均可导致糖尿病。据研究报道，糖尿病患者有家族史者占 25%～40%。临床上至少有 60 种以上的遗传综合征可伴有糖尿病。流行病学研究表明，肥胖、高热量饮食、体力活动不足及年龄增长是Ⅱ型糖尿病最主要的环境因素。患Ⅱ型糖尿病的中国人和日本人中有 30%肥胖，北美人 60%～70%肥胖。

目前认为Ⅰ型糖尿病是一种由淋巴细胞介导的、以免疫性胰岛炎和选择性胰岛 β 细胞损伤为特征的自身免疫性疾病，其诱因是病毒（柯萨奇病毒、风疹病毒、腮腺病毒）感染胰岛 β 细胞后发生炎症。约 90%Ⅰ型糖尿病新发病例血中有多种胰岛 β 细胞自身抗体，如胰岛细胞自身抗体、胰岛素自身抗体、谷氨酸脱羧酶自身抗体及酪氨酸磷酸酶自身抗体等。

大多数Ⅱ型糖尿病是多个基因及多种环境因素共同参与的复杂疾病。Ⅱ型糖尿病表现为胰岛素抵抗或胰岛 β 细胞功能缺陷即胰岛素分泌不足。与胰岛素抵抗有关的主要因素有：①胰岛素受体底物 1 和 2（IRS-1、IRS-2）；②葡萄糖转运蛋白（GLUT）；③胰岛素受体；④解偶联蛋白（UCP）。与胰岛 β 细胞功能缺陷有关的因素有：①葡萄糖激酶（GCK）；②葡萄糖转运蛋白；③线粒体缺陷；④胰岛素原加工（proinsulin processing）障碍；⑤胰岛素结构异常。

（四）诊断

大多数Ⅱ型糖尿病患者无明显症状，为了尽可能早期诊断和治疗，需关注的诊断线索包括：年龄超过 45 岁，肥胖或超重，有糖尿病或肥胖家族史，出现糖尿病的某种并发症。糖尿病诊断以血糖异常升高作为依据，根据 WHO（1999 年）标准，空腹血糖大于或等于 7.0mmol/L，或随机血糖大于或等于 11.1mmol/L 即可诊断为糖尿病，可根据血糖升高程度进行分型。当 6.1mmol/L≤空腹血糖浓度<7.0mmol/L 时，可诊断为空腹血糖受损，需进行口服葡萄糖耐量试验（OGTT）；OGTT 2h 血糖≥11.1mmol/L 可诊断为糖尿病，血糖为 7.8～11.1mmol/L 为糖耐量减退（也称糖耐量异常），<7.8mmol/L 为正常。一般重复一次确认，诊断才能成立。

（五）治疗

目前尚无根治糖尿病的方法，但通过多种治疗手段可以控制糖尿病。治疗要做到早期、长期、积极、理性及治疗措施个体化。治疗目标为：纠正代谢紊乱，消除症状，防止或延缓并发症的发生，降低病死率，提高患者生活质量。国际糖尿病联盟（IDF）提出了治疗糖尿病的 5 个要点：医学营养治疗、运动治疗、血糖监测、药物治疗和糖尿病教育。其中，医学营养治疗是基本的措施。部分轻型糖尿病患者，单独营养治疗即可控制病情；需用胰岛素或口服降糖药物治疗的糖尿病患者，也必须配合营养治疗。

1. 医学营养治疗　营养治疗的内容：合理控制总能量；提高复合碳水化合物摄入（每日主食 250～400g），以粗粮为宜，禁食精制糖；蛋白质供给接近正常人标准（每千克体重约 1g），其中至少有 1/3 的优质蛋白质；控制脂肪和胆固醇的量，尤其是饱和脂肪酸的摄入量；补充维生素与无机盐；膳食纤维要充足。其中，机体总能量的确定最关键，总能量要根据患者的年龄、性别、身高、体重、生活习惯、体力活动量、病情等综合因素来确定。

2. 运动治疗　运动和体力活动可降低体重，减少身体脂肪量，增强体力，改善机体对胰岛素的敏感性，提高生活质量。应根据患者年龄、性别、体力、病情及有无并发症等状况确定运动的时间和强度。在众多运动当中，患者应尽量选择感兴趣的运动项目，如散步、快步走、健美操、跳舞、打太极拳、跑步和游泳等。

3. 血糖监测　建议患者用便携式血糖计进行定期自我监测血糖，每 3～6 个月定期复查糖化血红蛋白，了解血糖总体控制情况，及时调整治疗方案。每年 1～2 次全面复查，了解血脂以及心、肾、神经和眼底情况，尽早发现有关并发症，给予相应治疗。

4. 药物治疗　经过饮食控制、运动、降低体重等治疗后，疗效不理想的Ⅱ型糖尿病患者可用口服药物治疗。常用药物有磺脲类药物、双胍类和 α-葡萄糖苷酶抑制剂。磺脲类药物降糖机制主要是刺激胰岛素分泌，适用于有一定胰岛功能的非肥胖患者。双胍类降糖药降糖的主要机制是增加外周组织对葡萄糖的利用，增加葡萄糖的无氧酵解。α-葡萄糖苷酶抑制剂可与磺脲类、双胍类或胰岛素联用。当患者发生严重肝肾功能不全，合并严重感染或酮症酸中毒时禁止使用药物治疗，糖尿病孕妇也禁止使用药物治疗。

胰岛素治疗是糖尿病的最常见治疗方法。胰岛素制剂有动物胰岛素、人胰岛素和胰岛素类似物。根据作用时间分为短效、中效和长效胰岛素，胰岛素治疗的最大不良反应为低血糖。

（六）开发调节血糖功能食品的原料

粗粮和杂粮能使血糖上升缓慢，比如玉米面、高粱米、小米和荞麦面等；绿叶蔬菜含碳水化合物少，含膳食纤维多，增加饱腹感；选用多不饱和脂肪酸含量高的植物油，如花生油、豆油和玉米油等。研究发现，对糖尿病有益的食物有番石榴和苦瓜等。对糖尿病有益的中草药有亚腰葫芦、椿龟根、人参、葛根和玉竹等。

具有降糖作用的食物营养素有铬、膳食纤维和维生素 B 族，具有降糖活性的植物化学物有硫辛酸、褪黑素、番石榴多酚、苦瓜皂苷、薯蓣皂苷、磺脲丁酸、木耳多糖和紫菜多糖等。

三、衰老

（一）衰老概述

自然界一切生物都有衰老（senility）和死亡现象。衰老是生物在生命过程中，整个机体器官形态和结构发生改变，功能逐渐衰退的过程。衰老分为生理性衰老和病理性衰老。如何使人类有限的生命时间延长和质量提高一直是人们关心的问题。研究发现，运用多种养生保健手段，可以延缓机体衰老的进程，实现健康长寿。

衰老的影响因素包括：遗传因素、神经-内分泌因素、免疫因素、食物营养因素、环境因素、社会因素和生活方式等。其中，探讨饮食与衰老的关系一直是营养学和医学专家研究的重点。维持人体生命活动的能量来源于食物。人体的能量需求与能量消耗相平衡，并且，膳食中三大产热营养素（蛋白质、脂类和碳水化合物）的比例恰当才能维持身体健康，避免疾病，预防早衰。

Mccay（1935）提出的终身限食、成年限食或隔日喂食都可以延长鼠类的寿命。早期限食可抑制动物生长，延缓成熟期，使生理性衰老放慢。一项对 65 岁以上老年人的隔日限食实验发现限制能量摄入能够使老年人的 3 年死亡率减低一半。实验显示，以相同能量的饲料喂养动物，高脂肪饲料促使胶原的老化，容易引起衰老。流行病学资料显示，缺乏膳食纤维是许多老年病（如肠道癌症、高脂血症、冠心病、糖尿病、便秘、痔疮等）的直接或间接原因之一，容易导致病理性衰老。维生素 E、维生素 A 和维生素 C 有抗氧化作用，与延缓衰老有关。

国际上通常把 60 岁以上的人口占总人口比例达到 10%，或 65 岁以上人口占总人口的比例达到 7%，作为国家或地区进入老龄化社会的标准。全世界 60 岁以上老年人口总数已达 6 亿，引起了联合国及世界各国政府的重视和关注。2010 年第六次全国人口普查发现，我国 60 岁及以上人口占 13.26%，比 2000 年人口普查上升 2.93 个百分点，其中 65 岁及以上人口占 8.87%，比 2000 年人口普查上升 1.91 个百分点。可见，老龄化进程逐步加快。

（二）衰老的表现

衰老的外部表现为皱纹、驼背、行动迟缓等，内部表现为各器官系统的功能降低或逐渐衰竭，最终结果是死亡。与正常生理性衰老相比，疾病更容易导致器官的衰退和功能丧失。随着年龄增大，机体的衰老体现在很多方面。常见衰老的外部表现为：眼睛老花（眼睛不容易聚焦在近物上）；老年性耳聋（对高音调的听觉减弱）；皮下脂肪减少，皮肤变薄，皮肤失去弹性，皱纹增多；汗腺与皮脂腺分泌减少使皮肤干燥，缺乏光泽；脸或手等处可见老年斑沉着；身高下降，脊柱弯曲；须发灰白，脱发甚至秃顶；眼睑下垂，角膜外周出现老年环；牙齿脱落；反应迟钝，步履缓慢；面部表情渐趋呆滞；记忆力减退，注意力不集中；语言重复；骨质变脆，易骨折；关节活动能力下降，易患关节炎；肌纤维数量下降，直径减小，肌肉萎缩；尿急、尿频、尿失禁等。

研究发现，各组织器官开始衰老的时间不同。脸部皮肤：女性 25 岁，男性 35 岁；肺：20 岁；头发变白：男性 30 岁，女性 35 岁；肌肉：30 岁；骨骼：35 岁；乳房：35 岁；心脏：40 岁；牙齿：40 岁；眼睛：40 岁；记忆力：40 岁；肾：50 岁；前列腺：50 岁；听力：55 岁；肠：55 岁；舌和鼻子：60 岁；声带：65 岁；膀胱：65 岁；性器官：男 65 岁，女 55 岁；肝脏：70 岁。可见，肝脏似乎是体内唯一能抗衰老的器官。

（三）衰老的原因

衰老是一切生物的自然过程，发生机制尚不清楚，目前存在几种衰老的理论或学说。

1. 衰老的自由基学说　1995 年由英国的 Harman 最早提出，自由基衰老学说被认可的程度最高，它认为机体的衰老是大量氧自由基作用的结果。体内的氧自由基产生过多时，不仅引起脂质过氧化，形成脂褐素，而且，还破坏细胞及其组成成分，引起 DNA 突变和蛋白质与酶的变性，从而加速衰老。因此，衰老过程可能就是细胞和组织中不断进行着自由基损伤的过程。

2. 衰老的基因控制理论　生物体的衰老与基因的调控有关。不同种类生物和同一种群不同个体之间的寿命差异很大，并且这种差异有遗传倾向。衰老是在基因调控下的一系列连续发生的事件，即程序性衰老，也有理论认为真核细胞基因的随机性改变导致的错误积累是引起衰老的原因。

3. 衰老的代谢失调学说　从生物化学的观点来看，生命的物质基础是代谢，如果代谢途径和细胞组成成分的更新发生衰退性变化，最终可导致细胞、组织、器官和整个机体形态及功能的衰老。因此，衰老始于机体的代谢，遗传因素决定代谢的特点，体内外不良环境因素影响代谢的过程，引起机体细胞代谢失调，进而发生细胞结构和功能的改变，即出现生物的衰老。

4. 衰老的脑中心学说　机体的衰老过程始于中枢神经系统，其他组织器官的衰老是大脑衰老后的结果。老年人脑的重量减少 7%～10%，大脑皮层神经元在 70～90 岁内减少 30% 左右。神经元减少导致神经系统在结构、功能及生化等方面发生变化，如核酸、蛋白质和神经介质的改变，研究发现，神经介质合成有关酶如单胺氧化酶（MAO）的活性随年龄增加而活性增加，控制丘脑的中央衰老。

5. 衰老的免疫学说　人和动物衰老时胸腺退化，衰老至少部分起因于机体免疫功能的改变。机体免疫功能改变的特点是对外源性抗原免疫应答（细胞免疫和体液免疫反应）能力进行性降低，而对自身抗原免疫应答增强。其结果是机体容易发生感染和自身免疫疾病，启动或加速机体的衰老过程。

（四）延缓衰老

延缓衰老的措施有：养成良好的生活习惯；科学合理地安排膳食；保持轻松愉快的心情；适当地进行文娱和体育活动；预防和控制各种疾病；等等。人体的能量和营养素均来自于食物，合理营养和平衡膳食有助于保持机体的生理功能，以及预防和控制代谢性疾病，获得延缓衰老的效果。运动是保持健康和延缓衰老的有效措施之一。自古至今，养生学上都积极主张运动，只要坚持适量的体育运动，对健康和长寿都是有益的。

（五）开发延缓衰老功能食品的原料

具有延缓衰老活性的食物有：海参、灵芝、银耳、蜂王浆、蜂蜜、黑木耳、香菇和百合等。目前认定的抗衰老的中草药有：人参、党参、黄芪、玉竹、麦饭石、当归、黄精、冬虫夏草、黄柏、猪苓、枸杞、大黄、桑葚、三七和杜仲等。具有延缓衰老活性的生物活性食物成分有褪黑素、β-胡萝卜素、番茄红素、白藜芦醇、花香素苷和槲皮素等。

四、肥胖

（一）肥胖概述

肥胖（obesity）是指体内脂肪堆积过多或分布异常，表现为体重增加或体形变化的一种多因素慢性代谢性疾病。肥胖可分为三大类。①遗传性肥胖：主要指遗传物质发生改变而引起的肥胖，这种肥胖比较罕见。②继发性肥胖：主要指由于下丘脑-垂体-肾上腺轴发生病变、内分泌紊乱，以及疾病或外伤等引起的内分泌障碍而导致的肥胖，如甲状腺功能减退症、皮质醇增多症、胰岛素瘤性功能减退症、女性更年期综合征及少数多囊卵巢综合征、男性无睾综合征。③单纯性肥胖：主要是指排除遗传性肥胖和继发性肥胖，由于营养过剩所造成的全身性脂肪过量积累，也常表现为家族聚集倾向。

肥胖是一种复杂的代谢失调症，影响机体的生理功能，诱发多种疾病的发生。肥胖与糖尿病、高血压、高脂血症、高尿酸血症、缺血性心脑疾患、癌症、变形性关节炎、骨端软骨症、月经异常、妊娠和分娩异常等很多疾病有明显的关系。

1. 肥胖对儿童健康的危害 近年来，随着儿童肥胖率的增加，人们更加关注肥胖对儿童健康的影响。

（1）肥胖对心血管系统的影响。肥胖可导致儿童血黏度增高；血总胆固醇、低密度脂蛋白胆固醇的浓度显著增加；左室射血时间和心搏出量高于正常体重儿童；血压明显增高；部分儿童出现左心功能不全和动脉顺应性改变。肥胖儿童有发生心血管疾病的潜在风险。

（2）肥胖对呼吸系统的影响。肥胖儿童的肺活量和每分钟通气量明显低于正常儿童，导致混合型肺功能障碍。极限运动时肥胖儿童的最大耐受时间、最大摄氧量及代谢当量明显低于正常儿童。

（3）肥胖对内分泌系统和免疫系统的影响。肥胖儿童的生长激素和泌乳素大都处于正常的低值；三碘甲状腺原氨酸升高；肥胖男童血清睾酮降低而血清雌二醇增加，肥胖女童雌激素代谢亢进，可发生高雌激素血症；肥胖儿童胰岛素增多，糖代谢障碍，容易发生糖尿病。肥胖儿童免疫功能紊乱，细胞免疫功能低下最为突出。

（4）肥胖对生长发育的影响。尽管肥胖儿童能量摄入高，但是常出现钙和锌摄入不足的现象。人群流行病学调查发现，肥胖组骨龄均值大于对照组；肥胖组拇指内侧种籽骨萌出率高于对照组，肥胖女童第二性征发育显著早于对照组。

（5）肥胖对儿童智力和心理行为的影响。智力和行为综合测试发现，肥胖组行为商数明显低于对照组。肥胖男童倾向于抑郁和情绪不稳，肥胖女童倾向于自卑和不协调。肥胖儿童的自我意识受损、自我评价低、不合群、更容易焦虑、幸福和满足感差。肥胖儿童的反应速度、阅读量、大脑工作能力指数等指标的均值低于对照组。

2. 肥胖对成人健康的危害　肥胖对成人的健康具有多方面的危害。国外流行病学调查发现，当 BMI 为 22～25kg/m^2 时，人群死亡率最低。肥胖可增加死亡的危险性，有研究表明，中等程度的肥胖（BMI≥27kg/m^2）死亡率明显上升；BMI 为 30kg/m^2 的人死亡率增加更明显；当 BMI 接近 40kg/m^2 时死亡率达到最高峰。肥胖导致死亡率增加的原因是增加了慢性病的发病风险。

（1）肥胖增加慢性病发病风险，大规模人群流行病学研究表明，肥胖是多种慢性病（高脂血症、糖尿病、高血压、心脑血管疾病或某些癌症等）直接和独立的危险因素。其可能机制是肥胖引起脂类及糖类代谢紊乱，表现为血脂升高、胰岛素抵抗、氧化应激、低程度慢性炎症、激素代谢紊乱和脂肪分泌的细胞因子紊乱。这些生理病理变化可直接或间接诱导慢性病的发生。当多种代谢异常同时发生在一个个体，就出现“代谢综合征”。

（2）肥胖引起肺功能异常，发生极度肥胖时，患者出现肺部明显的贮备容积减少和动脉氧饱和度降低，严重时出现梗阻性睡眠呼吸暂停和肥胖性低通气量综合征。

（3）肥胖诱发胆囊病。研究证实，20～30 岁肥胖妇女比正常体重妇女患胆囊病的风险高 6 倍，60 岁肥胖妇女中近 1/3 发生胆囊病，其可能机制是肥胖者胆固醇合成增加，从而增加了胆囊中胆汁的排出量。

3. 肥胖的流行情况　目前，肥胖患病率正以惊人的速度在全球范围内增长和蔓延。2008 年 WHO 公布世界成人超重 14 亿，其中 2 亿多男性和近 3 亿女性为肥胖。随着居民膳食结构和生活方式的改变，我国肥胖患病率亦呈现出快速增长的趋势。早在 2002 年“中国居民营养与健康状况调查”结果显示，成人超重率为 22.8%，肥胖率为 7.1%，估计超重和肥胖人数分别为 2 亿和 6000 多万，10 年后超重和肥胖率会有所增长，但是目前未见权威数据发布。

（二）临床表现

轻度肥胖症多无症状。中重度肥胖症可引起气急、关节痛、肌肉酸痛、体力活动减少，以及焦虑、忧郁等。临床上肥胖症、血脂异常、脂肪肝、高血压、冠心病、糖耐量异常或糖尿病等疾病常同时发生，即代谢综合征。肥胖可使心脏肥大、后壁和室间隔增厚。肥胖诱发高血压、多种血脂紊乱和多种肺功能异常（如肥胖性低换气综合征），临床以嗜睡、肥胖、肺泡性低换气症为特征，常伴有暂时阻塞性睡眠呼吸困难。肥胖还并发胆囊疾病、高尿酸血症和痛风、骨关节病、静脉血栓、生育功能受损及某些癌肿（女性乳腺癌、子宫内膜癌，男性前列腺癌、结肠和直肠癌等）高发。严重肥胖症患者存在一定心理负担，自我感觉和社会关系不佳。

（三）发病原因

肥胖发生的根本原因是机体的能量摄入大于能量消耗，从而使多余的能量以脂肪形式贮存，最终导致肥胖。肥胖发生的原因大体上可分为内因和外因。内因主要是指肥胖发生的遗传生物学基础。遗传因素表现在两个方面：一是遗传因素起决定性作用，从而导致一种罕见的畸形肥胖（即遗传性肥胖）；二是遗传因素与环境因素相互作用而导致肥胖（常见于单纯性肥胖），其中，遗传因素占40%～70%，环境因素占30%～60%；也有学者认为遗传因素只占30%，而环境因素却占60%以上。肥胖发生的外因主要包括饮食营养因素和体力活动，社会环境、生活方式和行为心理等因素通过影响饮食营养和体力活动而发挥了重要作用。

1. 饮食营养因素 饮食营养因素主要体现在生命早期营养、膳食结构和食物摄入量三个方面。

（1）生命早期营养对成年肥胖的影响。生命早期是指胎儿期、哺乳期和1～3岁期。此时机体处于旺盛的生长阶段，对外界各种刺激非常敏感，并且会发生代谢程序化。这种代谢程序化对成年后的肥胖及相关慢性病的发生、发展有重要影响。其中，生命早期饮食营养因素对成年后肥胖的影响得到了公认。研究发现，妊娠期孕妇营养缺乏或过剩、婴儿完全人工喂养、婴儿过早断乳及过早添加辅食、婴幼儿期营养过剩这些因素是导致成年后肥胖的危险因素，而母乳喂养则是保护因素。

（2）膳食结构对肥胖发生的影响。膳食结构是摄入食物的种类、数量和比例。合理的膳食结构可维持机体正常营养、健康状态，以及预防和控制肥胖。目前以动物性食品为主的膳食结构很流行，其特点是动物性食物如牲畜肉和蛋类食物比例增高；油脂类消费比例明显增加；能量摄入高；谷类食物消费少。其结果是能量过剩和脂肪过剩，诱导肥胖发生。

（3）摄食量大对肥胖的影响，即使并不摄入高脂和高能量膳食，而摄入平衡膳食，只要摄食量过大，同样会导致机体能量过剩，而导致肥胖。引起摄食量过大的因素主要包括以下几个方面。①遗传因素：一些基因决定了摄食量比一般正常人大。②社会、环境及心理因素：食物来源丰富，可供选择食物种类多样化，快餐食品、高能量饮料等因素均可导致能量摄入过多，另外，宗教信仰、受教育程度及文化习俗等均影响人们对食物的选择。③个人饮食习惯：进食速度过快、咀嚼次数过少、暴饮暴食、进食时间过长、吃零食、吃夜宵、晚餐过饱等习惯均是肥胖的高危因素。

2. 体力活动因素 现代社会由于交通发达，步行的时间明显减少；由于工业、农业生产的机械化和自动化，体力劳动强度明显减轻；由于电视机、电冰箱的普及和办公的现代化，人们的体力活动明显减少。另外，现代社会繁忙的工作和激烈的竞争压力，使身体锻炼和运动的时间越来越少。总之，体力活动和运动减少，导致机体能量消耗减少，能量就会失去平衡，发生能量过剩，这是导致肥胖发生的一个非常重要因素。

（四）诊断

肥胖症多发生于女性，常有肥胖家族史；一般有进食过多或运动不足病史。

目前常用诊断或判定肥胖的方法可分为三大类，分别为人体测量法（anthropometry）、物理测量法（physicometry）和化学测量法（chemometry）。

1. 人体测量法 人体测量法包括身高（body height）、体重（body weight）、胸围（chest circumference)、腰围（waist circumference)、臀围（hip circumference)、肢体的围度（limbs circumference）和皮褶厚度（skin fold）等参数的测量。人体测量法不适用于机体肌肉组织和骨骼特别发达、体重较大的个体。常用的有身高标准体重（standard body weight determined by height）法、体质指数（BMI）法、腰围和腰臀比法和皮褶厚度法 4 种方法。

1）*身高标准体重法*　这是 WHO 推荐的传统方法，肥胖度(%)＝[实际体重(kg) –身高标准体重(kg)]/身高标准体重(kg) ×100%。判断标准是：凡肥胖度≥10%为超重；20%～29%为轻度肥胖；30%～49%为中度肥胖；≥50%为重度肥胖。

2）*体质指数法*　近几年国外学者主张使用 BMI 衡量肥胖程度，但是判定标准尚未统一。WHO 建议，BMI<18.5kg/m^2 为消瘦，18.5～24.9kg/m^2 为正常，25～29.9kg/m^2 为超重，≥30kg/m^2 为肥胖。亚洲标准为 BMI 18.5～22.9kg/m^2 为正常，23.0～24.9kg/m^2 为超重，≥25kg/m^2 为肥胖。2003 年，我国提出成人 BMI 标准，BMI 18.5～22.9kg/m^2 为正常，24.0～27.9kg/m^2 为超重，BMI≥28.0kg/m^2 为肥胖。

3）*腰围和腰臀比法*　肥胖者体内脂肪分布部位的不同，对健康的影响有着明显的不同。上身性肥胖（中心性肥胖）常见于男性，以腹部或内脏脂肪增多为主，患心血管疾病和糖尿病的危险性显著增加，同时死亡率亦明显增加；而下身性肥胖常见于女性，以臀部和大腿脂肪增多为主，患上述疾病的危险性相对较低。WHO 规定男性腰围≥102cm、女性腰围≥88cm，或男性腰臀比≥0.9、女性腰臀比≥0.8 作为上身性肥胖的标准。我国的将男性腰围≥85cm、女性腰围≥80cm 作为上身性肥胖的标准。

4）*皮褶厚度法*　用皮褶厚度测量仪（Harpenden 皮褶卡钳）测量肩胛下、上臂肱三头肌腹、髂骨上嵴和脐旁 1cm 处皮褶厚度。皮褶厚度一般不单独作为判定肥胖的标准。

2. 物理测量法　根据物理学原理测量人体成分，从而推算出体脂的含量。常用的方法包括全身电传导、生物电阻抗分析和双能 X 射线吸收等。计算机控制断层扫描和磁共振扫描可测量骨骼重量，以及体脂在体内和皮下的分布，但其费用相对较昂贵。

3. 化学测量法　依据中性脂肪不结合水和电解质的特性，将机体的组织成分用无脂的成分为基础来计算。通过分析人体去脂体质（fat free mass，FFM）即瘦体质中一种组分（如水、钾或钠）的量，就可以估计出机体 FFM 的多少，然后用体重减去 FFM 的重量就是体脂的量。常见的化学测定法包括稀释法、^{40}K 计数法和尿肌酐测定法。

（五）治疗

肥胖是一种复杂的代谢紊乱，增加多种慢性病的发病风险。因此，肥胖的防治不仅关注体重和体脂的减少，还要重视代谢紊乱的纠正。主要措施是：在公众中宣传肥胖对人类健康的危害；纠正不良生活习惯，多参加户外活动和体育锻炼；指导居民合理膳食，改正不良饮食习惯；必要时进行药物治疗和手术治疗。

1. 膳食减肥　肥胖是能量过剩的结果，控制能量摄入和增加能量消耗是调节能量负平衡进而减肥的两个主要途径。肥胖的膳食防治原则主要包括：控制总能量摄入；改变宏量营养素的构成；多摄入低血糖生成指数膳食；补充维生素和矿物质；补充减肥活性物质。

（1）控制总能量摄入。预防和治疗肥胖必须控制食物能量摄入，每天只要减少 500kcal[①]

① 1cal=4.186J

的能量摄入，就能达到每周减轻 0.5kg 体重的效果。能量减少过多，不仅会影响或损害身体健康，而且还难以坚持。减肥膳食的供能营养素构成为蛋白质、脂肪和碳水化合物的供能比分别为 15%、<30%和 50%～55%。

（2）改变宏量营养素构成。目前比较公认的减肥膳食是高蛋白（供能比占 20%～25%）、低脂肪（供能比占 30%以下）、低碳水化合物（供能比占 45%～50%）膳食。该膳食不仅可有效减轻体重、改善代谢紊乱，而且可增加饱腹感，提高依从性，有利于减肥后体重的维持，防止反弹。

（3）多摄入低血糖生成指数膳食。目前认为低血糖生成指数膳食可增加饱腹感，减少能量摄入，并且可改善代谢紊乱。

（4）补充某些营养素。研究认为，补充多不饱和脂肪酸（*n*-3 脂肪酸）或单不饱和脂肪酸、钙、硒等矿物质及维生素不仅有助于减肥，而且还能改善代谢紊乱。

（5）补充某些植物化学物。异黄酮、皂苷等植物化学物在减肥和治疗代谢综合征方面有一定效果。

2. 运动减肥　大量流行病学资料和实验研究表明，运动除了消耗能量外，还对机体有下列益处：有助于维持减肥状态，防止体重反弹；改善代谢紊乱；改善心情和健康状态；预防多种慢性疾病，如心脏疾病、糖尿病和癌症等，甚至降低死亡率。因此，无论采取何种减肥方法，都应该把运动作为减肥计划中重要的组成部分。

3. 药物减肥　根据《中国成人超重和肥胖预防控制指南（试用）》，药物减重的适应证为：①食欲旺盛，餐前饥饿难忍，每餐进食量较多；②合并高血糖、高血压、血脂异常和脂肪肝；③合并负重关节疼痛；④肥胖引起呼吸困难或有睡眠中阻塞性呼吸暂停综合征；⑤BMI≥24kg/m^2 有上述并发症情况，或 BMI≥28kg/m^2 不考虑并发症，经过 3～6 个月单纯控制饮食和增加活动量处理仍不能减重 5%，甚至体重仍有上升趋势者，可考虑用药物辅助治疗。

4. 手术减肥　对于极度肥胖，可选择使用吸脂术、切脂术和各种减少食物吸收的手术，如空肠回肠分流术、胃气囊术、小胃手术或垂直结扎胃成形术等。手术有一定减肥效果，术前肥胖并发症也得到不同程度的改善或治愈。但手术可能存在吸收不良、贫血和管道狭窄等并发症。

（六）开发减肥功能食品的原料

具有减肥活性的食物有山药、黄瓜、苹果、食醋、黑米、土豆和茶叶等。具有减肥活性的营养素有：多不饱和脂肪酸（*n*-3 脂肪酸）、单不饱和脂肪酸，钙、硒等矿物质，维生素和膳食纤维等。具有减肥活性的植物化学物有异黄酮和皂苷等。

五、免疫力降低

（一）免疫概述

免疫（immunity）是指机体接触“抗原性异物”或“异己成分”的一种特异性生理反应，它是机体在进化过程中获得的“识别自身、排斥异己”的一种重要生理功能。在正常情况下，免疫有利于机体健康，但在某些条件下（免疫异常），免疫反应对健康有害。

1. 免疫基本概念　为了更好地了解免疫系统和免疫反应，我们先介绍几个免疫基本概念。

抗原是能与相应克隆的淋巴细胞上独特的抗原受体特异性结合，诱导（活化或抑制）淋巴细胞产生免疫应答的物质，这类物质可以是细菌、病毒、寄生虫、异体蛋白和药物等。一个抗原分子可以有一种或多种不同的抗原决定簇。根据抗原来源与机体的亲缘关系可分为异种抗原、同种异型抗原、自身抗原和异嗜性抗原。

抗体是能与相应抗原特异性结合，具有免疫功能的球蛋白，即免疫球蛋白（immunoglobulin, Ig）。抗体是由浆细胞合成和分泌的，浆细胞是 B 淋巴细胞被抗原刺激活化后，增殖、分化而成。免疫球蛋白按结构分为五类，分别称 IgG、IgA、IgM、IgD 和 IgE。抗体的结构相似，都由一对较长的多肽链和一对较短的多肽链组成，也可分为恒定区和可变区。

补体（complement, C）是人或动物体液中正常存在的一组与免疫有关的，并具有酶活性的球蛋白。补体约占血清球蛋白总量的 10%，含量相对稳定，与抗原刺激无关，故不随机体特异性免疫的建立和增强而增高。补体并非单一物质，而是包括多种成分的一组蛋白质，称为补体系统，该系统由 30 余种可溶性蛋白与膜结合蛋白组成。补体广泛参与机体抗微生物防御反应和免疫调节。补体系统的生物学作用包括：溶菌、杀菌及细胞毒作用；促进吞噬细胞的吞噬作用；免疫黏附作用；中和及溶解病毒作用；炎症介质作用。

免疫系统由免疫器官（也称为淋巴器官）和免疫细胞组成。免疫器官分为中枢性免疫器官和外周性免疫器官两大类，中枢性免疫器官包括骨髓和胸腺，外周性免疫器官包括脾和淋巴结。免疫细胞包括多种细胞，如淋巴细胞、单核细胞、巨噬细胞、粒细胞、肥大细胞和辅佐细胞等，其中以淋巴细胞为主，淋巴细胞除 T 细胞和 B 细胞外，还有 K 细胞、NK 细胞、N 细胞和 D 细胞等。

2. 免疫反应 根据作用方式与特点，机体的免疫分为固有免疫（innate immunity）与适应性免疫（adaptive immunity）两类。

固有免疫也称为先天性免疫（congenital immunity）或非特异性免疫（non-specific immunity），是在长期种系进化过程中形成的无针对性的防御功能。固有免疫应答一般发生于病原体入侵早期，主要依赖补体系统的激活、NK 细胞的杀伤作用和吞噬细胞的吞噬与杀灭作用。在生物进化过程中，吞噬是一种古老的细胞功能，也是基本的防卫机制之一。人血液中的吞噬细胞包括中性粒细胞和单核巨噬细胞两类，由于它们能非特异性地吞噬多种抗原，对机体起防御和保护作用，故称为非特异性免疫。

适应性免疫也可称为获得性免疫（acquired immunity）或特异性免疫（specific immunity），是在机体与抗原物质接触后获得的有针对性的防御功能。适应性免疫应答是一个复杂有序的生理过程。机体受到抗原刺激后，淋巴细胞对抗原刺激的免疫应答包括抗原识别阶段（antigen-recognizing phase）、淋巴细胞活化阶段（lymphocyte-activating phase）和抗原清除阶段（antigen-eliminating phase）。

免疫力是指机体形成免疫现象的能力和作用机制。免疫力降低（immunodeficiency）是指因先天性遗传缺陷和后天因素如过度疲劳、睡眠不足而导致的机体免疫系统的功能下降，从而使机体处于一种比较容易受到细菌等感染和生病的状态（Schroeder，2004）。正常机体的免疫力处于平衡状态，免疫力低下和免疫力过高都会损害机体健康。当免疫力低下时，免疫系统清除病原体或肿瘤细胞能力降低，容易发生感染和生病。但是，当免疫应答过高时，可导致超敏性疾病，如果对自身组织发生应答，则会导致自身免疫疾病。

（二）免疫力低下的表现

免疫力下降时，每个人表现出的状况不尽相同，最容易引起的症状就是经常性的感染。当流感或冬季来临时，往往逃不过病菌的侵袭而患上感冒。免疫力降低者容易感到疲倦，经常腰酸背痛。免疫力下降的征兆还包括四肢感到冰冷、牙龈肿大出血、消化系统不正常、睡眠品质不好等。

（三）免疫力低下的发生原因

造成免疫力低下的原因是多方面的：膳食营养不平衡；运动不足导致体力下降；睡眠不足或过度劳累；紧张、不安、焦急等心理问题；有消极悲观的情绪和性格；生活在过于清洁的环境；大量使用抗菌药品；年龄增长、机体衰老等。目前膳食营养与免疫的关系受到关注，研究很多。

机体的营养状况与免疫功能之间有密切关系，营养素缺乏和机体能量不足是引起免疫功能低下或缺陷的常见原因。几类常见营养素对免疫能力的影响如下。

蛋白质对免疫机能有明显的调节作用，蛋白质营养缺乏可以导致免疫功能受损，特别是T淋巴细胞功能受损，发生感染的概率增加。蛋白质营养缺乏，可使抗原抗体结合反应和补体浓度下降，可使胸腺萎缩，T淋巴细胞尤其是辅助性淋巴细胞数量减少，吞噬细胞功能障碍，同时自然杀伤细胞（NK）杀伤力下降。

脂类通过改变细胞膜脂质成分来影响免疫细胞的功能，尤其是多不饱和脂肪酸（PUFA）可以直接影响细胞膜磷脂组成。PUFA过多可导致免疫抑制，细胞膜中*n*-6 PUFA比例升高，能抑制机体细胞免疫功能，使T细胞和NK细胞功能低下。

维生素A缺乏时血循环T细胞数量减少，辅助B细胞产生抗体的能力也相应下降，严重时胸腺和脾脏萎缩，导致感染发生率增高，引起多方面的免疫机能障碍。维生素B_6缺乏时，胸腺激素分泌减少，淋巴细胞减少，T细胞功能受损，抗原诱导的特异性抗体反应减弱，抗体产生减少，T细胞和B细胞增殖受到抑制。另外，孕妇缺乏维生素B_6时，新生儿胸腺和脾脏体积缩小，新生儿细胞免疫功能下降。维生素E缺乏时，可能损伤体液免疫和细胞免疫，导致T细胞、B细胞功能异常，巨噬细胞吞噬功能下降。

锌缺乏可能引起免疫功能降低，T细胞功能障碍和巨噬细胞杀菌能力受损，特异性抗体产生不足。硒缺乏会使免疫功能下降，对疾病的易感性升高。铁缺乏使中性粒细胞和巨噬细胞的杀菌活性减弱，T细胞减少，淋巴细胞增殖功能低下，IL-6和IL-4活性下降；此外，还可使B细胞产生Ig亚类发生异常如造成IgG亚类缺陷。值得注意的是，以上三种微量元素过多时，也对免疫功能产生不良影响。

（四）免疫力低下的调节

由于导致免疫力低下的原因很多，因此，应该从多角度来改善机体的免疫力低下状况。合理营养、平衡膳食是增强免疫力低下的物质基础；良好的睡眠使体内的淋巴细胞数量明显上升；乐观的态度使人体维持在一个最佳的内分泌状态，有利于免疫功能恢复；每天运动30～45min使免疫细胞数目增加，抵抗力提高；可以用微生态制剂（双歧杆菌、乳酸杆菌）提高免疫力；人工预防接种疫苗增强人体的特异性免疫力。

（五）开发调节免疫活性功能食品的原料

研究发现，具有调节免疫活性的食物有灵芝、香菇、蘑菇、猴头菇、草菇、黑木耳、银耳、百合、大蒜、番茄、红薯、海带、酸奶、蜂蜜制品、新鲜的水果蔬菜、茶和红酒等。

关于食物成分调节免疫活性的研究很多，补充蛋白质、脂类、维生素、矿物质和植物化学物能够从某个方面调节免疫功能。目前证实谷氨酰胺与精氨酸促进细胞免疫功能，增加机体免疫应答；补充 *n*-3 PUFA 减轻机体的炎症反应，保护免疫系统不受损害，成为应激状态下重症和慢性感染性疾病的免疫调节营养素；维生素 A、维生素 C 与维生素 E 从多方面提高机体免疫力；锌是构成胸腺的必需元素，硒增强机体对感染和肿瘤的抵抗力；胡萝卜素、植物固醇、皂苷、有机硫化物和植酸等植物化学物对免疫功能有调节作用，具有提高免疫功能的作用。

六、睡眠障碍

（一）睡眠概述

觉醒和睡眠是人体生理活动所必需的过程。睡眠对人体的心理及生理相当重要。研究表明，被剥夺睡眠持续 60h 以上时，便会出现疲乏、全身无力、嗜睡等各种不适感。如果持续不眠 100h 以上，一切手段都难以阻止受试者突然入睡，有少数受试者行为表现类似精神分裂症患者。如果继续让其不眠，将导致死亡。可见，睡眠可以使人体的精力和体力得到恢复，以保持觉醒时良好的状态。机体在睡眠时进行细胞的自我修复及产生新的细胞。为了更好地理解睡眠障碍，我们先了解睡眠的过程和睡眠的神经调节。

1. 睡眠的过程　生物的节律性（生物钟）是普遍存在的、健康人维持睡眠和觉醒的正常周期循环。脑波不仅在觉醒和睡眠状态有非常显著的变化，而且在睡眠的不同阶段也不同，因此，人体的睡眠分为慢波睡眠（slow wave sleep, SWS）和异相睡眠（para-doxical sleep, PD），后者也称为快速眼动睡眠（REM）（张瑾，2010）。从觉醒状态至慢波睡眠经历困倦瞌睡期、轻度睡眠期、中等睡眠期和深睡期。一般入睡 30min 到 1h 可进入慢波睡眠，慢波睡眠约持续 30min，期间生长激素分泌明显升高。异相睡眠经常在慢波睡眠的基础上发生，在正常的睡眠中，平均每 90min 就会发生一阵持续 5～20min 的异相睡眠。异相睡眠的特征是常伴有活跃的做梦现象；各种感觉功能进一步减退，此时更难把一个人叫醒；全身的肌肉紧张受到了明显的抑制；心率和呼吸常变得不规则；有不规则的肌肉运动发生，特别是快速的眼球运动；其脑电图与觉醒时相似。研究发现，异相睡眠不足的受试者会有学习方面的障碍。当异相睡眠阶段结束，就成了一个完整的睡眠周期，在整个睡眠期间，慢波睡眠及异相睡眠不断地交替出现，构成 4～6 个完整的睡眠周期。

2. 睡眠的神经调节　睡眠是中枢神经系统内特定的结构发生的主动神经过程。参与睡眠与觉醒的中枢递质有多种，而且彼此的关系也较为复杂。去甲肾上腺素、多巴胺、乙酰胆碱递质系统均与觉醒机能有关。其中，去甲肾上腺素和 5-羟色胺似乎是一对主要调节递质。在脑内去甲肾上腺素含量不变或增高的情况下，降低 5-羟色胺含量即可引起失眠；而在脑内

5-羟色胺含量正常或增高的情况下，降低去甲肾上腺素含量可引起多眠。褪黑激素是由脑中的松果体随日夜变化周期性分泌的一种维持正常生理机能的生物活性物质，它主要受环境光线的明暗调节，可以调整机体内分泌功能，将内源性生物节律的周期、位相调整到与环境周期同步，有改善时差反应综合征的作用。

3. 睡眠障碍　当正常的睡眠和觉醒周期或睡眠的完整周期在机体、心理和环境因素的影响下不能保持正常状态时，就出现睡眠障碍。睡眠障碍通常指患者对睡眠时间或质量不满足并影响白天学习、工作和活动精力的一种主观体验，引起人的疲劳感、不安、全身不适、无精打采、反应迟缓、头痛、注意力不集中等症状。长期的睡眠不足，将导致人体内各系统的严重受损，不但会破坏人体免疫系统功能，降低免疫力，还会阻碍大脑正常运作，无法集中注意力及清楚思考，失去对抗压力的能力，焦虑增加，焦躁易怒，并影响判断能力。

随着现代社会生活节奏的加快、生存压力的加大和竞争的不断激烈化，人类的睡眠正在受到严重的威胁。流行病学调查表明，西方国家约 35.2%的人有不同程度的失眠，专家估计 2020 年全球大约有 7 亿多失眠患者。中华医学会调查发现，成年人中约有 50%的人群有过睡眠不良经历，而职业女性中更有高达 80%的人受睡眠不良困扰，约有 3 亿人患有睡眠障碍，睡眠问题日益受到普遍关注。

（二）临床表现

睡眠障碍在夜间睡眠期和第二天白天都有典型的表现。

睡眠障碍患者夜间表现为：睡眠时辗转反侧、难以入睡；睡眠表浅，常出现梦魇、梦游和多尿等；易醒且不能再度入睡；清晨早醒；睡眠时间明显减少。睡眠障碍患者白天常出现早晨眼皮浮肿、两眼无神、目光呆滞、眼神散漫、黑眼圈、结膜充血等，表现为精神疲劳、头昏眼花、头痛耳鸣、心悸气短、反应迟缓、头痛、记忆力不集中、全身不适、工作效率下降等，严重的会导致精神分裂，并伴有打哈欠、打吨等行为。

（三）发病原因

睡眠障碍的发生原因多种多样，我们将常见原因概括为身体因素、精神因素、生活方式和环境因素几个方面。

1. 身体因素　身体上的疾病如消化不良、头痛、背痛、关节炎、心脏病、糖尿病、哮喘、鼻窦炎和溃疡病等，睡眠时间内产生疼痛感或不适感，可以影响睡眠。服用药物后，药物本身的副作用或者某些影响中枢神经的药物会干扰睡眠。

2. 精神因素　精神和心理因素对睡眠影响很大。常见的精神和心理问题有工作生活压力大、忧虑、紧张、焦虑、悲伤、抑郁、情绪低落、不安或生气等。常见的精神和心理疾病如神经衰弱、抑郁症和精神分裂等也可引起失眠，甚至存在对失眠恐惧的心理也会引起睡眠障碍。

3. 生活方式　生活方式引起睡眠问题很常见。例如，饮用咖啡或茶叶；晚间饮酒；大量吸烟；睡前进食过饱；睡前剧烈体力活动；睡前过度的精神紧张；白天嗜睡；夜班工作或熬夜干扰了机体生物钟；旅行时的时差反应等。

4. 环境因素　睡眠环境不佳如灯光明亮、吵闹、烟雾污染、异味、过度拥挤、高温、高湿或寒冷等都会影响睡眠。

失眠的发病机制与睡眠和觉醒周期密切相关。但睡眠和觉醒的具体机制尚不明确。体内的生物钟维持机体与环境的昼夜节律周期同步，使内源性的昼夜节律系统和外界的光暗周期相吻合。大脑皮质产生的意识活动对睡眠觉醒节律也有一定影响。当中枢神经的结构和功能发生病理性改变时，都可以导致睡眠障碍，甚至失眠。

（四）诊断

诊断主要依靠病史，产生失眠问题的原因很多，如疾病、情感因素、生活方式及环境因素等。脑电图多导联描记对于准确诊断是必不可少的。Epworth 睡眠量表（Epworth sleeping scale，ESS）、夜间多相睡眠图（nocturnal polysomnographic recording，NPSG）记录、多相睡眠潜伏期测定（multiple sleep latency test，MSLT）等对鉴别诊断有益。对躯体疾病导致的继发性失眠，应注意原发病的鉴别。一过性失眠障碍在日常生活中常见，一般身体可自然调节。

（五）治疗

如果原发病不治疗，只是针对睡眠障碍进行治疗，很难得到好的效果，因此，首先对引起睡眠障碍的原发性疾病治疗，再从其他方面找寻睡眠障碍的原因。

睡眠障碍专家认为，对于心因性睡眠障碍来说，药物只是一种辅助治疗，只有心理治疗才能解决根本问题。不用太看重睡眠障碍，不必过分忧患，相信自己的身体自然会调节适应，人的身心弹性甚大，一两夜睡眠障碍不会造成任何困扰，保持一个平和的精神状态很重要。催眠疗法被广泛应用于睡眠障碍的治疗。催眠疗法是应用一定的催眠技术使人进入催眠状态，并用积极的暗示控制患者心身状态和行为的一种心理治疗方法，通过正性意念来消除焦虑、紧张和恐惧等负性意念。

行为治疗方面，养成定时入睡与定时起床的习惯，安排规律生活；入睡前进行放松训练；每天保持 0.5～1h 的运动，但睡眠前应尽量避免剧烈运动；睡前不要读一些情节紧张的小说，会让大脑更兴奋；不要喝酒助睡。

选择舒适的床和枕头，适合的睡眠姿势有助于安睡。睡眠的好坏与睡眠环境关系密切。睡前饮食适度，不喝咖啡、可乐、茶或酒等带有刺激性的饮料。

消除睡眠障碍最常用的方法是服用安眠药，安眠药可与脑神经元特有细胞接受体结合，因而压抑脑部的各种活动，产生镇静、安眠、肌肉松弛等作用，但长期服用会产生耐受性，并影响第二天的精力。选用中医中药进行辨证治疗也是一种很好的治疗方法，如辨证得当并加以心理行为治疗，对于失眠症常可取得十分满意的疗效。

（六）开发改善睡眠功能食品的原料

睡眠与饮食关系密切，合理的膳食有益睡眠。多食富含维生素、微量元素、优质蛋白质的清淡食物，少食刺激性食物，如辣椒、胡椒粉。具有催眠作用的食物有糖水、食醋、水果、牛奶、面包、鲜藕、葵花籽、莲子、小米、莴笋、大枣、花生叶等。睡前食用牛奶，并在奶里加入适量的糖，则催眠效果更好。食用含钙高的食品，如骨头、蛋、海藻类，尤其是对骨质疏松影响睡眠的人效果更好。

褪黑素有改善睡眠的作用，富含褪黑素的食物有燕麦、甜玉米、稻米、生姜、番茄与香蕉等。此外，褪黑素在体内生物合成的前体为色氨酸，富含色氨酸的食品有海藻、豆类、鱼、肉、蛋、牛奶、酸奶、奶酪和南瓜子等。

七、咽喉炎症

（一）咽喉炎症的概述

咽喉炎症是由细菌引起的疾病，可分为急性咽炎、慢性咽炎、急性喉炎和慢性喉炎。

1. 咽炎　咽（pharynx）上起自颅，下达第 6 颈椎水平线，在环状软骨下缘，高度与食道上口相连，前面与后鼻孔、口腔和喉相接。咽长 12cm，分为鼻咽、口咽和喉咽三段。上咽部称鼻咽在上部，顶壁有咽扁桃体，左右侧壁有咽鼓管开口及咽鼓管扁桃体。软腭下缘与咽后壁间隙称腭帆间隙。中咽部又称口咽，后壁有咽后淋巴结，舌两侧有舌扁桃体。下咽部称喉咽。咽的主要功能是吞咽，使咀嚼后食团由此进入食管，也有协助呼吸及对发声起共鸣作用，腭扁桃体有免疫功能。

咽部常见疾病主要有咽炎、外伤与异物，此外还有咽部特异性感染引起的咽炎。咽炎多见于秋冬或冬春气候骤变时节，由致病微生物感染所致。按病程分为急性咽炎和慢性咽炎。

急性咽炎（acute pharyngitis）病初咽部有干痒、灼热，渐有疼痛，吞咽时加重，唾液增多，咽侧索受累则有明显的耳痛。咽炎也称为咽部的非特异性感染，其常见的诱因包括寒冷、慢性病、营养不良、烟酒过度、鼻窦炎、扁桃体炎、粉尘或有害气体刺激等。常见病原体有溶血性链球菌、葡萄球菌、肺炎链球菌、流感杆菌及流感病毒等。发生急性咽炎时，咽部黏膜充血，肿胀，咽后壁淋巴组织增生，甚至化脓。成人症状以咽痛、烧灼感等为主，儿童则以高热、寒战、呕吐等全身症状为主。检查可见咽后壁淋巴组织增生肿胀，咽侧壁黏膜亦肿胀充血，下颌角淋巴结肿大，严重者可致咽间隙感染。

慢性咽炎（chronic pharyngitis）多因急性炎症反复发作、周围有慢性病灶（如慢性扁桃体炎、慢性鼻窦炎）或长期烟酒刺激所致。患者咽部有异物感，发胀，咽干痛，咽部分泌物增多，易恶心。以上症状在说话稍多、过食刺激性食物后、疲劳或天气变化时加重。咽部充血，咽后淋巴组织增生。治疗则以加强身体抵抗力、戒烟酒、忌辛辣饮食、清除病灶、保持口腔清洁为主，也可用清凉药物治疗或理疗。

咽痛（sore throat）是由感染、外伤、肿物刺激咽部感觉神经末梢引起的疼痛。咽痛是一种症状，不是独立病种。咽部神经和淋巴组织丰富。淋巴组织在炎症时发生肿胀，压迫神经末梢引起咽痛。因此，咽痛常见的病因是咽部感染。

2. 喉炎　喉（larynx）位于颈部，上接咽，下连气管，由甲状腺软骨、环状软骨、杓状软骨等为支架和会厌等组成。喉内结构有声带、室带、喉室和声门。声门由两侧声带和杓状软骨构成，为一三角形空隙。声门大小由声带开合控制。声带如不能闭合，则声门开放而发生嘶哑。喉的生理功能主要是呼吸功能。当有食物或异物刺激时则声门紧闭，如喉或气管黏膜受刺激时则发生咳嗽反射，使刺激物由声门冲出。喉的另一个生理功能是发声功能。气管内压力改变、声带颤动及唇舌腭等的配合即可发声，声量由呼气量多少来决定。

喉部常见疾病主要是急慢性喉炎、喉职业性损伤、喉外伤、喉麻痹等。喉炎（laryngitis）

是喉部软组织炎症，主要由感染、发声不当、各种理化刺激和变态反应及不明原因所引起。喉炎一般分为非特异性喉炎（包括急性与慢性喉炎）、特异性喉炎和喉部变态反应。

急性单纯性喉炎是喉黏膜的急性炎症。常见的病因包括急性上呼吸道感染、一些发热性或发疹性病变、发声过度、吸入刺激性气体或烟雾（包括吸烟过多）。早期表现为喉黏膜的充血和水肿，可有浅层糜烂。分泌物呈黏脓性，在流感病毒和一些球菌感染时，喉入口和声带黏膜上可有纤维样渗出物，称为纤维素样喉炎。成人的主要症状是咽部不适和声哑，一般无疼痛，也不发生呼吸困难。由呼吸系统感染可引起全身不适和发热，或伴有刺激性干咳。儿童因黏膜下层较疏松，容易发生严重水肿，发生喉痉挛，导致呼吸困难。急性会厌炎是急性喉炎的一个特殊类型，儿童多见。炎症主要局限于会厌，使会厌肿胀或形成脓肿，阻塞喉入口而造成呼吸困难。

慢性喉炎是指喉部黏膜的一般性病菌感染所引起的慢性炎症。因病变程度的不同，可分为慢性单纯性喉炎、肥厚性喉炎和萎缩性喉炎；在语言发声较多、较频的职业人群中多发，是清咽润喉保健的重点。

喉职业性损伤主要由发声不当或发声过度所致，主要表现为声带充血、肿胀、力弱或形成声带小结和息肉。

（二）临床表现

声音嘶哑是最主要的症状，声音变低沉，粗糙，这些症状禁声后有所减轻或消失，但恢复用嗓后又复出现，时好时差，反反复复，病程漫长，呈间歇性，日久演变为持续性，使患者对发声感到苦恼。

喉感不适包括异物感、烧灼感、干燥感、说话时感喉痛。以上不适感在多讲多唱后尤为明显，经休息后症状可以减轻或消失。喉部分泌物增加，常觉得有痰黏附，每当说话，须咳嗽以清除黏稠痰液。

喉镜检查发现，慢性单纯性喉炎患者喉黏膜弥漫性充血、红肿，声带失去原有的珠白色，呈粉红色，边缘变钝。黏膜表面遮盖部分声带。肥厚性喉炎患者喉黏膜肥厚，以杓间区较明显。声带肥厚，不能向中线靠紧而闭合不良。萎缩性喉炎患者喉黏膜干燥、变薄而发亮。杓间区、声门下常有黄绿色或黑褐色干痂。声带变薄，其张力减弱。

病理学检查发现，喉黏膜慢性充血和血管扩张，淋巴细胞浸润，间质性水肿及炎性渗出物，膜上皮部分脱落，黏液腺的分泌增多。日久病变部位有成纤维细胞侵入，致有纤维组织增生和黏膜肥厚，黏液腺的分泌变为稠厚。长期病变可有萎缩现象。

（三）发病原因

咽喉炎症的病因主要为：病毒和细菌感染；全身抵抗力减弱，如疲劳、受凉、烟酒过度等；寒冷可造成咽部黏膜血管收缩，局部抵抗力下降；干燥可影响咽部黏液分泌和纤毛蠕动；职业人群（教师、演员、歌唱家）的发声过度或发声不当；吸入有害气体如吸烟、化学粉尘；各种鼻病及呼吸道慢性炎症刺激；长期烟酒过度及辛辣食物刺激等。

（四）诊断

常有急性咽炎反复发作史、粉尘和刺激性气体接触史，以及烟酒过度经历。具有典型的咽喉炎症临床表现和咽喉部充血、黏膜改变。

（五）治疗

治疗慢性咽喉炎的方法很多，如西医一般主张用口泰、复方硼砂溶液等漱口液，含服华素片、安吉含片等。这些药物长期使用会导致口腔内环境紊乱。对于肥厚增生性咽喉炎，可采用激光、微波、冷冻、低温等离子消融微创技术等方法。慢性咽喉炎相当于中医的“虚火喉痹”，其病因病机为肺肾阴虚导致的虚火上升和咽喉失养。治宜滋养肺肾、清热化痰、润喉利咽。

清润咽喉的保健方法主要是针对咽喉部慢性炎症所导致咽和喉干燥、疼痛、声音嘶哑、失音，喉痒、干咳少痰，吞咽困难，咽喉部有异物感等主要表现，通过滋养肺肾的阴津来达到润养咽喉的目的；并且在平时养成用鼻呼吸的习惯，注意保持口腔卫生，正确发声，勿用声过度。

（六）开发清咽功能食品的原料

具有清咽润喉活性的食物有百合、白梨、白萝卜、薄荷、橄榄、鲜丝瓜、花生米、海带和红枣等。新鲜的水果、蔬菜与大豆之类清淡之物可以清咽润喉。绿豆、苹果、生藕、扁豆和山药等乃甘淡之物，甘味能生津，淡为平和之味，有清咽润喉之功。

罗汉果、银花、鲜鱼腥草、生甘草、枸杞、黄芩、西青果、桔梗、竹茹、胖大海和桑叶等成分具有清热利咽和宽胸润喉的功效，对治疗慢性咽炎等咽喉问题效果很明显。

八、视觉疲劳

（一）视觉概述

眼睛是人体重要的视觉感觉器官。它可以接受物体的投射影像，并且把影像变成神经兴奋传递至大脑，形成视觉。眼由眼球和它的附属器官构成。眼的附属器官包括眼眶、眼外肌、眼睑、结膜和泪器。

1. 眼睛的结构　眼球位于眼眶的前中部，眼的前方有眼睑，保护眼球免受外伤、污染和伤害。正常眼球的前后直径即眼轴为 22～27mm。眼球可分球壁与内容物两部分。眼球壁包括最外层的纤维膜（角膜和巩膜）、最内层的视网膜和色素上皮，以及居于两者之间的葡萄膜（虹膜、睫状体及脉络膜）。眼球内容物包括前后房、晶状体和玻璃体三部分。位于角膜与虹膜和晶状体之间的空间是前房，位于虹膜之后晶状体周围的是后房。前房和后房充满清亮的液体房水，房水的主要功能是营养眼球和维持眼压。晶状体是一个双凸面的透明体，直径9～10mm，由许多悬韧带挂在睫状体上，其功能是通过变凸或变平来调节焦点，使远近的物体都能看清楚。玻璃体是像玻璃一样透明的组织，充满在晶状体后面眼球腔内，其功能是透过光线和支撑眼球。

2. 眼睛的屈光调节　眼睛通过改变屈光能力以适应来自不同距离的光线，使光线的焦点正好落在视网膜上，形成清晰的图像。晶状体、睫状肌和悬韧带参与这种屈光调节，其中睫状肌的收缩和晶状体的变形是关键因素。当晶状体因年龄增长逐渐发生硬化失去变形能力时，就要产生老视。视力是眼睛能辨认空间物体的形状、色泽、大小、远近、方位、方向及运动等现象的一种功能，它是光线刺激视网膜而在神经中枢上产生对外界物体的空间感觉。

通常正常的视力是 1.0（或 5.0）。由于屈光调节和眼轴的精确匹配，物体的光线恰好在视网膜上形成焦点，这样理想的屈光状态称为正视。如果光线的焦点落在视网膜前方称为近视，如果光线的焦点落在视网膜后方称为远视。平行光线进入眼内，各方向的焦点不能聚集成一点称为散光。当目标逐渐向眼前移近时，两眼也同时向内交集，使两眼视线面向所看的目标，称此为辐辏作用。正视眼时屈光调节和辐辏作用是完全一致的，当二者的作用不一致并超过一定限度时，则产生眼睛疲劳，甚至发生内斜视或外斜视。

眼镜在保护视力和矫正视力方面发挥着巨大的作用。广泛应用的矫正眼镜有矫正近视、远视及散光眼镜，所有这些眼镜必须由眼科医生给以正确的处方，由验光技术人员精心制作，方可使用。人群中真正正视的人很少，如果没有明显的视力障碍、眼睛疲劳或斜视倾向，同时一般健康状况良好，就不需戴镜。如果戴着不合适于眼睛的眼镜，不但起不到保护视力的作用，反而会给眼的屈光系统带来进一步的损害。

3. 视觉疲劳　视觉疲劳（asthenopia）是由于长时间不恰当用眼（如近距离目视、高度紧张、闪烁、高亮度、低亮度、用眼过度等）之后出现视模糊、眼胀、干涩、流泪、眼眶酸痛等眼部症状，甚至发展为头痛、眩晕、恶心、烦躁和乏力等全身不适应的一种综合征。信息时代和现代生活方式使眼睛的负担加重，如果长期盯着一个目标（如用电脑、看书），持续时间太长，眨眼反射比较少，不能及时形成泪膜，就会导致眼表面干燥，引起视疲劳。目前视觉疲劳的人数越来越多。

（二）视觉疲劳的表现

视疲劳的症状有眼疲劳、眼干涩、异物感、眼皮沉重感、视物模糊、畏光流泪、眼胀痛及眼部充血等，严重者还可出现头痛、头昏、恶心、精神萎靡、注意力不集中、记忆力下降、食欲不振，以及颈、肩、腰、背酸痛和指关节麻木等全身症候群。少数患者可出现复视、立体视觉功能障碍、眼压升高、角膜损害等。如果长时间处于疲劳状态，得不到缓解和调整，导致微循环障碍，就会发生假性近视，如果不及时治疗会变为真性近视。青少年还可能会增加原有近视程度。有青光眼、眼表面疾患者还可能因眼的过度疲劳而引发或加重原有眼病。

（三）视觉疲劳的发生原因

现代医学认为视觉疲劳的发生原因复杂，主要与视器官本身因素、身体因素、工作学习环境等因素有关。中医认为视觉疲劳的主要原因是由于肝肾不足、脾胃虚弱、肝郁气滞、心脾两虚所致（张振贤，2006）。上班族发生视觉疲劳的主要原因是长时间注视电脑屏幕，并且保持固定不变姿势。视觉疲劳是一组疲劳综合征，其发生原因一般可以分为环境因素、身体因素和眼部因素三类。

1. 环境因素　学习或工作时，注视区域的光照不足或光线过强；光线分布不均匀或光源闪烁不定，眼睛注视区域有眩光或反光；注视的目标过小或不稳定等都会造成眼睛超负荷工作，导致视疲劳。日常生活中长时间注视电脑、电视和手机等屏幕也是产生视疲劳的重要原因。

2. 身体因素　当身体衰弱、疲劳或处于某些特殊生理时期，如更年期、孕期以及患有某些疾病（高血压、贫血、眼科病等），均可能导致眼睛的调节能力不足，易发生视疲劳。

3. 眼部因素　眼睛本身的原因包括近视、远视、散光等屈光不正，两眼屈光度相差太大，隐斜视、眼外肌麻痹、眼肌用力不平衡都易引发视疲劳。所戴眼镜不合适如近视度数偏高、远视度数不够等，也会加重眼睛负担，引发视疲劳。

（四）视觉疲劳的缓解

缓解视觉疲劳的主要方法是：消除引起视疲劳的各种因素；屈光不正者佩戴矫正眼镜；选配合适的工作台，视屏显示终端不要太靠近窗户以免光反射；安装适当亮度的灯光，用以减少荧光屏与背景之间的亮度反差，防止荧光屏以外的过度光源引起眩光；培养良好的用眼卫生习惯，如避免长时间注视屏幕，工作 1h，休息 15min 左右；适当减少用眼时间，做好眼睛保健是防治视觉疲劳的基础。

一些眼药水确实能缓解疲劳症状，但并不能根治眼疲劳。选用滴眼液是快速缓解眼睛疲劳的方法之一。快速缓解视觉疲劳的简便有效方法是眨眼，一般每天特意眨眼 300 次比较合适，不仅有助于促进泪液的分泌，缓解干燥酸涩的症状，而且可以清洁眼睛，并给眼睛小小的按摩，从而缓解眼睛疲劳。

增强体质，避免超负荷工作。当身体衰弱、疲劳或处于某些特殊生理时期，应适当减少近距离用眼时间。摄取适当的营养，多食一些含有维生素 A、维生素 B 族、维生素 D 的食物，如动物肝脏、奶汁、蛋类、鱼虾、柿子、豆类、蔬菜及粗粮等。平时多运动、多锻炼，保持良好的身心健康状态。眼睛按摩也有助于预防视力疲劳。

缓解视觉疲劳的其他方法包括西医的目视机训练法和眼肌矫正手术，以及中医辨证治疗。根据全身情况采用中药辨证治疗有较好的疗效。例如，伴有头昏眼花、面色苍白、疲倦无力等血虚表现者，可适当应用当归、阿胶与白芍等养血药；眼干涩、畏光、频繁眨眼伴腰膝酸软、头晕耳鸣、多梦者，为肝肾亏损，可口服杞菊地黄丸；有结膜炎或角膜炎者，可适当应用菊花、甘草、桔梗等清热祛风药；按摩或针刺眼周围的穴位也可以收到一定的效果。

（五）开发缓解视觉疲劳功能食品的原料

多食维生素 A 及富含维生素 A 的食物，如动物肝脏、鱼卵、全奶、奶油和禽蛋等。胡萝卜素在体内能转变成维生素 A，胡萝卜素含量较为丰富的食物有菠菜、豌豆、红瓤甜薯、胡萝卜、辣椒、冬苋菜、杏子和柿子等。

视网膜中储存有大量的游离维生素 B 族，它们是视觉神经的重要营养来源，如果摄入不足容易引起眼睛疲劳或引发角膜炎。富含维生素 B 族的食物有全谷类、肝脏、酵母、酸酪、芝麻、大豆、鲜奶和小麦胚芽等。

维生素 C 能有效地减弱光和氧对晶状体的损害，具有防止老年性白内障形成的作用。含维生素 C 丰富的食物，如新鲜蔬菜和水果，其中尤其以青椒、黄瓜、菜花、小白菜、鲜枣、梨和橘子等含量最高。

牛磺酸占视网膜中游离氨基酸总量的 50%，动物实验证明，缺乏牛磺酸导致猫视网膜杆细胞与锥细胞广泛变性。如果缺乏牛磺酸，婴幼儿可能会发生视网膜功能紊乱。

保护眼睛的食品有荠菜、芥菜、苦瓜、胡萝卜、无花果、动物肝脏、青鱼、白鱼、蚌肉、螺蛳，以及花生、杏仁、腰果与胡桃等干果。

具有缓解视觉疲劳活性的中草药有决明子、枸杞子、黄芪、柴胡、熟地、五味子、淫羊藿、珍珠粉、菊花、桑葚、菟丝子、党参、大枣、葛根、山楂、黄精、熟地黄、山茱萸、白芍、白芷、川芎、丹参、枳壳、白菊花、山药、当归、茯苓与泽泻等。

九、骨质疏松症

（一）骨的组成

骨组织由细胞、纤维和基质组成。

1. 骨组织的细胞　骨组织的细胞包括骨原细胞、成骨细胞、骨细胞和破骨细胞。只有骨细胞存在于骨组织内，其他三种细胞均位于骨组织的边缘。骨原细胞，也称为骨祖细胞，具有增生和分化的能力。成骨细胞，来源于骨原细胞，成骨细胞不能再进行细胞分裂，但其具有很强的蛋白质合成能力，其主要功能为合成并分泌类骨质和无定形基质，也参与类骨质的钙化，此外还参与类骨质的矿化过程。骨细胞，成骨细胞在成骨过程中一旦被周围骨基质所包埋，即成为骨细胞。骨细胞可保持骨的完整性，作为骨存活的标志。破骨细胞，其来源还有争议，现一般认为由破骨细胞的前体细胞和骨原细胞融合而成。破骨细胞的主要功能为参与骨吸收。甲状旁腺激素、破骨细胞激活因子可促进破骨细胞的形成，并可加强骨吸收，而降钙素则能减弱破骨细胞的活动。

2. 骨基质　骨基质（bone matrix）是骨细胞的胞外基质，为成骨细胞所分泌，占骨湿重的 8%～9%。骨基质分为有机质和无机质两部分。骨基质中的有机质 90%～95%为骨胶原，主要由甘氨酸、脯氨酸和羟脯氨酸等 20 种氨基酸组成，骨胶原对钙化起作用。除骨胶原外，骨基质中的有机质主要为糖-蛋白复合物。骨基质中的无机质又称为骨盐，占体重的 4%～5%。骨盐共计有 20 余种，其中磷酸钙占 84%，碳酸钙占 10%，柠檬酸钙占 2%，磷酸氢二钠占 2%。骨盐起初以磷酸钙盐的形式沉淀，之后钙化为羟基磷灰石结晶。骨盐中细小的结晶所形成的巨大表面积有利于骨与细胞外液的离子交换，并可吸附大量的镁、钠等离子。

3. 骨的构建和再建　在胎儿、儿童、少年阶段，骨骼不断地生长。骨的构建如同雕塑一般，即骨的表面在组织间隙单方向运动，使骨具有一定的几何形状、长短、大小及骨量。在骨的构建过程中，破骨细胞和成骨细胞并非单独作用，而是相互配合。在人体发育成熟后，18～20 岁即停止骨构建。

骨骼成熟后骨构建即停止，不再参加成年后骨代谢活动。然而成年后骨在一生中仍在不断进行更新和改造，这就是骨再建过程。骨再建过程包括骨表面的骨吸收、骨形成及静止阶段。先由破骨细胞清除一定量的骨组织，然后在骨吸收区有新的骨组织形成。骨再建不能改变骨的构筑、大小及骨量。在骨再建过程中，破骨细胞吸收骨和成骨细胞形成新骨的过程在时间上和空间上紧密偶联，并发生在同一个再建单位中。两者维持一定的数量，互相制约，对生物机械性刺激产生相应的反应，不断调整结构，发生更新以维持平衡。骨量的多少取决于骨再建过程中骨形成和骨吸收是否平衡。骨质疏松或骨丢失正是这一平衡被破坏或解偶联，使骨吸收大于骨形成。骨的再建贯穿于出生到死亡的一生过程中，儿童时期最快；骨成熟后，骨的再建过程至 20 岁左右逐渐下降，直到 35 岁左右下降到最低点，然后慢慢上升，但不再会像儿童时期那么活跃。

4. 骨的功能　支架、保护和运动功能骨骼之间通过关节、关节囊、韧带和肌肉连接在一起，可作为人体支架，负荷重量并且可作为运动的杠杆。许多骨还连接成具有环绕形状的腔隙，具有保护内脏器官、维持一些血管的正常形态及避免部分神经受压作用。

钙库和磷库骨内贮存着大量的钙和磷。

造血和免疫功能成人骨髓腔内存在的红骨髓具有造血功能，可产生红细胞、白细胞和血小板等。骨髓还能产生巨噬细胞，吞噬病原体和异物。红骨髓产生的B淋巴细胞、T淋巴细胞具有体液免疫和细胞免疫功能。

5. 骨量的变化　人一生中不同年龄时期的骨量取决于人体骨骼生长期达到的峰值骨密度和其后的骨丢失率。人出生时全身的钙含量仅为25g左右。到20岁时已获得相当于骨峰值90%以上的骨量。峰值骨量是指人一生中的最大骨量。人类一生中骨量的变化可分为6个时期。

（1）骨量增长期：从出生到20岁左右，骨量随年龄持续增加。7～8岁的儿童、13～14岁的女性少年和15～16岁的男性少年有两个快速的骨量增长期。该期男性和女性的年均增长率分别为2.2%和1.9%，因此，男性骨密度峰值要高于女性。

（2）骨量缓慢增长期：20～30岁，骨量以0.5%～1%的年增长率缓慢增加。

（3）骨量峰值相对稳定期：30～40岁，骨量相对稳定，达到一生中的峰值，骨密度也处于一生中的峰值。男性峰值高于女性。该期一般维持5～10年。

（4）骨量丢失前期：女性40～49岁，男性40～64岁，骨量缓慢丢失，年丢失率分别为0.4%～0.6%和0.3%～0.5%。

（5）骨量快速丢失期：女性绝经后1～10年，骨量丢失显著加快，年丢失率为1.5%～2.5%，该期一般维持5～10年。男性不存在此期。

（6）骨量缓慢丢失期：65岁以后，女性骨量丢失速率降低到绝经前水平。男性骨量丢失有所加快，年丢失率为0.5%～1%。骨质疏松取决于峰值骨量的高低以及随后的骨丢失速率，因此峰值骨量的研究对骨质疏松症的防治具有重要价值。研究表明，峰值骨量具有性别差异。由于生理因素的影响，女性峰值骨量明显低于男性。峰值骨量也具有一定的种族差异，黑种人骨密度高于白种人，白种人高于黄种人。中国人峰值骨量较同年龄组白种人低15%左右。

（二）骨质疏松症

骨组织有正常的钙化，钙盐与基质呈正常比例。骨质疏松症是多种原因引起的一组骨病，是以单位体积内骨组织量减少为特点的代谢性骨病变。在多数骨质疏松中，骨组织的减少主要由于骨质吸收增多所致，以骨骼疼痛、易于骨折为特征。骨质疏松症主要分为原发性和继发性，原发性一般分为Ⅰ型和Ⅱ型，Ⅰ型又称为绝经后骨质疏松，为高转换型，主要原因为雌性激素缺乏；Ⅱ型又称为老年性骨质疏松，为低转换型，由于年龄的老化所致。继发性骨质疏松症由多种因素所致，它的基本病理机理是骨代谢过程中骨吸收和骨形成的偶联出现缺陷，导致人体内的钙磷代谢不平衡，使骨密度逐渐减少而引起的临床症状。

1. 疼痛　原发性骨质疏松症最常见的病症，以腰背痛多见，占疼痛患者中的70%～80%。疼痛沿脊柱向两侧扩散，仰卧或坐位时疼痛减轻，直立时后伸或久立、久坐时疼痛加剧，日间疼痛轻，夜间和清晨醒来时加重，弯腰、肌肉运动、咳嗽、大便用力时加重。一般骨量丢失12%以上时即可出现骨痛。老年骨质疏松症时，椎体骨小梁萎缩，数量减少，椎体压缩变形，脊柱前屈，肌肉疲劳甚至痉挛，产生疼痛。新近胸腰椎压缩性骨折，亦可产生急性疼痛，相应部位的脊柱棘突可有强烈压痛及叩击痛，一般 2～3 周后可逐渐减轻，部分患者可呈慢性腰痛。若压迫相应的脊神经可产生四肢放射痛、双下肢感觉运动障碍、肋间神经痛、胸骨后疼痛类似心绞痛，也可出现上腹痛类似急腹症。若压迫脊髓、马尾神经，可影响膀胱、直肠功能。

2. 身长缩短、驼背　多在疼痛后出现。脊椎椎体前部几乎多为松质骨组成，而且此部位是身体的支柱，负重量大，尤其第 11、12 胸椎及第 3 腰椎，负荷量更大，容易压缩变形，使脊椎前倾，背曲加剧，形成驼背，随着年龄增长，骨质疏松加重，驼背曲度加大，致使膝关节挛拘显著。每人有 24 节椎体，正常人每一椎体高度约 2cm，老年人骨质疏松时椎体压缩，每椎体缩短 2mm 左右，身长平均缩短 3～6cm。

3. 骨折　这是骨质疏松症最常见和最严重的并发症。

4. 呼吸功能下降　胸、腰椎压缩性骨折，脊椎后弯，胸廓畸形，可使肺活量和最大换气量显著减少，患者往往可出现胸闷、气短、呼吸困难等症状。

5. 骨密度值下降　骨密度全称是骨骼矿物质密度，是骨骼强度的一个重要指标，以 g/cm^2 表示，是一个绝对值。应用双能 X 线吸收法（DXA）测定中国北方汉族健康人的腰椎 L2～L4 及髋部骨密度。结果表明，男性峰值骨密度年龄各部位均在 20～24 岁，L2～L4 密度值为 $1228g/cm^2$；女性峰值年龄腰椎在 30～34 岁，值为 $1197g/cm^2$。在临床使用骨密度值时，由于不同的骨密度检测仪的绝对值不同，通常使用 T 值判断骨密度是否正常。T 值是一个相对值，为平均值和标准值的差（平均值为实际测试结果，标准值按性别和年龄的组合不同而有不同的值），正常参考值为-1～$+1$。如果差（T 值）为正值或零，则被测人骨密度良好；如果差（T 值）为负值，则被测人为骨密度降低，低于-2.5 时为不正常。

（三）骨质疏松症的发病机理

一般认为激素的调控、营养状态、物理因素、免疫功能、遗传因素及生活习惯等均与骨质疏松的发生有关。

1. 激素调控　与骨质疏松症有关的激素有 7 种，如雌激素、甲状旁腺激素、降钙素、甲状腺激素、雄激素、皮质类固醇激素、生长激素等，其中前 4 种激素尤为重要。

1）雌激素　主要在卵巢内产生，睾丸、胎盘和肾上腺也分泌少量雌激素。机体内主要的雌激素为雌二醇。雌激素具有维护和促进女性生殖器官、副性征的发育及功能维持的作用，而且对机体的代谢、内分泌、网状内皮系统、心血管系统及骨骼生长系统均有重要的调节作用。女性绝经后骨质疏松症的发病机制主要就是由于雌激素分泌不足所致。因此，雌激素已成为当前防治绝经后骨质疏松症的首选药物。女性进入绝经期后，由于雌激素减少，使骨量丢失增加。绝经后的女性在头 5 年中每年丢失 1.5%～2.5%的骨量，绝经后 10 年每年丢失骨量可达 5%之多。所以有 25%～50%的 60 岁以上妇女患骨质疏松。从更年期开始，由于卵巢萎缩，体内雌激素急剧降低而引起骨代谢出现明显负平衡。新生的骨组织减少，丢失的骨组织增多，每天约丢失钙 50mg。绝经的前 1 年开始至绝经后 5～10 年内，松质骨每年丢失骨总量的 5%～8%，密质骨每年丢失 1%～3%。绝经后 15～20 年内丢失继续加重，占总骨量的 1/3～1/2。而绝经妇女 70 岁以上骨量丢失变得缓慢，每年仅丢失 0.75%～1%，但松质骨的丢失仍大于密质骨。女性一生将丢失骨总量的 50%左右，男性丢失约为 30%，故女性骨质疏松明显多于男性。美国人骨质疏松所致髋部骨折中，85%为女性，51～70 岁女性骨质疏松患者数均为同龄男性的 3 倍。

雌激素具有促进降钙素分泌和抑制破骨细胞及刺激成骨细胞的作用。雌激素分泌不足，使破骨细胞过于活跃，骨吸收大于骨形成。成骨细胞通过自分泌和旁分泌产生多种局部生长因子进行自调节和旁调节。雌激素可促进成骨细胞分泌转化生长因子-β（TGF-β）。白细胞介素 1 和白细胞介素 6（IL-1 和 IL-6）是两种有效的骨吸收刺激因子，雌激素可以降低 IL-1 和 IL-6 的分泌，从而抑制骨吸收。雌激素分泌不足会抑制甲状旁腺激素的分泌，甲状旁腺激素分泌不足，使肾脏 25(OH)-1α 羟化酶的活化发生障碍，造成 1,25-$(OH)_2D_3$ 合成减少，肠钙吸收减少，造成负钙平衡，骨钙含量减少，导致骨质疏松。雌激素能促进维生素 D 的合成，维生素 D 能诱导骨细胞分化，并对骨的形成和矿化有促进作用。在维生素 D_3 的生成过程中，雌激素能活化 25(OH)-1α 羟化酶，增加 1,25-$(OH)_2D_3$ 的合成，增加肠道对钙的吸收。

2）甲状旁腺激素（PTH）　PTH、降钙素（CT）和维生素 D_3 是动物体内钙代谢调节和骨组织更新的三大重要激素。其调节作用详见表 1-1。

表 1-1　三种钙调节激素对钙和磷代谢的调节

激素	肠钙吸收	骨形成	骨吸收	肾钙重吸收	肾磷重吸收	血钙	血磷
PTH	↑	↓	↑↑	↑	↓	↑	↓
活性维生素 D	↑↑	↑	↑	↑	↑	↑	↑
CT	↓	↑	↓	↓	↓	↓	↓

注：↑表示升高；↓表示降低；↑↑表示显著升高。

甲状旁腺是位于甲状腺背面上、下面两极的棕黄色或肉红色小腺体。成人的腺体重 20～40mg，80%左右的人是两对。甲状旁腺由主细胞及嗜酸性细胞组成。主细胞分泌 PTH，它是由 84 个氨基酸组成的多肽激素，相对分子质量为 9500。其氨基端由 1～34 个氨基酸组成，与靶细胞受体结合后发生生物效应。其羧基端不具有降钙活性，但具有免疫活性。PTH 的生理功能主要是控制细胞外液的钙浓度，通过影响骨、肾和肠 3 个靶器官上钙的转运过程，使血钙浓度保持正常。例如，将动物的甲状旁腺摘除，血钙水平逐渐下降，血磷水平则逐渐升高，直至动物死亡。

PTH 对各种骨细胞的共同作用是促使钙离子从细胞外液进入细胞及从线粒体内释放，最终使细胞质钙离子浓度增加。破骨细胞胞质内钙离子增加，使溶酶体酶释放出水解酶，分解骨的有机基质，引起骨的溶化，释放出钙及磷酸盐，使血液循环中钙磷水平提高。另外，PTH 作用于破骨细胞，使胞质内钙离子浓度增高而抑制异柠檬酸脱氢酶，从而产生大量柠檬酸和乳酸，使骨基质的 pH 降低，利于骨盐的溶解和释放。总之，PTH 促进骨吸收，显著增加磷的排泄，增加钙的重吸收并且促进 25$(OH)D_3$ 向 1,25-$(OH)_2D_3$ 的转化。这些作用使血钙浓度增加，血磷浓度下降。此外，PTH 能通过刺激 1,25$(OH)_2D_3$ 的形成而间接促进肠道对钙的吸收。PTH 对骨的作用主要是快速调节，使骨钙迅速释放入血。中速调节有赖于骨溶解和肾脏对钙的重吸收。慢速调节则需要骨、肾脏和肠道的协同效应。

3）降钙素　与 PTH 作用相反，降钙素的主要作用是降低血钙。降钙素是由 32 个氨基酸组成的单链多肽，相对分子质量为 3500。在不同种属间，其中段的氨基酸序列存在明显差异，而其 N 端和 C 端的氮基酸序列变化小。人类和哺乳动物的甲状腺滤泡旁细胞是分泌降钙素的部位。降钙素目前作为抑制骨吸收和降低血钙的药物用于治疗畸形性骨炎、高钙血症、骨质疏松和成骨发育不全。

降钙素的生理作用是抑制骨吸收，但这种抑制作用并不持久，随后会出现抑制的脱逸现象。用降钙素治疗甲状旁腺功能亢进或恶性肿瘤所致的高血钙，疗效并不明显，其原因即为降钙素的脱逸现象。体外实验表明，合用糖皮质激素可预防降钙素的脱逸现象。

除以上几种激素外，其他性激素如孕激素、雄性激素等也影响骨量和骨密度。

2. 营养状况 骨质疏松症的主要特征是骨量减少。一个人骨量的形成主要受遗传和环境因素的影响。在后天环境因素中，营养占极其重要的地位。合理营养有助于提高峰值骨量及减缓绝经后的骨丢失。影响骨代谢的营养因素主要有钙、磷及维生素 D，膳食中的蛋白质、钠及一些微量元素（如氟、镁、锌、铜、锰）等的摄入也与骨代谢有关。

营养素中的钙、磷、蛋白质是构成骨骼的主要物质。体内钙、磷缺乏，蛋白质含量过少，钙、磷比例失调是造成骨质疏松的主要原因。

人体内最重要的是维生素 D_3，维生素 D_3 又称为胆钙化醇。人体可以通过两条途径获得维生素 D_3：①皮肤中的 7-脱氢胆固醇在紫外线照射下转化为维生素 D_3；②随食物摄入的维生素 D_3 在小肠内被吸收。通过上述两种途径进入肝脏的维生素 D_3，在肝细胞内转化为 $25(OH)D_3$，然后再在肾脏内进一步羟化转变为 $1,25\text{-}(OH)_2D_3$ 和 $24,25\text{-}(OH)_2D_3$ 等具有生物活性的钙调节激素。$1,25\text{-}(OH)_2D_3$ 的主要生物学效应是促进小肠上皮细胞对钙和磷的吸收。

氟是构成人体牙齿和骨骼的重要微量元素之一。90%的氟存在于牙齿和骨骼内。适量的氟有利于钙、磷在骨中的沉积，对骨骼的生长和矿化起重要作用。而过量的氟会对肾造成一定损伤，引起维生素 D 缺乏，导致血钙水平下降，从而促使 PTH 分泌，增加骨吸收，甚至发生溶骨现象。铜是骨基质中赖氨酸羧化酶的辅因子，铜缺乏会引起骨胶原结构及功能异常。锰缺乏会干扰骨基质中多糖的合成。实验表明，锰缺乏时动物生长停滞、骨骼畸形、新生儿运动失调。锌缺乏会影响骨细胞增生及骨碱性磷酸酶的活性。镁在人体中 70%以磷酸盐的形式参与骨骼和牙齿的组成，镁还具有调节钙的肠吸收和肾排泄作用，长期低镁可造成骨质疏松。因此，在膳食中应注意补充适量的微量元素。

3. 物理因素 物理因素包括运动、日光照射情况、重力负荷等，这些因素与骨质疏松症的发生均有密切关系。骨的生长、发育、成熟及老化受众多因素影响，其中运动负荷是重要因素之一。体育运动能够改善和维持骨结构，因而可作为预防骨质疏松的一种策略。运动调节骨代谢的机制可能与影响内分泌、促进钙吸收等有关。人的皮肤中存在的 7-脱氢胆固醇，在紫外线照射下可转变为维生素 D_3，维生素 D 在皮肤中的形成是人体维生素 D 的重要来源。因此，经常参加户外活动、适量晒太阳可有效预防维生素 D 缺乏引起的骨代谢疾病，尤其是儿童、孕妇、乳母和老年人。

4. 遗传因素 遗传因素也是骨质疏松症发生的一个重要原因，因此，对于严重骨质疏松症患者询问其是否有家族史是必要的。

Smith 等（1973）测定了 71 对少年双生子和 80 对成人双生子的桡骨骨量后发现，少年组双生子之间的骨量差异较小，有良好的一致性。而成年组的一致性较差，且骨量差异随龄增加。这说明少年时遗传因素对骨量的影响起决定作用，而成年后环境因素的作用逐渐增大。

5. 不良生活习惯 长期过量的饮用啤酒和白酒是导致骨质疏松症的原因之一。葡萄酒对骨质疏松症的发生作用不明显。乙醇引起骨质疏松症的原因是多方面的，主要与抑制成骨细胞功能、影响性激素分泌、干扰维生素 D 代谢及 PTH 分泌等有关。所以长期过量饮酒不仅是骨质疏松症发生的诱因，而且还是病情加重的因素。

咖啡摄入量与骨丢失的关系密切。大量研究表明，咖啡摄入量与妇女锁骨骨折发生率呈正相关，特别是在绝经后骨质疏松妇女中尤为明显。过量摄入咖啡导致骨丢失的程度受钙摄入量的调节。钙摄入量＞774mg/天，骨密度无明显改变，低于此量伴高咖啡因摄入者（＞450mg/天），骨密度降低。预防因咖啡因所致骨丢失的方法有：①减少咖啡因摄入量，每天摄入量＜450mg 为好；②补充钙剂，使钙摄入量为 800mg/天，可对抗咖啡因的骨丢失作用，从而可防止甚至避免骨质疏松症的发生。

长时间吸烟可导致骨质疏松症的发生。绝大多数吸烟者是从青少年开始的，此时正是峰值骨密度形成期间，吸烟可能直接影响骨密度峰值的形成，为老年后骨质疏松症的发生埋伏了潜因。吸烟降低骨密度峰值的病因可归纳如下：①促进骨吸收：吸烟者血钙增加，尿钙排出量增加。②抑制骨形成：吸烟者骨小梁体积、骨形成率和骨矿盐沉积率明显降低。③对内分泌激素的影响：研究表明吸烟的妊娠和绝经妇女比非吸烟女性雌激素水平低，而且吸烟促进雌激素的分解代谢，降低血雌激素含量，还可降低血甲状旁腺激素水平，使骨吸收增加。

综上所述，骨质疏松症的病因是多样化的，由年龄、性别、遗传和环境等因素共同决定。

本章小结

膳食中营养素和活性成分是满足人体营养需要和保证机体健康的基础，是功能食品的科学基础。本章重点选择了保健食品应用中最具有代表性的 8 种机体功能异常，即高脂血症、糖尿病、肥胖、咽喉炎症、衰老、免疫力降低、睡眠障碍和视觉疲劳，从基本概念、生理学基础、病理学过程、流行情况、临床表现、发病原因、诊断、治疗和开发相应功能食品的角度为学生们提供医学理论基础，这些知识是保健食品开发的科学依据。

思考题

1. 如何正确理解当今世界存在 75%亚健康状态人群的原因？
2. 如何能够实现营养学的最终目标"合理营养"？
3. 请你查找几个与食品相关的生命科学理论或研究进展。
4. 能量代谢异常发生肥胖，脂代谢异常发生高脂血症，糖代谢异常发生糖尿病，请问蛋白质代谢异常发生什么？
5. 当今时代流行视觉疲劳，那么，听力下降会怎样？
6. 免疫力低下时，可以用保健食品提高机体免疫力，如果机体免疫力过高时，可以应用保健食品降低机体免疫力吗？为什么？

第2章 中药学基本知识

中药是指以中医药理论为指导，有着独特的理论体系和应用形式，用于预防和治疗疾病并具有康复与保健作用的天然药物及其加工代用品，主要包括植物药、动物药、矿物药。中国中医学自古以来就有“药食同源”（又称为“医食同源”）理论。这一理论认为，许多食物既是食物也是药物，食物和药物一样同样能够防治疾病。

药膳是中国传统医学知识与烹调经验相结合的产物，是以药物和食物为原料，经过烹饪加工制成的一种具有食疗作用的膳食。它“寓医于食”，既将药物作为食物，又将食物赋以药用；既具有营养价值，又可防病治病、强身健体。我国许多保健食品的配方都来源于传统的药膳或中药，因此了解中药的基本知识对理解和开发保健食品具有重要意义。

第一节　中药的品种、产地、采集

中药的来源除部分人工制作外，绝大部分都是来自天然的动物、植物、矿物。如果品种来源不正确，往往使得用药无效，有的还可能使病情加重，甚至对机体造成严重伤害或危及生命。

中药的产地和采收时机是否符合规定，也直接影响到中药质量和疗效。研究中药的品种、产地、采集和贮藏，对于保证和提高中药的质量与疗效、保护中药资源有十分重要的意义。

一、品种

中药来源于先民的生产实践，在口耳相传与书籍记载中常常出现同名异物或同物异名的情况，所以在使用中药时，一定要保证定品种的正确性。

二、产地

天然药材的生长离不开温度、湿度和土壤等自然条件。我国幅员辽阔，水土、气候、日照、生物分布等生态环境各地差别很大，不同的温度、地貌、水域形成了复杂的自然地理环境，为部分中药的生长提供了有利的条件，也使部分中药的生长受到不利影响。同时也使各种药材的生产，包括品种、产量和质量，都有一定的地域性，逐渐形成了“道地药材”的概念。所谓“道地药材”，又称“地道药材”，是优质纯真药材的专用名词，“道”是我国古代的行政区划（汉代在少数民族聚居区设置的县称为道，唐初全国划分为10道，后来又增为15道）；“地”是指地区。“道地药材”就是某道某地产的药材，它是指历史悠久、产地适宜、品种优良、产量宏丰、炮制考究、疗效突出、带有地域特点的药材。例如，江西泰和的乌鸡，江苏的薄荷、苍术，湖北的艾叶、白花蛇，河南的附子、黄连等，自古以来都被称为“道地药材”，沿用至今。

三、采集

中药材包括植物药与动物药，尤其是植物药，在生长的各个阶段，不同部分如根、茎、叶、花、果实、种子等，药用有效成分的积累各不相同，各种药用部位中有效成分也会有所不同。药用有效成分是药物具有防病治病作用的物质基础，也是影响药物性能和疗效好坏的重要因素。因此，药物的采收，应该在其有效药用成分含量最多的时候进行，往往将所用的药用部位成熟期作为采收的季节。一般来说可按以下原则进行。

1）全草　大多数在植物充分生长、花朵初开或开花时采集，从根以上割取地上部分，如益母草、荆芥、薄荷、紫苏等；如需连根入药，则可拔起全株，如蒲公英、紫花地丁、大蓟等；而需用带叶花梢的更需适时采收，如夏枯草与茵陈蒿等。

2）叶类　叶类药材，如艾叶、番泻叶、罗布麻叶等只以叶片入药，或侧柏叶等以带有幼枝的叶片入药的中药，通常在花蕾将放或正盛开时采摘，此时叶片茂盛、色青绿、性味完壮、药力雄厚，最适于采收。有些特定的药物（如桑叶）需在深秋经霜后采集。

3）花、花粉　花类药材，一般采收未开放的花蕾或刚开放的花朵，以免香味散失、花瓣散落而影响质量，如野菊花、金银花、月季花与旋复花等。同一花序上开花时间迟早不同，所以要及时摘取。至于药用花粉的收集，则需在花朵盛开时采取，如蒲黄与天花粉。采集最好在晴天，以便及时晾晒干燥。

4）果实、种子　果实类药物如青皮、枳实、藏青果等是以幼果入药，要在果实未成熟时采收果皮或果实，不能待其成熟，其他一般都在果实成熟时采收，如瓜蒌、槟榔与马兜铃等。多汁的浆果要及时采收，避免腐败，如枸杞子、女贞子。以种子入药的，通常在完全成熟后采集，如莲子、银杏、沙苑子与菟丝子等。有些既用全草又用种子入药的，可在种子成熟后割取全草，将种子打下后分别晒干贮存，如车前子与苏子等。有些种子成熟时易脱落，或果壳易裂开、种子散失者，如茴香、急性子、芝麻等，则应在刚成熟时采集。

5）根、根茎　除少数药材需要在夏天采收外，如半夏、太子参与延胡索等。一般以秋末（即 8 月）或春初（即 2 月）采收为佳，早春时节植物根或根茎尚处于休眠状态，新芽未萌，营养物质未被茎叶消耗；深秋以后，多数植物地上部分停止生长或开始枯萎，功效成分贮存于根或根茎，故有效成分含量高。现代研究也证明早春及深秋时植物的根茎中有效成分含量较高，此时采集则产量和质量都较高，如天麻、石菖蒲、丹参。

6）树皮、根皮　树皮、根皮类药物采摘的时间略有差异，大部分树皮均在清明至夏至（4～6 月）时采取，此时植物生长旺盛。树皮中运输、贮存的营养物质较多，药材质量较佳，而且树木枝干内汁液丰富，皮层水分增加，形成层细胞分裂迅速，其皮也容易剥离，如黄柏、杜仲与厚朴。大部分根皮则以秋后采收为宜，此时植物的养分多贮存于根部，药效强而易于剥取，如牡丹皮、苦楝皮与地骨皮、桑白皮等。值得注意的是，木本植物生长周期较长，应避免致命性剥皮，以保护药物资源。

7）动物昆虫类药材　动物昆虫类药材根据动物的生长特性，采集时间有较大的差异。具体要求见表 2-1。

总之，中药的采集时间与采集方法各有差异，只有规范按时间采集，才能达到最好的药效。

表 2-1　动物昆虫类药材采集时间

药名	采集时间
全蝎、土鳖虫、地龙、蟋蟀、蝼蛄与斑蝥	夏末秋初
桑螵蛸、露蜂房	秋季
蝉蜕	夏秋季
蛇蜕	全年可以采收
蟾酥	春秋两季
蛤蟆油	白露节前后
石决明、牡蛎、蛤壳与瓦楞子	夏秋季
鹿茸	春季清明节前后
阿胶（驴皮）	冬至后

第二节　中药的炮制

炮制，古时又称“炮炙”、“修事”、“修治”、“修制”，是指药物在应用或制成各种剂型前，根据医疗、调制、制剂的需要，而进行必要的加工处理的过程，它是我国的一项传统制药技术。中药材中药多数是原生药，是原植物、动物或矿物经粗加工后得到的药材或饮片，很难符合临床用药、贮存、配方和制剂的不同要求，需要结合药材自身的特点进行必要的加工处理，使之尽量满足上述要求。

一、炮制的目的

炮制的目的大致可以归纳为以下 7 个方面。

1）纯净药材，保证质量，分拣药物，区分等级　中药材中很容易混入杂质或泥沙等异物，必须经过挑拣修治和（或）水洗清洁，才能使药物纯净，方可保证质量，提供药用。有的药材又有非药用部分须去除：用果皮的应将果柄、果肉、种子除去，如杨皮；用花的应该将枝、叶除去。

2）切制饮片，便于调剂制剂　中药根据需要，经过软化、切削、干燥等加工工序炮制处理而形成的一定规格的药材中药，称为“饮片”。饮片形成的片、段、丝和块等便于准确称量、计量，按处方调剂，同时增加药材与溶剂之间的接触面积，利于有效成分的煎出，便于制剂。一些矿物介壳类药物如灵磁石、代赭石、石决明、牡蛎，经过烧、醋淬等炮制处理，使之酥脆，同样也是为了有效成分易于煎出的目的。

3）干燥药材，利于贮藏　药材经晒干、阴干、烘干与炒制等炮制加热处理，使之干燥，水分的减少将使药物更不容易腐败。另外，还能使其中酶类失去活性便于保存。特别是一些具有活性的药材，如种子药材白扁豆与赤小豆，必须加热干燥，才能防止萌动变质。再如桑螵蛸、露蜂房、刺猬皮等动物药，不经炮制就更难保存了。药材的酒制品、醋制品均有防腐作用。

4）矫味、矫臭，便于服用　一些动物药及一些具有特殊嗅味的药物，如地龙、僵蚕、五灵脂等动物类药材，生用时有明显的腥胞气味；再如，乳香、没药等植物药，也有浓烈而具刺激性的苦味。此类药物经过麸炒、酒制或醋制后，能起到矫味和矫臭的作用，如酒制乌梢蛇、醋炒五灵脂、麸炒白僵蚕、滑石烫刺猬皮、水漂海藻、麸炒斑蝥等，以便临床服用。

5）*降低毒副作用，保证安全用药* 临床用药最基本的要求就是安全，降低或消除药物的毒性或副作用，是炮制的重要目的。例如，川乌、附子、天南星等毒性较强的药物，内服通常都用其炮制品；而半夏、天南星所含的毒性成分，以姜矾水制，则可完全消除。

6）*增强药物的功效作用，提高临床疗效* 例如，杜仲炒后胶丝断裂，而且胶质改变，均利于有效成分溶出而增强作用；酒炒川芎、当归，能增强温通活血作用；延胡索醋制以后能增强活血止痛功效；百部、桑叶蜜制能增强润肺止咳作用；红花酒制后活血作用增强；淫羊藿用羊脂炒后能增强补肾助阳作用。

7）*改变药物性能，扩大应用范围* 炮制也可以改变药性，使其符合临床的需要。例如，当麻黄用于肺热喘急而有汗之证时，麻黄蜜炙不仅可以削弱其发汗作用，还可增强其平喘之力，既增加了疗效，又保障了用药安全。

二、炮制的方法

炮制方法是历代逐步发展和充实起来的。参照前人的记载，根据现代实际炮制经验，炮制方法一般来讲可以分为以下五类。

1. 修治 采用挑、拣、簸、筛、刮、刷等方法纯净药材；采用捣、碾、镑、铁等方法粉碎药材；采用切铡等方法切制处理药材，为进一步的加工贮存、调剂、制剂和临床用药做好准备。

2. 水制 水制是以较低温度的水或其他液体加工处理药材的多种方法的统称。常见的方法有漂洗、闷、润、浸泡、喷洒和水飞等。其目的主要是除去附着于药材表面的泥土、灰尘，清洁药材，或淘出混杂的沙心，保证药材纯净，除去杂质，软化药物，便于切制，降低毒性及调整药性或降低药材中的盐分、不良气味，或缓和其毒烈之性，或利于制取极细药末，等等。例如，菟丝子淘洗去泥沙，槟榔浸泡或润软以便于切片，盐附子漂去咸陈，乌梢蛇用黄酒湿润以矫臭防腐等。其中，水飞是比较特殊的一种传统炮制法，即将药物与水共研，借药物在水中的沉降性质分取药材极细粉末的方法。

3. 火制 火制又称干热法。凡是只用火或其他加温来炮制药物的方法均属火制法。根据加热的温度、时间和方法的不同，可分为炒、炙、烫、煅、煨、炮、燎和烘 8 种。

4. 水火共制 水火共制又称湿热法，既要用水又要用火，有些药物还必须加入其他辅料进行炮制，包括蒸、煮、炖、焯和淬等方法。

5. 其他制法 其他制法有制霜、发酵、发芽、精制、药拌等。

第三节　中药的性能

中医学认为任何疾病的发生与发展过程都是致病因素（邪气）作用于人体，引起机体阴阳偏盛偏衰，或脏腑经络机能活动失常的结果。中药之所以具有治疗作用，是利用药物自身也具有相对应的偏性，纠正了机体病理状态下的阴阳盛衰，恢复了阴阳的相对平衡。药物的这种偏性就是本身各自具有若干特性和作用，也就是药性，以药物的偏性来纠正疾病所表现出来的阴阳偏盛偏衰。其基本内容包括四气五味、升降浮沉、归经、配伍等。

一、四气

四气，也称四性。其主要用以反映药物的作用对于人体寒热变化的影响，也就是寒、热、温、凉四种不同的药性。它反映了药物对人体阴阳盛衰、寒热变化的作用倾向，为药性理论重要组成部分，是说明药物作用的主要理论依据之一。以阴阳来分，寒凉属阴，温热属阳，寒凉与温热是相对立的两种药性，而寒与凉、温与热之间则仅是程度上的不同，即“凉次于寒”、“温次于热”。除了寒热两类，四性以外还有一类平性药，是指寒热界限不很明显、药性平和、作用较缓和的一类药，如党参、山药与甘草。

一般来讲，寒性药分别具有清热泻火、凉血、养阴等作用，而凉性药物通常以疏散表邪、平肝、凉肝、安神为主，温热药则分别具有温里散寒、暖肝散结、补火助阳、温阳利水、温经通络、引火归源、回阳救逆、行气活血、祛风解表、化湿、开窍等作用。

二、五味

中药的五味，不论是作为性能或性状，都是指药物具有的辛、甘、苦、酸、咸五种基本的味。其中包括酸、苦、甘、辛、咸五种不同的味道。五味所代表的药物的作用及主治病证见表 2-2。

表 2-2　五味

五味	五行归属	特征
辛	金	能散能行，即具有发散、行气行血的作用
甘	土	能补、能缓、能和，即有补益正气、缓急止痛、调和药性和调和中焦等作用
酸	木	能收、能涩，具有收敛、固涩的作用
苦	火	能泄、能燥。泄指下行的趋势，有通泄、清泄、降泄三种
咸	水	能软、能下，即有软坚散结、泻下的作用

三、升降浮沉

中药药效学中的升降浮沉，是用以反映药物对人体作用趋向的一种性能。“升”是上升，表示作用趋向于上；“降”是下降，表示作用趋向于下；“浮”是发散，表示作用趋向于外；“沉”是收敛闭藏，表示作用趋向于内。其中，升浮属阳，沉降属阴。

由于疾病在病势上常常表现出向上（如呕吐、呃逆、喘息）、向下（如脱肛、遗尿、崩漏）、向外（如自汗、盗汗）、向内（表证未解而入里）；在病位上则有在表（如外感表证）、在里（如里实便秘）、在上（如目赤肿痛）、在下（如腹水、尿闭）等的不同，因能够针对病情，改善或消除这些病症的药物，相对来说也就分别具有升降浮沉的作用趋向了。升浮药物上行向外，常具有补气、升阳、发表、祛风散寒、涌吐、开窍等功效；沉降药物下行向内，多具有泻下、清热、利水渗湿、重镇安神、潜阳息风、消食、降逆止呕、收涩、止咳平喘等作用。按阴阳属性区分升降浮沉表明了药物作用的定向概念，也是药物作用的理论基础之一。

四、归经

归经是指是药物作用的定位概念，“归”是指药物作用的归属，寓有药物对机体不同部位具有识别、选择和定位走向的意思。“经”是中医学脏腑经络及其相关组织的概称。归经就是药物对于机体某部分的选择性作用，即某药对某些脏腑经络有特殊的亲和作用，因而对这些部位的病变起着主要或特殊的治疗作用。药物的归经不同，其治疗作用也不同。归经是中药重要的药性理论，历版《中华人民共和国药典》（简称《药典》）中均记载了每味中药的归经。归经的记载内容一般采用十二脏腑经络表述，直接书写为心、肝、脾、肺、肾、胃、大肠、小肠、膀胱、胆、心包、三焦经等；亦可用经络的阴阳属性表述，如入少阴、入太阴、入厥阴、入少阳、入太阳、入阳明等。

五、配伍

中药复方是中药主要应用形式，利用药物的相互作用，达到多成分以多靶点超次的作用。除了增加疗效外，中药的配伍也能减轻中药的毒性。

中药的配伍有着自己的规律，它分为单行、相须、相使、相畏、相杀、相恶和相反 7 个方面，这 7 个方面也称“七情”。它们都是中药配伍关系，现分述如下。

1. 单行 单行就是单用一味药来治疗某种病情单一的疾病。对那些病情比较单纯的病证，往往选择一种针对性较强的药物即可达到治疗目的。例如，古方独参汤，即单用一味人参，治疗大失血所引起元气虚脱的危重病证；清金散，即单用一味黄芩，治疗肺热出血的病证；马齿苋治疗痢疾；夏枯草膏消瘿瘤；益母草膏调经止痛；鹤草根芽驱除绦虫；柴胡发汗解热；丹参片剂治疗胸痹绞痛等；都是行之有效的治疗方法。

2. 相须 两味药在某方面具有协同作用，一方需求另一方，或双方相互需求，配伍以增进或产生某种治疗效应，称为相须。“相”除有“相互”之意外，还有“表示一方对另一方有所动作”之意。“须”有要求、寻求等含义，古代也有使用“相需”者。例如，大黄与芒硝用于泻火通便，臭梧桐与豨签草用于祛风湿；知母配贝母，可以增强养阴润肺、化痰止咳的功效；三棱与莪术用于破血行气；白芍与甘草用于缓急止痛；全蝎、蜈蚣同用能明显增强平肝息风、止痉定搐的作用。

3. 相使 性能、功效有某些共性的药物配合应用，治疗目的一致，一药为主、一药为辅，辅药提高主药疗效。例如，枸杞子配菊花治目暗昏花，枸杞子为补肾益精、养肝明目的主药，菊花清肝泻火，兼能益阴明目，可以增强枸杞的补虚明目作用，这是功效相近药物相使配伍的例证。

4. 相畏 “畏”有“畏惧、敬畏”之意，两药合用，一种药物的毒性反应或副作用，能被另一种药物减轻或消除就是相畏。例如，半夏畏生姜，即用生姜抑制半夏的毒副作用，生半夏可“戟人咽喉”，令人咽痛音哑，用生姜炮制后成姜半夏，其毒副作用大为缓和了。

5. 相杀 “杀”有“削弱、消除”的意思，两药合用，一种药物能减轻或消除另一种药物的毒性或副作用就是相杀。就是一种药物能够消除另一种药物的毒副作用。例如，羊血杀钩吻毒；金钱草杀雷公藤毒：麝香杀杏仁毒；绿豆杀巴豆毒；生白蜜杀乌头毒；防风杀砒霜毒等。可见相畏和相杀没有质的区别，是从自身的毒副作用受到对方的抑制和自身能消除对方毒副作的不同角度提出来的配伍方法，也就是同一配伍关系的两个方面。

6. 相恶　两药合用，互相牵制，一种药物使另一种药物的疗效降低、甚至消失。例如，吴茱萸恶黄连，牡蛎恶麻黄，赤石脂恶大黄，瞿麦恶螵蛸，半夏恶皂夹，薯蓣恶甘遂，沙参恶防己，蛇床子恶巴豆。

7. 相反　两种药物合用，能产生或增强毒性、副作用，主要是指“十八反”、“十九畏”。这些药同时使用将产生强烈的毒性或副作用，宜避免。“十八反”是指乌头反贝母、瓜蒌、半夏、白芨、白蔹，甘草反甘遂、大戟、海藻、芫花，藜芦反人参、丹参、玄参、沙参、细辛、芍药。“十九畏”是指硫黄畏朴硝，狼毒畏密陀僧，巴豆畏牵牛，丁香畏郁金，川乌、草乌畏犀角，牙硝畏三棱，官桂畏赤石脂，人参畏五灵脂。

本章小结

中药主要来自天然的动物、植物、矿物。中药的产地、采收时机，直接影响到药物的质量和疗效。药物采摘后，进行炮制以提高疗效，降低毒性。

中药的药性理论指导中药以偏纠偏，以中药之偏纠机体之偏，主要包括四气（升、降、浮、沉）、五味（酸、苦、甘、辛、咸）、归经、配伍（单行、相须、相使、相畏、相杀、相恶、相反）等。

思考题

1. 什么是“道地药材”？
2. 简要介绍中药的“四气五味”。
3. 中药的“七情”是指什么？

第二篇　各类功能活性成分

具有生理调节功能和促进健康作用的保健（功能）食品，其功能作用的发挥与实施主要依赖食品中功能活性成分，包括功能性营养素（蛋白质与肽、脂类、维生素和矿物质）、功能性糖类、植物化合物、微生物及其代谢物。因此，本篇重点介绍作为物质基础的活性成分的结构、性质、功效与来源。

第3章　功能性营养素

营养学的内容，重点介绍了营养素传统的营养功能，但越来越多的研究表明，有些营养素具有独特的功能活性，如近年发现的降压肽、抗氧化肽、二十二碳六烯酸（DHA）和二十碳五烯酸（EPA）在心血管、神经系统发育与健康方面都有重要作用。因此，了解功能性的营养素，不仅可以加深对营养学的了解，而且能够丰富对功能食品学的认识。

第一节　活性肽和活性蛋白

活性多肽与活性蛋白质是指具有清除自由基、提高机体免疫能力、延缓衰老、降低血压等特殊功能的活性肽与蛋白质，如谷胱甘肽、降血压肽、免疫球蛋白等。

肽的吸收与生理作用已有了较深入的研究。由于动物体内存在大量的蛋白酶和肽酶，人们长期以来一直认为，蛋白质降解成寡肽后，只有再降解为游离氨基酸才能被动物吸收利用。直到20世纪60年代有人提出了令人信服的证据证明寡肽可以被完整吸收，人们才逐步接受了肽可以被动物直接吸收利用的观点。此后人们对寡肽在动物体内的转运机制进行了大量的研究，表明动物体内可能存在多种寡肽的准允体系。目前的研究认为，二肽、三肽能被完整吸收，大于三肽的寡肽能否被完整吸收还不确定，但也有研究发现四肽、五肽甚至六肽都能被动物直接吸收。

关于小肽的转运机制目前还不十分清楚，可能有三种：①具有pH依赖性的H^+/Na^+交换转运体系，不消耗三磷酸腺苷（ATP）；②依赖于H^+或Ca^{2+}浓度的主动转运过程，要消耗ATP；③谷胱甘肽（GSH）转运体系。尽管对动物小肽转运机制还不十分清楚，但小肽的转运需要载体是得到公认的，某些哺乳动物的小肽载体基因已被克隆表达。通过研究小肽载体的结构和功能，揭示载体与小肽及各种相关离子间的作用关系，是目前小肽转运机制的研究热点。

近年来，对蛋白质在消化过程中生成的肽的作用进行了大量研究，表明这些肽除了能够为动物提供氨基酸外，还具有很多不同生理活性。研究证实，肽能促进金属离子的吸收。酪蛋白水解产物中，有些含有可与 Ca^{2+}、Fe^{2+}结合的磷酸化丝氨酸残基，能够提高它们的溶解性而促进吸收。铁能够以小肽铁的形式到达特定的靶组织，其转运途径不同于经运铁蛋白结合的铁，能自由地通过成熟的胎盘，因而生物学效价较高。

蛋白质在消化道中水解产生的某些肽类具有生理调节作用，它们的生理作用是直接作为神经递质或间接刺激肠道受体激素或酶的分泌而发挥的，如β-酪蛋白水解生成的酪啡肽在体内外均具有阿片肽的活性。不仅酪蛋白，小麦谷蛋白的胃蛋白酶水解产物中也存在有阿片肽活性作用的肽，这种生物活性肽可在肠道被完整吸收，然后进入血液循环，作为神经递质而发挥生理活性作用。

蛋白质降解产生的某些肽具有免疫活性作用，它们可在机体的免疫调节中发挥重要作用。研究证实，一些蛋白质水解产生的肽对动物的体液免疫和细胞免疫产生影响，如β-酪蛋白水解产生的一些三肽和六肽可以促进巨噬细胞的吞噬作用；由乳铁蛋白和大豆蛋白酶解产生的肽也同样具有免疫活性作用。

一、活性肽

（一）大豆低聚肽

1. 概述　大豆低聚肽（soybean oligopeptide）是以大豆、豆粕或大豆蛋白为主要原料，用酶解法或微生物发酵法生产，再经特殊处理而得到的相对分子质量在1000以下的低肽混合物。另外，水解产物中还含有少量游离氨基酸、糖类和无机盐等成分。

大豆低聚肽的氨基酸组成几乎完全与大豆蛋白质相同，必需氨基酸的平衡良好，含量丰富。由于肽链的降解，产生的肽段的链长和分子质量降低，NH_4^+、COO^-等亲水性基团增多，净电荷数增加，包埋于内部的疏水性基团暴露于水相中，其溶解性、乳化性、起泡性等功能特性有所改善。

大豆多肽在任何 pH 溶液中均具有良好的溶解性，精制的多肽能保持溶液透明，能在大豆蛋白质等电点（pH为4.2～4.6）保持溶解状态；10%以上的大豆蛋白溶液加热时会产生凝胶化现象，此时蛋白质的溶解性极差。肽溶液即便是在0.03mol/L $CaCl_2$共处于pH3～11体系中，经高温长时间（134℃，5min）处理，仍有 80%含氮组分保持可溶性。大豆蛋白黏度随浓度增大而急剧上升，浓度超过13%就会形成凝胶，失去流动性。而大豆多肽溶液黏度较低，30%溶液的黏度与 10%的大豆蛋白溶液的黏度相当；50%大豆多肽溶液的流动性仍很好，故可用于清凉饮料中。

大豆多肽的渗透压处于大豆蛋白与同一组成的氨基酸之间。用它取代氨基酸，可降低产品的渗透压，减少后者引发腹胀、腹泻、恶心和呕吐等不适症的可能性。大豆肽具有较强的吸湿性和保湿性，比胶原蛋白、肽和丝蛋白肽强，对于延长面包、蛋糕等焙烤食品货架期有利；大豆多肽可明显抑制蛋白质形成的凝胶，甚至当鱼肉、畜肉及大豆蛋白加热已经形成凝胶或面粉形成面团后，添加大豆多肽还可以促使形成的凝胶软化、强度降低。大豆多肽还具有抗氧化、乳化性和起泡性等特点。

2. 生物学功能

1）*血脂调节作用*　1967 年 Hodges 等首次进行了人体试验，证实了大豆蛋白质具有降低胆固醇的作用。赵秀娟等研究了大豆低聚肽对大鼠体内胆固醇代谢的影响，证实膳食中大豆低聚肽的摄入可降低高血胆固醇模型大鼠血清中血清总胆固醇（TC）、甘油三酯（TG）、载脂蛋白 B（apoB）的浓度，使血浆游离四碘甲状腺素（FT4）含量增高，但对 HDL-C、apoA、游离三碘甲状腺原氨酸（FT3）、促甲状腺激素（TSH）和胰岛素水平无影响。

2）*促进脂肪代谢*　日本小松龙夫等在对儿童肥胖症患者进行减肥期间，采取低能量膳食的同时以大豆多肽作为补充食品，结果发现比单纯用低能量膳食更能加速皮下脂肪的减少。另外，以肥胖动物模型做试验，发现大豆多肽既能有效地使体脂减少，同时又能保持骨骼肌重量不变。其作用机理是大豆肽可促使交感神经活化，诱发褐色脂肪组织功能激活，促进能量代谢。

3）*降血压作用*　血管中血管紧张素Ⅱ型能使末梢血管收缩，外周阻力增加，引起高血压。大豆多肽能抑制血管紧张肽Ⅰ转化酶（ACE）活性，阻碍血管紧张素Ⅱ的合成，具有降血压作用；且其降压作用平稳，不会出现药物降压过程中可能出现的大波动。同时，大豆多肽对血压正常的人没有降压作用，所以对正常人是无害的。

4）*降低血清胆固醇*　大豆多肽降低血清胆固醇表现有以下几个特点：①对于胆固醇值正常的人，没有降低胆固醇作用；②对于胆固醇值高的人具有降低总胆固醇值的功效；③胆固醇值正常的人，在食用高胆固醇含量的蛋、肉、动物内脏等食品时，也有防止血清胆固醇值升高的作用；④能使总胆固醇中有害的 LDL、VLDL 值降低，但不会使有益的 HDL 值降低。

5）*增强肌肉运动力*　加速肌红蛋白的恢复：在运动过程中，蛋白质合成也受到抑制，肌蛋白降解增加，氨基酸氧化加快，葡萄糖异生作用增强，导致体内蛋白质利用增多，因此在运动前、运动中及运动后增加蛋白质的供给量，均可以补充体内消耗的蛋白质。而且由于肽易于吸收，能迅速利用，因此抑制或缩短了体内“负氮平衡”的副作用。尤其在运动前和运动中，肽的添加还可减慢肌蛋白的环节，维持体内正常蛋白质的合成，减轻或延缓由运动引发的其他生理功能的改变，达到抗疲劳效果。

6）*其他作用*　大豆多肽对微生物有促进增殖的效果，并能促进有益代谢物的分泌；对 α-葡萄糖苷酶有抑制作用，对蔗糖、淀粉、低聚糖等糖类的消化有延缓作用，能控制机体内血糖的急剧上升，具有降低血糖的作用。

3. 安全性　大豆多肽有时对少数人食用后具有较低的过敏性。用酶联免疫测定法（ELISA 法）对大豆多肽的抗原性测定结果表明，大豆多肽的抗原性较原大豆蛋白低（为原大豆蛋白的 1/1000～1/100）。这一点在临床上具有较高的实用价值，可以给食品过敏患者提供一种比较安全的蛋白物料。

（二）菜籽多肽

油菜系十字花科作物，是世界范围内重要的油料作物之一。我国油菜种植面积和总产量占世界油菜种植面积和总产量的 30%左右，均居世界首位。菜籽含有丰富的油脂和蛋白质，榨油后所得的菜籽饼粕中含有 37%～45%的蛋白质，其氨基酸含量丰富且平衡，含硫氨基酸和赖氨酸含量较高，氨基酸组成接近联合国粮农组织和世界卫生组织推荐值，因而是一种非常良好的全价蛋白。菜籽蛋白的各项指标均较高：蛋白质效率比值（PER）为 3.0～3.5，蛋白质净利用率为 87%～90%，蛋白质生物价为 91%～92%，蛋白质消化率为 95%～100%。

抗营养因子硫代葡萄糖苷、植酸、单宁等的存在使菜籽蛋白在食品工业中应用的研究一度中断，我国的菜籽饼粕大部分都是经过脱毒后应用于饲料工业。随着双低油菜的培育成功和推广种植，菜籽肽生物活性的开发与利用逐步成为植物源肽研究领域的一大热点。研究表明，以菜籽粕或菜籽蛋白为原料通过降解得到的菜籽肽加工特性（如溶解性、乳化性、持水性等）均优于菜籽蛋白，尤其是某些小分子菜籽肽不仅具有吸收快、耗能低、吸收率高等营养生理优势，还具有抗氧化、降血压、抗肿瘤和促进动物细胞生长等生物活性。

1. 菜籽多肽的制备　生物活性肽的生产制备方法和途径主要包括: ①从自然界的生物体中分离纯化其本身固有的各种天然活性肽类；②通过蛋白质降解获得具有各种生理功能的活性肽；③合成法制备生物活性肽 ,包括化学合成法、酶合成法和重组 DNA 技术合成法。以菜籽粕或菜籽蛋白为原料获得菜籽生物活性肽的方法主要有化学法、酶法和微生物发酵法。

1）*化学法*　化学法是通过酸或碱水解蛋白质，得到富含氨基酸和多肽的复合物。盐酸水解菜籽清蛋白，改变了蛋白质的二级结构，增加了蛋白质表面的疏水性。硫酸快速水解菜籽粕，得到天然复合氨基酸粉，可作为饲料、食品、药品添加剂。但是由于酸水解植物蛋白中存在氯丙醇类致癌物质，且反应条件剧烈，破坏了氨基酸原有构型，不利于产物肽活性的保持，且普通的酸解或碱解的位点难以确定，使得水解产物复杂和重现性不好，同时酸水解废液的排放也会造成一定的环境污染。故这种方法在实验室和实际生产中都很少用到。

2）*酶法*　蛋白质的酶水解是一种不完全、不彻底的水解，产物主要是肽而不是氨基酸，反应条件温和、时间短、效率高，不产生消旋作用，也不破坏氨基酸原有构型，产品纯度高，产物易分离。酶水解法是我国目前菜籽肽制备的主要方法。水解菜籽蛋白的酶主要有植物源蛋白酶（如木瓜蛋白酶）、微生物蛋白酶（如中性蛋白酶）（AS1.398）、酸性蛋白酶、碱性蛋白酶（alcalase）和复合风味酶（flavourzyme），其中酶解效果最好的是碱性蛋白酶。

3）*微生物发酵法*　固态发酵是直接利用菜籽粕作为发酵底物，并选出具有丰富蛋白酶系的菌株与其混合，然后再置于最适条件下发酵，即通过菌株产生的蛋白酶水解菜籽粕中的蛋白质，进而制得菜籽多肽。利用发酵菜籽粕生产菜籽活性肽，一方面可以降低生产成本，节省大量昂贵的生物酶制剂；另一方面能有效降解菜籽粕中的有毒物质，进而达到人和动物的食用标准。目前微生物发酵法主要集中于其脱毒方面的研究。

2. 菜籽多肽的分离与纯化　菜籽蛋白酶解液的成分复杂、黏度大，且目标产物菜籽多肽为分子链长不等的各级肽类，相对分子质量分布也极广，故需对其进行分离纯化。对获得的含有菜籽多肽的溶液，一般先采用盐析、等电点沉淀、超滤和有机溶剂分级等分离方法，去除大部分杂质或对溶液进行浓缩，然后再使用离子交换、凝胶过滤、吸附层析等方法进行下一步分离纯化。

相对于菜籽多肽而言，酶解液中的杂质大多为大分子物质，这些杂质一方面通过调节蛋白酶解液的 pH 至等电点，使未水解的蛋白质沉淀而除去，得到酸性水解物溶液；另一方面可以采用超滤对物料进行分离，从而从酶解液中分离提纯出菜籽多肽。

目前，分离菜籽多肽的方法一般有 SDS-聚丙烯酰胺凝胶电泳（SDS-PAGE）、高效液相色谱（HPLC）、离子交换色谱（IEC）、凝胶过滤色谱（GFC）等。PAGE 是分离蛋白质多肽常用的方法。HPLC 在分离小分子肽研究中应用较多，尤其针对 10 肽以下的小分子肽（二肽、三肽、四肽等）。高效液相色谱不仅可以在短时间内完成分离的目的，而且还可制备生物活性多肽，因此它在活性肽的分离纯化过程中应用很多。IEC 是一个吸附与解吸附不断交替进行的过程，是利用生物大分子和离子交换剂之间的相互作用，主要是静电作用，这种作用导致介质表面的可交换离子与带相同电荷的蛋白质分子发生交换。GFC 是利用凝胶的网状结构并根据多肽分子大小、形状差异来分离纯化多肽物质，特别对一些较大的聚集态的分子分离更为方便。

3. 生物学功能　菜籽肽具有抗氧化、降血压、抑制肿瘤、抗艾滋病、增强免疫等多种生物活性。研究者们通过质谱、圆二色谱等技术，将菜籽肽的结构与活性紧密联系，以探究其构效关系。

1）抗氧化功能　机体内氧自由基过剩，形成的过氧化脂质可导致细胞和组织损伤，而这是衰老或疾病的起因。菜籽肽在体外表现出明显的清除自由基、抑制组织脂质过氧化反应、保护红细胞结构完整性的作用；而体内实验表明菜籽肽可降低血清丙二醛（MDA）、增加超氧化物歧化酶（SOD）含量。菜籽肽抗氧化机理尚未完全清楚。一些学者认为，菜籽蛋白水解产物中所含有的多酚类物质对抗氧化活性有贡献。菜籽肽可能富含供氢体，具有提供氢质子的能力，可使具有高度氧化性的自由基还原，从而能终止自由基连锁反应，起到清除或抑制自由基的作用。菜籽肽具有的抗氧化作用，还可能与菜籽肽共价结合的糖类物质有关。

2）辅助降血压功能　降血压多肽对血压正常的人无降压作用，而只对高血压患者有效。此外，它还具有免疫、促进减肥及消化吸收等生理功能，因而备受研究者们关注。经碱性蛋白酶与复合风味酶分步水解，以及利用枯草杆菌蛋白酶水解菜籽蛋白、分离纯化均可得到血管紧张素转移酶（ACE）抑制肽。

3）抑制肿瘤生长作用　体外培养 S180 肿瘤细胞的研究表明，菜籽肽对 S180 肿瘤细胞的增殖有抑制作用，同时可明显增强小鼠免疫能力。菜籽肽对肿瘤细胞的影响主要表现在：①菜籽肽可以降低 S180 细胞膜上的花生四烯酸。与正常细胞相比，肿瘤细胞膜脂肪酸组成中磷脂的花生四烯酸含量会显著增加，花生四烯酸是前列腺素的前体，而前列腺素在多种癌组织中都异常增高，且花生四烯酸还是高度多不饱和脂肪酸，易被氧化生成 MDA，因此过量的花生四烯酸具有致癌和促进肿瘤生长的作用。②菜籽肽有抑制肿瘤细胞 S180 的唾液酸（SA）产生的能力。肿瘤细胞唾液酸化作用增强，膜上 SA 增多，有利于其浸润和转移。③菜籽肽有升高 S180 肿瘤细胞膜流动性的作用。细胞膜流动性的改变会影响细胞膜上蛋白质的位置，影响膜上抗原决定簇的暴露或掩盖，引起细胞免疫原性的增强，诱发机体的抗肿瘤免疫反应，降低肿瘤的转移能力。另外，小鼠模型体内试验也证明经酶解的菜籽清蛋白有抑制小鼠体内 S180 肉瘤生长的作用。

4）抗艾滋病病毒　人类免疫缺陷病毒（HIV），也称为艾滋病病毒（AIDS），正快速成为世界上最致命病毒之一，它会导致艾滋病的发生。目前人们已针对此病毒制备出肽类和非肽类 HIV 蛋白酶抑制剂。最新研究也表明碱性蛋白酶水解所得的菜籽肽具有抑制 HIV 蛋白酶的活性。

5）增强机体免疫力　菜籽肽可以促进荷瘤小鼠转化脾淋巴细胞、形成脾细胞抗体，并明显提高荷瘤鼠的免疫器官重量，具有良好的增强免疫功效。

（三）高 F 值低聚肽

F 值（Fischer ratio）是为纪念德国著名医学博士 Fischer 及其合作者在 20 世纪 70 年代提

出“伪神经递质假说”而命名的一个概念，是指在氨基酸混合物或寡肽中支链氨基酸（branched chain amino acid, BCAA）（缬氨酸、亮氨酸、异亮氨酸等）与芳香族氨基酸（aromatic amino acid，AAA）（酪氨酸、苯丙氨酸、色氨酸等）含量的物质的量浓度比值。高 F 值低聚肽（high F value oligopeptide）是蛋白酶作用于蛋白质后形成的一种低分子质量生理活性肽，是指一类由 3～9 个氨基酸残基组成的，其中 BCAA 含量高于 AAA 含量，具有一定的功能活性的低聚肽。

高 F 值低聚肽的主要生物学活性有以下几个方面。

（1）辅助治疗肝性脑病：BCAA 与 AAA 都是中性氨基酸，均由同一个载体转运通过血脑屏障，因此存在相互竞争与载体结合作用，当 AAA 浓度较高，其竞争能力占优势时，促使 AAA 在脑内聚集，导致某些胺类物质增加，使脑功能降低，导致昏迷。

注射或经口摄取高 F 值低聚肽，可使患者血中 BC/AC 值接近或大于 3，有效维持血中 BC 浓度，纠正血脑中氨基酸的病态模式，改善肝昏迷程度和精神状态。20 世纪 70 年代初 Fischer 提出，正常人血浆中 BC/AC=2.6～3.5，肝病患者一般低于 2.5，肝昏迷患者低于 1.2，深度昏迷患者甚至低于 0.8；BC/AC 大于 3，肝昏迷患者苏醒率可达 90%，为达到治疗效果，F 值应大于 10。

（2）改善蛋白质的营养状况：严重消化障碍的患者，其蛋白质合成能力减弱，机体处于负氮平衡状态，食物蛋白质吸收会受到严重限制。低聚肽在肠道内易于消化和吸收，可作为肠道营养剂。在手术后直接输入含 BCAA 氨基酸输液，一定程度上可阻止伤后蛋白质崩解，改善多种患者蛋白质营养失常状态。

（3）抗疲劳作用：BCAA 中亮氨酸是体内唯一生酮氨基酸，异亮氨酸是生糖兼生酮氨基酸，缬氨酸是生糖氨基酸。生酮氨基酸按脂肪途径进行代谢，而生糖氨基酸氧化脱氢后则按葡萄糖途径进行代谢，BCAA 即通过生酮和生糖作用与三羧酸循环相互联系，实现机体内三大营养物质（蛋白质、糖、脂肪）互相转化，为机体提供能量。补充外源性 BCAA 可节省内源性 BCAA，从而起到节约蛋白质、提供能量的作用。在特殊应急情况下，BCAA 可直接向肌肉提供能量，因此给高强度工作者和运动员及时补充 BCAA，可增强体力、补充能量、减轻疲劳。

（4）治疗苯丙酮尿症：苯丙氨酸是人体必需氨基酸之一。人体摄入的苯丙氨酸除用于蛋白质合成外，在肝脏苯丙氨酸羟化酶及其辅助因子的作用下生成酪氨酸，少量苯丙氨酸进入次要代谢作用，经转氨基作用变成苯丙酮酸。

苯丙酮尿症（PKU）是一种先天性代谢障碍病，由于苯丙氨酸代谢途径中酶缺陷所致，因患儿尿液中排出大量苯丙酮酸等代谢产物而得名。患者肝内先天性苯丙氨酸羟化酶（或辅助因子）缺乏或活性减低，苯丙氨酸主要代谢途径受阻，次要代谢途径活跃，致正常代谢时数量很少的产物苯丙酮酸在体液中含量明显增多，苯丙酮酸进一步氧化成苯乙酸，因此，大量苯丙氨酸积累在血、脑、脊液中，并随尿和汗液排出体外，而大量苯丙氨酸及其代谢产物苯丙酮酸、苯乙酸会抑制蛋白质合成及神经突触的形成，影响微管的形成，造成大脑的不可逆损害。

低苯丙氨酸饮食疗法是目前治疗 PKU 的唯一方法，可控制血中苯丙氨酸浓度在 20～100mg/L，因此以低苯丙氨酸含量的高 F 值低聚肽限制膳食中苯丙氨酸过多摄入是行之有效的治疗方法。

（5）降低胆固醇：富含亮氨酸等疏水性氨基酸高 F 值低聚肽，能刺激肠高血糖素分泌，从而降低血清胆固醇。植物源高 F 值低聚肽同时还会增加甲状腺素分泌，造成内源性胆固醇代谢亢进，增加粪便中类甾醇排泄量，降低血清胆固醇浓度。

（6）预防四氯化碳导致肝损伤：大鼠实验表明，高 F 值寡肽混合物能有效保护大鼠肝细胞，减轻由四氯化碳导致的肝损伤，并促进四氯化碳引起大鼠肝功能损伤的恢复，维持和改善肝脏氨基清除率。

（四）酪蛋白磷酸肽

无机钙需要在溶解状态下才能在小肠内被机体吸收。但小肠后段的 pH 为中性至弱碱性，容易使无机钙产生沉淀而形成不溶物，影响钙的吸收。由酪蛋白制成的酪蛋白磷酸肽（casein phosphopeptide，CPP），被誉为“矿物质载体”，能防止无机钙沉淀，促进小肠对钙的吸收。CPP 是从牛奶酪蛋白中经蛋白酶水解后分离提纯而得到的富含磷酸丝氨酸的多肽制品，能在小肠环境中与钙、亚铁等二价矿物质离子结合，形成可溶性复合体，防止沉淀产生，提高肠内可溶性矿物质的浓度，从而有利于钙的吸收。

1. 组成、结构与性质　酪蛋白占牛乳总蛋白的 80%～82%，主要由 α_{s1}-酪蛋白、α_{s2}-酪蛋白、β-酪蛋白、κ-酪蛋白、γ-酪蛋白组成，相对分子质量 19 000～24 000。酪蛋白为乳白色粉末，是一种含磷蛋白质，磷元素以磷酸酯与丝氨酸（Ser-P）形式存在。α_{s1}-酪蛋白、α_{s2}-酪蛋白和 β-酪蛋白中含有高度磷酸化的区域，含有成簇磷酸丝氨酸。这些成簇磷酸丝氨酸在 α_{s1}-酪蛋白中，集中在 40～80 号残基中，在 α_{s2}-酪蛋白中则集中在 8～16 号、56～61 号和 129～133 号残基中，在 β-酪蛋白中集中在 N 端（1～60）。

在小肠后段，CPP 可阻止钙与 P 的结合，使钙保持可溶状态，并与钙无机盐形成可溶性络合物。CPP 与 Ca^{2+}的结合随 pH 的升高而增加。除 Ca^{2+}外，CPP 对 Fe^{2+}、Zn^{2+}等也具有类似于对 Ca^{2+}的亲和性。当 CPP 浓度达 10mg/L 时，可有效阻止不溶性磷酸钙的产生。在 pH3.0、pH4.5 和 pH7.0 的条件下，CPP 溶液经 120℃高温处理 15min，其功能指标仍能分别保持 99%、97%和 94%。高纯度 CPP 在酸性条件下，具有极佳的稳定性和透明度，不会产生沉淀。CPP 在 5℃和 25℃保存 2 年，其防止钙沉淀的功能指标基本无变化。

2. 生物学功能

1）促进钙和铁的吸收　CPP 能显著延缓或阻止难溶性磷酸盐结晶的形成，促进小肠对钙的吸收，促进骨骼对钙的利用。CPP 促进矿物质吸收的机制：钙和铁必须以离子的形式才能被机体吸收，在中性和弱碱性的环境下易与酸根离子形成不溶性盐而流失。CPP 对钙和铁吸收的促进作用主要表现为在中性和弱碱性环境下能与钙和铁结合，抑制磷酸钙等不溶性沉淀的生成，避免钙和铁流失，从而促进了钙和铁的被动吸收。

2）抗龋齿作用　Reynolods 等用大鼠龋齿模型研究 CPP 对龋齿的作用，发现用 0.1%CPP 溶液进行治疗，可减少齿表面龋齿 55%，齿间隙龋齿 46%。他们认为 CPP 与钙形成的可溶性复合物，附着在龋齿处，维持钙离子的高浓度，促使钙离子进入牙损伤区，补充了釉质的矿物质。在人磨牙后的釉质上用显微放射照相技术和显微光密度计已经证实了这一解释。

近年研究发现，CPP 中具有“-Ser(P)-Ser(P)-Ser(P)-Glu-Glu”片段的肽有抗龋齿功能，称之为“抗龋齿酪蛋白磷酸肽”（ACPP），CPP 中含有约 86%的 ACCP。ACPP 能通过络合作用稳定非结晶磷酸钙，并使之集中在牙斑部位，充当 Ca^{2+} 和 PO_4^{3-} 的缓冲剂，防止牙细菌所产生的酸对牙釉质的脱矿质作用。用 ACPP 制成的糖果，诱发龋齿的危险性大为降低。

3）其他作用　Nagai 等报道，CPP 能提高精子和卵细胞的受精率；认为 CPP 能促进精子对钙离子的吸收，加强精虫顶体的反应能力，进而提高了精子对卵细胞的穿透能力；还能减少精子的变异程度而使胚胎发育更加稳定。

3. 安全性　CPP 对大鼠经口的 LD_{50} 大于 15g/kg。小鼠精子致畸试验、微核试验和 Ames 试验均为阴性。我国食品添加剂使用卫生标准规定，CPP 的使用量为钙含量的 30%～50%（以有效肽计）。欧洲各国、澳大利亚、日本、韩国及中国台湾等已经将 CPP 作为营养补充剂应用到多种食品中。我国卫生部已批准的 CPP 作为营养补充剂的功能食品达十多种。

二、活性蛋白质

（一）大豆蛋白

1. 组成、结构与性质　大豆蛋白是存在于大豆种子中的各种蛋白质的总称，基本上属于结合蛋白，以球蛋白为主。大豆蛋白由 18 种氨基酸构成，含人体必需的 8 种氨基酸，是一种营养价值较高的植物蛋白。大豆蛋白质的分子结构非常复杂，80%的蛋白质的相对分子质量在 10 万以上，大多数分子的内部呈反行 β 螺旋非常有序结构，并且分子高度压缩、折叠。大豆球蛋白的三级结构、四级结构的高度结构化形成了立体规则实体，其相对分子质量为 8000～600 000，呈非均匀分布。大豆蛋白质按等电点沉淀析出后，再用超速离心的方式进行分离，可分离出 2S、7S、11S 和 15S（S 为沉淀系数）四组不同分子质量的球蛋白。

大豆蛋白在中性至弱碱性的范围内呈现良好的溶解性，在酸性状态下溶解性降低，在 pH4.5 附近最低。大豆蛋白质具有乳化性、吸油性、保水性、胶凝性、泡性、黏结性、成膜性等，这些特性随环境中离子强度、pH 等变化而变化。

2. 生物学功能

1）营养价值高　大豆蛋白质所含氨基酸比值与人体需求较为接近，虽略差于鸡蛋、牛奶、牛肉，但是植物食品中最优质的蛋白质。大豆蛋白所含的必需氨基酸可满足 2 岁以上人体对各种必需氨基酸的要求。

2）调节血脂、降低血清胆固醇　大豆蛋白对血清胆固醇的影响，体现在以下几个方面：①对于胆固醇值正常的人，没有降低胆固醇的作用；②对于胆固醇值高的人，具有降低总胆固醇的功效；③对胆固醇正常的人，在食用高胆固醇含量的蛋、肉、动物内脏等食品时，也有防止血清胆固醇值升高的作用；④能降低总胆固醇中的 LDL、VLDL 值，但不降低有益的 HDL。

3）抑制高血压　血管紧张素转换酶对稳定血液循环和血压起着重要作用。在大豆蛋白质中的 11S 球蛋白和 7S 球蛋白中含有 3 个可抑制血管紧张素转换酶（ACE）活性的短肽片段，因此，大豆蛋白具有一定的抗高血压功能。

4）改善骨质疏松　与优质动物蛋白相比，大豆蛋白造成的尿钙损失较少。当膳食中的蛋白质为动物蛋白质时，每天的尿钙损失达 150mg，而当膳食中的蛋白质为大豆蛋白时，每天的尿钙损失仅为103mg左右。大豆蛋白质中同时存在的大豆异黄酮，可抑制骨骼再吸收，促进骨骼健康。

3. 大豆蛋白的安全性 以140g/天的剂量连续摄入大豆蛋白1个月，可以改善并能保持机体健康，但过量的摄取有可能抑制Fe、Zn等微量元素的吸收。人体试验表明，大豆蛋白的摄取量在0.8g/（kg·周）左右对Fe、Zn等微量元素的生物利用率没有影响。

（二）金属硫蛋白

金属硫蛋白（metallothionein, MT）是一种含有大量Cd和Zn，富含半胱氨酸的低分子质量蛋白质，广泛存在于生物体内，主要在肝脏合成。相对分子质量为6000～10 000。每摩尔金属硫蛋白含有60～61个氨基酸，其中含—SH的氨基酸有18个，占总数的30%。每3个—SH键可结合1个2价金属离子。用重金属喂养动物时，可在肝脏内诱导生成MT，后者螯合金属，使其失去毒性。

金属硫蛋白生理功效主要体现在以下几个方面：①参与微量元素的贮藏、运输和代谢，调节体内矿物质元素平衡；②清除自由基，既清除超氧阴离子自由基，也清除羟基自由基，较SOD更为优越，可拮抗电离辐射；③重金属的解毒作用；④参与激素和发育过程调节，增强机体对各种应激的反应；⑤参与细胞DNA的复制和转录、蛋白质的合成与分解及能量代谢的调节过程。

（三）超氧化物歧化酶

超氧化物歧化酶（superoxide dismutase，SOD）是1938年英国Mamn等首次从小牛血液中分离出来的。1968年美国研究者指出，SOD是一种Cu•Zn蛋白质，能催化O_2^-•歧化，并由此而得名。随后人们建立了一整套分离分析方法，并对其化学、药理、临床及作用机理进行了一系列研究，发现SOD是一种能够清除机体中过多自由基的活性物质，是生物体内防御氧化损伤的一种重要的酶，可能与机体的衰老、肿瘤发生、自身免疫性疾病和辐射防护等有关。

SOD在生物界分布极广，几乎从人体到细菌、从动物到植物都有存在。国内外研究者已从细菌、藻类、霉菌、昆虫、鱼类、高等植物和哺乳动物等生物分离得到SOD。根据其金属辅基成分的不同，SOD至少可分为三类：①铜锌超氧化物歧化酶（Cu•Zn-SOD），呈蓝绿色，主要存在于真核细胞的细胞质内，相对分子质量在32 000左右，由2个亚基组成，每个亚基含1个Cu和1个Zn；②锰超氧化物歧化酶（Mn-SOD），呈粉红色，其相对分子质量随来源不同而异，来自原核细胞的相对分子质量约40 000，由2个亚基组成，每个亚基各含1个Mn，来自真核细胞线粒体的Mn-SOD由4个亚基组成，相对分子质量约80 000；③铁超氧化物歧化酶（Fe-SOD），呈黄色，只存在于原核细胞中，相对分子质量在38 000左右，由2个亚基组成，每个亚基各含1个Fe。此外，还在牛肝中发现了Co•Zn-SOD。

SOD是金属酶，在酶分子中，Cu和Zn的作用有所不同。Zn仅与酶分子的结构有关，与催化活性无关，而Cu却与催化活性有关。另外，SOD属于酸性蛋白，其结构和功能比较稳定，能耐受各种物理或化学因素的作用，对热、pH和蛋白水解酶的稳定性比较高。通常pH为5.3～9.5时，SOD催化反应速度不受影响。

作为一种功效成分，SOD的生理功效可概括如下：①清除机体代谢过程中产生过量的超氧阴离子自由基，延缓由于自由基侵害而出现的衰老现象；②提高机体对由于自由基侵害而诱发疾病（包括白内障、肿瘤和自身免疫疾病等）的抵抗力；③提高机体对自由基外界诱发因子（如辐射、烟雾等）的抵抗力，增强机体对外界环境的适应力；④减轻肿瘤患者在进行化疗、放疗时的疼痛及严重的副作用等；⑤消除机体疲劳，增强对超负荷大运动量的适应力。

（四）免疫球蛋白

免疫球蛋白（immunoglobulin, Ig）是一类具有抗体活性，能与相应抗原发生特异性结合的球蛋白；由 B 淋巴细胞合成，分泌入体液执行体液免疫；呈“Y”字形结构，由 2 条重链和 1 条轻链构成，单体相对分子质量为 150 000～170 000。免疫球蛋白共有 5 种，即 IgG、IgA、IgD、IgE 和 IgM。其中在体内起主要作用的是 IgG，而在局部免疫中起主要作用的是 IgA（SIgA）。

免疫球蛋白不仅存在于血液中，还存在于体液、黏膜分泌液及 B 淋巴细胞膜中。它是构成体液免疫作用的主要物质，与抗原结合导致某些诸如排除或中和毒性等变化或过程的发生，与补体结合后可杀死细菌和病毒，因此可以增强机体的防御能力。

（五）溶菌酶

溶菌酶又称为胞壁质酶或 *N*-乙酰胞壁质聚糖水解酶，是在 1922 年由英国细菌学家 Alexander Fleming 发现并命名的，广泛存在于鸟类和家禽的蛋清，以及哺乳动物的乳汁、唾液、眼泪、血浆、淋巴液、精液、肠道、肺脏、肝脏、脾脏、肾脏细胞等中，卷心菜、萝卜、无花果、木瓜和大麦中也含有溶菌酶。

1. 溶菌酶化学组成与性质　溶菌酶是一种碱性球蛋白，分子中碱性氨基酸、酰胺残基及芳香族氨基酸的比例很高；能水解黏多糖或甲壳素中的 *N*-乙酰胞壁酸、*N*-乙酰氨基葡萄糖之间的 β-1,4 糖苷键，也起转葡萄糖基酶的作用。

2. 生物学功能

1）促进婴幼儿肠道双歧杆菌增殖　溶菌酶进入消化道后仍能保持其活性状态，可减少婴儿肠道中大肠杆菌，增加双歧杆菌，使人工喂养的婴儿肠道菌群正常化。

2）杀菌作用　溶菌酶是母乳中能保护婴儿免遭病毒感染的一种蛋白质。很多病原菌的细胞壁中含有几丁质，溶菌酶可降解细菌细胞壁的不溶性黏多糖为可溶性黏肽，抵抗几丁质覆盖的病原，从而杀灭大部分有害菌。溶菌酶对黄色八叠球菌、巨大芽孢杆菌、沙门氏菌等革兰氏阳性菌具有杀菌作用。溶菌酶还能分解突变链球菌，具有防龋齿作用。

3）增强免疫功能　很多禽鸟的蛋清中含有高浓度溶菌酶，在胚胎期对机体起着重要的保卫作用。溶菌酶在体内对肽聚糖进行消化、降解产生的产物能够刺激多种抗原的抗体生成，诱导对相同或不同抗原的延迟性过敏反应，增强机体抗细菌或病毒感染的能力及促有丝分裂能力等。

4）其他作用　溶菌酶能使胃肠内乳酪蛋白形成微凝乳，提高婴儿消化吸收能力；增强机体的防御系统，提高机体的抗感染能力；能预防早产婴儿体重的减轻和消化器官的疾病。

第二节　功能性脂类

脂类（lipid）是脂肪和类脂的统称。脂肪是甘油和各种脂肪酸所形成的甘油三酯。类脂是一类在结构或性质上与脂肪类似的物质，如磷脂、糖脂、固醇等。人们常常把脂类与破坏能量平衡、肥胖等联系在一起，认为脂类是诱发心血管疾病和身体功能紊乱的饮食因素。并非所有的脂类都是有损健康的，有一些脂类具有特殊生理功能，在维持身体健康方面发挥着重要功能，这一类脂类被称为功能性脂类（functional lipid），其作为保健食品的功能因子，目前应用最多的是多不饱和脂肪酸、磷脂和脂肪替代物等。

一、多不饱和脂肪酸

（一）多不饱和脂肪酸的种类及其化学结构

不饱和脂肪酸按其距羧基端最远的不饱和双键所在碳原子的序数不同，可分为 ω-3、ω-6、ω-7 和 ω-9 四个系列，即距羧基端最远的不饱和键分别位于从距羧基端最远数起的第 3、6、7、9 位的碳原子上，其中 ω-3 和 ω-6 系列多不饱和脂肪酸对人体具有很重要的生物学意义。

多不饱和脂肪酸（polyunsaturated fatty acid, PUFA）是指含有两个或两个以上双键的直链脂肪酸，它构成了功能性油脂的主体和核心，其中，ω-3 系列主要包括十八碳三烯酸（α-亚麻酸）（ALA）、二十碳五烯酸（EPA）、二十二碳六烯酸（DHA）；ω-6 系列主要包括十八碳二烯酸（亚油酸）（LA）、十八碳三烯酸（γ-亚麻酸）（GLA）、二十碳四烯酸（花生四烯酸）（AA）（图 3-1）。α-亚油酸及亚麻酸被确认为人体必需的脂肪酸（EFA），在人体内可进一步转变成高度不饱和脂肪酸，如 AA、EPA、DHA 等。近年来，在功能食品中研究开发最多的是 EPA 和 DHA。

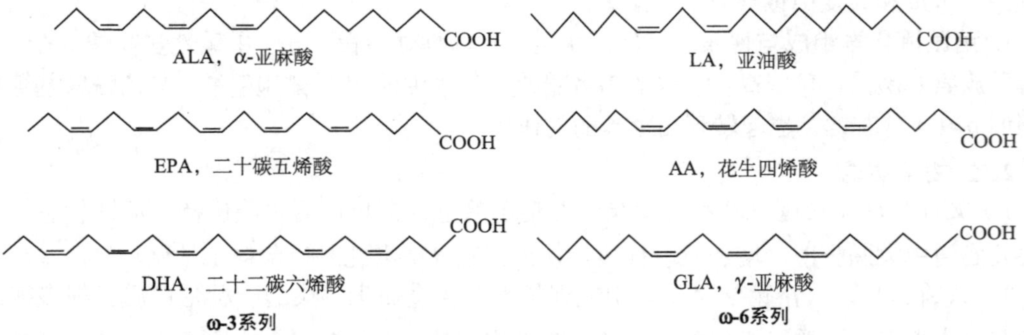

图 3-1 ω-3 系列与 ω-6 系列多不饱和脂肪酸的结构式

（二）EPA 和 DHA 的主要生理功能

（1）预防心脑血管疾病。EPA 能降低血清胆固醇，调节血脂，改变脂蛋白中脂肪酸的组成。EPA 和 DHA 对于降低血液黏度、增加血液流动性、软化血管，以及防治心脑血管疾病发生具有显著作用。

（2）维护脑和视网膜功能。DHA 在一般组织中含量很低，但在大脑皮层（尤其神经突触的磷脂中）、视网膜、睾丸与精子中的含量很高。在视网膜中，尤其是在光受体中，DHA 含量很高。因此，DHA 与大脑的功能，尤其是信息传递、行为、学习与视力有密切相关。若 DHA 不足，则婴幼儿脑发育出现障碍，导致智力低下，中老年脑神经过早退化。

（3）抑制肿瘤生长。鱼油中 EPA 和 DHA 均具有抑制直肠癌的作用，而且 DHA 的抑制效果更强。DHA 能抑制巨噬细胞的激活及杀伤肿瘤细胞的活性，阻止肿瘤细胞的异常增生。

（4）抗炎作用。用 EPA 防治某些炎性疾病和类风湿性关节炎、哮喘等可以得到良好效果。鱼油还具有显著抗皮炎作用，降低银屑病发病率。

（三）食物来源

EPA 和 DHA 在自然界主要存在于深海冷水鱼体内，海鱼随季节、产地不同，鱼油 EPA、DHA 含量为 4%～40%。沙丁鱼油、狭鳕肝油中 EPA 含量高于 DHA，其他鱼种一般 DHA 含量高于 EPA，且洄游性鱼类如金枪鱼类的 DHA 含量高达 20%～40%。贝类中除扇贝和缢蛏之外，EPA 含量均高于 DHA，而螺旋藻、小球藻 EPA 含量高达 30%以上，远高于 DHA。大型洄游鱼类眼窝脂肪中含有高浓度的 DHA，高达 30%～40%，而 EPA 含量仅 1%～5%。EPA 和 DHA 虽在人体内可由 α-亚麻酸经酶作用转化而成，但 α-亚麻酸在人体内不能合成，是由食物提供的必需脂肪酸之一。

尽管 EPA 和 DHA 有诸多有益功能，但并非多多益善。EPA 和 DHA 分别含有 5 个和 6 个双键，是高度不饱和脂肪酸，易受体内活性氧自由基攻击而引发脂质过氧化反应，产生脂质过氧化物，进而破坏细胞膜，对免疫功能造成不利影响。另外，脂质过氧化物还能引起肌肉弹性变差，黑色素增多，出现老人斑等。因此，在补充深海鱼油（EPA 和 DHA）时应适当增加抗氧化物质的摄入量，尤其维生素 C 的摄入量，这将有助于减轻脂质过氧化作用。鉴于补充鱼油有可能引起脂质过氧化反应，世界卫生组织（WHO）建议日常应以鱼类食物作为 EPA 和 DHA 的主要来源。据临床观察，EPA 还具有增强性功能的作用。因此，建议少年儿童慎用，并认为儿童每日摄入 EPA 应在 4mg 以下较安全。我国关于用鱼油生产儿童增智保健食品也规定 DHA∶EPA＞2.5∶1。

二、磷脂

（一）磷脂的种类及其化学结构

磷脂（phospholipid）是一类含有磷酸的脂类。机体中主要含有两大类磷脂，即由甘油构成的磷脂称为甘油醇磷脂（phosphoglyceride），由神经鞘氨醇构成的磷脂称为鞘氨醇磷脂（sphingolipid）。甘油醇磷脂包括卵磷脂、脑磷脂（丝氨酸磷脂和氨基乙醇磷脂）、肌醇磷脂、缩醛磷脂和心肌磷脂等；鞘氨醇磷脂种类不如甘油醇磷脂那么多，它由鞘氨醇、脂酸、磷酸及胆碱组成。其结构共同点是：具有由磷酸相连的取代基团构成的亲水头（hydrophilic head）和由脂肪酸链构成的疏水尾（hydrophobic tail）（图 3-2）。在生物膜中磷脂的亲水头位于膜表面，而疏水尾位于膜内侧。磷脂是重要的两亲物质，具有乳化性和界面活性。

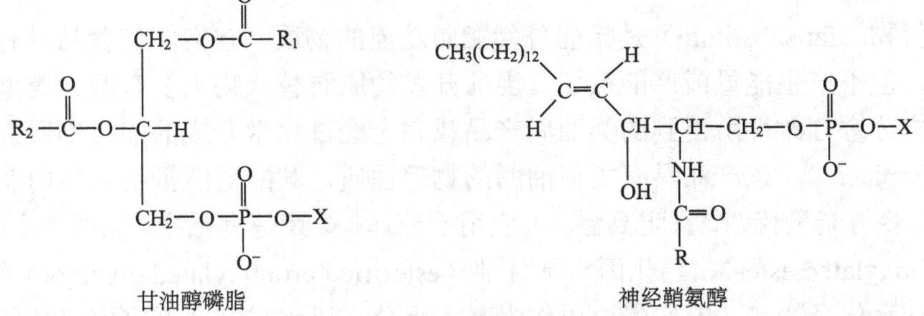

图 3-2　磷脂的结构通式

磷脂是构成人和许多动植物组织的重要成分，在生命活动中发挥着重要的功能作用。早在20世纪70年代，大豆卵磷脂就作为医药品用于治疗动脉硬化、高血压、高血脂、肝功能障碍等症状。

（二）磷脂的主要生理功能

1）维持细胞膜结构和功能的完整性　细胞膜是细胞表面的屏障，磷脂是细胞膜的重要组成部分，肩负着细胞内外物质交换的重任。当膜的完整性受到破坏时，将出现细胞功能上的紊乱，磷脂对损伤的细胞膜具有修复功能。

2）增智健脑　人脑约有200亿个神经细胞，磷脂对其有重要功能。一方面，磷脂不足会导致细胞膜受损，造成智力减退；另一方面，各种神经细胞之间依靠乙酰胆碱来传递信息，食物中的磷脂被机体消化吸收后释放出胆碱，随血液循环系统送至大脑，与代谢产物乙酰基团结合生成乙酰胆碱。当大脑中乙酰胆碱含量增加时，大脑神经细胞之间的信息传递速度加快，记忆力功能得以增强，大脑的活力也明显提高，对预防老年痴呆也有效果。

3）预防脂肪肝　磷脂中的胆碱对脂肪有亲和力，可促进脂肪以磷脂形式由肝脏通过血液输送出去或改善脂肪酸本身在肝中的利用，并防止脂肪在肝脏里的异常积聚；同时能增强肝脏对营养的合成，并具有解毒的功能。临床上应用胆碱治疗肝硬化、肝炎和其他肝疾病，效果良好。

4）降血脂　磷脂具有良好的乳化特性，能阻止胆固醇在血管内壁的沉积并清除部分沉积物，同时改善脂肪及脂溶性维生素的吸收与利用，因此具有预防心血管疾病的作用。磷脂还能降低血液黏度，促进血液循环，改善血液供氧循环，延长红细胞生存时间并增强造血功能。

（三）食物来源

磷脂存在于所有动植物的细胞内，在植物中主要分布于种子、坚果及谷类中，在动物体内主要存在于脑、肾及肝等器官内。其中加以利用的来源主要是鸡蛋黄、大豆等。

三、脂肪替代物

鉴于过量摄取脂肪对健康的危害，用脂肪替代物取代天然脂肪配料，是减少脂肪摄入的一条有效途径。理想的脂肪替代物应能模拟出脂肪所具有的结构品质、口感和风味，而且还应具有低热和安全的特性，为了满足消费者对低脂食品的需求，开发脂肪替代品具有重要意义。近年来美国、日本及欧洲一些国家纷纷致力于脂肪替代物的研制和开发，以期制造低脂肪、高品质的食品。

脂肪替代物（fat substitute）是指能替代脂肪功能的物质，它们能使食品具有类似脂肪的结构及口感，但不产生能量或产能很低。当前开发的脂肪替代物主要有两大类型。一类是以油脂为基础成分进行改性所得到的类油脂产品或完全经过化学合成的酯类物质，有人称之为代脂肪（fat replacer），该产品具有类似油脂的物理性质，其酯键能抵抗人体内脂肪酶的催化水解，因此不参与能量代谢，且耐高温，可应用于煎炸、焙烤等食品中，如蔗糖多酯（olestra）、羧基酯（carboxylated ester）、酯化丙氧基甘油（esterified propoxylated glycerol）等（图3-3）。另一类是以碳水化合物和（或）蛋白质作为基本组分，以水状液体系来模拟被代替的油状液体系，有人称之为模拟脂肪（fat mimics），该类产品在美国、丹麦等地均有产品，可用于冷冻食品、乳制品、人造奶油等（表 3-1）。

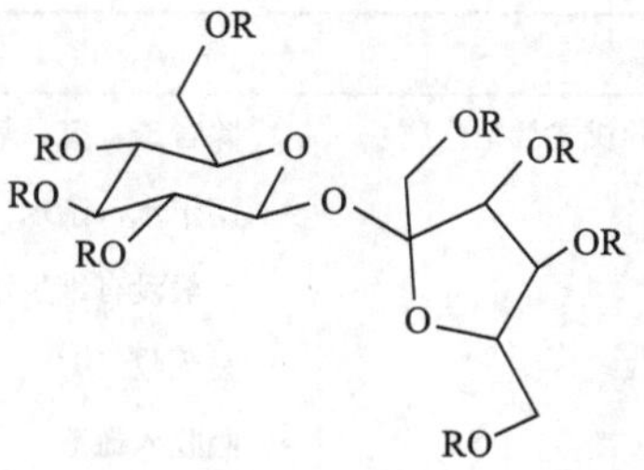

蔗糖多酯(其中R = H或$CH_3(CH_2)_n$—C(=O))

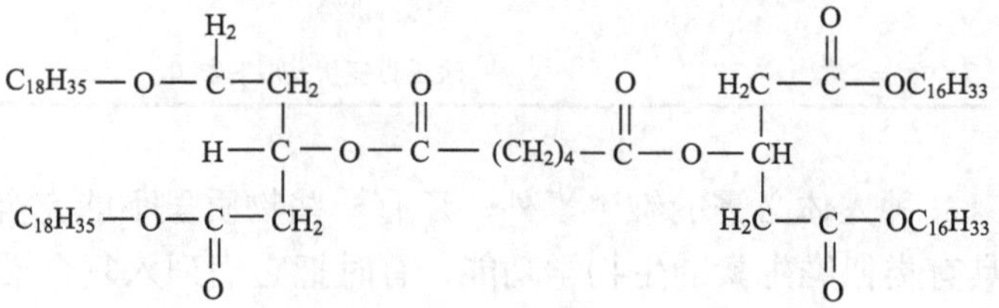

羧基酯

图 3-3　代脂肪蔗糖多酯与羧基酯的结构式

表 3-1　模拟脂肪的组成

产品	组成	生产公司
Simplesse	牛乳、鸡蛋蛋白，球形颗粒，0.1～2μm	美国 Nutra-Sweet 公司
Traiblazer	鸡蛋白、乳蛋白和黄原胶，不规则纤维，　<10μm	美国 Kraft 通用食品公司
LITA	玉米醇溶蛋白，球形微粒，0.3～3μm	美国 Opta 食品配料有限公司
N-Oil	木薯糊精，DE<5	美国国立淀粉与化学合作公司
Maltrin	玉米麦芽糊精，DE=4～7	美国谷物加工合作公司
Paselli SA-2	马铃薯淀粉，DE<3	荷兰 Avebe 公司
Nutrio P-Fibre	豌豆纤维	丹麦 Danish 糖业加工厂
葡聚糖	葡萄糖、山梨醇和柠檬酸的聚合物	美国 Pfizer 公司

第三节　功能性维生素及维生素类似物

维生素（vitamin）是指维持人体生命活动必需的、无热量的、食物中所含有的微量有机小分子化合物。维生素在体内的含量很少，但在人体生长、发育、代谢过程中却发挥着重要作用。维生素被广泛应用于功能性食品及营养补充剂。

维生素分为两大类，即脂溶性维生素和水溶性维生素（表 3-2）。前者包括维生素 A、D、E、K，后者包括维生素 B 族和维生素 C 两大类。维生素 B 族主要包括维生素 B_1（硫胺素）、维生素 B_2（核黄素）、泛酸（遍多酸、维生素 B_5）、烟酸（尼克酸、维生素 PP、维生素 B_3）、

维生素 B_6（吡多醇）、叶酸、生物素和维生素 B_{12}。

表 3-2　脂溶性和水溶性维生素的特性比较

脂溶性维生素	水溶性维生素
分子中含碳、氢、氧三种元素，均为异戊二烯衍生物	除含碳、氢、氧外，有的还含有钴、硫等其他元素
溶于脂肪和脂溶剂，疏水	溶于水，亲水
有维生素原	一般没有维生素原
在脂溶性环境或乳化剂帮助下才易吸收	易吸收
吸收入淋巴	吸收入血液
体内可大量贮存，过量时可引起中毒	体内有一定周转量，但不贮存，过量时随尿排出，一般不会蓄积中毒
不一定每天供给	宜每日供给
缺乏时症状发展缓慢	缺乏时症状发展明显

另外，除以上 13 种人体必需的维生素外，还有一些物质虽不能完全证明它们属于维生素，但不同程度上具有类似维生素的生物学功能，有时把它们列入复合维生素 B 族，通常称它们为“类维生素物质”（vitaminoid matter），如胆碱（choline）、肉毒碱（carnitine）、硫辛酸（lipoic acid）、肌醇（inositol）、辅酶 Q（泛醌）、生物类黄酮（维生素 P）、乳清酸（维生素 B_{13}）、潘氨酸（维生素 B_{15}）、苦杏仁苷（维生素 B_{17}）、对氨基苯甲酸等。

在《食品营养学》一书中已对维生素主要的结构、性质和功能作用有详细的介绍，本节主要介绍与功能食品有关的内容。

一、脂溶性维生素

（一）维生素 A

1）种类和化学结构　　维生素 A 又称视黄醇（retinal），由 β-紫罗酮与不饱和一元醇所组成，包括维生素 A_1（视黄醇）和 A_2（3-脱氢视黄醇）两种。维生素 A_2 的生物活性约为维生素 A_1 的 40%。

维生素 A 只存在于动物性食物中，维生素 A_1 存在于哺乳动物及咸水鱼的肝脏中，而维生素 A_2 存在于淡水鱼的肝脏中。植物组织中尚未发现维生素 A，但许多黄色、橙色和红色等有色植物中含有类胡萝卜素（carotenoids），如胡萝卜素（carotene）、玉米黄素（zeaxanthin）、辣椒红素（capsanthin）、叶黄素（xanthophyll）和番茄红素（lycopene）等。其中，胡萝卜素在动物体内可以转化为维生素 A，并具有维生素 A 的生物活性，所以被称为维生素 A 原或维生素 A 前体（pro-vitamin A）。

胡萝卜素有 α、β、γ、δ、ε 等多种异构体，其中 β-胡萝卜素分布最广、含量最多、活性最强。理论上讲，1 分子 β-胡萝卜素可转化为两分子维生素 A，而 1 分子 α-胡萝卜素或 γ-胡萝卜素只能转化为 1 分子维生素 A。

2）作为功能性成分的化学形式　　维生素 A 的主要商品形式是药品和食品等行业中使用的维生素 A 醋酸酯（$C_{22}H_{32}O_2$）、棕榈酸酯（$C_{36}H_{60}O_2$）。这些以酯类形式存在的维生素 A，氧化稳定性好。

3）功能声称　日本对维生素 A 的功能声称：有助于维持夜间视觉；有助于维持皮肤和黏膜的健康；中国对维生素 A 的功能声称：有助于维持暗视力；有助于维持皮肤和黏膜健康。美国目前对维生素 A 还没有相应的功能声称。

（二）维生素 D

1）种类和化学结构　维生素 D 又称钙化醇，是指含环戊氢烯菲环结构并具有钙化醇生物活性的一大类固醇类衍生物。维生素 D 有多种，其中以维生素 D_2（麦角钙化醇，ergocalciferol）和维生素 D_3（胆钙化醇，cholecalciferol）最为常见。

植物不含维生素 D，但维生素 D 原在动、植物体内都存在，可经紫外照射后衍生而成。植物中的麦角醇为维生素 D_2 原，经紫外照射后可转变为维生素 D_2。人和动物皮下含的 7-脱氢胆固醇为维生素 D_3 原，在紫外照射后被转换为维生素 D_3 的一个前体，直接被血液吸收，大约 1.5 天以后，肝脏和肾脏就逐渐将前体转换为维生素 D_3，即 1,25-$(OH)_2$-D_3。维生素 D_2 和维生素 D_3 对人体的作用机制是相同的，但维生素 D_2 的功效仅相当于维生素 D_3 的 1/3。

2）作为功能性成分的化学形式　维生素 D_3（$C_{27}H_{44}O$）是维生素 D 用于食品强化剂和药物补充剂的主要形式。

3）功能声称　日本对维生素 D 的功能声称：能促进肠道对钙的吸收；有助于骨骼发育。中国对维生素 D 的功能声称：维生素 D 可促进钙的吸收；有助于骨骼和牙齿的健康；维生素 D 有助于骨骼形成。美国，目前对维生素 D 还没有相应的功能声称。

（三）维生素 E

1）种类和化学结构　维生素 E 又称生育酚（tocopherol）。1924 年被首次正式命名。天然存在的维生素 E 有 8 种不同的形式，均为苯并二氢吡喃的衍生物，根据其化学结构可分为生育酚及生育三烯酚（tocotrienol）两类，每类又可根据甲基的数目和位置不同，分为 α、β、γ 和 δ 四种。其中，以 α-生育酚在自然界中分布最广泛、含量最丰富、生理活性最高。β-及 γ-生育酚和 α-三烯生育酚的生理活性仅为 α-生育酚的 40%、8%和 20%。维生素 E 在无氧条件下较为稳定，甚至加热至 200℃以上也不被破坏；但在空气中极易被破坏，对热、光、氧及各种金属等都很敏感，特别在碱性条件下加热食物，可使 α-生育酚完全遭到破坏。

2)作为功能性成分的化学形式　维生素 E 常见功能性成分的化学形式有：d-α-生育酚、dl-α-生育酚、d-α-生育酚醋酸酯、d-α-生育酚琥珀酸酯。

3）功能声称　日本对维生素 E 的功能声称：维生素 E 有助于阻止体内的脂肪氧化；维生素 E 有助于维持细胞的健康；维生素 E 有助于防止动脉硬化和血液中低密度脂蛋白的氧化，经常性摄入维生素 E 可以降低某些癌症的风险。中国对维生素 E 的功能声称：维生素 E 有抗氧化作用。

（四）维生素 K

1）种类和化学结构　维生素 K 又称凝血维生素（koagulation vitamin），是一类能促进血液凝固的 2-甲基萘醌衍生物，1929 年被 H.Dam 所发现，有 K_1、K_2、K_3、K_4 四种。K_1 和 K_2 为天然产物，具有脂溶性；K_3 和 K_4 为人工合成品，具有水溶性，可用于口服或注射。字母K取之于凝血"koagulation"的字首。所有的维生素K都耐热，但易遭酸、碱、氧化剂和光的破坏。

人体维生素 K 的需要量非常少，但它却是维护血液功能正常凝固，减少生理期大量出血，防止内出血及痔疮发生等的重要因素。

2）作为功能成分的化学形式　叶绿醌（K_1，$C_{31}H_{46}O_2$）的合成品常用于婴儿配方奶粉、疗效食品和医药行业。甲萘醌（K_3，$C_{11}H_8O_2$）的两种稳定形式是甲萘醌硫酸氢钠和甲萘醌二甲基嘧啶亚硫酸氢盐。这些化合物是水溶性的，与游离的甲萘醌相比加工性能更加稳定。

3）功能声称　目前，美国、日本和中国均未对维生素K进行功能声称。

二、水溶性维生素

（一）维生素B_1

1. 化学结构　维生素B_1又称硫胺素（thiamin）、抗脚气病因子和抗神经炎因子。维生素B_1是由一个含氨基的嘧啶环通过一个亚甲基连接在一个含硫噻唑环上组成的化合物，常以其盐酸盐的形式出现。

2. 作为功能性成分的化学形式　盐酸硫胺素（$C_{12}H_{18}ON_4SCl_2$）和硝酸硫胺素（$C_{12}H_{17}O_4N_5S_2$）是常见的商业生产的化学形式，用于食品强化剂和膳食补充剂。这两种不同的硫胺素形式溶解度有别，后者一般用于复合维生素、干燥产品或吸水性较低产品。

3. 功能声称　FDA至今尚未对维生素B_1做任何功能声称。日本对维生素B_1的功能声称：维生素B_1有助于碳水化合物的氧化产能；有助于维持皮肤和黏膜的健康。中国对维生素B_1的功能声称：维生素B_1是能量代谢中不可缺少的成分；维生素B_1有助于维持神经系统的正常生理功能。

（二）维生素B_2

1. 化学结构　维生素B_2又称核黄素（riboflavin）,是具有一个核糖醇基侧链的异咯嗪类的黄色衍生物。食物中的维生素B_2有结合和游离两种形式，但以结合形式为主，多以黄素单核苷酸（FMN）和黄素腺嘌呤二核苷酸（FAD）形式与蛋白质形成复合物，具有较高的稳定性。

2. 作为功能性成分的化学形式　常用的化学形式是核黄素及其酯类。

3. 功能声称　中国对维生素B_2的功能声称：维生素B_2有助于维持皮肤和黏膜健康；维生素B_2是能量代谢中不可缺少的成分。

（三）泛酸

1. 化学结构　泛酸（pantothenic acid）又称遍多酸、维生素B_5。泛酸是由β-丙氨酸与α，γ-二羟-β，β-二甲基丁酸用肽键连接而成的化合物。1950年证明泛酸是辅酶A的一个组成部分。

2. 作为功能性成分的化学形式　游离泛酸不稳定，吸湿性强，泛酸钙、泛酸钠是泛酸常用的化学形式。

3. 功能声称　中国对泛酸的功能声称：泛酸是能量代谢和组织形成的要素。

（四）烟酸

1. 化学结构　烟酸又称尼克酸（niacin，nicotinic acid）、抗癞皮病因子（preventive pellagra，PP）、维生素 PP、维生素 B_3。烟酸在体内很容易转变成烟酰胺，它们在体内具有类似的生理活性，皆为吡啶衍生物。

2. 作为功能性成分的化学形式　烟酸和烟酰胺是常用的功能性成分的化学形式。

3. 功能声称　中国对烟酸的功能声称：烟酸有助于维持皮肤和黏膜健康；烟酸是能量代谢中不可缺少的成分；烟酸有助于维持神经系统的健康。

（五）维生素 B_6

1. 化学结构　维生素 B_6 又称吡哆素（pyridoxine），包括吡哆醇（pyridoxol，PN）、吡哆醛（pyridoxal，PL）及吡哆胺（pyridoxamine，PM）三种化合物。在植物组织中多以前者为主，在动物组织内则多以后两种为主。

2. 作为功能性成分的化学形式　吡哆醇盐酸盐（$C_8H_{12}ClO_3$）是用于食品强化剂的常用商业形式，吡哆醛盐酸盐（$C_8H_{10}ClNO_3$）和吡哆胺盐酸盐（$C_8H_{12}ClNO_3$）也用于食品强化剂，但相对不稳定。

3. 功能声称　日本对维生素 B_6 的功能声称：维生素 B_6 有助于从蛋白质产能；能维持皮肤和黏膜的健康。中国对维生素 B_6 的功能声称：维生素 B_6 有助于蛋白质的代谢和利用。

（六）生物素

1. 化学结构　生物素（biotin）又称维生素 B_7、维生素 H 及辅酶 R。其结构由一个脲基环和一个带有戊酸侧链的噻吩环组成。

2. 作为功能性成分的化学形式　《美国药典》（USP）认为标准的功能性生物素成分是 D-生物素。食品、医药等行业则以添加稀释剂——磷酸氢钙的结晶型生物素作为营养补充剂来使用。

3. 功能声称　FDA 和中国尚未对生物素进行功能声称。日本对生物素的功能声称：生物素有助于维持皮肤和黏膜健康。

（七）叶酸

1. 化学结构　叶酸（folic acid）又称维生素 B_{11}，是由蝶啶、对氨基苯甲酸与 L-谷氨酸结合而成。

2. 作为功能性成分的化学形式　常用名为叶酸或蝶酰谷氨酸（$C_{19}H_{19}N_7O_6$），人工合成的叶酸常用作食品强化剂和营养补充剂。

3. 功能声称　美国 FDA 已经批准并发布了叶酸的功能特性，并强制性地在谷物产品中添加，以减少神经管畸形的发生。功能声称如下：叶酸使血液中半胱氨酸的浓度保持正常，从而降低动脉硬化的风险；叶酸有助于维护心脏健康；叶酸可以保持正常的单胺代谢和维持神经的健康等。中国叶酸的功能声称：叶酸有助于胎儿大脑和神经系统的正常发育；叶酸有助于红细胞形成；叶酸有助于胎儿正常发育。

（八）维生素 B_{12}

1. 化学结构 维生素 B_{12} 是含三价钴的多环系化合物，因含钴而呈红色，故又称钴胺素（cobalamine）。钴可与多种基团结合，形成不同类型的维生素 B_{12}，如氰钴胺素、羟钴胺素、甲基钴胺素、5-脱氧腺苷钴胺素等，其中，氰钴胺素具有生物活性。维生素 B_{12} 是分子质量最大、结构最复杂、唯一含有矿物质的维生素。

2. 作为功能性成分的化学形式 氰钴胺素和羟钴胺素是维生素 B_{12} 用于食品强化剂和营养补充剂的化学形式。氰钴胺素是一种无味、无臭、易溶于水的红色结晶，它比羟钴胺素具有更好的稳定性。

3. 功能声称 日本对维生素 B_{12} 的功能声称：维生素 B_{12} 有助于红细胞形成。中国对维生素 B_{12} 的健康声明：维生素 B_{12} 有助于红细胞形成。

（九）维生素 C

1. 化学结构 维生素 C 又称抗坏血酸（ascorbic acid），是烯醇式已糖酸内酯，有 L-和 D-型两种异构体。D-型抗坏血酸的生物活性仅为 L-型的 10%，氧化型和还原型都有生理活性。

2. 作为功能性成分的化学形式 维生素 C 作为功能性成分的化学形式：L-抗坏血酸及其钠盐或钙盐、L-抗坏血酸棕榈酸酯。维生素 C（L-抗坏血酸棕榈酸酯）常用作抗氧化剂。

3. 功能声称 日本对维生素 C 功能声称：维生素 C 有助于胶原蛋白和肉碱的合成；维生素 C 可以促进铁的吸收；维生素 C 对预防心脏病和保护眼睛健康有效。中国对维生素 C 的功能声称：维生素 C 有助于维持皮肤和黏膜健康；维生素 C 有助于维持骨骼、牙龈的健康；维生素 C 可以促进铁的吸收；维生素 C 有抗氧化作用。

三、维生素类似物

维生素类似物通常又被称为“类维生素物质”（vitaminoid matter），如胆碱（choline）、肉碱（carnitine）、硫辛酸（lipoic acid）、肌醇（inositol）、辅酶 Q（泛醌）、生物类黄酮（维生素 P）、乳清酸（维生素 B_{13}）、潘氨酸（维生素 B_{15}）、苦杏仁苷（维生素 B_{17}）、对氨基苯甲酸等。

（一）胆碱

胆碱（choline）是一种强有机碱（图 3-4），是卵磷脂和神经鞘磷脂的重要组成成分，广泛存在于动植物中，是机体可变甲基的一个来源，作用于合成甲基的产物，同时又是乙酰胆碱的前体。人体也能合成胆碱，所以不易造成缺乏病。胆碱耐热，在加工和烹调过程中的损失很少，干燥环境下，即使很长时间的贮存食物中胆碱含量也几乎没有变化。

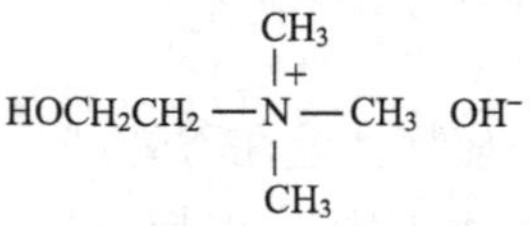

图 3-4 胆碱的结构式

由胆碱为主体所形成的乙酰胆碱，是神经冲动传递的主要介质，有助于增强记忆力；胆碱有助于促进肝脏中的脂肪代谢，有防止“脂肪肝”的作用；胆碱在降低血清胆固醇、防止动脉硬化等方面有重要作用；胆碱可作为甲基供体，促进体内转甲基代谢。

胆碱以氯化胆碱的形式加入食品中。氯化胆碱是胆碱的衍生物，具有胆碱的生物活性，其加工及储运性能稳定，是适合于药品、食品中添加的理想的营养强化剂。

（二）肉碱

肉碱（carnitine）有两个立体异构，包括有生物活性的 L-肉碱，以及其非生物活性的 D-肉碱。L-肉碱（L-carnitine，CN）即左旋肉碱，又称为 L-肉毒碱（图 3-5），旧称维生素 BT，广泛存在于动物、植物和微生物组织中，是一种类似维生素的营养物质。1905 年，俄国科学家 Krimberg 和 Gulewitsch 首先从牛肉浸汁中发现了肉碱。直到 20 世纪 80 年代，L-肉毒碱才被认为是机体必需的营养物质。1993 年，L-肉毒碱获得 FDA 和 WHO 认可，美国专家委员会确认 L-肉毒碱为“公认安全、无毒物质”。1995 年，欧共体批准在各种动物饲料中使用左旋肉毒碱及左旋肉毒碱盐酸盐。L-肉碱化学名 L-β-羟基-γ-三甲胺丁酸，分子式 $C_7H_{15}NO_3$，相对分子质量为 161.20，它是一种白色吸水性结晶或透明粉末，性质比较稳定，极易溶于水（250g/100g）和乙醇，熔点 210～212℃。

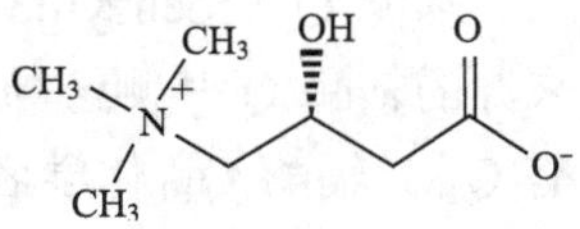

图 3-5　L-肉碱的结构式

由于 L-肉碱可由人和大多数动物通过自身体内合成来满足生理需要，化学结构类似于胆碱，因此它不是真正意义上的维生素。它具有多种重要的生理功能：①左旋肉碱是脂肪代谢过程中转运脂肪酸的载体，能够促进脂肪酸进入线粒体氧化分解，降低血清胆固醇及甘油三酯的含量，所以左旋肉碱能有效地辅助减轻体重。②左旋肉碱能够促进脂肪的分散，提高了脂肪的氧化速率，减少了糖原的消耗，提高机体耐受力，同时也延缓了疲劳。目前人们已把肉碱应用于大众减肥、竞技运动员减脂抗疲劳。③辅助降血脂、血糖功能。另外，L-肉碱还具有减轻神经紧张、促进心血管患者康复、增强免疫力、加速蛋白质合成、促进伤口愈合、保护细胞膜的稳定性等功能。

大量研究表明，许多病症如高脂血症、营养不良、肥胖等患者肉碱水平低下。正常人依靠体内合成和膳食来源，虽然能维持基础代谢所需的肉碱浓度，但很难达到最理想的肉碱水平。因此，许多专家相信，补充肉碱与补充其他维生素及矿物质一样重要。

（三）硫辛酸

硫辛酸（lipoic acid）为含硫 C_8 脂酸，有氧化型（两个硫原子通过二硫键相连）和还原型（二硫键还原为巯基）两种类型（图 3-6）。硫辛酸虽然不属于维生素，但其可作为辅酶参与机体内物质代谢过程中酰基转移，起到递氢和转移酰基的作用（即作为氢载体和酰基载体），具有与维生素相似的功能（类维生素）。硫辛酸 1951 年被 L. J. Reed 等分离成晶体。因是一种含硫的脂肪酸，故有人将其归属于脂溶性维生素。但由于在体内代谢中与 TPP、NAD^+等辅酶一起参加生化反应，因此，根据结构与功能的统一性，也有人将其归入 B 族维生素。硫辛酸是既具水溶性（微溶）又具脂溶性的淡黄色晶体。

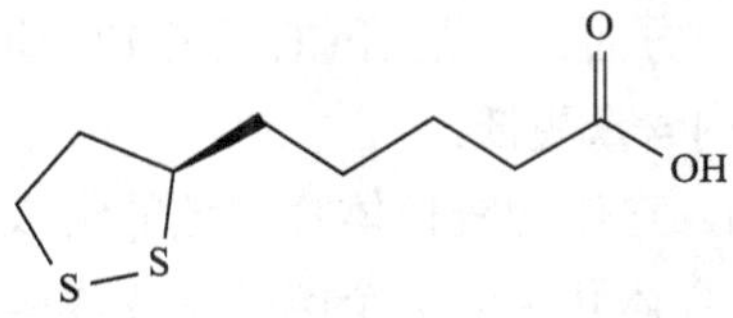

图 3-6　硫辛酸（氧化型）的结构式

硫辛酸作为辅酶，在两个关键性的氧化脱羧反应中起作用，即在丙酮酸脱氢酶复合体和α-酮戊二酸脱氢酶复合体中，催化酰基的产生和转移。α-硫辛酸含有双硫五元环结构，电子密度很高，具有显著的亲电子性和与自由基反应的能力，因此它具有抗氧化性，具有极高的保健功能和医用价值（如抗脂肪肝和降低血浆胆固醇的作用）。此外，硫辛酸的巯基很容易进行氧化还原反应，故可保护巯基酶免受破坏。

硫辛酸在自然界分布广泛，肝和酵母细胞中含量尤为丰富。在食物中硫辛酸常和维生素 B_1 同时存在。人体可以合成硫辛酸。目前，尚未发现人类有硫辛酸的缺乏症。在欧美的健康食品市场上，硫辛酸是一个很普遍的营养补充剂。

（四）辅酶 Q

辅酶 Q（coenzyme Q，CoQ）又称泛醌（ubiquinone），是一种脂溶性醌类化合物。不同来源的辅酶 Q 其侧链异戊烯单位的数目不同，人类和哺乳动物是 10 个异戊烯单位，故称辅酶 Q_{10}。辅酶 Q_{10} 化学名称为 2,3-二甲氧基-5-甲基-6-癸异戊烯基-1,4-二苯醌（图 3-7），分子式为 $C_{59}H_{90}O_4$，相对分子质量为 863.36，在室温下呈橙黄色结晶，无臭无味。

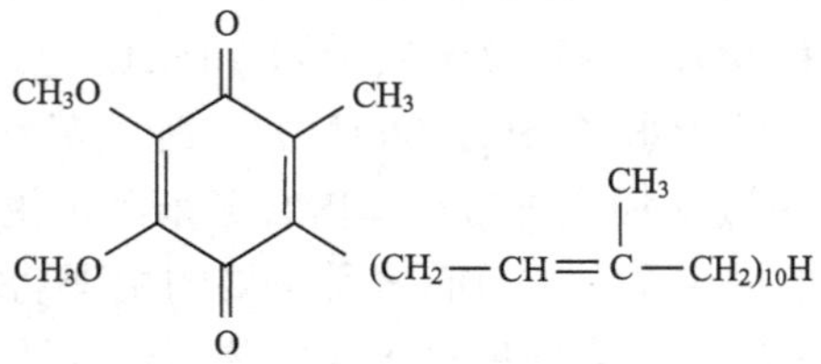

图 3-7　辅酶 Q_{10} 的结构式

辅酶 Q_{10} 的生理功能与其两种生化作用密切相关：一是其具有的抗氧化能力；二是其在电子传递链上的角色，传递电子与质子，促进生成 ATP。辅酶 Q_{10} 还原态的、异戊二烯单体全为反式的结构比氧化态、异戊二烯单体全为顺式结构具有更高的活性和理化作用。其主要功能有以下几个方面。

1. 抗衰老　辅酶 Q_{10} 在体内主要有两个作用：一是在营养物质于线粒体内转化为能量的过程中起重要作用；二是有明显的抗脂质过氧化作用。它是细胞线粒体中的能量转换剂，它通过转移和传递电子参与三羧酸循环产生 ATP（三磷酸腺苷），即能量因子供细胞代谢使用。人类在 20 岁时，自主合成的辅酶 Q_{10} 能力达到顶峰，维持至 50 岁左右。以后会逐年下降，因为寄存辅酶 Q_{10} 的细胞线粒体 DNA 物质被氧自由基破坏，导致自主合成辅酶 Q_{10} 减少。结果使人体细胞，特别是心脏细胞的代谢功能下降，“老态龙钟”就显现出来了。衰老与线粒体辅酶 Q_{10} 浓度关系的实验显示线粒体辅酶 Q_{10} 浓度降低是骨骼肌衰老的一个重要方面。一项大鼠的衰老实验研究显示，衰老大鼠心脏线粒体辅酶 Q_{10} 含量降低，肝脏和骨骼肌内含量更低。

2. 抗氧化　辅酶 Q_{10} 是有效的抗氧化剂和自由基清除剂，它作为线粒体呼吸链的组成部分包埋在线粒体内膜脂质双分子中，从线粒体复合体 I 或复合体 II 接受 2 个电子后变成醇式，再将电子传递给复合体III。体内辅酶 Q_{10} 被大量消耗变成醇式，它既是有效的抗氧化剂，同时也是运动的电子载体，将氢原子从其羟基转给脂质过氧化自由基，因而减少线粒体内膜的脂质过氧化物反应。在此过程中生成了与辅酶 Q_{10} 和辅酶 Q_{10} 醇式的自由基泛半醌，或与氧发生反应形成超氧化物，自由基泛半醌在超氧化物歧化酶和过氧化氢酶的作用下转运自由基实现解毒作用，如此循环往复，呼吸链将辅酶 Q_{10} 不断再生成醇式，恢复了它的抗氧化剂活性作用。

3. 增强免疫力　随年龄增长的免疫功能下降是自由基和自由基反应的结果，辅酶 Q_{10} 作为一种强抗氧化剂单独使用或与维生素 B_6（吡哆醇）结合使用，可抑制自由基对免疫细胞上受体与细胞分化和活性相关的微管系统的修饰作用，增强免疫系统，延缓衰老。

4. 美容　皱纹的增加、皮肤的老化与辅酶 Q_{10} 含量有关，辅酶 Q_{10} 含量越低，皮肤越易老化，面部的皱纹也越多。辅酶 Q_{10} 可以通过口服来摄取，当细胞中含足够辅酶 Q_{10} 即能量代谢会有所增强，清除自由基，缓解皱纹加重。此外，也可以涂擦含有辅酶 Q_{10} 的护肤品，提高外用也能增加细胞对辅酶 Q_{10} 的吸收，从而减少皱纹的形成。

5. 抗肿瘤　研究表明，辅酶 Q_{10} 有抗肿瘤作用，临床对于晚期转移性癌症有一定疗效，在预防冠心病、缓解牙周炎、治疗十二指肠溃疡及胃溃疡、增强人体免疫力功能及缓解心绞痛方面有显著效果。

6. 抗高血压　阿根廷神经科学研究所进行的很有意义的研究已显示，在高血压患者中，在 1h 内口服 100mg 的辅酶 Q_{10} 可增强大脑的治疗和敏捷。

7. 保护心脏　辅酶 Q_{10} 有助于为心肌提供充足氧气，预防突发性心脏病，尤其在心肌缺氧过程中辅酶 Q_{10} 发挥关键作用。

8. 其他方面的应用　生物体的多种疾病表征与辅酶 Q_{10} 缺乏有关，如肌肉营养不良、肾疾病、牙周病甚至男性不育等，辅酶 Q_{10} 可作为这些疾病的治疗药物或辅助药物；辅酶 Q_{10} 可影响人体利用碳水化合物代谢途径和降低血糖，因此在治疗糖尿病方面可能有效；因辅酶 Q_{10} 是线粒体内脂和碳水化合物代谢的必要物质，由此转化产生 ATP 或细胞能量，对于肥胖患者来说，将人体中过多脂肪转化成能量，可适当减轻体重；辅酶 Q_{10} 还能改善血脂，不影响血清电解质、肾功能。辅酶 Q_{10} 在阻止和治疗细胞氧化有关的各种生理性紊乱病症，起到抗氧化性质及在线粒体氧化磷酸化中的重要作用。近年来，辅酶 Q_{10} 在治疗十二指肠溃疡、病毒性肝炎及促进胰腺功能与分泌方面有显著效果；医学保健方面的专家主张将辅酶 Q_{10} 作为一种较好的辅助药剂在临床上加以扩大使用。

辅酶 Q_{10} 在人体中以组织器官中浓度较高，如心、肝、肾、胰脏等；细胞中从酪氨酸合成辅酶 Q_{10} 的生物合成途径中，要求有足够的维生素含量，如叶酸、烟酸、核黄素和吡哆醇等，这些营养物任何一种缺乏时都会导致辅酶 Q_{10} 的不足。美国心脏病医师学会建议，65 岁以上老人应每天服用辅酶 Q_{10}。正常成人日需要辅酶 Q_{10} 量宜在 10mg/天，服用辅酶 Q_{10} 不良反应较少，极少数患者可能出现如腹泻、恶心、上腹不适或食欲减退等症状，其副反应机理有待进一步研究；服用辅酶 Q_{10} 剂量超过 100mg/天时，宜分开服用，含脂饮食期间服用辅酶 Q_{10} 效果较好。

辅酶 Q_{10} 在食物中鱼类、鱼油类和动物脏器等分布较多。

（五）乳清酸

乳清酸(orotic acid)也称维生素 B_{13}(图 3-8),是 Bisearo 和 Belloni（1905）首次在牛奶中发现的核酸代谢物，存在于各种哺乳动物的乳汁中及各种微生物变异体的嘧啶核苷酸合成途径中。它作为一种新型维生素，在日本主要用于配伍复合维生素的非处方药物的成分和清凉饮料添加剂；在西欧国家不仅是医药维生素的组成，而且广泛应用于化妆品中，作为营养型化妆品基质，可以明显抑制皮肤衰

图 3-8　乳清酸的结构式

老；在美国对乳清酸的研究较多，用途相对比较多，在医药、食品、日化、生命科学领域均有应用。我国对乳清酸的研究开发与应用刚处于起步阶段，主要用途是在医药领域，其本身就是一种良好的保肝药，对于黄疸性肝病、脂肪肝、急慢性肝炎均有较好的疗效。

乳清酸可从牛奶中提取，也可通过微生物发酵生产或化学合成。

第四节　功能性矿物元素

构成人体的矿物质，按其含量多少可分为常量元素（macroelement）和微量元素（microelement）两大类。常量元素在人体内含量大于人体质量的 0.01%，包括钙、磷、硫、钾、钠、氯和镁 7 种元素。微量元素占人体质量的 0.01%以下，包括铁、锌、铜、碘、锰、钼、钴、硒、铬、镍、锡、硅、氟、钒等。根据微量元素在人体内的作用，1995 年，FAO/WHO 认为维持人体正常生命活动不可缺少的必需微量元素共有 10 种，即铜、钴、铬、铁、锌、碘、锰、钼、硒和氟；将硅、镍、硼、钒列为可能必需微量元素（essential microelement）；将铅、镉、汞、砷、铝、锡、锂等列为具有潜在毒性但低剂量可能有功能的微量元素。

一、常量矿物质

（一）钙

钙（calcium）是人体内含量最多的一种无机元素，占成年人身体质量的 1.5%～2.0%，体重 60kg 的成人体内含钙 1000～1200g。人体 99%的钙集中于骨骼和牙齿中，主要以羟磷灰石[$Ca_{10}(PO_4)_6(OH)_2$]结晶形式存在，部分以非结晶的磷酸钙形式存在；其余 1%的钙，一部分与柠檬酸螯合或与蛋白质结合，另一部分则以离子状态存在于软组织、细胞外液和血液中，称为混溶钙池。这部分钙与骨骼钙维持着动态平衡，维持体内细胞正常生理状态。食品中钙含量低于 500mg 时吸收率最高。

1. 功能性化学成分　乳酸钙、葡萄糖酸钙、碳酸钙、磷酸氢钙、氯化钙、柠檬酸钙、氢氧化钙、氧化钙等均被用作钙的食品添加剂。

2. 功能声称　FDA 对钙的功能声称：含足够钙质的食品有助于保持良好的骨骼健康，并可降低患骨质疏松的风险。日本对钙的功能声称：钙对骨骼和牙齿生长是必要的。中国对钙的功能声称：钙是人体骨骼和牙齿的主要组成成分，许多生理功能也需要钙的参与。钙是骨骼和牙齿的主要成分，并维持骨骼密度。钙有助于骨骼和牙齿的发育。钙有助于骨骼和牙齿更坚固。

（二）镁

镁（magnesium）是人体细胞内的主要阳离子，浓集于线粒体中，仅次于钾和磷。成人体内镁含量为 20～28g。其中约 60%在骨骼中，27%在软组织。血液中镁有离子型、复合型和蛋白结合型三种形式，比例为 55∶13∶32。

1. 功能性化学成分　氯化镁、氧化镁、碳酸镁、硫酸镁等都是镁的功能性成分。在日本，醋酸镁、乳酸镁、柠檬酸镁、葡萄糖酸镁、镁甘油磷酸酯等通常被作为食品添加剂使用。

2. 功能声称　日本对镁的功能声称：镁具有维护心脏健康、降低患高血压风险、减轻压力等功效。中国对镁的功能声称：镁是能量代谢、组织形成和骨骼发育的重要物质。美国没有对镁做任何功能声称。

（三）钠

钠（sodium）约占体重的 0.15%，其中 44%～50%在细胞外液，40%～47%在骨骼中。人体的钠可分成两部分：一部分为可交换钠，占总体钠的 70%～75%，称为钠库，当人体缺钠时，它补充到细胞外液；另一部分为不可交换钠，骨骼中钠的 88%沉积于羧磷灰石晶格中，不易与细胞外液交流动用。

1. 功能性化学成分　食盐（氯化钠）、小苏打（碳酸氢钠）、食品级烧碱（氢氧化钠）、二磷酸钠和三磷酸钠、苯甲酸钠、焦亚酸钠、乳酸钠和苹果酸钠等是常用的钠的化合物。

2. 功能声称　美国 FDA 对钠的功能声称：低钠膳食，可降低患高血压风险。中国对钠的功能声称：钠能调节机体水分，维持酸碱平衡。钠摄入过高有害健康。

（四）钾

钾在人体内含量为 1.2～2g/kg 体重，占无机盐的 5%，是人体必需的营养素。其中 70%的钾贮存在肌肉，10%存于皮肤，其余存于红细胞、脑髓和大型内脏中，骨骼中较少。钾主要存在于细胞内，细胞内平均钾浓度比细胞外高 25～35 倍。

1. 功能性化学成分　焦亚硫酸钾、醋酸钾、氯化钾、柠檬酸钾、苯甲酸钾、葡萄糖酸钾等在食品工业中常用。

2. 功能声称　美国、日本和中国均未对钾做任何功能声称。

二、微量元素

（一）铁

铁（iron）是人体内含量最多的必需微量元素，总量为 4～5g。铁在人体内存在的形式主要分为两大类，即功能性铁和贮存铁。功能性铁占 70%～75%，其中血红蛋白铁占 65%～70%，肌红蛋白铁占 3%，血红素酶类（细胞色素、细胞色素氧化酶、过氧化物酶等）占 2%。贮存铁是铁在体内的贮备，占 25%～30%，主要以铁蛋白和含铁血黄素的形式存在于肝、脾和骨髓中。体内含铁量随体重、血红蛋白浓度、性别等变化。成年男子每千克体重平均约含铁 50mg，成年女子则为 35mg。

1. 功能性化学成分　氯化铁、柠檬酸铁、硫酸铁、碳酸铁、柠檬酸亚铁、乳酸亚铁、焦硫酸亚铁及抗坏血酸亚铁等都是铁的常用化学形式。

2. 功能声称　日本对铁的功能声称：铁对红细胞形成和预防由缺铁引起的贫血是必需的。中国对铁的功能声称：铁是血红细胞形成的因子；铁是血红细胞形成的必需元素；铁对血红蛋白的产生是必需的。

（二）锌

成人体内锌（zinc）含量为 2～3g，分布于各种组织器官中，以肝、肾、肌肉、视网膜、前列腺含量高。血液中 75%～88%的锌存在于红细胞中。

1. 功能性化学成分　氧化锌、硫酸锌、葡萄糖酸锌、乳酸锌、柠檬酸锌和碳酸锌等都是锌的常用化学形式。

2. 功能声称　日本对锌的功能声称：锌可以帮助婴幼儿正常生长，降低患胃溃疡的风险，降低生殖功能衰竭的危险。美国对锌尚无功能声称。中国对锌的功能声称：锌是儿童生长发育必需的元素；锌有助于改善食欲；锌有助于皮肤健康。

（三）硒

硒（selenium）在人体内总量为14～20mg，广泛分布于所有组织和器官中，肝、胰、肾、心、脾、牙釉质及指甲等中浓度较高，脂肪组织中最低。硒的摄取与土壤的硒含量密切相关。硒是一种在所有已知的生命形式中都存在的基本微量元素，同时也是稀有氨基酸（硒半胱氨酸）的组成部分。

1. 功能性化学成分　硒代甲硫氨酸、甲基硒代半胱氨酸、亚硒酸钠和硒酸钠是硒的常用化学形式，但以硒代甲硫氨酸和甲基硒代半胱氨酸提高人体硒营养水平效果较好。

2. 功能声称　日本和美国对硒尚无功能声称。中国对硒也未进行功能声称。

（四）铬

人体含铬（chromium）甚微，仅为6mg左右，主要以三价铬的形式存在。铬需要量虽少，但能提高胰岛素促进葡萄糖进入细胞内的效率，是重要的血糖调节剂。铬在人体内分布广泛，其中骨、皮肤、脂肪、肾上腺、大脑和肌肉含量较高。人体组织的铬含量随年龄增长而降低，因此，常出现老年人缺铬现象。

1. 功能性化学成分　吡啶甲酸铬、氯化铬、烟酸氨基酸铬是铬的常用化学形式。

2. 功能声称　日本和美国对铬尚无功能声称。中国对铬也未进行功能声称。

（五）铜

正常人体内的含铜（copper）总量为100～150mg，其中50%～70%在肌肉和骨骼中，20%在肝脏中，5%～10%在血液中，少量存在于铜酶中。各器官组织中的铜浓度，以肝肾、心、头发和脑中最高。

1. 功能性化学成分　葡萄糖酸铜、硫酸铜、乙酸铜等是铜的常用化学形式。

2. 功能声称　日本和美国对铜尚无功能声称。中国对铜也未进行功能声称。

（六）氟

正常成人体内含氟（fluorine）总量为2～3g，约有90%积存于骨骼及牙齿中，少量存在于内脏、软组织及体液中。氟已被证实是唯一能降低儿童与成年人龋齿患病率和减轻龋齿病情的营养素。血中氟浓度一般为0.04～0.4μg/mL，受膳食影响显著。

1. 功能性化学成分　氟化钠、氟磷酸钠和六氟合硅酸等是氟的常用化学形式。

2. 功能声称　日本和美国对氟尚无功能声称。中国对氟也未进行功能声称。

（七）碘

成人体内仅含碘（iodine）25～50mg，健康成年人甲状腺组织内含碘约12mg，其中四碘甲状腺原氨酸（T_4）占16.2%，三碘甲状腺原氨酸（T_3）占7.6%，一碘酪氨酸（MIT）占32.7%，二碘酪氨酸（DIT）占 33.4%，其他碘化物为 16.1%。血液中碘主要为蛋白结合碘（PBI），浓度为 30～60μg/L。人体需要的碘可从饮水、食盐及其他食物中获得。

1. 功能性化学成分　碘化钾和碘酸钾是碘的常用化学形式。

2. 功能声称　日本和美国对碘尚无功能声称。中国对碘的功能声称：是甲状腺发挥正常功能的要素。

本章小结

本章主要介绍了活性肽与活性蛋白质的定义及分类，简要介绍了常见的活性肽与蛋白质，功能性油脂，维生素与矿物元素的结构、生理功能和食物来源等。

思考题

1. 简述大豆多肽、酪蛋白磷酸肽与超氧化物歧化酶的主要生理功能及来源。
2. 简述 EPA、DHA、磷脂的主要生理功能及来源。
3. 何为脂肪替代物？其主要类型有哪些？
4. 脂溶性维生素和水溶性维生素的特性有何不同？
5. 简述维生素 A、维生素 E、维生素 B_2、维生素 B_5、叶酸、维生素 B_{12}、维生素 C 等重要维生素的功能及来源。
6. 维生素类似物有哪些？简述其主要功能。
7. 导致人体缺乏矿物质的主要因素有哪些？如何避免其缺乏？
8. 简述钙、铁、锌、硒等重要矿物质元素的生理功能及来源。

第4章 功能性糖类

与淀粉等可消化的碳水化合物不同，不可被人体内源酶消化的多糖或寡糖，不是传统意义的营养素，但研究表明，许多寡糖和多糖具有独特的功能活性，如对肠道微生态的调节作用、对人体的免疫调节作用等。中草药的许多功能可能都与活性多糖有关，因此活性多糖是重要的功能因子。

第一节 功能性低聚糖

低聚糖（oligosaccharide）又称寡糖，由2～10个分子单糖通过糖苷键连接形成直链或支链的低度聚合糖，根据生物学功能分为两类：功能性低聚糖和非功能性低聚糖（或普通低聚糖）。两者分类区别在于低聚糖是否能被人体分泌的内源酶所分解，是否能选择性地促进肠道有益微生物生长。另外，根据寡糖的单糖组成可分为同寡糖和杂寡糖；依据寡糖分子中是否存在游离的半缩醛羟基，分为还原性寡糖和非还原性寡糖。

功能性低聚糖包括低聚半乳糖、低聚果糖、低聚木糖、低聚异麦芽糖、低聚乳果糖、乳酮糖、大豆低聚糖、水苏糖、棉子糖、帕拉金糖、低聚龙胆糖等。迄今为止，已知的功能性低聚糖有1000多种，自然界中只有少数食物中含有天然的功能性低聚糖，例如，洋葱、大蒜、芒壳、天门冬、菊苣根和伊斯兰洋蓟块茎等含有低聚果糖，大豆中含有大豆低聚糖，银条含水苏糖。除低聚龙胆糖具有苦味外，其余的低聚糖均带有程度不一的甜味，可作为功能性甜味剂用来替代或部分替代食品中的蔗糖。由于受到生产条件的限制，所以除大豆低聚糖等少数几种由提取法制取外，大部分低聚糖由来源广泛的淀粉原料经生物技术合成。

目前，国际上已研究开发成功的低聚糖有 80 多种。日本在这方面的研究、开发与应用位居前列，已形成工业化生产规模的低聚糖品种多达十几种。2013年我国功能性低聚糖总产量约40万吨，主要品种是低聚异麦芽糖、低聚果糖和低聚木糖。目前，功能性低聚糖替代或部分替代蔗糖而广泛应用在饮料、糖果、糕点、乳制品及调味料等多种食品中。

一、功能性低聚糖主要的生理功能

（一）促进肠道中有益菌群增殖

由于消化道内没有消化功能性低聚糖的酶，这些功能性低聚糖绝大部分在结肠被微生物菌群发酵而发挥其生理功能。功能性低聚糖是动物肠道内有益菌的重要营养物质，可促进其大量繁殖，发酵产生大量的短链脂肪酸，使肠道 pH 下降，抑制大肠杆菌和产气荚膜梭菌等有害菌的生长繁殖，起到了有益菌增殖因子的作用。人体实验结果发现甘露寡糖能显著增加肠道菌群中双歧杆菌的数量，改善肠内环境。

（二）抑制肠道中有害菌

（1）功能性低聚糖在肠道内被微生物发酵的代谢物和肠道低 pH 环境，能显著抑制有害微生物的生长。例如，乙酸和乳酸对沙门氏菌和大肠杆菌具有抑制作用；双歧杆菌产生的双歧杆菌素（bifidin）有效抑制志贺氏杆菌、沙门氏菌、金黄色葡萄球菌、大肠杆菌和其他某些微生物。

（2）功能性低聚糖与病原菌在肠壁上的受体具有相似的结构，可竞争性地与病原菌结合，使其无法黏附于肠壁上，致使病原菌死亡而失去致病能力。例如，低聚甘露糖能使吸附在肠道上的具有低聚甘露糖受体的大肠杆菌从上皮细胞上脱落下来。

（3）功能性低聚糖还能将携带的病原菌通过消化道排出体外，防止病原菌在消化道内繁殖，起着清洁消化道的作用。

（三）促进代谢

1. 促进蛋白质的代谢　功能性低聚糖作为一种易发酵的糖类，可为肠道微生物提供能源，从而增加了肠道内粪氮排泄而减少尿氮排泄。有益微生物的大量增殖，将肠道内营养物质不断分解并合成微生物蛋白质，使肠道内尿素氮水平低于肠壁血管内尿素氮水平。肠壁血管和肠道内环境间会形成一个有利于血液中尿素氮向大肠传递的质量浓度梯度，血液中的尿素氮向肠腔中转移，肠腔中的尿素氮含量增高，导致粪氮排泄量增加。此外，肠道微生物的不断增殖和死亡也增加了粪氮含量。

2. 功能性低聚糖能改善脂类代谢　研究发现，低聚果糖能显著降低血液及肝脏中的三酰甘油水平，同时可显著降低肝脏中脂肪酸合成酶含量及其相关基因的表达丰度。

（四）促进营养物吸收

功能性低聚糖可增强机体对矿物元素的吸收。功能性低聚糖通过促进有益菌的增殖，产生短链脂肪酸，降低肠道 pH，增加矿物质溶解度促进各种矿物质（钙、铁、镁和锌等）的吸收利用。

（五）增强机体免疫力

功能性低聚糖具有免疫佐剂和抗原特性，可激活机体体液免疫和细胞免疫。功能性低聚糖能与一定毒素、病毒及真核细胞的表面结合而作为这些外源抗原的佐剂，能减缓抗原的吸收，增加抗原的效价，从而加强细胞和体液免疫力。测定仔猪血清 IL-2、IL-6、IL-8 和小肠黏膜厚度，揭示低聚果糖和低聚甘露糖能显著影响断奶仔猪黏液分泌能力和局部非特异性免疫功能。

（六）促进动物肠道发育

短链脂肪酸是大肠黏膜细胞代谢的主要能源物质，大肠黏膜 70%的能源来自肠细菌的发酵产物。果寡糖发酵产生的丁酸可使隐窝深度、绒毛高度及盲肠壁质量增加，进而促进结肠细胞的增生。

（七）防便秘与防腹泻

功能性低聚糖的益生作用，促进了短链脂肪酸的产生，刺激肠道蠕动、增加粪便的水分，具有防止便秘的作用。日服 3.0～10.0g 低聚糖，1 周内就有明显的预防便秘效果；但对严重便秘患者，低聚糖的治疗效果不明显。

（八）降低血清胆固醇

昆布寡糖对糖尿病大鼠有明显降低血糖，升高胰岛素，降低甘油三酯、总胆固醇、游离脂肪酸，升高高密度脂蛋白胆固醇的作用。

（九）抑制肿瘤

部分低聚糖具有抗肿瘤活性，可能与其能与免疫活性细胞上的糖受体结合、增强免疫活性、提高抗氧化作用相关酶活力、阻遏细胞周期和促进细胞凋亡等有关。低分子质量的地黄糖复合物在体内和体外均具有抗肿瘤的活性。

二、功能性低聚糖的种类、性质及其应用

下面介绍常见的主要功能性低聚糖。

（一）低聚半乳糖

低聚半乳糖（galacto-oligosaccharide，GOS）分子结构一般是在半乳糖或葡萄糖的分子上连接 1～7 个半乳糖基团，即 Gal-（Gal）$_n$-Glc/Gal（n 为 0～6），半乳糖基团之间以 β（1→3）、β（1→4）、β（1→6）等键相连接，其中以 β（1→4）键为主；半乳糖与葡萄糖之间的结合键主要为 β（1→4）键。低聚半乳糖的分子结构示意图见图 4-1。

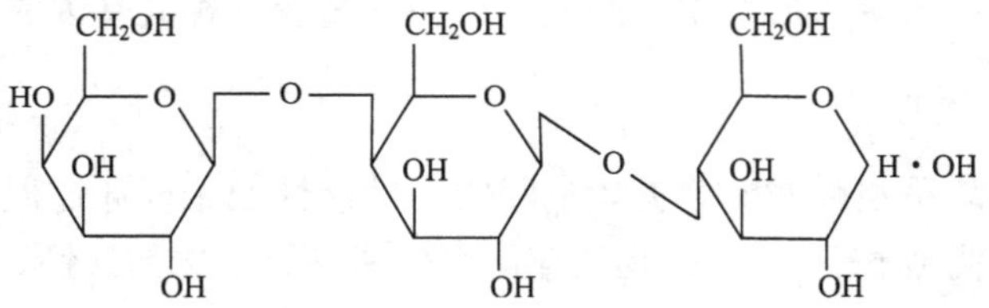

图 4-1　低聚半乳糖的分子结构

低聚半乳糖是一种天然存在的功能性低聚糖，多存在于动物的乳汁和乳清中，在母乳中的含量和种类最为丰富。所以用母乳喂养的婴儿肠内细菌中的双歧杆菌占优势。

低聚半乳糖作为一种功能性食品，具有很好的开发和应用价值。第一，低聚半乳糖甜味比较纯正，口感清爽，水溶性好，保湿性极强。第二，低聚半乳糖的热值很低（1.7kcal/g），其甜度仅为蔗糖的 20%～40%。第三，对酸和热都有很强的稳定性，pH 为中性条件下热稳定性高，100℃下加热 1h 或 120℃下加热 30min 后，低聚半乳糖无任何分解。目前低聚半乳糖作为第 3 代功能食品的功能因子和理想的食品配料，已被广泛应用于保健食品、乳制品、面包、饮料、果酱、糖果、糕点、酱料等。

（二）低聚果糖

低聚果糖（fructo-oliogasaccharides, FOS）又称果寡糖或低聚蔗果糖，是在蔗糖分子的果糖残基上以 β-1,2 糖苷键与 1～3 个果糖结合而成的低聚糖，主要由蔗果三糖、蔗果四糖、蔗

果五糖组成的混合物，化学结构见图 4-2。

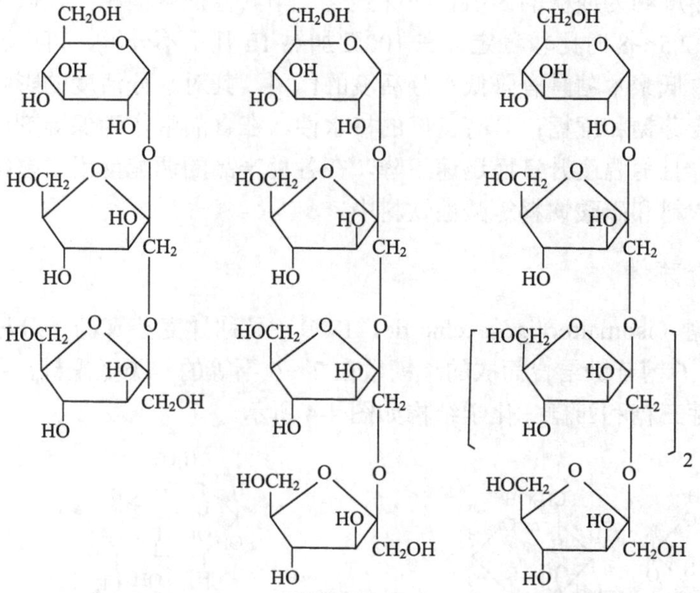

图 4-2　低聚果糖主要成分的化学结构

低聚果糖广泛存在于自然界，如香蕉、洋葱、小麦、芦笋、菊芋等。

低聚果糖热值仅为 6.28J/g。在 0～70℃时，低聚果糖的黏度随温度上升而降低。当环境 pH 为中性时，低聚果糖在 120℃条件下非常稳定；在 pH 为 3 的酸性条件下，温度达到 70℃后极易分解。低聚果糖耐高温，可抑制淀粉老化，保水性好，可应用于饮料（发酵乳、乳饮料和咖啡等）、糕点、糖果、冷饮、冰淇淋、火腿等。

（三）低聚木糖

功能性低聚木糖（xylo-oligosaccharide）又称木寡糖，由 2～7 个 D-木糖以β-1, 4 木糖苷键结合而构成的低聚糖，其组成以木二糖和木三糖为主。低聚木糖主要成分的化学结构见图 4-3。

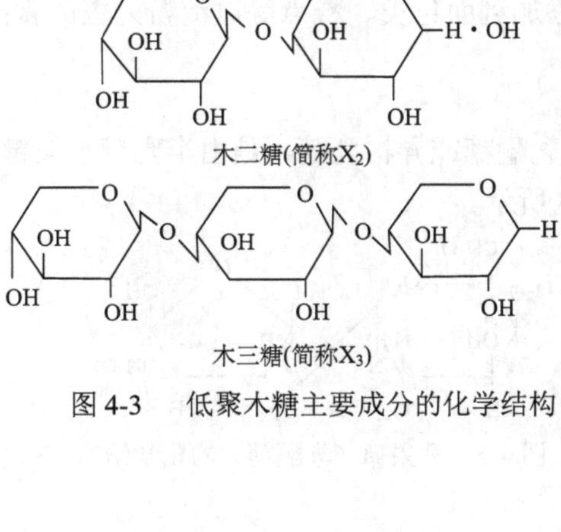

图 4-3　低聚木糖主要成分的化学结构

低聚木糖是从玉米芯、甘蔗渣、棉籽壳等天然食物纤维中，采用不同制备技术制取的。

低聚木糖的甜度约为蔗糖的 50%，甜味纯正。与其他低聚糖相比，低聚木糖对热和酸稳定性极好，pH 在 2.5～8 时比较稳定，在 100℃加热 1h 几乎不分解，可广泛用于酸性或需要高温处理的食品。低聚木糖具有降低水分活度的作用，其对水分活度的影响与葡萄糖相近，高于木糖而低于麦芽糖和蔗糖；具有良好的持水性，在食品中作为保湿剂或保鲜剂使用。低聚木糖黏度很低，且随温度升高而迅速下降，在各种产品的调配使用中显得极为方便，多用于酸奶、乳酸菌饮料和碳酸饮料等酸性饮料中。

（四）低聚异麦芽糖

低聚异麦芽糖（isomaltooligosaccharide，IMO）又称异麦芽寡糖、分枝低聚糖。它是指葡萄糖之间以 α-1,6 糖苷键结合而成的单糖数在 2～6 不等的一类低聚糖，主要成分是异麦芽糖、潘糖、异麦芽三糖和四糖。化学结构如图 4-4 所示。

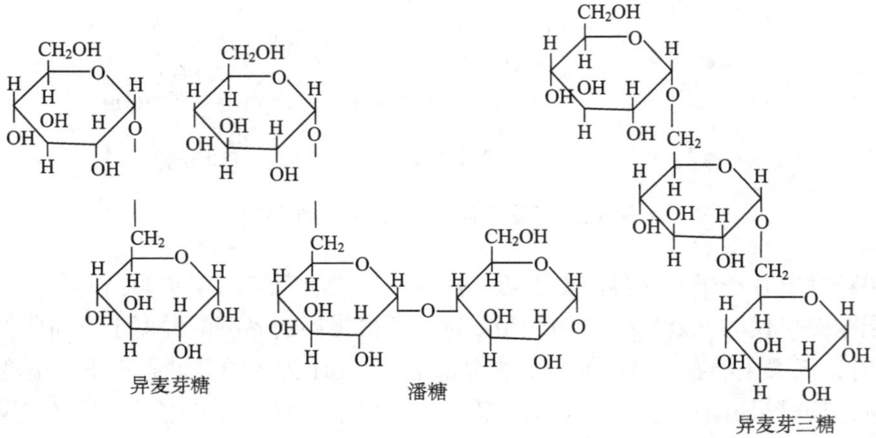

图 4-4　异麦芽糖、潘糖、异麦芽三糖的化学结构

低聚异麦芽糖广泛存在于大麦、小麦和马铃薯等植物中。商品低聚异麦芽糖产品是功能低聚糖中产量最大、目前市场销售最多的一种，低聚糖的含量一般在 50%以上。

低聚异麦芽糖甜味温和，甜度一般是蔗糖的 40%～50%；耐酸耐热性极佳，浓度为 50%的糖浆在 pH3 和 120℃下长时间加热也不分解，适合应用于饮料、罐头及高温处理和酸性食品；黏度、水分活度、冰点下降情况与蔗糖相近，食品加工比饴糖易操作；有优良的保水性和风味改善品质，可抑制结晶糖的析出，添加到面包类、糕点等以淀粉为主的食品中可延长保存期。

（五）乳果糖（异构乳糖）

乳果糖（lactulose）也称乳酮糖或异构乳糖，是由半乳糖与果糖通过 β-1,4 糖苷键结合组成的二糖。化学结构如图 4-5 所示。

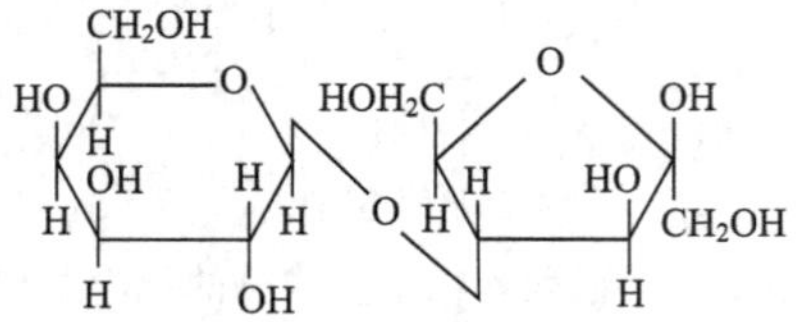

图 4-5　乳果糖（乳酮糖）的化学结构

乳酮糖在自然界中并不存在。在牛乳热处理过程中，乳糖在酪蛋白的游离氨基基团的催化下碱基异构化而形成乳果糖。乳果糖在肠道中只能被革兰氏阳性菌（双歧杆菌、乳酸杆菌、链球菌）分解，产生乳酸和乙酸，是双歧杆菌的促进因子，但它又不同于母乳中的双歧因子。

纯净乳酮糖具有清凉醇和的甜味，甜度为蔗糖的48%～60%；黏度低，热值低，安全性高，稳定性好，不发生美拉德反应。其结晶体为白色不规则的粉末。乳酮糖广泛应用于饮料、糖果、果酱、果冻、冰淇淋等。

（六）低聚乳果糖

低聚乳果糖（lactosucrose，LS）是乳糖与果糖通过β-1,2糖苷键连接而成的三糖，化学名为*O*-β-D-galactopyranosyl-(1→2)-β-D-fructofuranoside，该糖是一种非还原性低聚糖，其结构从一侧看为乳糖接上一个果糖基，从另一侧看则为蔗糖接上一个半乳糖基。化学结构如图4-6所示。

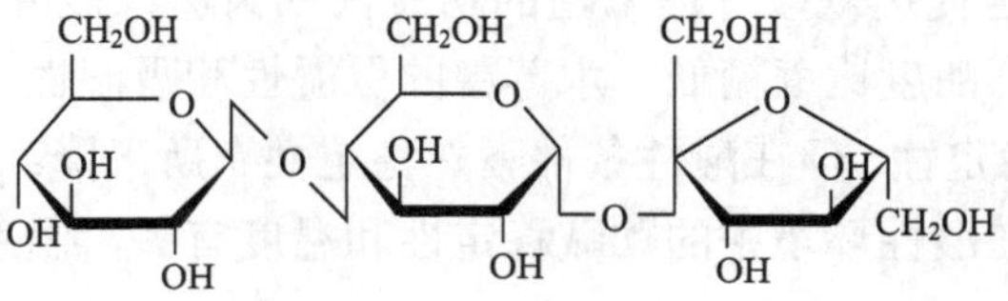

图4-6　低聚乳果糖的化学结构

低聚乳果糖无色无味，极易溶于水，在空气中易吸潮。纯的低聚乳果糖甜度为蔗糖的30%。在中性pH时，较低浓度的低聚乳果糖有较高的热稳定性，随着温度升高及pH的降低，低聚乳果糖的着色度与蔗糖相比有明显升高的趋势。由于该糖是非还原性低聚糖，加工过程中不会发生美拉德反应，因此在食品生产中有广泛的应用。

（七）棉子糖

棉子糖（raffinose）又叫蜜三糖、棉实糖，是由α-D-吡喃半乳糖（1→6）、α-D-吡喃葡萄糖（1→2）、β-D-呋喃果糖构成的三糖。化学结构如图4-7所示。

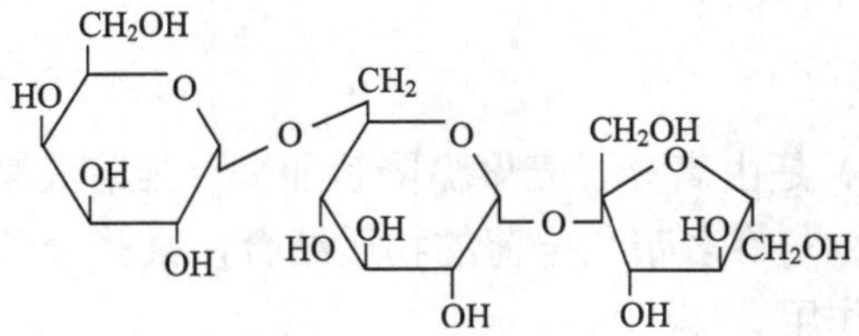

图4-7　棉子糖的化学结构

棉子糖是植物界中存在最广泛的低聚糖，仅次于蔗糖，广泛存在于甜菜、棉籽、蜂蜜、卷心菜、马铃薯、葡萄、酵母、麦类、玉米和豆科植物种子中，其含量在甜菜和棉籽中最高。

无水棉子糖呈长针状结晶体，为白色或淡黄色，微带甜味，吸湿性较强，溶于水，微溶于乙醇，熔点为80℃。在酸性条件下很稳定，热稳定性几乎与蔗糖相同，加热至140℃时仍保持稳定；但加热至180℃时棉子糖会分解成蜜二糖和果糖，蜜二糖可能会进一步分解。棉子糖是非还原糖，发生美拉德反应的程度较低。

（八）水苏糖

水苏糖（stachyose）是由D-吡喃半乳糖、α(1→6)D-吡喃半乳糖、α(1→6)葡萄糖、α(1→2)β-D-呋喃果糖组成的四糖。化学结构如图4-8所示。

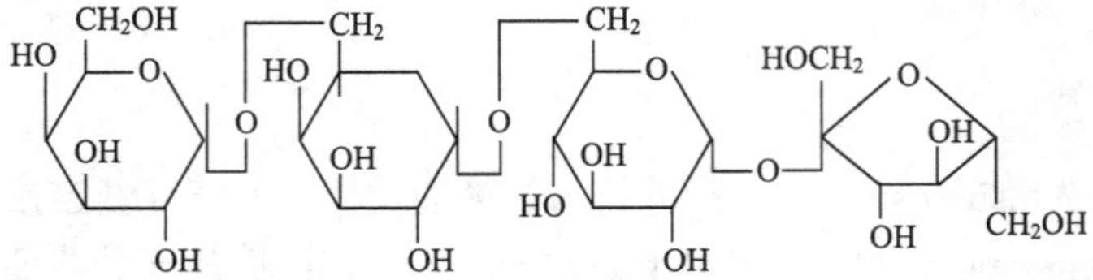

图4-8　水苏糖的化学结构

水苏糖是一种能显著促进双歧杆菌增殖的功能性低聚糖，被誉为“超强双歧因子”。水苏糖溶于水，有弱甜味，甜度比蔗糖低。水苏糖的保湿性和吸湿性均小于蔗糖，渗透压接近于蔗糖；具有良好的热稳定性，但在酸性条件下热稳定性有所下降；pH大于4的饮料，100℃杀菌仍有较好的稳定；在酸性环境中的贮藏稳定性和温度有关，温度低于20℃时较稳定。

（九）大豆低聚糖

大豆低聚糖是大豆籽粒中可溶性低聚糖类的总称，主要由水苏糖、棉子糖和蔗糖组成，含有少量毛蕊花糖。

液态大豆低聚糖为淡黄色、透明黏稠状液体，固体大豆低聚糖是淡黄色粉末，极易溶于水。大豆低聚糖与蔗糖相近，甜度为蔗糖的70%～75%。大豆低聚糖的热稳定性较强，140℃下短时间不分解，在pH3时其热稳定性优于蔗糖。大豆低聚糖黏度低于麦芽糖，而略高于蔗糖和果葡糖浆，和其他糖一样，随温度升高，黏度降低。大豆低聚糖的保湿、吸湿性比蔗糖小，水分活性接近于蔗糖，可降低水分活度，抑制微生物繁殖，在食品中可起保鲜、保湿的作用。大豆低聚糖有明显抑制淀粉老化作用，防止产品变硬、延长货架保存期。由于大豆低聚糖属非还原糖，在食品加工过程中添加，可减少美拉德反应产生和营养素的损失。

（十）低聚壳聚糖

低聚壳聚糖（chitosan）是由高分子壳聚糖降解而来，其溶液黏度比壳聚糖大大降低。由于游离胺基带正电荷，可以与许多带负电荷的物质结合，某些分子质量很低的低聚壳聚糖甚至可以渗透到细胞内部起作用。

低聚壳聚糖具有非常爽口的甜味，在保温性、耐热性等方面优于蔗糖。低聚壳聚糖在保健食品、生物医药、日用化妆品等方面得到广泛的应用。

三、功能性低聚糖的加工技术

（一）加工方法

获取功能性低聚糖的途径主要有三个：从天然原料中分离提取、酶学方法生产（分解与合成）、化学方法制备（合成或酸水解）。

1. 从天然原料中提取　目前，只有少量功能性低聚糖可以采用提取的方式获得，比如大豆低聚糖可以从大豆蛋白加工的副产物大豆乳清中获得，棉子糖从甜菜汁中获得，水苏糖能从水苏属植物的根茎，如银条（*Stachys floridana* Schuttl. ex Benth）中提取。大多数天然原料中的低聚糖含量极低，工艺操作费时，成本又高。

2. 化学法制备　化学合成法目前只用于制备一些特殊的低聚糖供实验室研究，不具有工业化前景。它需要复杂而冗繁的保护与去保护步骤以达到选择性控制合成的目的，并且得率低，难以实现低聚糖的规模化生产。现今只有乳酮糖等极少种类功能性低聚糖是通过碱法异构化的方式制备的。

酸法降解可以获得分子质量分布较广的低聚糖，多糖酸水解获得的水解物中糖类组分复杂，增加了纯化工序的难度，不易获得具有特定结构的功能性低聚糖。

3. 酶学方法　大部分功能性低聚糖主要采用酶法制备。用于低聚糖合成的常见酶包括各种糖基转移酶、糖苷水解酶及磷酸化酶等。

根据不同酶制备低聚糖的机制不同，可分为两类。

（1）酶合成法。通过糖苷转移酶的转糖基作用将供体的糖残基转给某个受体。由于酶具有高度亲和性与高活性等特点，转糖基反应速率快、产量高。用该方法合成的低聚糖有低聚甘露糖（α-甘露糖苷酶）、低聚半乳糖（β-半乳糖苷酶）、低聚异麦芽糖与海藻糖（α-葡萄糖苷酶）和龙胆二糖（β-葡萄糖基转移酶）等。

（2）酶水解法。用水解酶降解高分子多糖，生成短链的低聚糖。自然界中蕴藏着丰富的甘露多糖资源，如角豆胶、瓜儿豆胶、槐豆胶、田菁胶和魔芋等。许多甘露聚糖酶已商品化，有关该酶的基础研究已比较深入透彻，因此酶水解法生产低聚甘露糖极具开发潜力。例如，用甘露聚糖酶水解甘露聚糖生产低聚甘露糖、用果聚糖酶生产低聚果糖、用木聚糖酶生产低聚木糖，以及用壳聚糖酶水解壳聚糖生产壳低聚糖。

（二）加工技术

低聚糖的生产中，特别是在酶法合成中，为了提高效率，采用一些高新技术，如固定化技术固定酶或者固定细胞，连续反应装置（流化床技术）进行连续生产。低聚糖的分离纯化技术有色谱分离法、膜分离法和微生物分离法（发酵法）。

1. 固定化技术　固定化技术是指利用物理或化学的手段将游离的细胞或酶与固态的不溶性载体结合，使其保持活性并可反复使用的一种技术。酶或细胞的运动被物理或化学的方法所限制，导致固定化的酶或细胞能在批量生产或者连续操作中重复使用，提升糖苷酶的使用率，降低低聚半乳糖生产成本。固定化载体一般有树脂、海藻酸钠等，相关的研究也已比较成熟。

2. 色谱分离法　该法是基于混合物中各组分与色谱柱固定相（填料）间结合力强弱的差异，即各组分在固定相与流动相间分配系数不同的性质而使混合物中难吸附与易吸附组分分离的技术。它的优点在于通过数百次连续循环操作，重复使用吸附剂，可以充分利用材料和时间。目前，只有以离子交换树脂为填料的色谱柱成功用于糖类的工业化分离纯化。

3. 膜分离法　物质透过或被膜截留的过程，近似于筛分过程，依据滤膜孔径的大小而达到物质分离的目的。按分离粒子或分子大小可将膜分离法分为反渗透、透析、电渗析、超滤、纳滤 5 种。其中，超滤和纳滤可用于提取低聚糖。

4. 微生物发酵法 是利用多数功能性低聚糖的难发酵性，选择适当的微生物将非功能性低聚糖（单糖或二糖）成分发酵除去。目前使用兼具糖化和发酵能力的酿酒酵母来去除产品中多余的普通单糖或二糖。

（三）加工案例

低聚半乳糖的生产方法主要有从天然原料提取、天然多糖的酶水解、天然多糖的酸水解、化学合成、酶法合成。但是，前 4 种方法均有不同的缺陷，实际生产应用不多。酶法合成低聚半乳糖是以乳糖（或乳清）为原料，由具有转糖基活性的β-半乳糖苷酶催化原料而生成。该反应步骤简单，半乳糖苷酶容易获得，且食用安全性高，被认为是目前大量合成低聚糖的有效方法。使用酶法生产低聚半乳糖的产率通常在 40%左右，获得的低聚半乳糖产品为低聚半乳糖、葡萄糖、半乳糖和乳糖的混合物。制约我国低聚半乳糖工业化生产的主要原因是缺乏性能优良的β-半乳糖苷酶及进口商品酶的成本问题。

陈燕和邓泽元等以河南偃师产银条为原料，通过单因素、响应面分析法，研究了乙醇提取银条中水苏糖的最佳提取条件。提取条件为：乙醇浓度 60%，液固比 10∶1，提取温度 60℃，提取时间 40min，此时银条水苏糖提取率最高达 46. 89%。

第二节　功能性多糖

多糖（polysaccharide）由 10 个以上的单糖分子通过糖苷键聚合而成，其分子质量较大，一般是由几百甚至几万个单糖分子组成的一类大分子化合物，可分为植物多糖、动物多糖和微生物多糖，广泛存在于动植物体内和微生物细胞壁中。多糖还是一类重要的信息分子，结合了蛋白质和脂类的多糖，在有机体中参与多种生命活动。人们对多糖生物活性的研究可追溯到 1936 年 Shear 对多糖抗肿瘤作用的发现。以后陆续发现一些真菌多糖和高等植物多糖具有明显的抑菌抗肿瘤等活性。近年发现多糖及糖复合物参与和介导了细胞各种生命现象的调节，具有抗肿瘤、免疫调节、降血糖、抗病毒、降血脂、抗凝血等丰富多彩的生物活性。因其来源广泛，没有毒副作用，而且药物质量通过化学手段容易控制等优点，成为当今新药及功能保健品和绿色食品添加剂发展的新方向，以及国内外学者研究的热门领域。植物多糖中，包括膳食纤维和有功能作用的多糖。由于膳食纤维在营养学上有详细的介绍，本节只介绍功能性多糖。

一、功能性多糖的生物学活性

（一）免疫调节作用

医学研究显示，人体 90%以上的疾病与免疫系统失调有关。人体免疫系统的结构是繁多而复杂的，并不在某一个特定的位置或是器官，相反，它是由人体多个器官共同协调运作的。骨髓和胸腺是人体主要的免疫器官，骨髓多功能干细胞到达胸腺后分化成 CD4 和 CD8 T 淋巴细胞，T 淋巴细胞有多种生物学功能，如产生多种巨噬细胞而直接杀伤癌细胞等，辅助或抑制 B 细胞分泌或合成抗体，发挥体液免疫功能。外围的免疫器官则包括扁桃体、脾、淋巴结、集合淋巴结等。人体的免疫系统是个精密的系统，它不仅时刻保护着机体免受外来入侵物的危害，同时也能预防体内细胞突变引发癌症的威胁。大量免疫实验显示，植物多糖不仅能激活 T、B 淋巴细胞、网状内皮细胞、巨噬细胞和自然杀伤细胞（NK）等免疫细胞，还能活化补体，促进功能细胞因子的生成等，从多途径、多层面对免疫系统发挥调节作用。

Cheung 等（2009）从冬虫夏草中提取虫草多糖，并对其进行体外药理生物学活性研究，发现虫草多糖可显著促进细胞增殖和白细胞介素的分泌，同时虫草多糖可短暂诱导细胞外信号调控酶的磷酸化而使其激活，提高巨噬细胞的吞噬能力，并提高酸性磷酸酯酶的活性，证明虫草多糖在免疫应答方面具有极其重要的作用。王庭欣等（2008）用 250μg/g、500μg/g、1000μg/g 三个剂量的海带多糖灌胃正常小鼠和免疫低下小鼠，结果发现中高剂量的海带多糖能够显著增强正常小鼠和免疫力低下小鼠 T 淋巴细胞增殖能力，提高 NK 细胞活性。王国秀等通过研究香菇多糖、灵芝多糖、黄芪多糖、人参多糖、海带多糖和地衣多糖对小鼠免疫细胞活性的影响，发现这六种多糖都能增强小鼠脾脏 NK 细胞活性和腹腔巨噬细胞吞噬能力，促进淋巴细胞增殖，促进脾淋巴细胞分泌 IgG 等，增强细胞免疫、体液免疫和非特异免疫功能。邓泽元等（2007）研究发现仔猪饲料中添加决明子多糖 800mg/kg，可大大提高仔猪的免疫能力。

（二）抗肿瘤作用

癌症一直以来是医学界的一大顽症，许多药物都无法控制。植物多糖因其能有效抑制肿瘤生长又无毒副作用而备受青睐。目前国内外已经有多种活性多糖在临床上用作抗肿瘤药物，或用于辅助治疗抗肿瘤、减轻肿瘤化疗的副作用等。一般认为，活性多糖的抗肿瘤机制有以下三个方面。

1. 诱导细胞凋亡　多糖诱导细胞凋亡的作用机制是多方面的，有些活性植物多糖具有细胞毒活性，直接杀灭肿瘤细胞；有些是通过抑制蛋白质和核酸的合成诱导肿瘤细胞凋亡；还有些是通过影响癌基因的表达而改变肿瘤生长。肿瘤的发生是细胞增殖与凋亡失衡所致，而细胞凋亡则是一种主动的、有较多基因参与调控癌细胞凋亡的过程，如 *p53*、*p16*、*bax*、*bcl-2*、*c-myc* 等相关基因均参加了癌细胞凋亡的调控。*p53*、*bax*、*bcl-2* 是目前公认的参与肿瘤细胞凋亡的重要基因，其中 *p53* 与 *bax* 是加速细胞凋亡的基因，而 *bcl-2* 则是抑制细胞凋亡的基因。赵俊霞等研究了刺五加多糖诱导人小细胞肺癌 H446 细胞凋亡机制，发现经刺五加多糖处理后的 H446 细胞与对照组比较，细胞内 *p53* 与 *bax* 的表达明显增高，而 *bcl-2* 表达明显降低，Bcl-2/Bax 比值明显降低。研究结果表明刺五加多糖可能通过上调凋亡基因 *p53*、*bax* 表达，下调 *bcl-2* 基因的表达，而诱导肿瘤细胞凋亡。Yamasaki 等通过体外实验研究发现，云芝多糖可抑制肿瘤细胞生长，增强肿瘤细胞凋亡，降低肿瘤细胞的扩散能力，从而发挥抗肿瘤的作用。

2. 增强免疫力　植物多糖作为生物的免疫反应调节剂，可通过增强宿主免疫功能，促进多种免疫细胞和 NK 细胞的产生、干扰素和白细胞介素的分泌而杀死或抑制肿瘤细胞膜的生长，达到抑制肿瘤的目的。李胜军等（2007）研究了紫菜多糖对小鼠 NK 细胞活性的影响，结果发现紫菜多糖可显著增强小鼠 NK 细胞活性，提高小鼠细胞分泌 IFN-γ 水平。王慧铭等（2006）用香菇多糖饲喂 S180 荷瘤小鼠，发现其能明显增强小鼠腹腔巨噬细胞的吞噬功能、脾细胞的转化功能和 NK 细胞的活性。梁世忠等（2009）研究马尾藻多糖在 H22 腹水瘤小鼠体内的抗肿瘤作用机理，结果表明，经灌胃马尾藻多糖后的 H22 腹水瘤小鼠，其胸腺指数、脾指数、免疫球蛋白和T淋巴细胞数量都有不同程度的提高，且H22腹水瘤小鼠的寿命提高69.87%。刘晴雪等（2010）研究了水溶性苜蓿多糖（WSAP）对肉仔鸡生长和免疫性能的影响，结果表明，日粮中添加WSAP可显著促进肉仔鸡生长及免疫性能，特别是添加浓度为200mg/kg和500mg/kg时效果最好。

3. 抑制肿瘤血管的形成　现在已有大量的研究证实实体瘤的生长和转移与新血管的形成有密切关系。抗癌的机制之一就是抑制肿瘤血管的形成。有些多糖则能有效抑制肿瘤血管的形成，阻止肿瘤的生长和转移。这些多糖抗肿瘤的主要途径是诱生肿瘤坏死因子（TNF）和干扰素（IFN）。TNF能直接杀死癌细胞，IFN则能抑制血管内皮细胞的增殖和新血管的形成。当归多糖、黄芪多糖、金针菇多糖等皆可诱生IFN。如今这些多糖已广泛应用于临床抗肿瘤方面。

（三）抗氧化、抗衰老作用

机体内有多种自由基，其中羟基自由基（·OH）是一种非常活泼的活性氧，具有极强的氧化能力，能使各种生物膜的不饱和脂肪酸发生过氧化，形成过氧化脂质，造成核酸交联错误、蛋白质分解、DNA突变等严重后果，与机体的衰老和多种疾病有关。在正常情况下，机体内自由基的产生与清除处于动态平衡，即自由基在不断产生，同时也在不断被清除，以维持机体正常的健康状态。但是当机体衰老时，自由基产生的量增多，而机体清除自由基的能力却降低了，导致机体自由基的产生与清除的动态平衡失调，过剩的自由基对机体组织进行攻击，使机体功能紊乱，而呈现衰老现象。科学研究也发现，氧化应激水平增高，与许多疾病相关。

目前人们认为植物多糖具有清除自由基、抗衰老作用。其可能的作用机制是：①体内的羟基自由基与多糖碳链上的氢原子结合而生成水，多糖上留下的单电子可继续氧化形成过氧自由基，再进一步分解；②通过捕捉脂质过氧化链式反应中产生的ROS，或是多糖环上的OH与产生·OH等所必需的金属离子络合，使其不能产生启动脂质过氧化的·OH，或是使其不能分解脂质过氧化所产生的脂过氧化物，从而抑制ROS的产生；③多糖可通过提高SOD、GSH-Px与过氧化氢酶（catalase）等抗氧化酶的活性，加强机体清除自由基能力，从而发挥抗氧化、抗衰老的作用；④通过调节和增强免疫功能达到抗衰老作用。

Eguchi等（2002）发现，壳聚糖和硫酸酯多糖等能保护细胞膜结构的完整性。多糖能在内皮细胞表面形成一层糖屏障，防止氧自由基的攻击；还可与羟基自由基形成有关的金属离子相结合，阻碍了羟基自由基的产生；能清除体内过多的自由基，保护DNA、蛋白质和脂类等生物大分子免受自由基的直接攻击，或减轻活性氧自由基对免疫系统的损伤。龚涛等（2010）分别用高、中、低三个剂量灌胃D-半乳糖致衰老模型小鼠，研究枸杞多糖在小鼠体内的抗氧化功效，结果显示，枸杞多糖能显著降低MDA含量，提高小鼠血清、肝脏及脑组织中SOD活性，提高小鼠抗疲劳和耐缺氧的能力，对小鼠有显著的抗氧化与抗衰老作用。朱道玉等（2009）发现板蓝根多糖能显著提高中华鳖肾脏GSH-Px的活性，降低丙二醛（MDA）含量。薏苡仁多糖具有较好的抑制肝脏细胞谷草转氨酶（GOT）、谷丙转氨酶（GPT）活性，降低MDA含量的作用，还可提高由四氯化碳诱导肝脏损伤小鼠SOD、GSH-PX活性，保护小鼠的肾脏功能。

刘秀娟等（2009）研究车前子多糖对衰老模型大鼠脑氧化、非酶糖基化的影响，发现车前子多糖通过提高机体抗氧化和清除羰基化产物的能力而发挥抗脑衰老作用。继氧自由基衰老学说之后的羰基应激衰老学说认为，衰老是氧化应激和羰基应激共同的归宿，但羰基应激可能占核心地位。他们认为，自由基是外因，属于衰老衍变的启动因子和加速因子，加速蛋白质羰基化，加快衰老进程。因而从羰基应激学说来看，多糖抗衰老直接而有效的机制可能是减少机体的羰基化应激反应。

（四）降血脂作用

随着生活习惯的改变、生活水平的提高，高血脂诱发的动脉粥样硬化、冠心病、心肌梗死等心脑血管疾病已成为全球人类健康“第一杀手”。植物多糖因其具有降血脂的生物活性而备受关注。目前认为植物多糖降血脂机制是：第一，多糖可能是 3-羟基-3-甲基戊二酸单酰辅酶 A 还原酶（HMG-CoA）的抑制剂，HMG-CoA 还原酶是胆固醇合成的限速酶，植物多糖则是 HMG-CoA 还原酶的抑制剂，通过抑制 HMG-CoA 还原酶的活性而减少机体对胆固醇的合成；第二，与胆固醇或其转化物胆汁酸结合，从而抑制其在肠内的重吸收，减少肝肠循环，促进降解和排泄；第三，植物多糖能增加或降低与脂类代谢相关的酶的活性，减少机体对脂类的吸收或增加机体对脂类的降解速度而达到降血脂的目的；第四，通过抗氧化作用来降血脂。体内有多种自由基以活性氧形式存在，能使各种细胞的生物膜不饱和脂肪酸氧化，引发脂质过氧化链式自由基反应，从而破坏细胞膜，造成脂质代谢紊乱、动脉硬化。而多糖则能清除体内自由基，减少细胞膜的脂质过氧化而达到降血脂的目的。

杨铭铎等（2002）体外实验表明壳聚糖可抑制脂肪吸收，而在体内实验中可增加脂肪从粪便中的排泄；梁英等（2000）认为黑木耳多糖可使小鼠血液中的胆固醇显著降低；南瓜多糖中含有多个糖醛酸，有较多的带负电荷的酸性基团，推测南瓜多糖可能具有类似磷脂的作用，加强 apoAI 与脂类结合，降低胆固醇。此外，在生理 pH 下带负电荷的南瓜多糖，可能具有肝素样作用，与 LPL 结合，并将其从动脉壁上释放到血液，促进对乳糜粒、VLDL 的降解。海带多糖可降低高胆固醇血症小鼠血清胆固醇含量，并随剂量加大而增强。香菇多糖可促进胆固醇代谢而降低其在血清中的含量。枸杞多糖可通过调节机体的能量代谢，达到降脂减肥的作用。Kurihara（2003）发现青钱柳提取物通过抑制脂肪酶活性而有效控制脂肪的吸收。也有研究表明有些多糖是通过减少机体对胆固醇和糖的吸收而起到降脂减肥功效的。

（五）抗病毒活性

大多数多糖对各种病毒，如免疫缺陷病毒（HIV）、肝炎病毒、流感病毒、单纯疱疹病毒（HSV）、巨细胞病毒（CMV）等有抑制作用。松塔多糖、海带多糖、香菇多糖、裂褶菌多糖、灵芝多糖、灰树花多糖等都具有抗 HIV 的作用。其抗病毒的机制可分两类：一是对病毒的直接抑制作用，植物多糖阻止病毒附着细胞对机体的附着、病毒细胞对宿主细胞的侵入，以及抑制病毒复制；二是间接作用，即调节机体免疫系统、增强机体抗病毒的免疫反应。王辉等（2007）的实验研究证明匍扇藻多糖具有显著的抗单纯疱疹病毒活性。近年来发现硫酸化多糖（如硫酸葡聚糖、肝素与硫酸软骨素）是其抗病毒的必要成分。硫酸多糖抗病毒的可能机制：一是硫酸化多糖的多聚阴离子结构，因为病毒对宿主细胞的入侵需经过病毒体表面位点与宿主细胞受体部位的可逆与不可逆结合两个阶段，硫酸多糖正是在这种结合过程中发挥抗结合的关键作用；二是竞争性抑制病毒逆转录酶活性，从而阻止病毒的复制；三是增强机体免疫功能，提高抗病毒能力。

（六）其他作用

植物多糖除了有以上生物活性外，还有其他一些功能。植物多糖可通过调节与糖代谢相关的酶的活性，抑制糖异生、促进葡萄糖的利用和代谢，达到改善糖代谢紊乱和胰岛素拮抗作用。茯苓多糖含有茯苓酸、层孔酸等，有护肝解毒作用；云芝多糖、灵芝多糖对慢性肝炎、乙型肝炎有防治作用；猴头菌多糖可增加胃液分泌、稀释胃酸、保护溃疡面、促进黏膜再生，对胃癌、慢性萎缩性胃炎、食道癌、十二指肠溃疡有显著疗效；冬虫夏草多糖在治疗慢性乙型肝炎、丙型肝炎方面取得较好疗效；香菇多糖提取物有保肝、增强排毒能力及增强对洋地黄毒素毒性的抵抗能力。还有些植物多糖在体内水解后能降低动物肠道内环境的 pH，改善动物体内有益微生物的生存环境。Campbell 等（1997）和 Hsu 等（2004）研究均发现，用含 6%的植物活性多糖的饲粮饲喂小鼠，可使其盲肠 pH 显著降低。

二、多糖提取工艺

在实际生产中，多糖的使用一般采用粗多糖，因此多糖的工艺大多采用水提醇沉法。主要工艺如下。

（1）预处理：在提取前，根据原料的性质不同，采用不同的预处理，如通过纤维素酶和蛋白酶将植物细胞壁破碎、蛋白质分解成短肽和氨基酸。

（2）多糖提取：一般采用水提取法，如采用微波辅助水提、超声辅助水提或采用传统的蒸汽加热水提，固液比常采用 1∶10～1∶20，温度一般采用 80～100℃，提取时间一般 1～3h，提取两次。

（3）浓缩：一般采用真空浓缩，浓缩到一定黏度和体积。

（4）采用约 4 倍体积的乙醇沉淀，干燥后便得到粗多糖。

（5）根据产品要求，可以将多糖制成液体和固体产品。

本 章 小 结

本章主要介绍了膳食纤维的定义、分类、来源、化学组成及生理功能；功能性低聚糖的分类、生理功能，常见的功能性低聚糖及其制备与生产方法技术；功能性多糖的生物学活性。

思考题

1. 膳食纤维主要来源于哪些天然资源？
2. 功能性低聚糖的通用制备方法有哪些？
3. 功能性多糖主要有哪些生物学活性？

第5章 功能性植物化学物

植物化学物（phytochemicals）是指由植物代谢产生的多种低分子质量的末端产物（次级植物代谢产物），对植物生长不是必需的，但对植物抗病虫害、维护植物健康起重要作用的化合物的总称。这些产物除个别是维生素的前体物质外均为非营养素成分，从广义上讲，植物化学物是生物进化过程中植物维持其与周围环境相互作用的生物活性分子。

植物化学物不仅存在于人类常常食用的谷类、豆类、蔬菜、水果、坚果等植物性食物中，也存在于一些药食同源的植物中。功能性植物化学物主要有：原花青素和花色苷，黄酮类化合物，三萜类化合物，生物碱，皂苷类化合物，有机硫化合物，类胡萝卜素及其他类。植物化学物虽非人体必需营养素，但其所具有的生理功能，如抗癌、抗微生物、抗氧化、抗血栓、调节免疫功能、抑制炎症过程、降血压、降低胆固醇、调节血糖、促进消化等越来越受重视，是功能食品中重要的一类功能性成分。

第一节　原花青素和花色苷

原花青素（proanthocyanidin，PC）是一大类多酚类化合物的总称，是由儿茶素、表儿茶素及表儿茶素没食子酸酯通过C4-C6或C4-C8连接而成的不同聚合度的混合物。该类化合物具有多种生物活性，以其高效、低毒、高生物利用度而著称，是近年来开发的一种体内活性极强的功能因子。有研究表明，原花青素清除自由基的能力是维生素E的50倍、维生素C的20倍，它能防治80多种因自由基引起的疾病，包括心脏病、关节炎等，还具有改善人体微循环的功能。

花色（素）苷（anthocyanin）是一类天然的水溶性色素，广泛存在于植物的根、茎、叶、花、果实等器官的细胞液中，从而使其呈现红色、蓝色或紫色等颜色。花色苷是由花青素（花色苷配基，也称为苷元、花色素，anthocyanidin）与糖通过糖苷键结合而成的一类多酚类化合物。花青素（花色素）的基本结构为3,5,7-三羟基-2-苯基苯并吡喃，在化学上属于类黄酮（flavonoid）。

一、结构和分类

原花青素起初归于缩合鞣质或黄烷醇类。最简单的原花青素是儿茶素、表儿茶素或儿茶素与表儿茶素形成的二聚体（图5-1）。此外，还有三聚体、四聚体等直至十聚体。按聚合度的大小，通常将二或四聚体称为低聚体（procyanidolic oligomers,

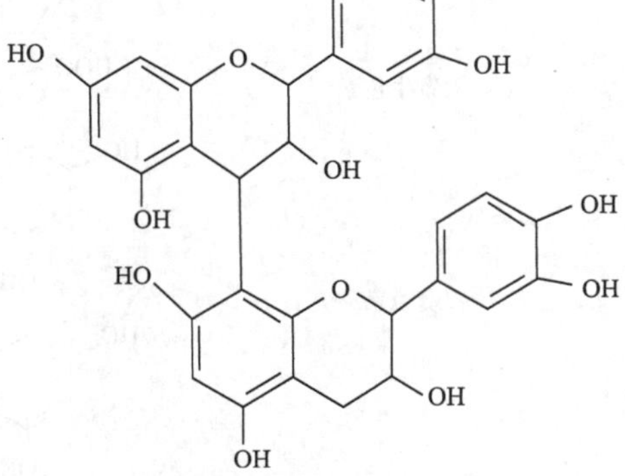

图5-1　原花青素二聚体

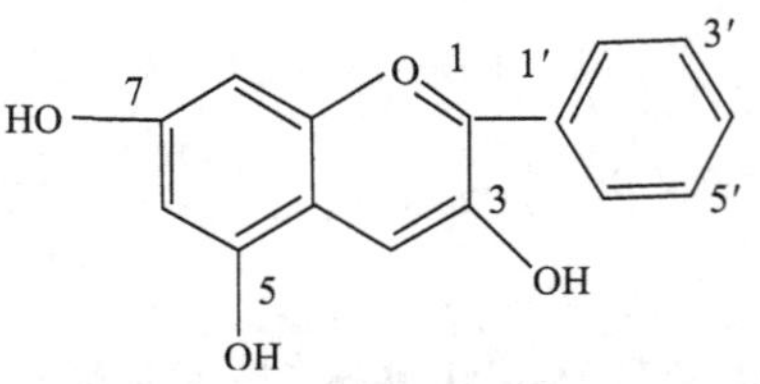

图 5-2　花青素的基本结构

OPC），将五聚体以上的称为高聚体（procyanidolic polymers, PPC）。OPC 为水溶性物质（PPC 水溶性较差）、极易吸收；OPC 消除自由基的能力与分子结构、聚合度有关。二聚体中，因两个单体的构象或键合位置的不同，可有多种异构体，易分离鉴定的 8 种结构形式分别命名为 B1～B8，其中，B1～B4 由 C4-C8 键合，B5～B8 由 C4-C6 键合（Toshiak,1981）。在各类原花青素中，二聚体（图 5-2）分布最广，研究得最多，也是最重要的一类原花青素。三聚体中，也因组成的单体及其相连接碳原子位置的不同形成各种各样的结构并命名为 C1、C2 等，其中 C1 在自然界中分布最丰富。

花青素（花色素）的基本结构为 3,5,7-三羟基-2-苯基苯并吡喃（图 5-2）。目前已知的花青素有 20 多种，在植物中最常见的有 6 种，即天竺葵色素（pelargonidin）、矢车菊色素（cyanidin）、飞燕草色素（delphindin）、芍药色素（peonidin）、牵牛花色素（petunidin）及锦葵色素（malvidin）（表 5-1）。

表 5-1　主要花色素的结构和来源

名称	结构式	主要来源
天竺葵色素	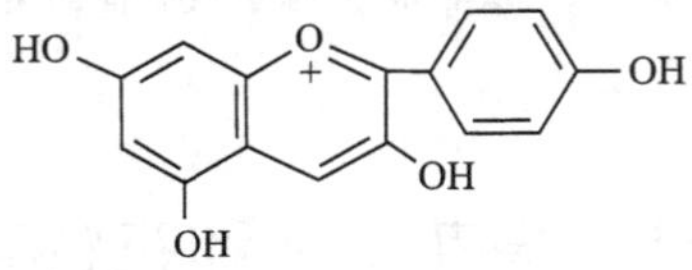	草莓，萝卜皮
矢车菊色素	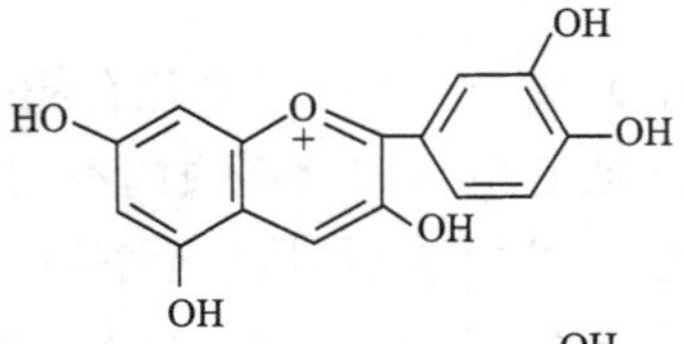	苹果皮，桑葚
飞燕草色素	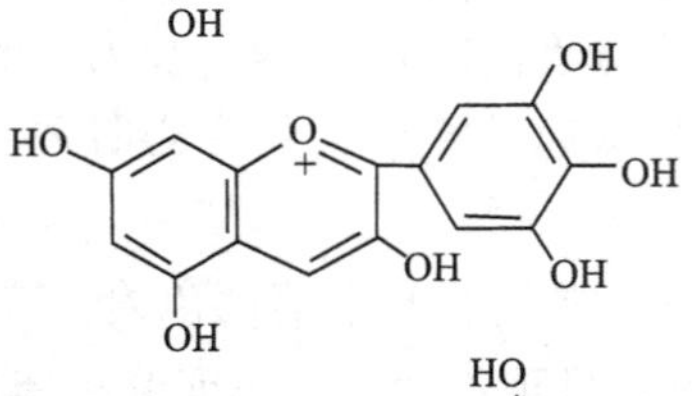	茄子，石榴
芍药色素	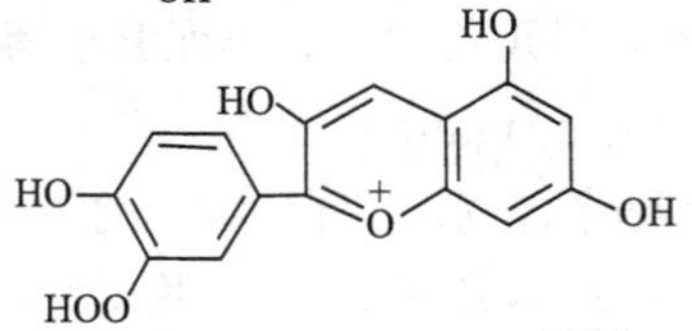	芒果，樱桃
矮牵牛色素	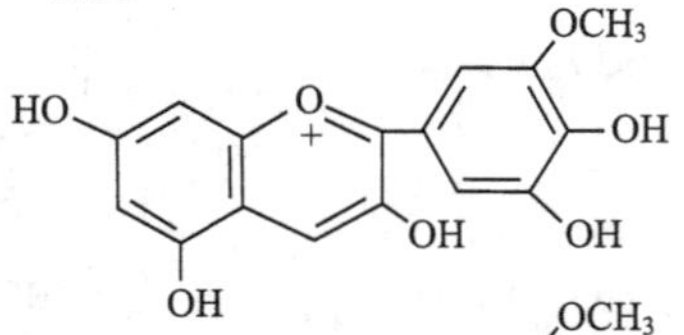	葡萄皮
锦葵色素	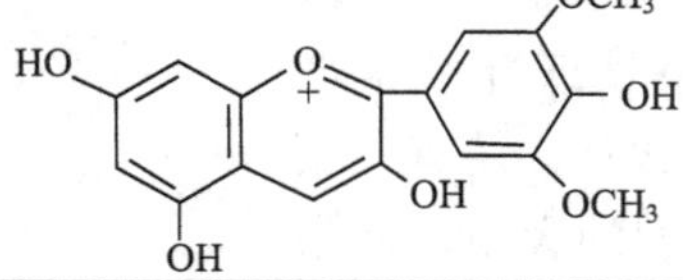	葡萄皮

在花青素 A 环 3 ,5 ,7 位上的羟基以糖苷键与糖结合时便形成花色苷，由于糖结合的方式（结合糖的种类、数量、位置）不同，花色苷的种类也不相同。只结合一个糖时一般结合于花色素骨架的 3 位上，结合两个糖时一般分别结合于 3 位和 5 位的羟基处，有时也发生 3 位和 7 位的结合。最常见的糖苷基按出现频度依次为：葡萄糖、鼠李糖、半乳糖、木糖和阿拉伯糖。

二、功能作用

（一）抗氧化活性

原花青素具有较强的抗氧化活性，是一种良好的氧游离基清除剂和脂质过氧化抑制剂，具有较强的自由基清除和抗氧化活性。原花青素含有多个酚性羟基，在体内被氧化后释放出 H^+，竞争性地与自由基及氧化物结合，从而保护脂质不被氧化，阻断自由基链式反应。法国科学院研究认为原花青素是迄今为止所发现的效果最强的自由基清除剂之一，尤其是体内活性，更是其他抗氧化剂不可比拟的。紫薯花青素抗氧化作用可能与其阻止亚油酸自动氧化引起的脂质过氧化有关。Hirotoshi 等（1994）发现葡萄皮中的单酰基花青素在人体内环境（pH7.4）中，具有很强的抗氧化性。用紫薯中的酯化花色苷给大鼠灌胃后，Yoshinaga 等（2000）发现其机体抗氧化能力显著增强。

花色素和花色苷的抗氧化能力与结构有密切关系，“凡 B 环上有邻羟基的，其抗氧化活力比没有的强”。Solomon 等（2006）研究了无花果花色苷及其抗氧化活性，发现抗氧化活性和花色苷结构有明显的相关性，无花果中的主要花色苷是矢车菊-3-*O*-鼠李葡萄糖苷，它的抗氧化能力占总抗氧化能力的 92%。徐金瑞（2006）研究表明黑大豆种皮花色苷对羟基自由基、超氧阴离子自由基、有机自由基 DPPH 有很强的清除作用，其清除能力分别是维生素 C 的 1.6 倍、2.2 倍、1.4 倍，黑大豆的主要成分为飞燕草-3-葡萄糖苷和矢车菊-3-葡萄糖苷。Mazza 等（2004）研究发现，花色素的抗氧化能力随烃基数目的增加而增强，随花色素的糖基化而降低。Wang 认为花色苷中不同的糖基对其抗氧化活性有不同的影响，矢车菊花青素 C 环 3 位上是葡萄糖或鼠李糖可增强抗氧化活性，半乳糖则降低抗氧化活性。

（二）抗肿瘤活性

原花青素对于多种肿瘤细胞都具有显著的杀伤作用，对于多种致癌剂在启动及促癌阶段都具有显著的抑制作用。何佳声等（2010）研究了原花青素对人结肠癌细胞 SW620 增殖和凋亡的影响，结果表明，原花青素在体外可呈浓度依赖性抑制人结肠癌细胞株 SW620 的增殖并通过 Caspase-3 通路促进其凋亡，含原花青素 20μg /mL、40μg /mL、80μg /mL 的观察组细胞凋亡发生率分别为 6.9%、18.6%和 22.9%。薛瑞等（2013）认为原花青素（PC）通过 Caspase 途径诱导乳腺癌 MCF-7 细胞凋亡，且阻滞细胞周期于 G_2-M 期。张小芳等（2010）研究了原花青素对肺癌 SPC-A-1 细胞 X 射线放射的增敏作用，结果表明，葡萄原花青素对肺癌 SPC-A-1 细胞有较好的放疗增敏作用，增敏剂量在 50～100μg/mL，低于该剂量增敏效果不显著。此外，原花青素对肝癌、人前列腺癌、乳腺癌、皮肤癌等均显示出较好的抗癌活性。随着研究的深入，原花青素在癌症的预防和治疗方面会发挥越来越大的作用。

体外细胞实验研究表明，花色苷对多种肿瘤细胞也具有抑制作用。其作用机制可能是通过清除自由基，或通过激活Ⅱ相解毒酶、抑制细胞增殖而实现。动物实验研究亦表明，花色苷对多种肿瘤具有抑制作用，但体内具体分子作用机制尚未有明确报道。Zhao 等（2004）研究发现，葡萄、欧洲越橘、花楸果中花色苷提取物均对结肠癌 HT-29 细胞生长具有明显的抑制作用，并且对正常结肠细胞生长并无明显影响。其中花楸果花色苷的抑制效果最好，在 25μg/mL 浓度下，对结肠癌 HT-29 细胞体外生长抑制率可达 50%以上。另有研究表明，黑莓、黑树莓、酸果蔓、红树莓、草莓提取物（主要是花色苷、原花色素）能抑制口腔癌（KB，CALes27）、乳腺癌（MCF-7）、结肠癌（HT-29）、前列腺癌（LNCaP）细胞的增殖，抑制程度与提取物的浓度有关。

（三）预防心脑血管疾病

葡萄籽花青素能提高血管抵抗力，降低毛细血管渗透性，其抗氧化和抗弹性酶活性已被多个改善毛细血管渗透性的体内试验模型所证实。Farkas 等（1987）发现原花青素可治疗大鼠的自发性高血压，并显示出量效关系。原花青素还具有抗心肌缺血再灌注损伤、抗动脉粥样硬化、降低血压、调节血脂等功能。马亚兵等（2005）发现葡萄籽原花青素具有抗动脉粥样硬化作用，其机制可能与降低血清 C 反应蛋白水平有关。

花色苷类化合物通过清除自由基，能对自由基诱发的生物大分子损伤起保护作用，维持细胞膜的流动性和蛋白质的构型构象，具有明显的抑制高血脂等心血管病的效果。焦岩等（2010）通过动物实验研究发现，蓝靛果花色苷可降低高脂血症大鼠血脂水平，提高抗动脉硬化指数（AAI），使肝酯酶（HL）、脂蛋白脂酶（LPL）酶活性明显增强。张名位等（2006）研究发现，摄入黑米皮花色苷后高脂血症大鼠血脂水平和动脉粥样硬化指数（AI）均较高脂对照组显著降低，而血清和肝脏 T-AOC、SOD 和 GSH-Px 活性明显增强，血清氧化低密度脂蛋白（ox-LDL）抗体滴度显著下降，MDA 的生成量显著减少，表明黑米皮花色苷具有降血脂和抗氧化等生物活性，可以降低动脉粥样硬化发生的危险性。

（四）抗突变作用

现代社会的生存环境对人类的身体健康产生了极大影响，环境污染，尤其是周围的致突变物质已成为导致人类肿瘤和癌症形成的重要原因。许多研究表明蔬菜和水果的花色苷具有预防肿瘤和抑制肿瘤细胞生长的作用，紫甘薯中的花色苷可有效地抑制杂环胺、3-胺基-1,4 二甲基-5-氢吡哆-（4,3-b）吲哚等引起的突变作用，酞基化的花色苷具有强烈的抗突变作用。意大利 Liviero 等的实验结果表明，0.5mg/mL 的葡萄原花青素可使啤酒酵母 5288C 菌株线粒体的自发性基因突变比对照组减少 65%，用相同菌株进行的实验还观察到原花青素可抑制细胞核由对刀豆氨酸敏感到耐刀豆氨酸的自发性突变。

（五）抗炎

炎症是机体对于刺激的一种防御反应，是各种炎症细胞和致炎因子共同参与的。原花青素可降低由炎性介质组胺、缓激肽等引起的毛细血管通透性增高，减少毛细血管壁的脆性，使毛细血管的张力和通透性减小，保护毛细血管的物质转运能力，从而起到抗炎的活性。原花青素的抗氧化活性能抑制诸如组胺、5-羟色胺、前列腺素及白三烯等炎症因子的合成和释放，抑制嗜碱细胞和肥大细胞释放过敏颗粒，从而有效地改善皮肤过敏症状及过敏性哮喘症状。Robert 等（1990）以静脉注射胶原使大鼠脑、主动脉和心肌毛细血管通透性增高为模型，发现大鼠预先口服 500mg/（kg·天）原花青素 21 天后，可完全预防胶原酶造成的毛细血管通透性增高。Karlsen 等（2007）发现从越橘、黑加仑中提取的花青素能有效抑制脂多糖诱导的转录因子 NF-κB 的活化，并且能降低血清中促炎性趋化因子、细胞因子和炎症介质的浓度，从而起到抗炎症的作用，进一步研究发现黑加仑提取物的抗炎作用可能是通过上调凋亡蛋白 Bax 和下调抗凋亡蛋白 Bcl-2 的表达来实现的。王振江等（2009）研究发现，桑葚花青素对大鼠佐剂性关节炎有明显的抑制作用，可能与花青素较强的抗氧化性有关。此外，原花青素还可抑制组胺脱羧酶的活性，限制透明质酸酶的作用，对防治各种关节炎及胃、十二指肠溃疡效果显著。

三、开发应用

（一）在食品上的应用

原花青素作为天然抗氧化剂备受青睐，国外已广泛用于延缓衰老、调节血压血脂、抗肿瘤、健脑等保健食品中。目前国内外市场上的原花青素功能食品主要是从葡萄籽或松树皮中提取的原花青素低聚物胶囊和片剂，能有效清除体内自由基，从而预防并治疗与自由基有关的心脏病、动脉硬化、静脉炎等，如美国的 Pana-hfe 葡萄籽抗氧化剂、意大利的 OPCS、英国的 Pyenoglnol、中国的莲蓬原花青素胶囊等。此外，原花青素还可用于各种普通食品，以防止食品在贮藏、运输等过程发生氧化变质，从而延长食品的货架寿命。

原花青素还可作为一种天然防腐剂，被用来延长食品的货架期，不仅符合人们回归自然的要求，而且消除了合成防腐剂可能带来的食品安全风险。吴春等（1992）研究表明，添加了原花青素的草莓色素液放置 15 天未出现霉变现象，起到了良好的防腐效果。此外，原花青素还可作为食品配料或添加剂广泛加入到各种普通食品（如蛋糕、奶酪、饮料和酒）中，增加食品的营养保健功能。

（二）在医药方面的应用

葡萄籽原花青素可用来治疗心血管疾病、眼角膜病、视网膜疾病，抗癌，预防牙周病等，20 世纪 60 年代，欧洲的医生就用葡萄籽原花青素提取物治疗枯草热和过敏症。20 世纪 80 年代证实了葡萄籽原花青素对血管疾病具有治疗作用。法国的 Bonnaure 等发明了以原花青素低聚体或单体为活性成分（≥1%）的治疗牙周病的制剂，并获专利保护。法国 Sanofi 公司用葡萄籽原花青素与大豆卵磷脂制成复合物，用作血管保护剂和抗炎剂。在罗马尼亚，一种名为 Endotelon 原花青素制剂已上市用于治疗毛细管疾病。我国也有将原花青素用于治疗白癜风的专利。目前，各国都在加强这方面的研究，原花青素将在治疗疾病方面发挥越来越重要的作用。

（三）在化妆品上的应用

原花青素具有的抗氧化、清除自由基能力、抗弹性酶活性和改善微循环作用，使其在化妆品中有广泛的应用前景。含有原花青素的护肤品可抑制由于紫外线照射产生的氧自由基引起的过氧化物生成，对改善皮肤炎症、防止黑化、抗老化有明显的效果。法国已开发出用

Markush structure 原花青素低聚体制成的脂质体微囊晚霜、发乳和漱口水。意大利的 Indena 公司研制的功能化妆品 Phytosome，含 5%银杏原花青素二聚体，用于皮肤消炎和改善微循环，并有较好的防护紫外线伤害作用。日本已开发出多种含原花青素的化妆品用于增强皮肤免疫力、抗炎症、防止紫外线、美白、祛斑及减少皱纹生成、收敛毛孔、保湿等。美国开发了含有低聚原花青素提取物的防晒霜并获得专利（US Pat No16817299）。英国开发出含低聚原花青素的 Pycnogenol 产品。

第二节　黄酮类化合物

黄酮类化合物（flavonoids）在植物体内的形成是由葡萄糖经过莽草酸途径和乙酸-丙二酸途径生成羟基桂皮酸和 3 个分子乙酸，然后合成查尔酮，再衍生成各类黄酮化合物。黄酮类化合物大多有颜色，主要分布在维管束植物中，通常与糖结合成苷类，小部分以游离态（苷元）的形式存在。目前已知的黄酮种类近万种，广泛分布于蔬菜、作物、水果等植物中，如银杏叶、茶叶、葛根、荷叶、大豆、芹菜、黄瓜与小麦等，蜂胶含量丰富。黄酮类化合物因其独特的化学结构而具有多种重要的生理、生化作用。随着食品工业的发展与消费观念的改变，天然活性成分的保健食品成为现代人追逐的目标，其中黄酮类化合物以纯天然、高活性、见效快、作用广泛等特点日益受到人们的关注。

一、结构和分类

黄酮类化合物是一种以 2-苯基色原酮为母核而衍生的一类黄色色素（图 5-3）。其中包括 2-苯基色原酮的同分异构体及其氢化的还原产物。天然黄酮类化合物母核上常含有羟基、甲氧基、烃氧基、异戊烯氧基等取代基，由于这些助色团的存在，使该类化合物多显黄色。

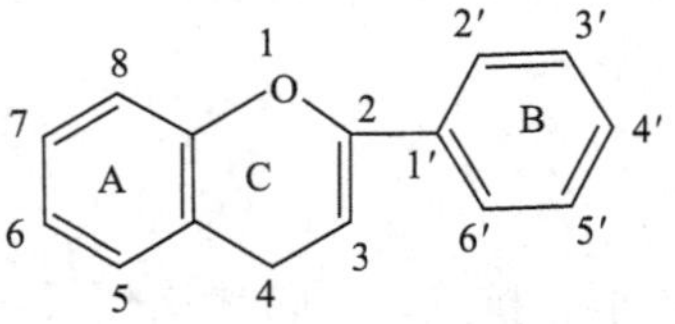

图 5-3　苯基色原酮结构图

黄酮类化合物具有 C6-C3-C6 的基本骨架，根据中间三碳链的氧化程度、B 环（苯基）连接位置（2-或 3-位）及三碳链是否呈环状等特点，分为许多不同类型，包括黄酮、黄酮醇、二氢黄酮、二氢黄酮醇、异黄酮、二氢异黄酮、查尔酮等化合物，其结构见表 5-2。

表 5-2　黄酮类化合物类型

类型	母体结构	代表化合物	分布
黄酮类	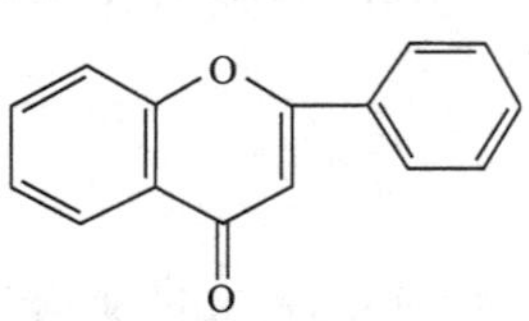 黄酮类母体结构图	黄芩素、黄芩苷	被子植物中较多，芸香科、菊科、玄参科、伞形科、苦苣苔科及豆科

续表

类型	母体结构	代表化合物	分布
黄酮醇类	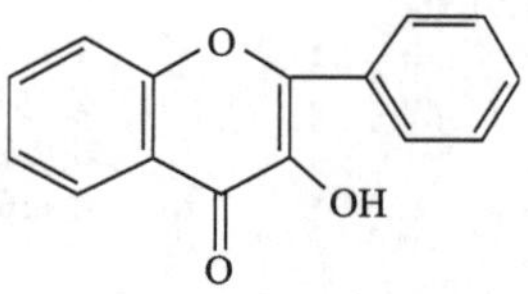 黄酮醇类母体结构图	槲皮素、芦丁	分布于双子叶植物，特别是一些木本植物的花和叶中，以山柰酚和槲皮素最常见
二氢黄酮类	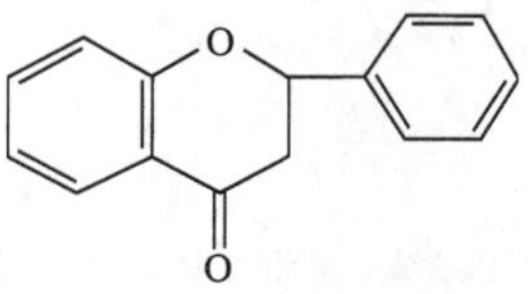 二氢黄酮类母体结构图	陈皮素、甘草苷	分布较普遍，尤其在被子植物的蔷薇科、芸香科、姜科、菊科、杜鹃花科和豆科中分布较多
二氢黄酮醇类	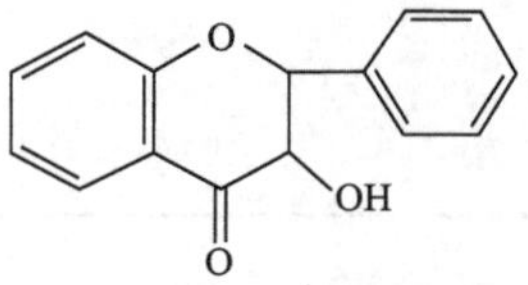 二氢黄酮醇类母体结构图	水飞蓟素、异水飞蓟素	分布于裸子植物、单子叶植物姜科的少数植物中，双子叶植物中分布较普遍，在豆科、蔷薇科植物中也较多
异黄酮类	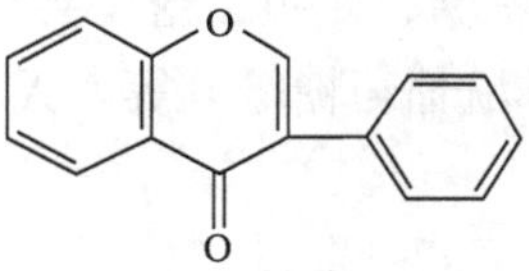 异黄酮类母体结构图	大豆素、葛根素	分布在被子植物中，豆科中占到70%左右，其余分布在桑科、鸢尾科中
二氢异黄酮类	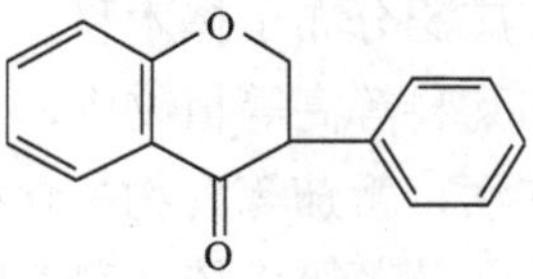 二氢异黄酮类母体结构图	鱼藤酮	主要分布于被子植物中
查尔酮类	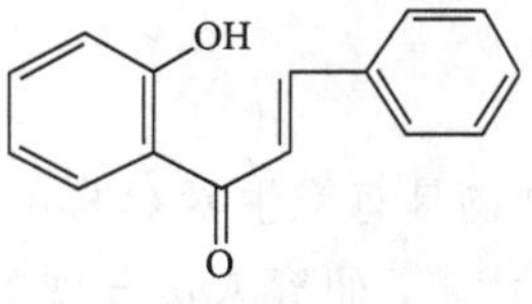 查尔酮类母体结构图	异甘草素、补骨脂乙素	分布在菊科、豆科、苦苣苔科植物中，在玄参科、败酱科植物中也有发现
橙酮类	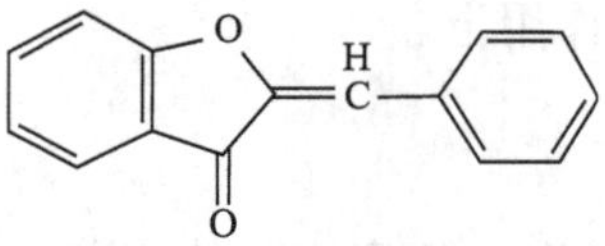 橙酮类母体结构图	金鱼草素	多存在于玄参科、菊科、苦苣苔科及单子叶植物莎草科中

续表

类型	母体结构	代表化合物	分布
黄烷类	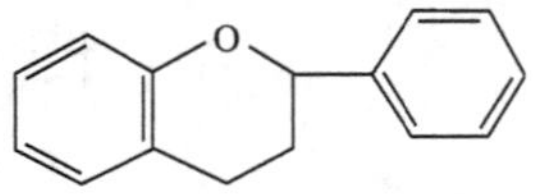 黄烷类母体结构图	儿茶素	黄烷-3-醇的衍生物称为儿茶素类，主要存在于含鞣质的木本植物中。黄烷-3，4-二醇衍生物被称为无色花色素类，其中在含鞣质的木本植物和蕨类植物中存在较多
花色素类	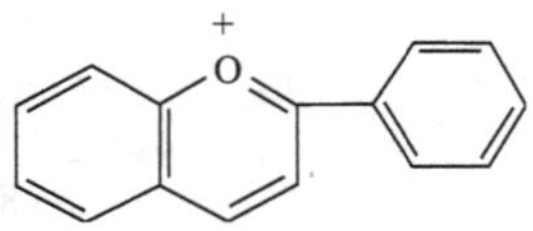 花色素类母体结构图	飞燕草素、矢车菊素	分布于被子植物中
双黄酮类	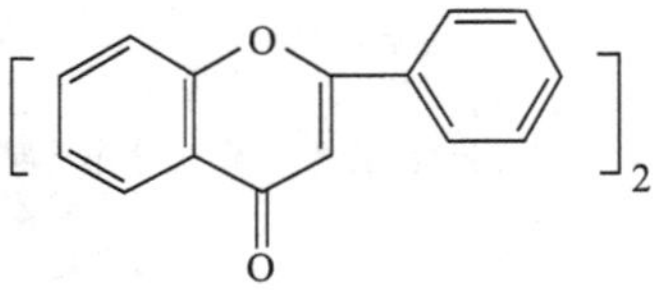 双黄酮类母体结构图	银杏素、异银杏素	分布于除松科以外的裸子植物中，如银杏科、松科、杉科；蕨类植物中的卷柏属植物中也有分布

黄酮类化合物除少数游离外，大多与糖结合成苷。糖基多连在C8或C6位置上，连接的糖有单糖（葡萄糖、半乳糖、鼠李糖等）、双糖（槐糖、龙胆二糖、芸香糖等）、三糖（龙胆三糖、槐三糖等）和酰化糖（2-乙酰葡萄糖、吗啡酰葡萄糖等）等。天然黄酮类化合物除大多数为O-苷外，还发现有C-苷（如葛根素）存在。

二、来源

黄酮类化合物作为天然植物中一种功能成分，广泛分布于桦木科、芸香科、樟科、唇形科、石楠科、玄参科、豆科、苦苣苔科、杜鹃科和菊科等高等植物中，柑橘类水果、芹菜、黄豆、樱桃、葡萄、木瓜、茶叶、黄瓜、苹果、红酒、番茄等食物中含有大量的生物黄酮；槐米、黄芪、葛根、陈皮、枳实、银杏叶、金银花、苦荞、山楂、荞麦叶、野菊花、荷叶和蜂胶等重要药食同源食物或中草药中也富含黄酮类化合物。

三、生理功能

早在20世纪30年代人们就发现了黄酮类化合物具有维生素C样的活性，曾一度被视为维生素P，认为黄酮是一种良好的抗氧化剂。60年代末，研究人员发现黄酮类化合物有抗炎、抗病毒、利胆、强心、镇静和镇痛等作用；70年代后对黄酮类化合物的研究逐渐转向其清除自由基、抗氧化、抗衰老、免疫调节和抗肿瘤等作用上。

（一）抗肿瘤

黄酮类化合物的抗肿瘤作用方面可能是通过抑制肿瘤细胞的增殖、促进肿瘤细胞的分化、诱导肿瘤细胞的凋亡及抑制肿瘤细胞的转移几个方面来实现的。以上机制的实现可能部分与黄酮类化合物抗氧化作用而导致的细胞毒有关。

1. 抑制肿瘤细胞增殖　细胞周期调控紊乱是细胞恶性增殖并诱导肿瘤的发生与发展的主要原因。通过抑制细胞周期、阻断细胞恶性增殖是抗肿瘤治疗的有效方法之一。Xiao 等（2010）发现甘草查尔酮 A 通过阻滞细胞周期从而抑制胃肿瘤细胞的增殖。茶树花黄酮物质能抑制乳腺癌细胞 MCF-7 的增殖，且呈现剂量-效应关系。鱼藤酮可有效抑制拓扑异构酶Ⅱ（抗肿瘤的相关活性靶点之一）活性，干扰肿瘤 DNA 复制而起抗肿瘤作用。拓扑异构酶Ⅱ可使 DNA 双链断裂，促进细胞的增殖，其活性在扩增性肿瘤，尤其是处于对数生长期和生长较快的肿瘤细胞中最高。

2. 促进肿瘤细胞的分化　恶性肿瘤细胞的显著特征是无限增殖和不良分化，若在诱导分化因子的作用下，肿瘤细胞可向成熟细胞转化。某些恶性肿瘤在体外可被某些物质诱导分化为具有与它原来生理功能完全相同或几乎相同的细胞，从而为肿瘤的治疗、研究开辟了新的方向。李广远等（2008）研究发现 HL-60 细胞在经红芪总黄酮干预后，四氮唑蓝还原能力明显增强，整合素 CD11b 表达升高，提示早幼粒细胞通过红芪总黄酮诱导分化作用逐渐获得了成熟粒细胞表面标志及功能；而且，经红芪总黄酮作用后肿瘤细胞周期被阻滞，细胞增殖减慢并趋于分化。其可能原因是通过调控增殖及相关基因的表达等抑制其生长并诱导分化。

3. 诱导肿瘤细胞的凋亡　麦胚黄酮类在 1～5g/L 可阻断乳腺癌细胞 BCap-37 由 G_2/M 期向 S 期转变，并能诱发生凋亡，显现剂量-效应关系。芹菜素作用于人胃癌细胞 48h 后呈浓度依赖性地诱导其凋亡，降低细胞的跨膜电位，增加 *caspase-9* 活性，促进细胞色素 c 释放，上调细胞凋亡基因 *bax*、*caspase-9* 和 *caspase-3* 蛋白的表达，同时下调细胞抗凋亡基因 *bcl-2* 蛋白表达，且呈剂量依赖性，表明芹菜素通过活化线粒体信号转导途径诱导人胃癌细胞凋亡。

（二）抗心血管疾病

流行病学调查发现喜好大豆及其制品的日本人心血管疾病的发病率远低于西方国家，法国人心肌梗死的死亡率远远低于其他欧美各国，常喝绿茶的人患心脑血管疾病也较少。究其原因是法国人常年喝红酒，而红酒中存在大量的生物黄酮——白藜芦醇；大豆中主要含有大豆异黄酮和金雀异黄酮成分；绿茶多酚也是一种生物黄酮混合物，绿茶多酚能降血脂、降血压和预防中风。美国食品与药物管理局（FDA）于 1999 年 10 月将含大豆异黄酮中的大豆蛋白推荐为降低血液中胆固醇浓度的、减少患冠心病风险的健康食品。研究表明，黄酮类化合物可治疗心脑血管系统的一些疾病，具有降血脂、降胆固醇、抑制血栓和扩张冠状动脉等作用，可用于高血压和动脉硬化的预防与治疗。

Jeong 等（2009）利用高糖高脂模型发现，水芹中黄酮提取物能显著降低小鼠在高糖高脂膳食模式下血糖的增加，抑制率高达 90%，对血清中胆固醇的增加，也有明显的抑制效果，因此经常摄入水芹可以显著预防高血压和高血脂等心血管疾病的发生。槲皮素和异鼠李素对血管平滑肌细胞的增殖、DNA 合成具有很强的抑制作用。葛根素可以抑制肿瘤坏死因子和白细胞介素诱导的黏附分子表达，防止血管病变，同时对内皮损伤具有一定的保护作用，还可调节血管活性物质分泌，重建内皮细胞所释放的血管收缩与舒张物质的平衡。

（三）抗氧化、抗衰老

衰老和疾病与脂质的过氧化密切相关，磷脂最易发生脂质过氧化。细胞膜的主要成分为磷脂和蛋白质，脂质过氧化主要发生在细胞膜上。生物黄酮的酚羟基易氧化成醌类而提供氢，有显著的抗氧化特性。生物黄酮参与了磷酸与花生四烯酸的代谢、蛋白质的磷酸化、钙离子的转移、自由基的清除、抗氧化还原作用、螯合作用和基因的表达等。动物试验证实其抗氧化作用是维生素C的10倍、维生素E的30倍。周劝娥等（2013）研究证实苦菜叶黄酮对羟基自由基、超氧阴离子、DPPH 自由基具有良好的清除能力，同时还具有较强的还原能力，活性大小与提取物的浓度呈明显的线性关系。丹参、黄芪、人参中的黄酮物质均具有良好的抗氧化功能，可有效地清除体内的活性氧自由基，保护细胞核线粒体的正常功能，防止脂质过氧化的发生。于秋红等（2006）通过高脂饲料大鼠模型，发现灌服山楂叶提取物后大鼠血清超氧化物歧化酶（SOD）、谷胱甘肽过氧化物酶（GSH-Px）活性升高，低密度脂蛋白胆固醇（LDL-C）中维生素E含量升高、荧光物质强度和丙二醛（MDA）的含量降低，表明山楂叶（黄酮）可增加抗氧化物酶活性，对LDL-C的氧化修饰具有抑制作用。矢车菊素芸香糖苷具有较强的抗氧化活性，可选择性杀死白血病细胞。橙皮素参与酪氨酸的硝化作用，降低了体内的亚硝酸根离子，减轻过氧化反应带来的危害。

（四）抗突变作用

自然界中存在大量致突变物，人类长时间接触后可引起基因突变，从而引起肿瘤、畸形和遗传缺陷等。实验证明，花青素对环磷酰胺诱发的小鼠骨髓多染红细胞微核细胞有较强的抑制作用，并能提高肝中谷胱甘肽巯基转移酶活性，升高谷胱甘肽的含量，对糖尿病的发生有预防作用，同时能显著抑制敌克松诱发的 TA97 和 TA98 突变。紫薯花色苷可有效抑制杂环胺引起的突变，且矢车菊色素（YGM-3）抗突变效果比芍药色素（YGM-6）强，酰基化花色苷的抗突变作用较前两种更强。

（五）抗炎作用

黄酮类抗炎机制报道很多，除黄酮类化合物对花生四烯酸代谢酶及其代谢产物的抑制作用被广泛认为是其抗炎活性的作用机制外，还有如抑制炎症反应时前列腺素合成和释放、抑制 NO 合酶的活性；还可能与黄酮类本身具有的抗氧化作用有关。高良姜黄素、槲皮素、山柰酚、杨梅素等黄酮醇类化合物对磷脂酶的活性有显著的抑制作用，从而降低炎性递质前列腺素和白三烯的水平；穗花杉双黄酮、金银花黄酮、银杏双黄酮、异银杏双黄酮等双黄酮对分泌型磷脂酶活性有很强的抑制作用；穗花杉双黄酮、槲皮素、桑色素、山柰酚、杨梅素等黄酮醇可有效抑制脂氧化酶的活性。芹菜素可显著抑制脂多糖引起的巨噬细胞诱导型NO合成酶（iNOS）高表达，因而能显著降低细胞内与急慢性炎症发生密切相关的NO含量；显著抑制巨噬细胞环氧化酶的表达，减少炎症介质前列腺素的生成。槲皮素能抗炎、止咳、祛痰，可用于治疗支气管炎；羟乙基芦丁、二氢槲皮素、异芒果苷具有止咳祛痰功效。

四、开发应用

（一）黄酮化合物在保健食品中的应用

随着消费水平的提高，人们越来越注重生活质量，保健食品日益受到人们的关注。在众多的天然活性成分中，黄酮类化合物是极具应用潜力的资源之一。黄酮类化合物在人体不能直接合成，只能从食品中获得，而黄酮类化合物广泛存在于植物体中，因此近年来各国科学家都积极关注从植物体中提取纯度高、活性强的天然黄酮成分。黄酮类化合物在食品中的应用形式比较单一，主要作为食品添加剂或直接应用于食品中增加其保健作用。从产品形式看种类不多，基本上是液态饮品、果蔬汁饮料、低度发酵酒、茶等。

1. 天然抗氧化剂　黄酮类化合物均具有不同程度的抗氧化作用，尤其芸香苷、槲皮素、银杏黄酮、大豆异黄酮等具有较强的抗氧化能力，可以代替合成抗氧化剂，用于油脂的抗氧化。绿茶提取物中儿茶素的抗氧化特性能改善谷类、蛋糕和饼干，以及传统的健康食品和膳食添加剂的市场潜能。绿茶提取物也可用于奶制品、方便面、糖果、冰淇淋及油炸小吃以吸引消费者。将绿茶提取物加入到月饼中，既延长了月饼的货架期，又改良了其风味。而且，市场上还可见到许多含有绿茶和红茶提取物并结合其他天然提取物的富含抗氧化剂的健康饮料。儿茶素的抗菌和除臭作用延缓了牙齿的腐烂（抗龋）并改善了口气清新度，因此，可在牙膏、漱口液、口香糖及口气清新剂中添加儿茶素以发挥其作用；儿茶素也可应用于其他日用品中。

2. 天然风味增强剂　有些黄酮类化合物具有增强食品风味的作用，如柚皮苷虽具有苦味，但用在饮料及高级糖果中却具有增强风味的作用。例如，柑橘汁中的橘皮苷是其特征的黄酮化合物，用其可以鉴别外观和风味类似柑橘汁的伪劣产品。从茶叶、竹叶中所提取的黄酮类混合物配制成的可乐型饮料及口香糖均具有一种天然的淡淡茶香和竹香，生津止渴，口感甚佳，具有明显的除口臭、去烟味和蒜味及口腔灭菌功效。

3. 天然色素　近 20 年来，发现一些合成色素都有不同程度的毒性，其应用受到一定限制，因而从自然界寻找合成色素的代用品——天然食用色素的研究备受各国重视。黄酮类化合物多呈黄色，同时又具有很宽的溶解特性，既有水溶性的黄酮类化合物，又有脂溶性的黄酮类化合物，所以完全可以根据食品加工的需要而选择合适的黄酮类化合物作为着色剂。目前已获准使用的主要有花青素和查耳酮类。含花色苷的食用色素有杜鹃花科越橘红色素、锦葵科玫瑰茄红色素、葡萄科葡萄皮色素、忍冬科蓝锭果红色素、蔷薇科火棘红色素、唇形科紫苏色素；以查耳酮苷为主的有来自菊科的红花黄色素、菊花黄色素；梧桐科可可色素主成分是黄酮醇的聚合物，茶科红茶红色素则是儿茶素等多酚类物质的聚合物，禾本科高粱红色素成分为 5,7,4′-三羟基黄酮。

（二）黄酮类化合物在医药制品中的应用

1. 抗心血管病药物　黄酮类化合物具有防止心脑血管疾病的作用，国内外先后研制开发了以银杏叶提取物制成的各种制剂，用于治疗冠心病、心绞痛、脑血管疾病等均有良好的疗效。利用沙棘总黄酮开发的天然药品可治疗心绞痛，预防动脉粥样硬化、心肌梗死、脑血栓等。此外，利用山楂叶中提取总黄酮制成的片剂对治疗冠心病的总有效率为 90%。

2. 抗肝脏毒素药物　从紫花水飞蓟种子中提取总黄酮含水飞蓟素、异水飞蓟素、次水飞蓟素，它们是常用抗肝素药的重要有效成分，具有刺激肝细胞形成、抗脂质过氧化作用，用于治疗肝炎、肝硬化，并能支持肝的自愈能力，改善健康状况。

3. 止咳平喘药　我国研制的 124 种防治气管炎的植物药中有 69 种的主成分是黄酮类化合物，包括黄酮醇、双氢黄酮及其苷，大多具有消炎、止咳、平喘功能。

第三节　萜类化合物

萜类化合物（terpenoid）是一类骨架庞杂、种类繁多、数量巨大、结构千变万化，又具有广泛生物活性的一大类重要的植物功能成分，同时也是挥发油中的主要化学成分。萜类化合物是指基本骨架由两个或两个以上异戊二烯单元组成的、具有（C_5H_8）$_n$通式的一类烃类化合物，少数也有例外。大量研究证明，甲戊二羟酸（mevalonic acid，MVA）才是萜类化合物生物合成途径中关键的前体物，而不是异戊二烯。因此，凡以甲戊二羟酸衍生且分子式符合（C_5H_8）$_n$通式的衍生物均称为萜类化合物。据不完全统计，萜类化合物超过了 22 000 种，是天然产物中最多的一类化合物。

萜类化合物在自然界中广泛存在，包括高等植物、真菌、微生物、昆虫及海洋生物等。已发现很多萜类化合物是中草药的有效成分；同时它们也是一类重要的天然香料，是化妆品工业和食品工业不可缺少的原料。

萜类化合物有多种分类，最常见的是按照在其分子中含有的异戊二烯的数目加以分类（表 5-3）。

表 5-3　萜类化合物的分类

碳原子数	名称	通式（C_5H_8）$_n$	存在
5	半萜（hemiterpene）	n=1	植物叶
10	单萜（monoterpene）	n=2	挥发油
15	倍半萜（sesquiterpene）	n=3	挥发油
20	二萜（diterpene）	n=4	树脂、苦味质、植物醇
25	二倍半萜（sesterterpene）	n=5	海绵、植物病菌
30	三萜（triterpene）	n=6	皂苷、树脂、乳汁
40	四萜（tetraterpene）	n=8	植物胡萝卜素
>50	多萜	n>10	橡胶、硬橡胶

对于萜类化合物还可以按照成环的数目加以分类：链状单萜、单环单萜、双环单萜等；链状倍半萜、单环倍半萜、双环倍半萜等；链状二萜、单环二萜、双环二萜等；三环三萜、四环三萜、五环三萜等。

还可以按照碳环的骨架加以分类：单萜中的月桂烷、蒎烷、香芹樟烷等；倍半萜中的吉马烷、芹子烷、橄香烷等；二萜中的松香烷、贝壳杉烷、西松烷等；三萜中的齐墩果烷、乌苏烷、羽扇豆烷、羊毛甾烷等。

按功能基分为：倍半萜内酯、二萜内酯、三萜酸等。

早期，对于萜类化合物的研究是和挥发油联系在一起的，因此单萜及倍半萜的发展比较快。由于科学技术的进步及其分离手段的多样性，使原来不能分离或得到纯化合物比较困难的，现在几乎都可以得到分离纯化。另外，由于研究结构的手段更加先进、更趋微量化，从而使一些比较难于分离鉴定的化合物，如二萜、三萜类化合物的研究取得了更大的发展。

在植物功能性成分的研究中，萜类成分的研究一直是较为活跃的领域，亦是寻找和发现天然生物活性成分的重要来源。本节以下内容主要介绍来源于萜类化合物中常见的功能成分。

一、单萜类代表性功能成分

单萜类化合物广泛分布于高等植物的腺体、油室和树脂道等分泌组织中，是植物挥发油的主要组成成分。它们的含氧衍生物多具有较强的生物活性和香气，是医药、化妆品和食品工业的重要原料。有些单萜在植物体内以苷的形式存在，则不具有挥发性，不能随水蒸气蒸馏出来。近年来单萜类化合物研究进展很快，化合物颇多。

香叶醇（geraniol）（图 5-4）又称牻牛儿醇，与橙花醇（nerol）互为顺反异构体，常共存于同一挥发油中。香叶醇是香叶油、玫瑰油、柠檬草油等主要成分，具有似玫瑰的香气，具有较强的抗细菌和真菌作用，还有驱虫作用。橙花醇（图 5-5）具有驱虫作用。香茅醇（citronellol）（图 5-6）存在于香茅油、玫瑰油等多种植物的挥发油中，亦可从香叶醇或橙花醇部分氢化还原后的产物中分离得到，其具有良好的抑制金黄色葡萄球菌及伤寒杆菌活性。上述三种萜醇都是玫瑰香系香料，是很重要的香料工业原料。

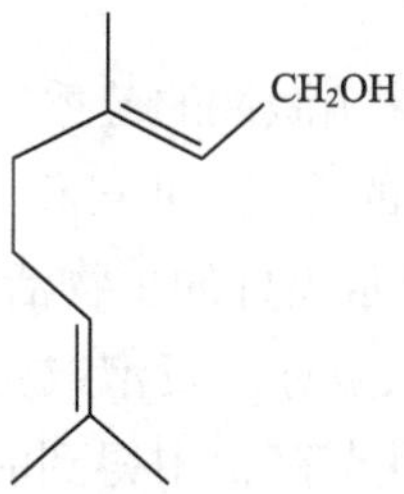

图 5-4　香叶醇

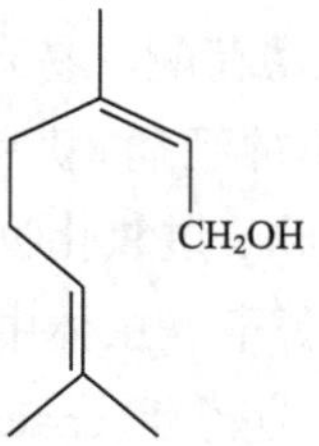

图 5-5　橙花醇

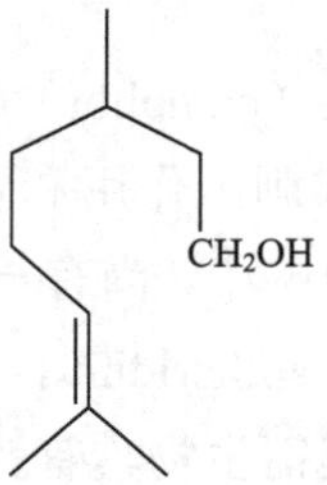

图 5-6　香茅醇

柠檬醛（citral）具有顺反异构体，存在于多种植物的挥发油中，反式为α-柠檬醛，又称香叶醛（geranial）（图 5-7），顺式为β-柠檬醛，又称橙花醛（neral）（图 5-8），因此柠檬醛通常是混合物，以反式柠檬醛为主。柠檬醛具有柠檬香气，作为柠檬香味原料应用于香料和食品工业。含大量柠檬醛的挥发油，如香茅油具有止腹痛和驱蚊作用，故在医药中有广泛用途。柠檬醛还有防腐作用，其作用比苯酚还要强。除此之外，柠檬醛还有较强的抑、杀真菌作用。

香茅醛（citronellal）（图 5-9）是香茅醇的氧化产物，有特殊的气味，可作为香料和昆虫的驱避剂。

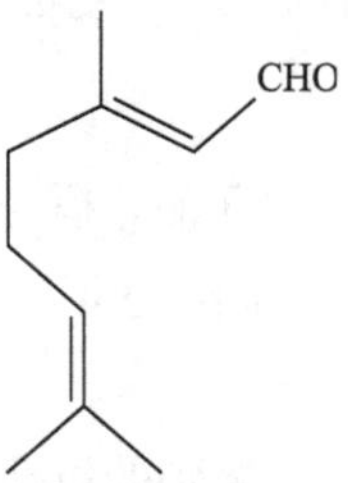

图 5-7　香叶醛

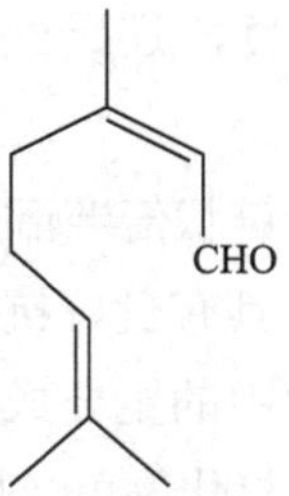

图 5-8　橙花醛

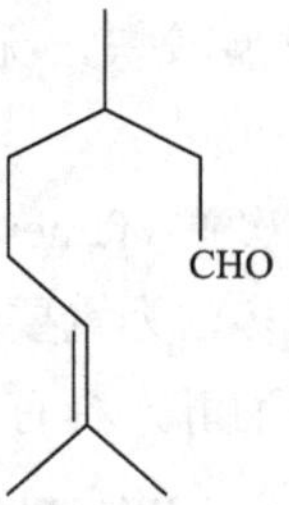

图 5-9　香茅醛

薄荷醇（menthol）（图 5-10）是薄荷和欧薄荷等挥发油中的主要组成成分，有 8 种立体异构体，其左旋体习称“薄荷脑”，对皮肤及黏膜有清凉和弱的麻醉作用，用于镇痛和止痒，亦有防腐和杀菌作用，可以作为牙膏和食品的香料。薄荷醇可氧化生成薄荷酮（图 5-11）（menthone），后者具有更强的镇痛作用。

龙脑（borneol）（图 5-12）俗称“冰片”，又称樟醇，具有似胡椒又似薄荷的香气，有升华性。冰片不但有发汗、兴奋、解痉挛和防止虫蛀等作用，还具有显著的抗缺氧功能，它和苏合香脂配合制成苏冰滴丸可治疗冠心病、心绞痛。此外，冰片也是香料工业的原料。

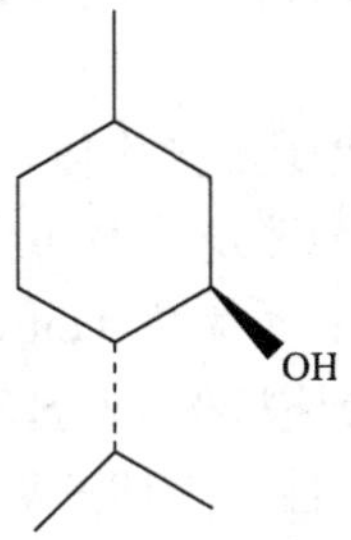

图 5-10　左旋薄荷醇

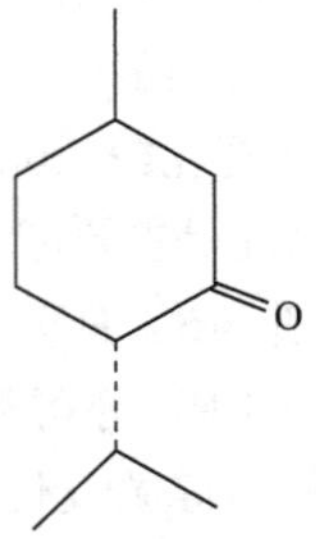

图 5-11　薄荷酮

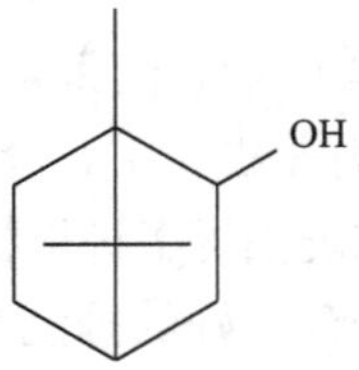

图 5-12　龙脑

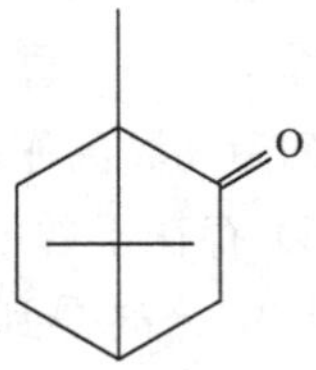

图 5-13　樟脑

樟脑（camphor）（图 5-13）习称辣薄荷酮，易升华，具有特殊刺激性的芳香气味。樟脑具有局部刺激作用和防腐作用，可用于神经痛、炎症和跌打损伤的擦剂，并可作为强心剂。

在单萜中，尚有一些环状单萜氧化物、过氧化物及其苷类，显示良好的生物活性。例如，斑蝥素（antharidin），存在于斑蝥、芫菁干燥虫体中，可用于皮肤发赤、发泡或生毛剂；斑蝥素及其衍生物具有较强的抗癌作用。芍药苷（paeoniflorin）是从芍药根中得到的蒎烷单萜苦味苷，对小鼠显示有镇静、镇痛及抗炎等药理作用。近年来报道芍药苷还具有防治老年性痴呆的生物活性。

二、倍半萜类代表性功能成分

倍半萜类是由 3 个异戊二烯单元构成，含 15 个碳原子的化合物类群。倍半萜主要分布在植物界和微生物界，多以挥发油的形式存在，是挥发油高沸程部分的主要组成成分，在植物中多以醇、酮、内酯或者苷的形式存在。近年来，在海洋生物中的海藻和腔肠、海绵、软体动物中发现的倍半萜越来越多，且在昆虫器官和分泌物中也有发现。倍半萜的含氧衍生物多具有较强的香气和生物活性，是医药、食品、化妆品工业的重要原料。倍半萜的研究发展较快，无论是化合物的数目，还是结构骨架的类型都是萜类化合物中最多的一类。

金合欢醇（farnesol）（图 5-14）属于链状倍半萜类衍生物，其在金合欢花油、橙花油、香茅中含量较多，为重要的高级香料原料，具有良好抗菌作用。橙花叔醇（nerolidol）（图 5-15）又称苦橙油醇，具有苹果香，是橙花油中的主要成分之一。

青蒿素（arteannuin）（图 5-16）是过氧化物倍半萜，系从中药青蒿中分离到的抗恶性疟疾的有效成分。棉酚（gossypol）为杜松烷型双分子衍生物，主要存在于棉籽中，在棉的茎、叶中亦含有，为有毒的黄色液体。棉酚（图 5-17）具有杀精子的作用，我国学者曾试用作男性计划生育药，但因副作用大而未应用于临床；此外，棉酚还具有抗菌杀虫活性。

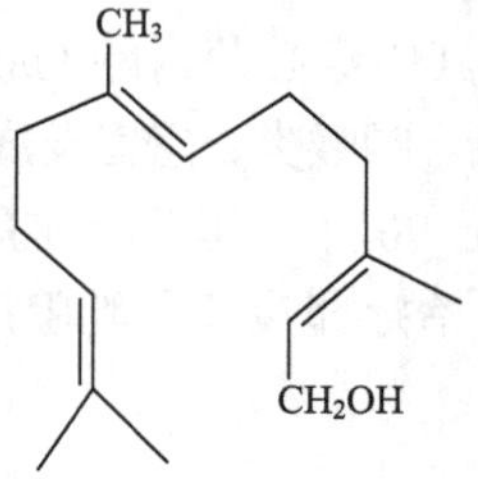

图 5-14　金合欢醇

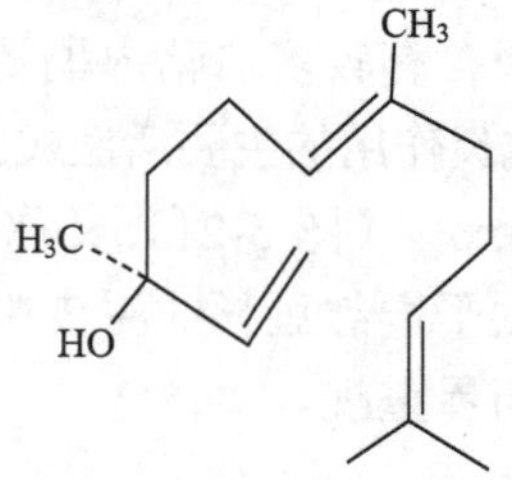

图 5-15　橙花叔醇

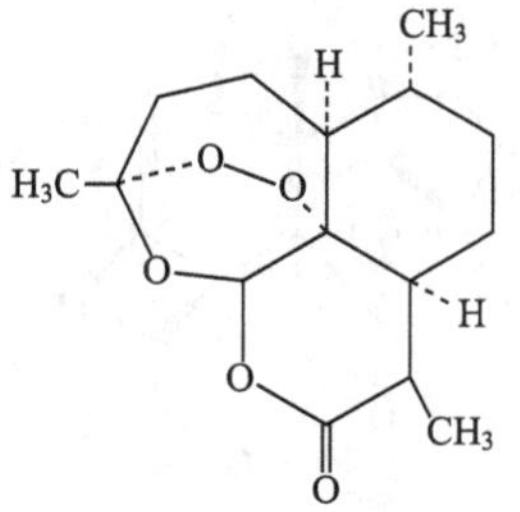

图 5-16　青蒿素

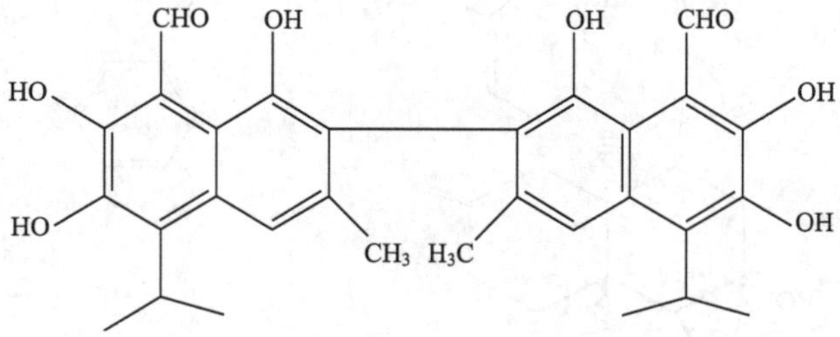

图 5-17　棉酚

三、二萜类代表性功能成分

二萜类是由 4 个异戊二烯单元构成，含 20 个碳原子的化合物类群。二萜广泛分布于植物界，植物分泌的乳汁、树脂等均以二萜类衍生物为主，尤以松柏科植物最为普遍。许多二萜的含氧衍生物具有多方面的生物活性，如紫杉醇、穿心莲内酯、丹参酮、银杏内酯、雷公藤内酯、甜菊苷等都具有较强的生物活性，有的是重要的药物，很多可以开发成功能食品。除植物外，菌类代谢产物中也发现有二萜，而且从海洋生物中也分离到为数较多的二萜衍生物。

链状二萜类化合物在自然界存在较少，常见的只有广泛存在于叶绿素的植物醇（phytol）（图 5-18），曾作为合成维生素 E、维生素 K_1 的原料。

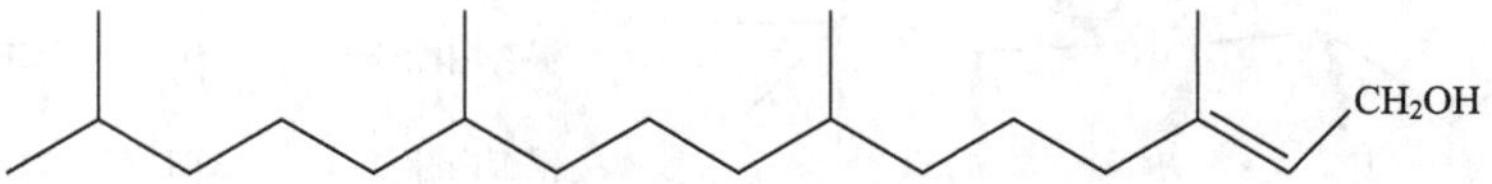

图 5-18　植物醇

大部分二萜类化合物都是环状二萜。维生素 A（vitamin A）（图 5-19）是一种重要的脂溶性维生素，其与眼睛的视网膜内蛋白质结合，形成光敏感色素，是保持正常夜间视力的必需物质，而且维生素 A 也是哺乳动物生长必不可缺少的物质。

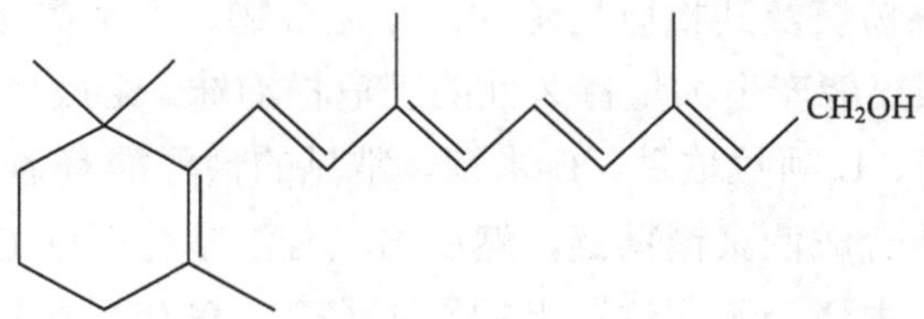

图 5-19　维生素 A

穿心莲叶中含有较多二萜内酯及二萜内酯苷类成分，其中穿心莲内酯（andro-grapholide）（图 5-20）为抗炎作用的主要活性成分，可用于治疗胃肠炎、咽喉炎、感冒发烧等，疗效确切。

紫杉醇（taxol）（图 5-21）又称红豆杉醇，为 20 世纪 90 年代国际上抗肿瘤药三大成就之一，最早从太平洋红豆杉的树皮中分离得到，临床用于治疗卵巢癌、乳腺癌和肺癌，疗效较好，颇受医药界重视。

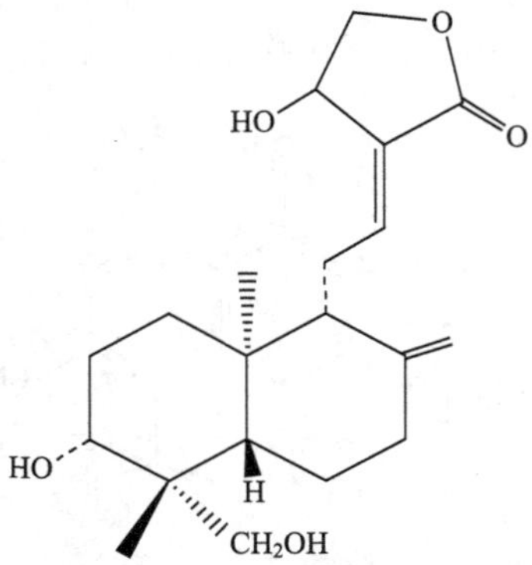

图 5-20　穿心莲内酯

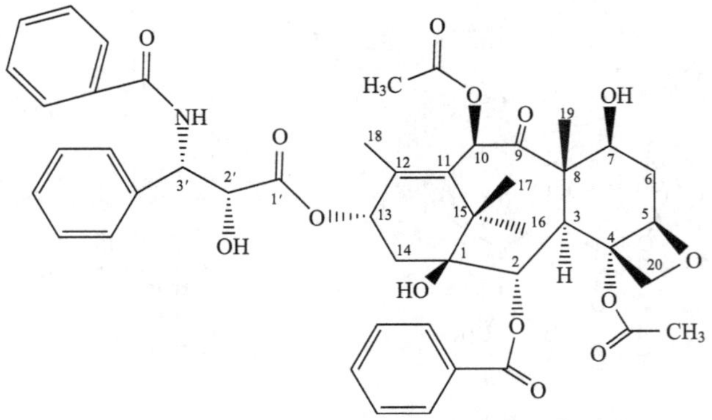

图 5-21　紫杉醇

银杏内酯（ginkgolide）（图 5-22）是银杏根皮及叶的强苦味成分，已分离出银杏内酯 A、B、C、M、J 等多种内酯。银杏内酯类可作为拮抗血小板活化因子，可用来治疗血小板活化因子引起的种种休克状障碍，可开发成预防心血管疾病的功能食品。

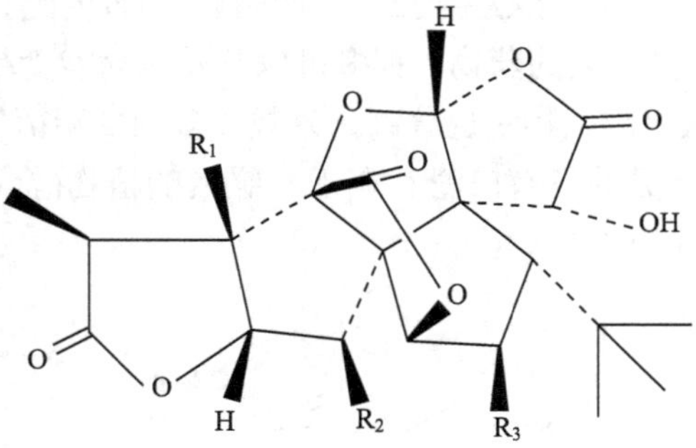

	R_1	R_2	R_3
银杏内酯 A	OH	H	H
银杏内酯 B	OH	OH	H
银杏内酯 C	OH	OH	OH
银杏内酯 M	H	OH	OH
银杏内酯 J	OH	H	OH

图 5-22　银杏内酯

四、三萜类及其皂苷代表性功能成分

皂苷（saponin），又名皂素，是广泛存在于植物界和一些海洋生物中的一种特殊苷类。皂苷是一类结构复杂的螺甾烷及其相似生源的甾体化合物、三萜类化合物的低聚糖苷，可溶于水，其水溶液经强烈振摇能产生大量持久性的肥皂样泡沫。组成皂苷的糖常见的有 D-葡萄糖、L-鼠李糖、D-半乳糖、L-阿拉伯糖、L-木糖。常见的糖醛酸有葡萄糖醛酸和半乳糖醛酸，这些糖或糖醛酸往往先结合成低聚糖糖链，然后与皂苷配基分子中 C3—OH 结合，或由两个糖链分别与皂苷配基分子中两个不同位置上的 OH 缩合，皂苷配基分子中的—COOH 也可能与糖连接，形成酯苷键。

多数皂苷能降低液体（水）的表面张力，具有泡沫性质和乳化剂作用，能用作清洁剂，还有溶血和毒鱼的作用。有许多含皂苷类成分的中药如远志、桔梗等具有祛痰止咳的功效；有些皂苷还具有抗菌的活性或解热、镇静、抗癌等有价值的生物活性。个别皂苷有特殊的生理活性，如人参皂苷能增进 DNA 和蛋白质的生物合成，提高机体的免疫能力。甘草酸具有促进肾上腺皮质激素的作用，并有止咳和治疗胃溃疡的功效。

（一）结构和分类

皂苷由皂苷元和糖两部分组成，依据苷元分为两类：甾体皂苷元（中性皂苷）和三萜皂苷元（酸性皂苷）。甾体皂苷元大多数是螺甾烷及其生源相似的甾体化合物，大部分分布于百合科、薯蓣科、石蒜科、玄参科、豆科等植物中。皂苷元由 27 个碳组成，有 A、B、C、D、E 和 F 共 6 个环，其中 E 和 F 以螺缩酮的形式连接，共同组成螺甾烷（图 5-23）。

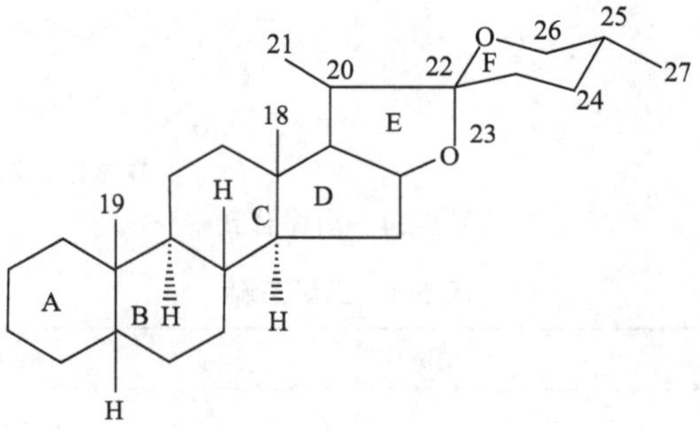

图 5-23　螺甾烷

三萜类皂苷苷元多为四环三萜和五环三萜类化合物。三萜皂苷广泛分布于植物界，尤以五加科、豆科、桔梗科、豆科、远志科、伞形科和毛茛科等植物中更为普遍。

1. 甾体皂苷　依据螺甾烷结构中 C25 的结构和 F 环的环合状态，又可将其分为以下 4 种类型。①螺甾烷醇型：C25 为 S 构型；②异螺甾烷醇型：C25 为 R 构型；③呋甾烷醇型：F 环为五元四氢呋喃环；④变形螺甾烷型。一些甾体苷元的结构见图 5-24。

2. 三萜类皂苷　三萜皂苷的皂苷元为 30 个碳原子组成的三萜类衍生物。大多数苷元在 C24 或 C28 位有—COOH 基，故又称酸性皂苷；少数苷元只含醇羟基而呈中性，如人参皂苷、柴胡皂苷等。三萜类皂苷元的结构可分为五环三萜和四环三萜。三萜皂苷元的主要结构见表 5-4 和表 5-5。

1）四环三萜类皂苷　五加科植物人参为名贵的滋补强壮药，国内外对人参属植物研究十分活跃，现已从人参分离鉴定了 40 多个皂苷（图 5-25 和图 5-26）。人参的主根、侧根及茎叶均含有多种人参皂苷（ginsenoside），其绝大多数属于达玛烷型四环三萜。人参皂苷总体具有轻度中枢神经兴奋作用及抗疲劳作用，还具有良好的抗肿瘤作用。但由于 R 基团不同，各种人参皂苷单体的生理活性有显著差异。

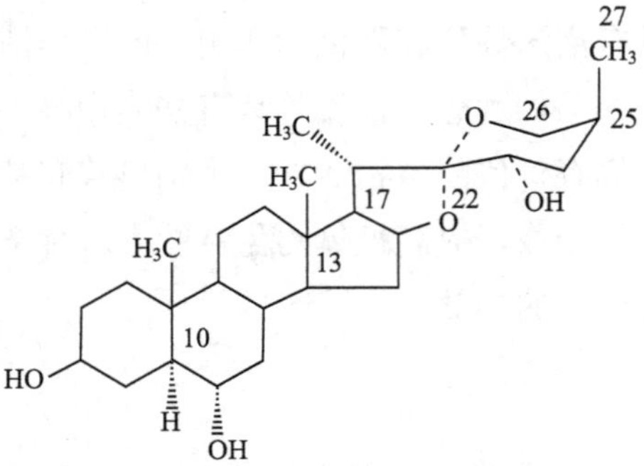

A. 螺甾烷醇

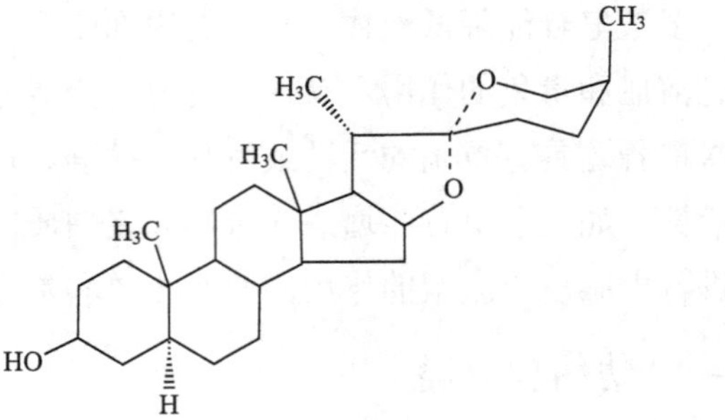

B. 异螺甾烷

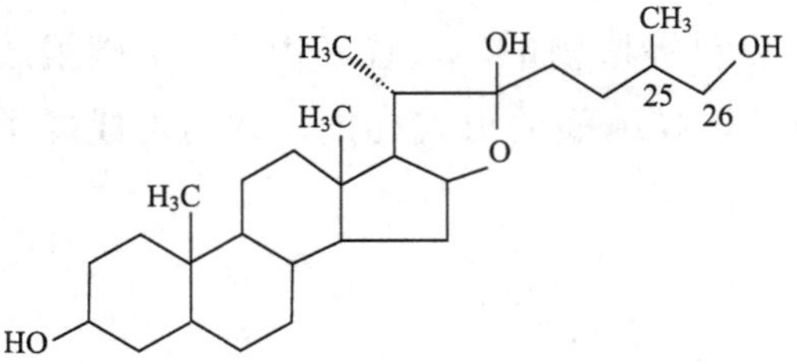

C. 呋甾烷醇

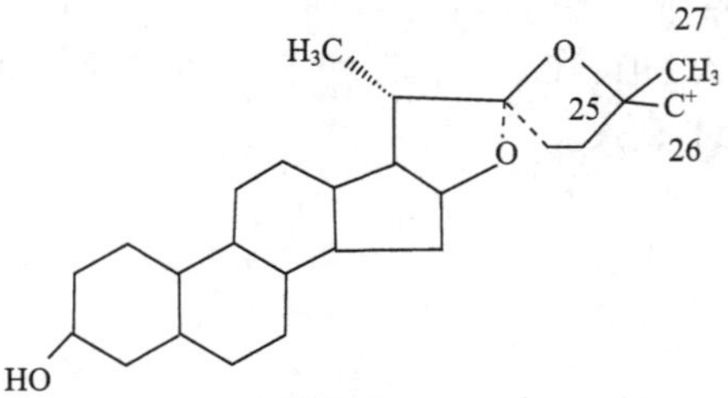

D. 变形螺甾烷醇类

图 5-24　甾体苷元

表 5-4　五环三萜

类型	结构	代表化合物
齐墩果烷	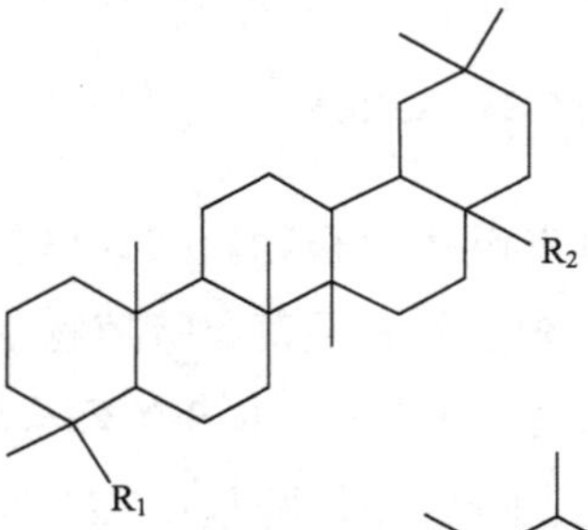	b-香树脂醇(b-amyrin) $R_1=R_2=CH_3$ 齐墩果酸 $R_1=CH_3$，$R_2=COOH$ 常春藤皂苷元 $R_1=CH_2OH$, $R_2=COOH$ a-香树脂醇(a-amyrin) $R=CH_3$
乌索烷	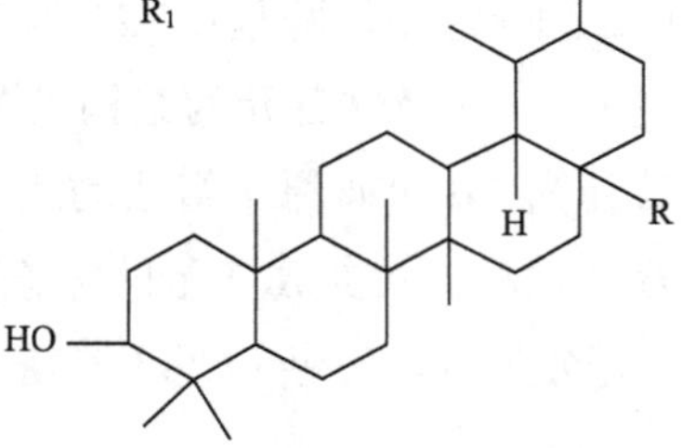	乌索酸(ursolic acid) $R=COOH$
羽扇豆烷	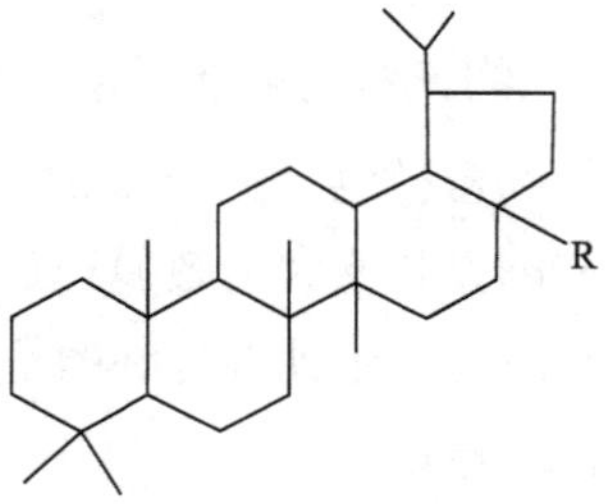	羽扇豆醇(lupeol) $R=CH_3$ 桦皮醇(betulin) $R=CH_2OH$

表 5-5　四环三萜

类型	结构	
达玛烷	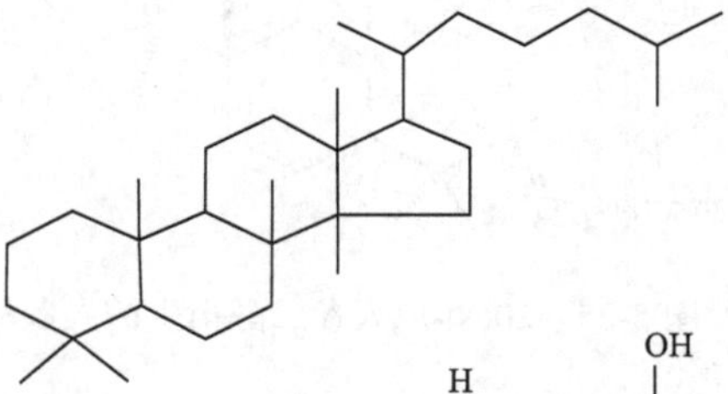	
原萜烷	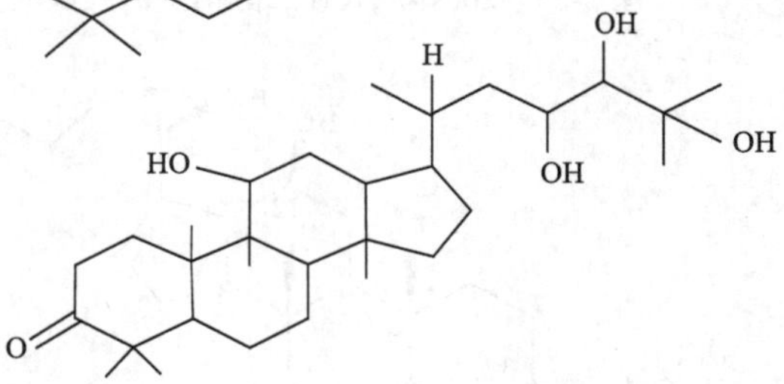	
羊毛脂烷	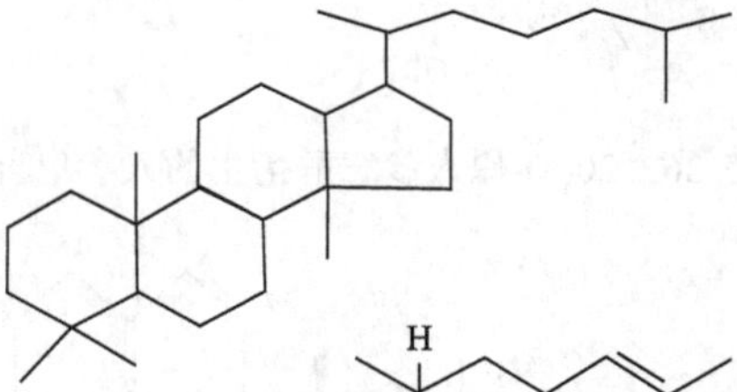	羊毛甾醇
5a-大戟烷	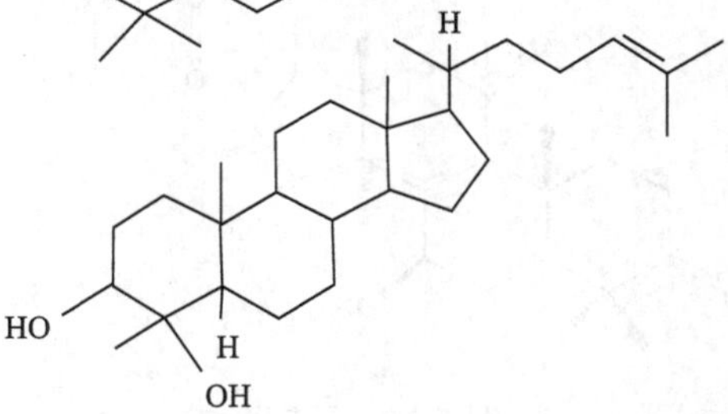	大戟醇
葫芦烷	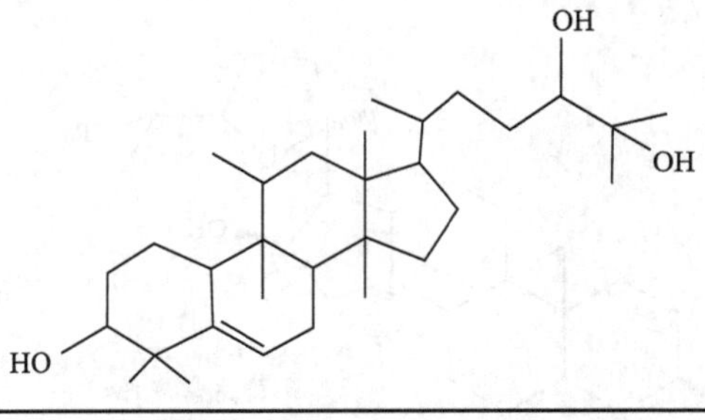	罗汉果甜苷元

灵芝为多孔菌科真菌赤芝的干燥子实体，是补中益气、扶正固本、延年益寿的药食兼用材料，是一种名贵中药，从其分离得到的四环三萜化合物已达 100 多个，属于羊毛脂烷高度氧化的衍生物。根据这些三萜分子中所含碳原子的数目，可分为 C_{30}、C_{27}、C_{24} 三种基本骨架，后两种为第一种三萜的降解产物。灵芝酸 C（ganoderic acid C）属于 C_{30} 骨架类型化合物，见图 5-27。

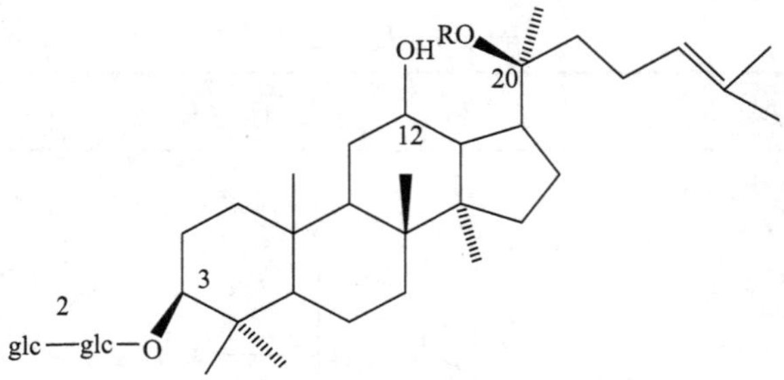

图 5-25　20(*S*)-原人参二醇衍生的人参皂苷类化合物

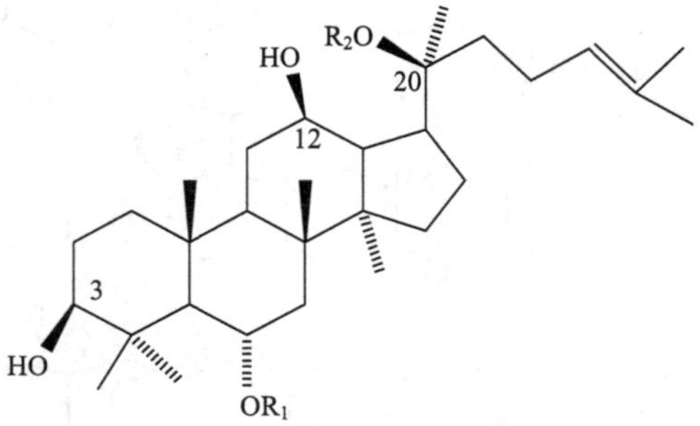

图 5-26　20(*S*)-原人参三醇衍生的人参皂苷类化合物

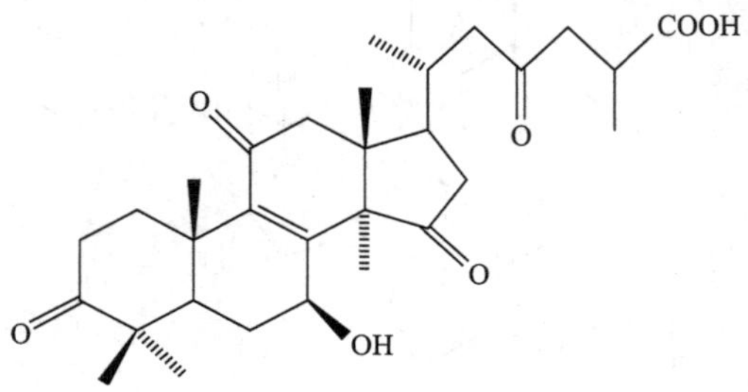

图 5-27　灵芝酸 C

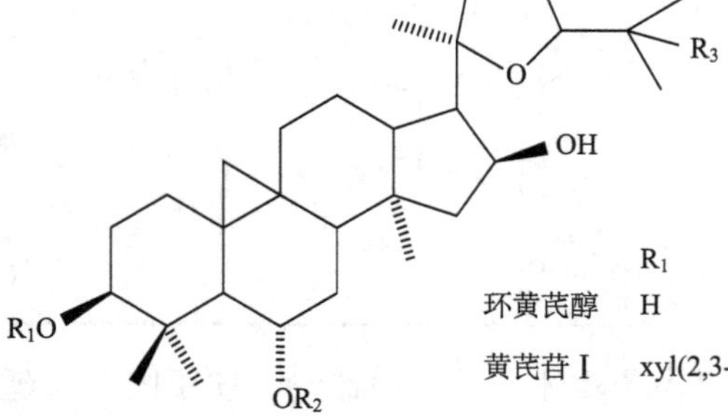

	R_1	R_2	R_3
环黄芪醇	H	H	H
黄芪苷Ⅰ	xyl(2,3-diAc)	glc	H

图 5-28　黄芪苷

《药典》收录的膜荚黄芪具有补气、强壮之功效。从黄芪中分离鉴定的皂苷有近 20 个，绝大多数为环阿尔屯烷型三萜皂苷，多数皂苷的苷元为环黄芪醇（cyclo-astragenol），它在黄芪中与糖结合成单糖链、双糖链或三糖链的皂苷而存在（图 5-28）。黄芪甲苷Ⅰ（astragalosideⅠ）

属于黄芪双糖链皂苷。

葫芦科许多属植物中含有葫芦烷型三萜成分，总称为葫芦苦素类（图 5-29）。由血胆属植物的根中分离出的雪胆甲素和乙素（cucurbitacin Ⅰ and Ⅱ），临床上可用于急性痢疾、肺结核、慢性气管炎的治疗。

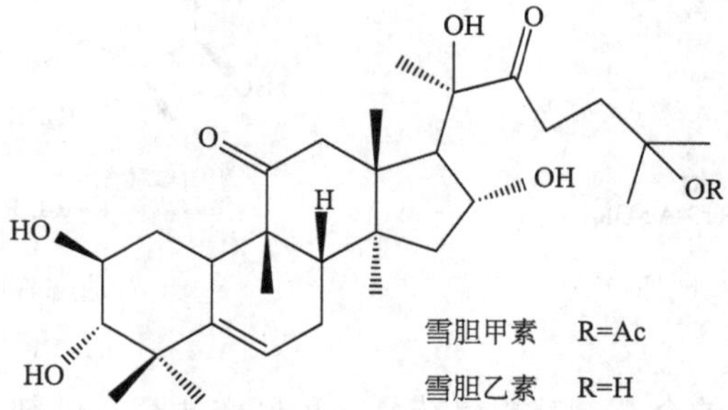

雪胆甲素　R=Ac
雪胆乙素　R=H

图 5-29　葫芦苦素

2）五环三萜类皂苷　五环三萜类型数目较多，主要的五环三萜为齐墩果烷型、乌苏烷型、羽扇豆烷型和木栓烷型。

齐墩果酸（oleanolic acid）（图 5-30）首先从木樨科植物油橄榄的叶片中分得，广泛分布于植物界，如在青叶胆全草、女贞果实等植物中以游离形式存在，但大多数与糖结合成苷存在。齐墩果酸经动物实验有降转氨酶作用，对四氯化碳引起大鼠急性肝损伤有明显的保护作用，用于治疗急性黄疸型肝炎，对慢性肝炎也有一定疗效。

甘草为豆科甘草属植物，其有缓急、解毒、调和诸药的作用，从古至今广为药用，甘草酸（glycyrrhizic acid）及甘草次酸（glycyrrhetinic acid）（图 5-31）为其主要有效成分。甘草酸和甘草次酸都有促肾上腺皮质激素样的生物活性，临床作为抗炎药，并用于胃溃疡病的治疗。药理研究还发现甘草酸有非特异性的免疫加强作用，同时能对抗四氯化碳对肝脏的急性中毒作用。

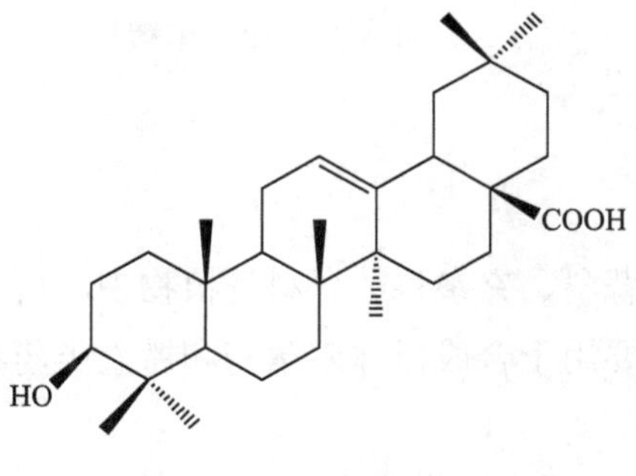

图 5-30　齐墩果酸

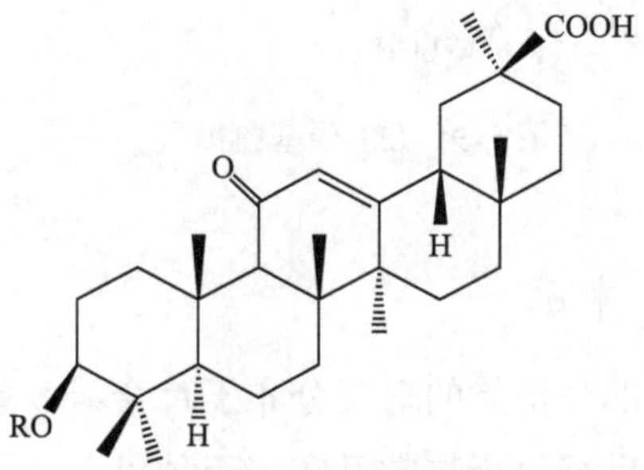

甘草次酸　R = H
甘草酸　R = 2-β-D-GluA-α-D-GluA-

图 5-31　甘草酸和甘草次酸

中药地榆（图 5-32）的根和根茎，能凉血、止血，曾由其用药部位分离得到地榆皂苷 B 和 E（sanguisorbin B and E），二者均是乌苏酸的苷。

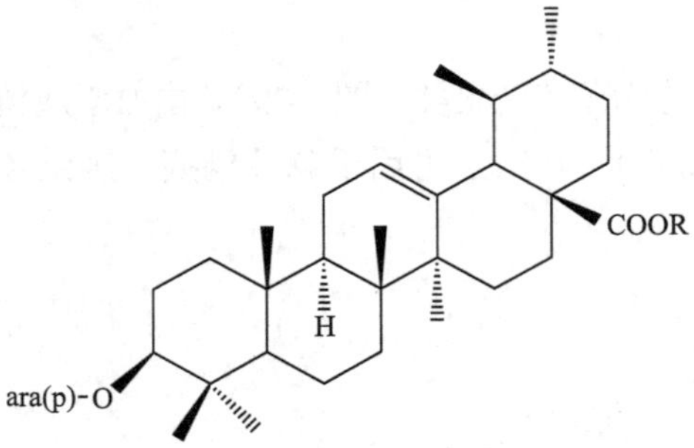

地榆皂苷B　R=H
地榆皂苷E　R=3-Ac-Glc

图 5-32　中药地榆

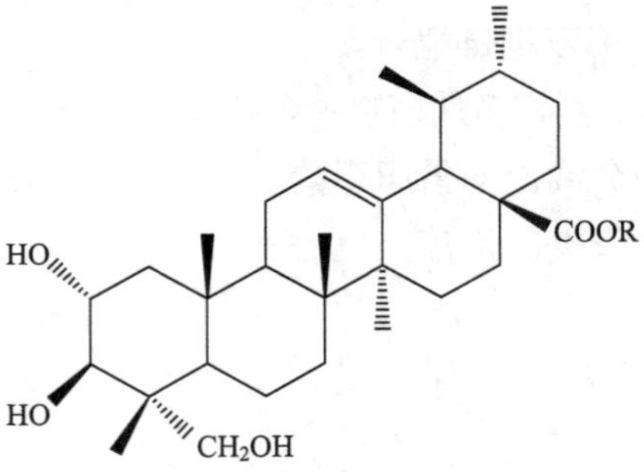

积雪草酸 R=H
积雪草苷 R=α-L-Rha-(1-4)-β-D-Glc-(1-6)-β-D-Glc

图 5-33　积雪草苷

积雪草是伞形科植物的全草，其粗皂苷是一种创伤愈合促进剂。由其用药部位分离得到多个皂苷，主要成分为积雪草苷（asiaticoside）（图 5-33），其苷元为积雪草酸（asiatic acid）。

毛茛科白头翁属植物白头翁具有良好的抗菌、抗病毒作用，该植物含有多种羽扇豆烷型三萜皂苷，皂苷元为 23-羟基白桦酸（23-hydroxybetulinic acid）（图 5-34）。

雷公藤为卫矛科植物，在我国作为民间用药有很长历史，近几年临床应用日趋广泛，特别是对类风湿疾病有独特疗效，引起国内外广泛重视。从中已分离得到多种三萜，有一类为木栓烷类三萜，如雷公藤酮（图 5-35）是由雷公藤去皮根中分离出的三萜类化合物。

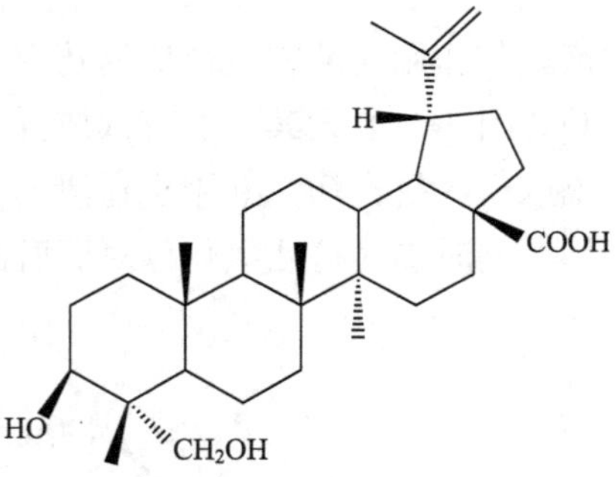

图 5-34　23-羟基白桦酸

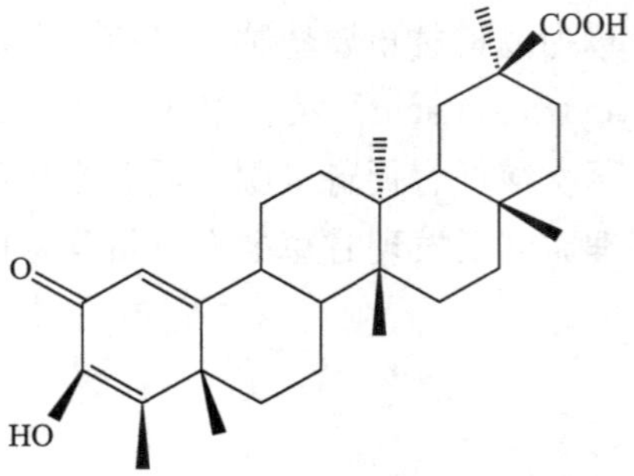

图 5-35　雷公藤酮

（二）来源

大部分甾体的皂苷分布于百合科、薯蓣科、石蒜科、玄参科、豆科等植物中。目前已发现这类皂苷化合物数目在一万种以上。甾体皂苷主要用于合成甾体避孕药和激素类药物的原料，用于临床的较少。

三萜皂苷广泛分布于植物界，尤以五加科、豆科、桔梗科、远志科、伞形科和毛茛科等植物中更为普遍。中药人参、柴胡、黄芪、桔梗、远志、麦门冬、牛膝和木通等的主要化学成分即为三萜皂苷。

（三）生物学活性

三萜及其皂苷具有广泛的生物活性，对许多三萜及其皂苷的生物活性和毒性研究显示，其具有溶血、抗癌、抗炎、抗菌、抗生育等活性。

（1）抗炎活性。关于三萜及其皂苷具有抗炎活性的报道较多，如以花生四烯酸诱导的小鼠耳部水肿为动物模型，对一些齐墩果烷型三萜的抗炎活性进行筛选研究，结果表明齐墩果酸及其衍生物无论是局部用药还是口服都有较强的抑制小鼠耳部水肿的活性。许多三萜已作为药物在临床应用，例如，齐墩果酸已应用于临床治疗肝炎；甘草次酸琥珀酸半酯的钠盐，称甘珀酸钠，自 20 世纪 60 年代至今都是临床常用抗溃疡药；雷公藤提取物临床用于治疗类风湿关节炎、系统性红斑狼疮和肾炎等病。

（2）抗肿瘤活性。文献报道一些三萜及其皂苷特别是具有羧基的该类化合物具有抗肿瘤活性。研究者发现夏枯草有抗癌活性，活性追踪分离发现乌苏酸为其抗癌活性成分，其对淋巴细胞型白血病 P388 和 L1210 及人肺癌细胞 A-549 有显著抑制活性。Ling 等探讨了一些四环和五环三萜对 7 种人癌细胞的抗癌活性构效关系，发现齐墩果烷型三萜具有良好的抗癌作用。

（3）抗菌和抗病毒活性。一些皂苷具有抗菌活性，采用菌种 *Saccharomyces carlsbergenesiss* 体外实验模型，研究了 49 种五环三萜类化合物的抗真菌活性，结果显示 C-27 或 C-28 位有游离羧基的齐墩果酸和常春藤皂苷元的皂苷具有较强的抗真菌活性。以两性霉素 B 和酮康唑为对照，对某些来源于植物的三萜皂苷进行抗致病霉菌、酵母和皮肤真菌活性研究，发现常春藤皂苷活性最强。

甘草中三萜可使输血用的血制品中的病毒失活，甘草次酸可抑制疱疹性口炎病毒。

（4）降低胆固醇作用。实验研究发现皂苷有降低胆固醇的作用，其作用机制是由于肠腔内皂苷与胆固醇形成复合体，使胆固醇很难再被吸收。甘草酸可降低胆固醇。大豆皂苷可抑制血清中脂类氧化及过氧化脂质生成，也有降胆固醇的活性。

（5）其他活性。三萜及其皂苷除具有以上活性外，还有其他许多生物活性。皂苷有溶血活性；三萜及其皂苷对代谢有多种作用，如人参皂苷对肾上腺皮质激素和血浆中皮质酮的分泌有促进作用；有些皂苷对心血管及免疫系统具有调节作用，如人参皂苷 b_2、绞股蓝皂苷等；茶叶中的皂苷也有降压作用。

1. 人参皂苷　人参，五加科人参属植物人参的干燥根，作为滋补品已有几千年的历史。人参的主要活性成分是人参皂苷，目前已分离并鉴定的人参皂苷达 60 余种，各种人参皂苷都有其独特的生理活性。大量研究结果表明，人参皂苷具有抗疲劳、延缓衰老、调节中枢神经系统、提高免疫力、改善心脑血管供血不足、抑制肿瘤生长等作用。

1）对神经系统作用　人参皂苷 Rg1 可以增加皮层及海马组织中乙酰胆碱（Ach）的含量并促进其释放，对学习记忆和 LTP（long-term potentiation）具有明显易化和增强作用。谷氨酸在脑神经发育和学习记忆过程中扮演重要角色，Rg1 可对兴奋性谷氨酸过量释放导致的神经细胞损伤具有营养和保护作用。王睿等（2009）研究表明人参皂苷 Rg1 对黑质神经元有保护作用。Wang 等（2009）研究表明 Rg1 通过调节二价金属离子转运体 1（DMT1）和铁转运蛋白（FP1）的表达实现对 1-甲基-4-苯基-1,2,3,6-四氢吡啶（MPTP）诱导的多巴胺能神经变性，发挥神经保护作用。Cheng 等（2005）研究表明，人参皂苷 Rg1 可以增加在正常成年小鼠和沙鼠全脑缺血模型的海马齿状回神经祖细胞的增殖和分化，从而提高神经可塑性，这对神经元大量损失的阿尔茨海默症和其他神经退行性疾病的治疗具有很大的价值。人参皂苷 Rg1 具有保护学习和记忆的作用。Wang 等（2010）使用东莨菪碱诱导小鼠的记忆损伤模型，发现人参皂苷 Rg1 增加脑内 Ach 水平，抑制 Ach E 与 5-羟色胺（5-HT）的下降，从而保护学习记忆能力。Rg1 明显增加小鼠海马 CA3 区细胞突触数目，这是人参皂苷促进学习和记忆的组织形态学基础。

2）*对心血管系统的作用*　Perez-Ruiz 等（2002）报道，脂多糖可使培养的人脐静脉内皮细胞过度表达纤溶酶原激活物抑制剂 1，从而使内皮细胞的抗凝血功能转变为抗纤溶功能，易导致血栓栓塞性疾病发生。人参皂苷与脂多糖同时作用于培养的人脐静脉内皮细胞时，人参皂苷通过 NF-κB 途径，下调脂多糖诱导的人脐静脉内皮细胞纤溶酶原激活物抑制剂 1 的过度表达，促进纤溶，阻止血栓形成，维持血管内皮功能稳定。金岩等（2006，2007）通过建立 Wistar 大鼠急性心肌梗死模型，造模后腹腔注射给予人参皂苷 Rg1 低剂量治疗组（1mg/kg）和高剂量治疗组（5mg/kg），发现治疗组心肌酶及心肌梗死面积明显降低，梗死区血管生成数量稳定持续增加；表明人参皂苷 Rg1 可通过增加血管内皮生长因子（VEGF）和缺氧诱导因子-1（HIF-1α）的表达而刺激心肌梗死区的血管生成和侧支循环建立。

3）*对缺血状态的缓解作用*　人参用作补血佳品已有很久的历史，这是源于人参皂苷对缺血细胞的保护作用和血管扩张作用。心肌缺血时，胞内 Ca^{2+}浓度增加，损伤心肌细胞。人参皂苷 Rg1 和 Rg3 能抑制 Ca^{2+}通道，降低胞内 Ca^{2+}浓度，从而达到保护心肌的作用。Zhu 等（2009）通过荧光分析证明了人参皂苷 Rg1 通过减少细胞内活性氧（抗氧化），抑制细胞内的 Ca^{2+}浓度水平，以维持细胞内钙稳态，保护大鼠心肌缺氧/复氧的氧化损伤。

4）*对免疫功能的影响*　人参皂苷 Rg1 能增加辅助性 T 细胞的数量与整个 T 细胞数量，增强脾的自然杀伤活性。人参皂苷 Rg1 还诱导增强巨噬细胞产生白细胞介素-1（IL-1），并促进胸腺细胞的有丝分裂。人参皂苷 Rg1 也可部分恢复环磷酰胺受损的免疫反应。白细胞介素-6（IL-6）是由多种细胞如免疫细胞（T 细胞和 B 细胞）、成纤维细胞、内皮细胞、巨噬细胞、神经细胞和神经胶质细胞等产生的，是一种多功能细胞因子，可降低感染、创伤和压力产生的反应。人参皂苷抑制压力诱导的小鼠血浆皮质酮水平，显著降低去甲肾上腺素和肾上腺素诱导巨噬细胞产生 IL-6 水平，从而抑制小鼠体内的血浆应激性 IL-6 水平。

5）*抗肿瘤作用*　大量的研究证明，皂苷类成分具有较好的抗肿瘤作用，且作用靶点和途径比较广泛。皂苷在抑制肿瘤细胞生长、阻滞肿瘤细胞有丝分裂、诱导肿瘤细胞凋亡、抑制肿瘤血管生成、抑制肿瘤细胞转移及逆转多药耐药等多个方面具有良好的活性。人参皂苷 Rg3 能在分子水平上通过不同途径诱导细胞凋亡，使线粒体发生不可逆的膜结构和功能改变，包括线粒体皱缩、内膜跨膜电位消失、通透性转换孔打开和线粒体内活性蛋白酶产物释放等。有文献报道，人参皂苷 Rg3 能够抑制人肝癌细胞 Hep1-6 和 HepG2 的增殖，通过诱导细胞固有凋亡途径，改变 Bcl-2 家族蛋白和 caspase-3 的活性，从而促进细胞凋亡。人参皂苷 Rg3 还可以通过抑制 Pim-3 的表达，促进 pBad（Ser112）表达诱导人肝癌细胞 SMMC-7721 的凋亡，抑制其增殖。通过调节 HT-29 结肠癌细胞中的腺苷酸蛋白活化激酶（AMPK）的信号通路诱导细胞凋亡，20(*S*)-Rg3 能够下调抗凋亡蛋白 Bcl-2 的表达，上调促凋亡蛋白 p53 和 Bax 蛋白的表达，引起线粒体中的细胞色素 c、DNA 修复酶（PARP）和 caspase-3 的活化，通过介导 AMPK 信号通路诱导结肠癌的细胞凋亡。人参皂苷 Rg3 能通过促进肺癌细胞

NCI-H460 细胞内 Bax 蛋白的表达并增加 Bax/Bcl-2 比值，降低线粒体跨膜电位，提高细胞内游离钙离子浓度，最终经线粒体通路诱导细胞凋亡。人参皂苷还能够降低肺癌 A549 细胞 survivin 蛋白的表达，显著增加顺铂对肺癌 A549 细胞的致凋亡作用。人参皂苷 Rg3 还对小鼠肺腺癌多药耐药（MDR）有逆转作用，其作用机制可能是下调 MDR1 mRNA、MRP1 mRNA 及其蛋白质的表达。

2. 大豆皂苷 大豆皂苷是一种常见的皂苷，存在于豆科植物中。但对它的认识和研究相对较晚，早期人们更多注意的是它的溶血作用，后来逐渐认识到了它的一些有益功能。

1）抗脂质氧化、抗自由基 通过培养血管平滑肌细胞，证明大豆皂苷对高浓度胰岛素引起脂质过氧化反应有抑制作用，大豆皂苷这一作用可能是通过清除氧自由基、提高 SOD 活力，从而抑制 LPO 生成及特异性地抑制氧自由基对 LDL 的氧化修饰实现的。大豆皂苷浓度过高对血管平滑肌细胞起损伤作用，而不是保护作用，大豆皂苷最适浓度区间为 2.5～20mg/mL（郑奇志等，1998）。研究表明，大豆皂苷在一定程度上促进细胞超氧化物歧化酶（SOD）的合成，增加细胞抗自由基的能力，从而延缓衰老。在 HELDF 细胞培养实验中，大豆皂苷通过调节 cAMP 含量，提高 DNA 修复功能，增强细胞抵抗不良环境的能力。在老年大鼠中，大豆皂苷可以提高其红细胞及肝中 SOD 活性，增强过氧化氢酶及谷胱甘肽氧化酶作用，降低过氧化脂质含量。

2）增强免疫调节 大豆皂苷显著增进机体的细胞免疫和体液免疫能力，对免疫功能有广泛的调节和增强作用。大豆皂苷可调节白细胞介素的分泌，促进 T 细胞的存活与繁殖，进而促使淋巴因子的产生，增强自然杀伤性细胞的分化，提高淋巴因子激活的杀伤性细胞活性，从而增强机体免疫功能。大豆皂苷溶液经灌胃后，大豆皂苷组胸腺指数和脾指数分别增加 25.7%和 16.0%；巨噬细胞吞噬率和吞噬指数分别提高 55.3%和 62.8%。溶血素水平反映体液免疫能力，与机体体液免疫能力呈正相关，大豆皂苷能提高溶血素使含量达 44.6%。迟发型过敏反应是反映整体细胞免疫的经典指标，其实质上是炎症反应，是特异性免疫反应的一种，大豆皂苷能使其提高到 104.7%。

3）抗肿瘤活性 大豆皂苷可通过抑制细胞增殖酶的活力而影响结肠癌细胞的增殖。Sung 等（1995）最初使用大豆皂苷对 HCT-15 细胞进行处理，发现其可引起细胞皱缩、细胞质减少等形态改变，在 150～600mg/L 呈剂量依赖性抑制细胞增殖。Ellington 等（2005）发现，类大豆皂苷 25～500mg/L 处理 24h 或 48h，能够显著降低 HCT-15 细胞的存活率。而 10～100mg/L 大豆皂苷能够降低 CDK-2 的活性，使 HCT-15 细胞停滞于 S 期，并诱导其产生细胞自噬体。Zhang 等（2008）发现大豆皂苷具有抑制肝癌 HepG2 细胞增殖、诱导细胞凋亡的作用，同时还发现当提取物中含有大量的大豆皂醇 A 和 B 时，其促进细胞凋亡的能力要比大豆皂苷总提取物（不含任何大豆皂醇）更强。Hsu 等（2005）在乳腺癌细胞 MCF-7 和 MDA-MB-231 的研究中发现，大豆皂苷Ⅰ（≤100μmol/L）不能影响细胞周期或抑制细胞生长，但抑制唾液酸转移酶的活性，并呈剂量依赖性地减少细胞表面唾液酸的表达。大豆皂苷Ⅰ在 10～100μmol/L 的浓度之间能够显著提高 MCF-7 细胞黏附性，而 50μmol/L 的大豆皂苷Ⅰ则可明显减少 MDA-MB-231 细胞的迁移。进一步的研究表明，大豆皂苷Ⅰ可以降低 ST3Gal Ⅳ 的基因表达，从而抑制此类癌细胞的转移。

4）抗病毒作用 大豆皂苷的抗病毒作用是一个新的研究领域。据报道，大豆皂苷具有广谱的抗病毒能力，对多种病毒能起到抑制作用。以猴免疫缺陷病毒（SIV）为靶病毒和相应的 CEMx-174 细胞系统为模型，以 AZT（一种逆转录酶抑制剂）为阳性对照药物，发现大豆皂苷复合物在 62.5mg/mL 浓度时具有明显的抗 SIV 的作用。Nakashima 等进行了大豆皂苷对 HIV 抑制作用的研究，认为其中大豆皂苷 B1 在大于 0.5g/L 的浓度下，感染 6 天后能完全抑制 HIV 诱导的细胞病变及病毒特异的抗原表达，它是通过阻止 HIV 同 T4 细胞的接触而起作用的。以上两者所用的药物浓度相差一个数量级，这也可能说明混合成分或许更为有效。

5）降低血中胆固醇和甘油三酯含量　大豆皂苷能显著抑制高脂饲料诱导的大鼠血清甘油三酯、总胆固醇、低密度和极低密度脂蛋白胆固醇含量的升高，表明其具有明显的降血脂功效。宋柏捷等（2010）研究发现大豆提取复合物（主要为大豆皂苷和大豆异黄酮，各占20%）可有效降低脂质代谢紊乱雄性大鼠血中胆固醇（TC）、低密度脂蛋白（LDL）-C、LDL-C/高密度脂蛋白（HDL）-C、TC/HDL-C 和载脂蛋白 A1，提高 HDL2-C 和 HDL2-C/HDL3-C，表明其调节血脂、改善脂质代谢的功能。同时该复合物降低了模型动物的血液黏度，避免由于血流变慢而引起的血栓问题，显示其抗动脉粥样硬化效应。对 100 例高脂血症患者研究发现，大豆皂苷组患者血中 TG 和 TC 水平显著下降，同时血液中 SOD、谷胱甘肽过氧化物酶（GSH-Px）活力也有所升高。

6）调节糖代谢　大豆皂苷 A1、Ba、Bb、Bd 和 Be，以及 DDMP 皂苷 αg 和 βg 均表现出对 α-葡萄糖苷酶的抑制作用。其中，DDMP 皂苷 βg 的抑制作用最强，在微摩尔浓度就有显著作用。在动物实验中，富含大豆皂苷的大豆胚轴提取物降低了糖尿病大鼠空腹血糖，尤其明显抑制蔗糖负荷后血糖的持续升高，表现出显著降血糖作用。

3. 其他皂苷　张俊威等（2013）过桔梗总皂苷对肺炎支原体（MP）的 MIC、MBC 及 TIME-KILL 曲线测定，观察其在体外对 MP 生长抑制及杀灭作用。桔梗总皂苷体外抗 MP 的 MIC 为 16～64μg/mL；MBC 为 64～128μg/mL；桔梗总皂苷浓度为 32～64μg/mL 时，可以降低 MP 生长速度并呈现一定的量效关系，当浓度达到 128μg/mL 时可完全抑制 MP 在培养液中的生长繁殖，说明桔梗总皂苷在体外具抑制 MP 生长繁殖作用。

杨秀芳等（2013）采用 96 孔板微量稀释法，以大肠杆菌、金黄色葡萄球菌、乳链球菌、枯草芽孢杆菌、小麦赤霉病菌、白菜黑斑病菌、西瓜枯萎病菌、葡萄炭疽病菌等为指示菌，对红毛七中分离纯化得到的化合物进行抑菌活性评价。结果表明，三萜皂苷化合物对测试的 8 种菌均有抑制作用，其中 16α-羟基-齐墩果-12-烯-28-酸-3-*O*-α-L-阿拉伯吡喃糖苷、葳严仙皂苷元-3-*O*-α-L-阿拉伯吡喃糖苷显示出很强的抑细菌活性，MIC 值为 3.9μg/mL；采用二甲苯致小鼠耳肿胀方法和热板法对分离得到的三萜皂苷化合物常春藤皂苷元-3-*O*-α-L-阿拉伯吡喃糖苷、常春藤皂苷元-3-*O*-β-D-葡萄吡喃糖-(1→2)-α-L-阿拉伯吡喃糖苷等进行了抗炎和镇痛作用研究。结果表明，2 种三萜皂苷化合物对小鼠的抗炎、镇痛效果与剂量成依赖关系，在注射化合物 30min 后，镇痛效果达到最大。

汤小军等（2013）研究六月青皂苷对免疫抑制小鼠免疫功能的影响，结果表明该类皂苷能增强 CTX 免疫抑制模型小鼠的特异性及非特异性免疫反应，提高其免疫功能。骞秀芳等（2012）观察苜蓿总皂苷对小鼠精神、神经系统的影响，用药后小鼠的爬杆、翻正反射、睡眠等自主活动行为能力均无明显变化，与空白对照组比较差异无显著性（$P>0.05$），苜蓿总皂苷的药效学剂量对动物神经系统无毒性反应。Liang（2010）研究表明人参皂苷 Rb1 和人参皂苷 Rg1 有益于神经生长因子和脑源性神经营养因子的增殖和表达，这可能与细胞中的蛋白激酶 A（PKA）途径发生有关。

杨军等（2010）研究发现三七总皂苷可以缩短骨折愈合时间，提高骨痂质量，具有促进骨折愈合的作用，其潜在的效应机制可能是降低全血黏度及血浆黏度，改善血液流变性。三七总皂苷对胫腓骨骨折、Colles 骨折能明显减轻肿胀疼痛，促进骨折愈合及功能康复。刘东宁等（2010）发现三七总皂苷（PNS）可上调骨折愈合过程中骨痂组织低氧诱导因子-1α（HIF-1α）的表达，改善骨折部位的血液供应，促进骨折愈合。申小年等（2010）研究表明三七能显著减轻 SD 大鼠坐骨神经完全切断再植后的神经病理性疼痛，抑制大鼠的自噬行为，有益于周围神经的再生。

第四节　生　物　碱

生物碱（alkaloids）至今也没有一个确切而标准的定义。依大多数生物碱的共性，将生物碱定义为一类天然含氮的有机化合物（不包括低分子胺类，如甲胺、乙胺、氨基酸、氨基糖和维生素类等化合物），多数具有碱的性质且能和酸结合生成盐，大部分化合物为杂环化合物且氮原子在杂环内。随着生物碱的研究不断深入发展，人们采用新的先进技术而不断地得到新模式和新结构的化合物。例如，胡椒碱虽为含氮杂环的衍生物，但不易与酸结合成盐；秋水仙碱几乎没有碱性，氮原子不连接在环上；麻黄碱结构中氮原子也不连接在环上，应属于芳烃胺衍生物。但按习惯仍将这些化合物归属在生物碱的范围内。

生物碱是人类对植物药中有效成分研究得最早且较多的一类成分。自 19 世纪德国学者 F.W. Sertrner 从鸦片中分离出吗啡碱（morphine）以来，迄今已从自然界中分离得到约 10 000 种生物碱类化合物。在植物体内，除以酰胺形式存在的生物碱外，少数碱性极弱的生物碱以游离的形式存在，绝大多数以盐的形式存在；个别生物碱则以氮氧化物的形式存在。在《全国医药产品大全》中收载的生物碱药物及其制剂达 60 余种。

一、生物碱的种类及其生理功能

1. 有机胺类　有机胺类是氮原子不结合在环内的一类生物碱，如麻黄碱（ephedrine）、秋水仙碱（colchicine）和益母草碱（leonurine）等。麻黄碱和伪麻黄碱都是拟肾上腺素药，能促进人体内去甲肾上腺素的释放而显效，作用强度较弱，只有肾上腺素的 1/142，但口服有效，并具有中枢神经系统兴奋及散瞳作用。秋水仙碱是环庚三烯酮醇的衍生物，分子中有两个骈合七元碳环，氮在侧链上呈酰胺状态，临床上用以治疗急性痛风，并有抑制癌细胞生长的作用。益母草碱是益母草的有效成分，其能收缩子宫，对动物子宫有增加其紧张性与节律性的作用。

2. 吡咯（pyrrole）衍生物　由吡咯或四氢吡咯衍生的生物碱。该类生物碱种类不少，较重要的分为：简单的吡咯衍生物、吡咯里西啶（pyrrolizidine）衍生物（又称双稠吡咯啶）和吲哚里西啶（indolizidine）衍生物。

3. 吡啶（pyridine）衍生物　由吡啶或六氢吡啶衍生的生物碱。该类型生物碱主要有简单吡啶衍生物和喹诺里西啶（quinolizidine）。猕猴桃碱（actinidine）属简单吡啶衍生物，该成分是一种油状液体生物碱，结构中是由两分子异戊烯排列所组成，因而也可认为是单萜衍生的生物碱。其来自猕猴桃属植物木天蓼（*Actinidia polygama* Maxim.）的叶中。金雀花碱

（cytisine）属喹诺里西啶衍生物，具有兴奋中枢神经的作用，可从野决明（*Thermopsis lanceolata* R. Brown）种子中获得。苦参碱（matrine）来自于豆科植物苦参（*Sophora flavescens* Ait.）的干燥根，根中的主要成分是苦参碱和氧化苦参碱（oxymatrine），二者均有抗癌活性。

4. 莨菪烷（tropane）衍生物　莨菪烷是由吡咯啶和哌啶骈合而成的杂环。该类生物碱可分为两个类型：颠茄生物碱（belladonna alkaloids）和古柯生物碱（coca alkaloids）。

颠茄生物碱又称茄科生物碱，是由茄科植物颠茄、莨菪等中分离得到的一类生物碱。莨菪碱（hyoscyamine）和阿托品（atropine）有解痉镇痛、解磷中毒和散大瞳孔等作用。

古柯生物碱（coca alkaloids）通常指爱康宁（ecgonine）的衍生物。例如，古柯碱（cocaine）又称可卡因（cocaine），系苯甲酰爱康宁的甲酯，是一种局部麻醉药，常用于表面麻醉。

5. 喹啉衍生物　我国南方特产植物珙桐科喜树（*Camptotheca acuminata* Decne）的木部、根皮和种子中都含有此类生物碱，且以喜树碱（camptothecine）为主要成分，具有抗癌活性，对白血病和直肠癌有一定临床疗效，但毒性很大，其安全范围较小。喜树碱分子中具内酯结构，故可被碱化开环，转为钠盐后能溶于水中。

6. 异喹啉衍生物　异喹啉衍生物是一类很重要的生物碱，数量多且结构类型复杂，主要类型如下。

（1）苄基异喹啉（benzyl-isoquinoline）型生物碱：此类生物碱在碳 1 位连有苄基，分单、双苄基异喹啉衍生物。具有解痉作用的罂粟碱、三颗针中具有免疫调节作用的小檗胺及鸦片中的那可丁均属于单苄基异喹啉型生物碱。那可丁（narcotine）具有镇咳作用，与可待因相似，但无成瘾性，可替代可待因。双苄基异喹啉是由两分子的苄基异喹啉衍生物通过 1～3 个醚键连接而成。例如，唐松草碱(thalicarpine)是阿朴啡和苄异喹啉的二聚物，对瓦克氏癌瘤-256 有显著抑制作用。

（2）原小檗碱（protoberberine）型生物碱：由 2 分子异喹啉通过 C1-N 和 C3-N 稠合而成。该类生物碱广泛应用于临床药物中，如抗菌药物小檗碱（berberine）、镇痛药物延胡索乙素（corydalis B）和四氢黄连碱（tetrahydrocoptisine）等。

（3）阿朴啡（aporphine）型生物碱：由苄基四氢异喹啉衍生物分子内脱去 2 个氢原子，使苯环与苯环相结合，形成了菲核。例如，土藤碱（tuduranine）存在于中药防己的根中。

（4）原阿朴啡（proaporphine）型生物碱：该类型生物碱常伴阿朴啡型生物碱共存在于植物中，多被认为是阿朴啡型生物碱的前体。例如，光千金藤碱（stepharine）分子中含醌样结构，有类似利血平的镇定作用。若与 3mol/L 的硫酸加热，分子中五元环易重排而转变为六元环的土藤碱，则失去镇定作用。

（5）吗啡烷（morphinane）型生物碱：结构特征为哌啶环垂直与多氢菲稠合，主要存在于大戟科、马钱科、防已科、罂粟科等植物中。例如，吗啡碱（morphine）是鸦片中的成分，具有止痛的作用；青藤中的青藤碱（sinomenine）具有显著的镇痛和消炎作用。

（6）原托品碱（protopine）型生物碱：原托品碱的分子中含有一个含氮的十元环结构，并无异喹啉环的存在，因此不是真正的异喹啉的衍生物。但它却常与异喹啉类衍生物共同存在于同一植物中，可能是形成苄基异喹啉生物碱的中间产物，因此归为异喹啉类生物碱。

7. 吖啶酮（acridone）衍生物　芸香科鲍氏山油柑（*Acronychia baueri* Schott）中的山油柑碱即属于此类生物碱。其具有显著的抗癌作用，抗瘤谱较广，现已有人工合成品。

除以上种类，还包括吲哚衍生物、咪唑（imidazole）衍生物、喹唑酮（quinazolidone）

衍生物、嘌呤（purine）衍生物、甾体生物碱类（steroidal alkaloids）、萜生物碱类（terpenoid alkaloids）及大环生物碱等。

二、生物碱的安全性

生物碱具有多种生物活性，在植物体内还具有良好的分布和较强的输导能力，高效、低毒、无污染，在医药领域有着广阔的应用前景。但是许多生物碱也具有生物毒性。①乌头类生物碱药性剧烈。乌头碱对中枢神经有强烈兴奋作用，直接作用于心肌，先兴奋，后抑制，用量过大可导致心肌麻痹而死亡。服乌头碱 0.2mg 即可引起中毒，致死量为 2～5mg。②毒芹碱的毒性是以运动神经末梢麻痹和脊髓麻痹为主，表现为虚弱无力、昏昏欲睡、呼吸弱而慢，最后因呼吸停止而死。对人中毒的致死量为 60～120mg。③毒蝇碱是毒蘑菇中的重要成分，是使食用者出现幻觉甚至导致残废的神经毒素。中毒者有多涎、流泪和多汗症状，紧接着呕吐和腹泻、脉搏降低、不规律，但少见死亡。

虽然生物碱具有一定的生物活性，但是其中某些成分也具有毒性。因此，使用适量的生物碱用于治疗是十分重要的。

三、生物碱来源及分布

生物碱主要分布于植物界，迄今为止在动物中发现的生物碱极少。生物碱存在于 100 多个科的植物中，其中双子叶植物含生物碱远比单子叶植物为多，并较为集中地分布于防己科、罂粟科、夹竹桃科、毛茛科、豆科、马钱科、茄科。

植物亲缘关系相近的品种往往含有化学结构相同或类似的生物碱，如茄科的颠茄属、曼陀罗属、莨菪属等植物中几乎都含有莨菪碱、东莨菪碱。这种联系为发现和寻找新的药物资源提供了有效的途径。

第五节　有机硫化合物

有机硫化合物是指分子结构中含有元素硫的一类植物化学物，本节特指果蔬来源的一些含硫的化合物，如葱属植物的蒜素（allicin）、十字花科植物来源的硫代葡萄糖苷酯化合物（glucosinolate）及它们的降解产物等。大量流行病学及实验研究表明此类有机硫化合物具有一系列的生理活性功能，其中最为突出的是抗癌活性和抗菌活性。美国国家癌症研究所把大蒜列为具有癌症预防作用食物的首位，而大蒜中的最有效成分即为含硫化合物。研究显示，它们具有显著的抗癌、抗炎症及预防心血管疾病等生理功能或效果。相对蒜属植物而言，人们对十字花科植物来源的含硫化合物的关注程度则要相对少一些，这与此类植物所含有的含硫化合物过于繁杂而且较难分析有关。

甘蓝属的花菜、中国大白菜、芥菜等十字花科植物来源的硫代葡萄糖苷酯及其相关化合物是典型的有机硫化合物。硫代葡萄糖苷酯化合物是一大类主要分布于芸薹属（*Brassica*）蔬菜的有机硫化合物，其化学结构通常由一个 β-D-硫葡萄糖基、一个硫化肟基团，以及一个来源于甲硫氨酸、色氨酸或苯丙氨酸的可变侧链构成。当植物组织被破坏时，硫代葡萄糖苷化合物就被内源的芥子酶（硫葡萄糖苷水解酶）水解，从而释放一系列降解产物，包括呈苦味且具有生物活性的异硫氰酸酯化合物（isothiocyanate）。尽管此类化合物发挥出一定的抗动物营养效果，然而大量证据确证它们是芸薹属蔬菜癌症预防效果的最主要的物质。

本节主要论述硫代葡萄糖苷酯化合物及其降解产物的化学结构、分类、来源、生理功能，以及开发应用等。

一、化学结构

根据硫代葡萄糖苷化合物侧链取代基的不同，此类化合物分为多种类型。尽管已分离鉴定出超过 100 多种不同的硫代葡萄糖苷酯化合物，它们仍可大致地分为三大主要基团类别：①具有一个烷基或烯基侧链的脂肪基类，如 sinigrin、progoitrin；②芳香基类，如 gluconasturtiin；③吲哚基类，如 glucobrassicin、neoglucobrassicin。表 5-6 列出了目前十字花科植物中研究最多的硫代葡萄糖苷和它们的 R 基团，多为烷链、ω-甲硫烷基、芳香基及多杂环基（如吲哚）硫代葡萄糖苷酯。

表 5-6　常见硫代葡萄糖苷的 R 基团结构

硫代葡萄糖苷		R 基团
脂肪族硫代葡萄糖苷	sinigrin	烯丙基
	gluconapin	丁烯基
	progoitrin	2-羟基-3-丁烯基
	glucoraphanin	4-甲磺酰基
芳香族硫代葡萄糖苷	gluconastrutiin	苯乙基
	glucosinalbin	4-羟苯甲基
吲哚硫代葡萄糖苷	glucobrassicin	3-吲哚甲基
	neoglucobrassicin	1-甲基-3-吲哚甲基

硫代葡萄糖苷酯的化学结构及总含量因品种而异，甚至在同一品种中也随不同变种而异。任何一种蔬菜的硫代葡萄糖苷酯含量受生长条件的影响都很大。尽管硫代葡萄糖苷酯的侧链非常多，然而只有 7 种结构直接连接于一个蛋白质氨基酸，如丙氨酸、缬氨酸、亮氨酸、异亮氨酸、苯丙氨酸、酪氨酸及色氨酸。其余的硫代葡萄糖苷酯具有以下三种侧链结构：第一种，很多硫代葡萄糖苷酯来源于蛋白质氨基酸的细长链形式，特别是甲硫氨酸和苯丙氨酸；第二种，侧链经氨基酸延长及硫代葡萄糖苷酯生物合成之后可能会被修饰，如甲硫氨酸的硫可被氧化为亚硫酰基和硫酰基，之后损失 ω-甲硫亚硫酰基生成一个终端双键，进一步的修饰也可能涉及侧链的羟基化及甲氧基化作用；第三种，一些硫代葡萄糖苷酯化合物仅分布于少数个别的植物，如存在于樨草（*Reseda odorata*）的具有相对复杂侧链的 *O*-(α-L-rhamnopylransoyloxy)-benzyl 硫代葡萄苷，存在于莱菔子（*Raphanus sativus*）的含有 sinapoyl 部分的硫代葡萄糖苷酯。

二、理化性质

硫代葡萄糖苷酯化合物在原生质内化学稳定，然而随着组织的破裂，与芥子酶相接触就会发生降解。一旦水解，它们就会产生等摩尔量的葡萄糖、配基及硫酸盐。它们的配基化合物不稳定，会导致进一步的反应。它的主要反应产物有硫氰酸酯、腈，以及异硫氰酸酯化合物，其模式随侧链结构与反应条件而异。

硫代葡萄糖苷酯的大多数含硫终端产物都呈挥发性，而且几乎不溶于水，包括异硫氰酸酯类化合物（ITC）。表 5-7 列出几种常见 ITC 的分子特征及相关的一些物理性质参数。

表 5-7　几种常见 ITC（R—N═C═S）的侧链化学结构、缩写及一些性质

R 侧链基团	缩写	化学结构	沸点/℃	溶解度（H_2O）
烯丙基	AIT	CH_2═CH—CH_2—	150	轻微
苯甲基	BIT	C_6H_6—CH_2—	242～243	不溶
三丁基	BUIT	$(CH_3)_3C$—	30～32	不溶
乙基	EIT	CH_3—CH_2—	130～132	不溶
甲基	MIT	CH_3—	117～118	轻微
苯基	PIT	C_6H_6—	221	不溶
β-苯乙基	PEIT	C_6H_6—CH_2—CH_2—	—	轻微
正丙基	PRIT	$CH_3(CH_2)_2$—	—	—
4-亚甲硫基-3-丁烯基	MTBIT	CH_3—S—CH═CH_2—CH_2—	—	轻微

不同硫代葡萄糖苷酯及其降解产物的热稳定性较差，很容易发生降解。Hrncirik 等检查了抗坏血酸原[ascorbigen，吲哚硫代葡萄糖苷(glucobrassicin)的一种降解产物]在不同 pH 及温度下的稳定性，结果显示 pH 及温度显著地影响该化合物的稳定性，温度对它的影响最大。抗坏血酸原在不同温度条件下的降解速率不同，超过 80℃时处理 0.5h，已几乎完全降解；处理温度 100℃，它将迅速完全降解。

三、主要来源

硫代葡萄糖苷酯化合物仅分布于双子叶被子植物，而且主要存在于芸薹属（*Brassicas*），后者被广泛地选育为蔬菜、调味料以及油和饲料的来源。常见的芸薹属蔬菜，包括椰菜（broccoli）、芽甘蓝（brussels sprouts）、甘蓝或卷心菜（cabbage）、花椰菜（cauliflower）、羽衣甘蓝（kale）、萝卜（radish）、芜菁甘蓝（rutabaga）及芜菁（turnip）等。

有些经济作物含较高的苯乙基硫代葡萄糖苷酯，如小萝卜和水田芹，而羟基苯基硫代葡萄糖苷则是白芥（*Sinapsis alba*）的主要组分。通常，每种植物品种都约有 4 种含量较明显的不同硫代葡萄糖苷酯化合物，而且种子中的硫代葡萄糖苷酯化合物含量最高。但吲哚-3-烷甲基及 *N*-甲氧基吲哚-3-烷甲基硫代葡萄糖苷酯的情形则相反，这两种化合物在种子中很少见。相对其他来源而言，人们对卷心菜及油菜籽品种的硫代葡萄糖苷酯组分的了解要多一些。

在植物性食品中，经常观察到来源于甲硫氨酸的硫代葡萄糖苷酯与来源于色氨酸的吲哚硫代葡萄糖苷酯两者的水平存在较大的差异。这可能与品种、生长条件及分析方法的不同有关。

不同芸薹属植物之间所含硫代葡萄糖苷酯总量差异较大，最大的相差达 15 倍，含量最多的品种有芽甘蓝、绿叶甘、白球甘蓝、皱叶甘蓝、椰菜、紫叶甘等，而花椰菜、牛心甘蓝、大头菜及中国大白菜等的总硫代葡萄糖苷酯含量甚低。另外，在同一种植物中，不同硫代葡萄糖苷酯的含量也存在很大的差异。不同植物中较为常见的硫代葡萄糖苷酯化合物有 glucoiberin、progoitrin、sinigrin、glucoalyssin、glucoraphanin（脂肪族/芳香族硫代葡萄糖苷酯），以及 glucobrassicin、4-methoxyglucobrassicin（吲哚硫代葡萄糖苷酯）。其中，glucobrassicin 几乎存在于所有芸薹属植物，而且几乎都是含量最高的一种化合物。

萝卜和辣根的情形较为特殊，因为它们的硫代葡萄糖苷酯的分布及含量与其他植物有所不同。此两种植物的 4-亚甲硫丁烯基硫代葡萄糖苷酯含量特别高，而其他化合物含量要低得多，几乎不含其他植物常见的化合物，如 glucoiberin、progoitrin 等。

四、生理功能及作用

十字花科植物具有一定的癌症预防效果，这很大程度上归因于它们含有的有机硫化合物，即硫代葡萄糖苷酯及其相应的降解产物。除了抗癌效果之外，含硫化合物还具有很强的抗菌效果。这种活性似乎是植物本身为了抵抗病害损伤进化而来的一种机制。

最近一些研究还显示，十字花科植物来源的含硫化合物，特别是异硫氰酸酯化合物，可显著地诱导机体内的相Ⅱ酶类的活性，从而提高机体的抗氧化效果。这可能也是它们抗癌作用的一种机制。

（一）预防癌症或抑制肿瘤效果

世界癌症研究基金（World Cancer Research Fund）在《食物、营养与癌症预防》中指出：富含十字花科蔬菜的膳食可保护人类抵御大肠癌、直肠癌及甲状腺癌，作为膳食的一部分，通常还能抵御其他部位的癌症，如食道癌、胰腺癌。20 世纪 60 年代以来，硫代葡萄苷降解产物在实验动物模型中的抗癌活性得到广泛的认同。

早在 1977 年，Wattenberg 就确认，当在致癌物处理前 2h 通过口腔给予大鼠苄基异硫氰酸钾（一种硫代葡萄糖苷酯 glucotropaeolin 的降解产物）时，可起到抑制由 7,12-二甲基苯蒽（DMBA）诱发的乳腺肿瘤的效果。这种效果似乎是由于致癌物激活过程受到抑制，从而导致与 DNA 损伤相联系的致癌基因的启动阶段受到阻碍有关。能抵御肿瘤诱发的物质被称为阻碍剂（blocking agent）；而能抑制致癌过程的物质被称为抑制剂（suppressing agent）。Wattenerg（1989）进一步研究证实椰菜和甘蓝整个组织喂给采用致癌物处理后 1 周的大鼠，也能起到抑制其乳腺癌肿瘤诱发的效果。

苯乙基异硫氰酸酯（PEITC）也是潜在的抑制剂。Stoner 等（1994）以 F-344 鼠作为实验对象，在采用致癌原 *N*-亚硝基苯甲胺处理食道前后，分别喂以含有 1.5mmol/kg、3mmol/kg 及 6mmol/kg PEITC 的膳食，结果显示该化合物对肿瘤前损伤及肿瘤损害都有一定的抑制效果。他们也探讨了不同浓度的 PEITC 对移植在鼠食道癌细胞 DNA 甲基化的影响，结果显示 PEITC 对 DNA 甲基化的抑制效果表现出与浓度的依赖关系。这些研究表明，PEITC 对肿瘤的体内与体外抑制效果有较好的一致性。

硫代葡萄糖苷酯降解产物的抗癌或抑制肿瘤机制可能是对相Ⅰ和Ⅱ生物转化酶的调节作用。最重要的相Ⅰ酶是细胞色素 P450 类（cytochrome P450），该类酶既能代谢毒素，也能诱导激活一些致癌物而提高其致癌活性。相Ⅱ酶类，如谷胱甘肽-*S*-转移酶（EC2.5.1.18）及 UDP-葡萄醛酸基转移酶，会形成极性更大的共轭产物，因而更易排出体外。因此，对它们的诱导作用总体上认为是一种保护作用。

已有足够的动物模型证据显示，一些异硫氰酸酯类及其共轭物可抑制细胞色素 P450 酶类，从而抑制了亚硝基胺活化为烷基化的致癌物，降低诱发肺肿瘤的危险。有一项研究显示苯乙基异硫氰酸酯（PEITC）抑制了大鼠肺致癌物 4-(甲基亚硝基氨基)-(3-吡啶基)-1-丁酮（NNK）的作用，其可能机制就是阻碍它们的活化过程，增加了它们代谢产物从尿液中的排泄。另一项有关硫代葡萄糖苷酯在人体的抗致癌活性的研究显示，吸烟受试者连续 3 天每餐摄食 57g 水田芹，使 NNK 代谢物的排泄显著增加。水田芹中的最主要抗癌活性物质即为 PEITC 的前体物质 gluconasturtiin。另外，近年来有关异硫氰酸酯通过诱导相Ⅱ酶作用的阻碍效果也引起人们的关注，如 sulphorophane 在体外能诱导相Ⅱ酶。其他异硫氰酸酯似乎也有可能显出相似的生物活性，不过还有待于确证。

（二）抑菌活性

蒜属植物来源的含硫有机化合物的抗菌属性已广为人知，目前已普遍认可含硫有机化合物是植物本身的一种预防病害的物质。食品科学家经过大量的探索，揭示此类化合物或植物精油可作为一种优越的抗菌或抑菌食品添加剂。有关十字花科植物来源的含硫化合物的抗菌活性也很早为人们所研究，最早的可追溯至 20 世纪初，当时 Hoffman 和 Evans 报道了芥子“精油”可作为防腐剂而添加至苹果酱中。此后研究显示此类化合物具有很强的抑制真菌、细菌活性，具有潜在的应用前景。

1. 抗真菌活性 1911 年，Hoffman 和 Evans 最早报道了芥子来源含有异硫氰酸酯类化合物（ITC）的抗真菌活性。20 世纪 60 年代，Drobnica 研究小组采用标准化的方法对 100 多种天然或合成的 ITC 的抗霉菌活性进行了广泛的研究。结果显示，在天然存在的 ITC 当中，芳香衍生物的抗霉菌活性最有效，不同 ITC 的抗菌活性顺序依次为 PEIT、BIT 和 MTBIT（均为 ITC 之一）。PEIT 对 *Aspergillus niger*（黑曲霉）、*Penicillium cyclopium*（青霉）及 *Rhizopus oryzae*（根霉）的相对效率最大。尽管 AIT 的活性远低于 PEIT，但它仍是脂肪族 ITC 中最强的一种，其次为 MIT。

ITC 还可抑制酵母的生长和繁殖。早在 1946 年，Webb 和 Tanner 就报道了芥子油可抑制一些酵母菌生长。也有研究报道了芥子油来源的 AIT 对酵母的抑制作用，添加到果汁可抑制果汁中酵母的生长。研究也表明，酵母对 ITC 的敏感程度似乎与其他真菌相当。

2. 抗细菌活性 有关 ITC 的抗或抑制细菌活性的报道很多，大量研究表明，溶解 ITC 介质对它们的抗菌效果有很大的影响，似乎这影响到它们到达“作用标靶”的难易程度。同时还具有以下两个结论：①细菌对 ITC 的敏感程度总体上要低于霉菌；②不同微生物对各 ITC 化合物的敏感程度似乎与所采用的菌株相关。

Foter 和 Golick（1940）比较了 AIT、MIT 和 EIT（均为 ITC 之一）对 10 多种细菌菌株的抗细菌效果，发现 MIT 最为有效，其次分别为 AIT 和 EIT。他们还同时观察到抑菌及杀菌效果。大肠埃希菌（*Escherichia coli*）和金黄色葡萄球菌（*Staphylococcus aureus*）为最耐 ITC 的菌株，而支霉杆菌（*Bacilus mycoides*）和沙雷菌（*Serratia marcescens*）对 ITC 则最为敏感。

还有较多研究显示，芳香 ITC 的抗菌效果要强于脂肪族 ITC，而且革兰阳性菌，如 *Bacillus cereus*、*Bacillus subtilis*、*Staphylocuccus aureus* 及 *Staphylococcus epidermis* 对 ITC（如 AIT）的敏感程度要低于革兰阴性菌，如假单胞菌（*Pseudomonas aeruginosa*）、副溶血弧菌（*Viobrio parahaemolyticus*）及大肠埃希菌（*Escherichia coli*）。

3. 作用机制 由于ITC及其降解产物都具有一定的抗微生物效果，具体作用机制很难为人认识清楚。由于没有一种单一的攻击作用位点，它们通常被认为是一类非特异性的抑制剂。ITC的作用机制涉及与蛋白质或酶的相互作用。Kawakishi和Kaneko认为，AIT可与大量蛋白质发生缓慢的相互作用，导致蛋白质二硫键的断裂，甚至还攻击赖氨酸和精氨酸残基中的游离氨基。Zsolnai（1966）提出，ITC的抗微生物活性来自于它们氧化裂解细胞内酶类的二硫键从而导致酶失活的过程。Block 也把它们的抗微生物属性归因于对代谢酶类的抑制作用。有些学者，把ITC的抗菌属性部分地归因于它的一种潜在的降解产物，即硫氰酸盐（或酯）自由基（SCN—）作用的结果。

（三）抗氧化功能

抗氧化剂可延缓机体内的氧化损伤，这几乎已是公认的事实。许多证据显示相Ⅱ酶类，如谷胱甘肽转移酶（GST）、NAD（P）H：醌还原酶（QR）、过氧化水解酶、血红素氧合酶、UDP-葡萄糖醛酸转移酶，在亲电子物质的解毒过程中起着至关重要的角色。它们的诱导作用可保护动物及细胞免受致癌作用（carcinogenesis）及致突变作用（mutagenesis）的伤害。目前，普遍认为相Ⅱ酶类的这种诱导作用，可提高或增强细胞的抗氧化能力。已有大量研究显示，硫代葡萄糖苷酯及其降解产物就是一类可诱导相Ⅱ酶类的间接抗氧化剂。与硫代葡萄糖苷酯前体物质相比较，异硫氰酸酯（isothiocyanates）的亲脂性更强，反应性更为活泼，因而诱导相Ⅱ酶活性的能力似乎也更强。

1. 提高组织谷胱甘肽（GSH）水平 正如其他相Ⅱ酶类的诱导剂一样，诸多异硫氰酸酯化合物可通过刺激γ-谷氨酰基半胱氨酸合成酶的基因表达，从而提高组织中的GSH水平。此酶可催化GSH合成过程中的限速步骤。由于GSH在细胞内以毫摩尔浓度存在，于是诱导GSH水平的增加，可增加细胞抗氧化防御的效果。

2. 对酶调控的影响 细胞及其DNA的主要毒害来自于两类化学物质：亲电物（化学诱变剂及其活化产物）及活性氧。哺乳动物具有消除此两类毒害的机制。其中的一项主要保护机制即是相Ⅱ脱毒酶类的诱导作用。异硫氰酸酯化合物诱导相Ⅱ酶类活性，主要体现在以下几个方面。

（1）谷胱甘肽转移酶的抗氧化作用。谷胱甘肽转移酶具有一定的谷胱甘肽过氧化酶的活性。它们可催化有机过氧化物与 GSH 的反应，从而产生氧化态的谷胱甘肽（GSSG），在细胞中活性很强的NADPH和GSSG还原酶的作用下，又还原为GSH。同时，谷胱甘肽转移酶还可保护磷脂或核苷碱基的过氧化作用，以及儿茶酚胺醌的毒害作用。

（2）NAD（P）H：醌还原酶（QR）的抗氧化作用。醌还原酶（QR）在外源醌化合物的解毒过程中，可提供抗氧化的保护效果；此外有证据表明，QR 在支持两种体内天然存在的醌化合物[辅酶Q（泛醌）和α-生育酚醌]的功能方面，起额外的重要角色。例如，Beryer等（1996）证实QR可使不同类型的辅酶Q维持在还原形式，后者对保护膜免受氧化的损伤是必需的。QR 还可有效地把 α-生育酚醌还原为对苯二酚，这种还原作用在维护细胞抗氧化功能方面，起着非常重要的作用。

（3）血红素氧合酶的抗氧化作用。Prestera等研究显示，sulforaphane（一种异硫氰酸酯化合物，其前体物质为glucoraphanin）是血红素氧合酶-1（HO-1）的一种潜在诱导剂，可催化血红素转化为胆绿素，后者进一步被酶还原为胆红素。胆红素是一种潜在强力的多功能抗氧化剂，特别在低氧水平的组织中更是如此。研究证实 HO-1 活性增强的细胞更耐氧的毒害。因此，HO-1 的诱导作用可提供一种抗氧化的保护作用。

（四）风味形成

异硫氰酸酯是十字花科植物独特风味的主要来源，有关十字花科植物风味中诸如刺激性的、辛辣的、催泪的、大蒜似的或辣根似的等描述都与这类物质有关。辛辣味主要由挥发性的 2-丙烯基、3-丁烯基及 4-甲基硫-3-丁烯基异硫氰酸酯引起。在花椰菜各种硫代葡萄糖苷与苦味强度相关性研究中发现，neoglucobrassicin 和 sinigrin 是花椰菜苦味的主要来源。由于十字花科蔬菜的风味物质主要来自硫代葡萄糖苷，因此在评价十字花科蔬菜风味时，应考虑影响硫代葡萄糖苷含量的各种因素。

第六节　类胡萝卜素

类胡萝卜素（carotenoid）是一类重要的天然色素的总称，在自然界广泛存在。1831 年，Wachenroder 从胡萝卜根中结晶分离出碳水化合物类的色素，并以“胡萝卜素”命名，实际上，胡萝卜中所含有的类胡萝卜素主要是 β-胡萝卜素。之后，Berzelius 从秋天的叶片中分离提取出黄色的极性色素，并命名为“叶黄素”；随着生物物理技术的发展，人们通过色谱分析的方法分离出一系列的天然色素，并命名为“类胡萝卜素”。它们具有共同的化学结构特征，分子中心都是多烯键的聚异戊二烯长链，以此为基础，通过末端的环化、氧的加入或键的旋转及异构化等方式产生出很多衍生物。目前，已知的类胡萝卜素的成员大概有 600 多种，如番茄红素（lycopene）、叶黄素（lutein）、隐黄质（cryptoxanthin）、玉米黄质（zeaxanthin）、虾青素（astaxanthin）、α-，β-及 γ-胡萝卜素（α-/β-/γ-carotene）等。

一、化学结构和分类

类胡萝卜素通常由 40 个碳原子组成，是 8 个异戊二烯单元首尾连接而成的四萜类化合物（其结构通式如图 5-36 所示），这些异戊二烯单元的连接和排列在分子中心是反向的，在骨架的侧面具有甲基基团，侧面甲基基团在骨架中心位置被 6 个碳原子分开（2 个中间的甲基处于 1，6-位关系，2 个甲基中间有 6 个碳原子），在骨架的其他位置被 5 个碳原子分开（甲基处于 1，5-位关系，2 个甲基之间有 5 个碳原子）。

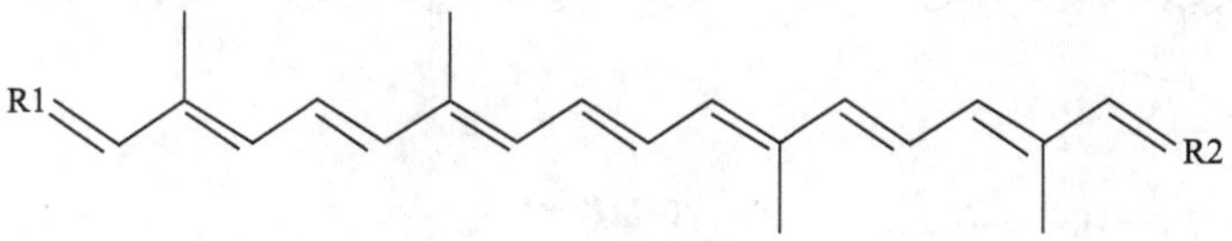

图 5-36　类胡萝卜素的结构通式

根据类胡萝卜素分子结构和溶解性的不同，将其分为两类。

1. 不含氧的烃类　即胡萝卜素类（carotene），广泛存在于高等植物和藻类中，结构特点是在分子中间 2 个异戊二烯是以尾-尾相连的，这类化合物中存在碳-碳双键，理论上有较多的顺反异构体，但在自然界存在的这一类化合物大多数是全反式的构型，因为全反式的构型最稳定；加热或光处理可以部分转化为顺式结构。α-胡萝卜素、β-胡萝卜素、γ-胡萝卜素、番茄红素等都属于这一类色素，其易溶于石油醚、苯、氯仿等有机溶剂。

2. 含氧衍生物类　即叶黄素类（xanthophyll），在藻类色素中为数最多，其母体与胡萝卜相似。但其为含氧胡萝卜素，即在分子两端的环中有不同数目的氧原子，是胡萝卜素氧化的衍生物。常见的叶黄素类有辣椒红素、玉米黄素、叶黄素等，能溶于甲醇、乙醇和石油醚。

常见的几种类胡萝卜素见图 5-37。

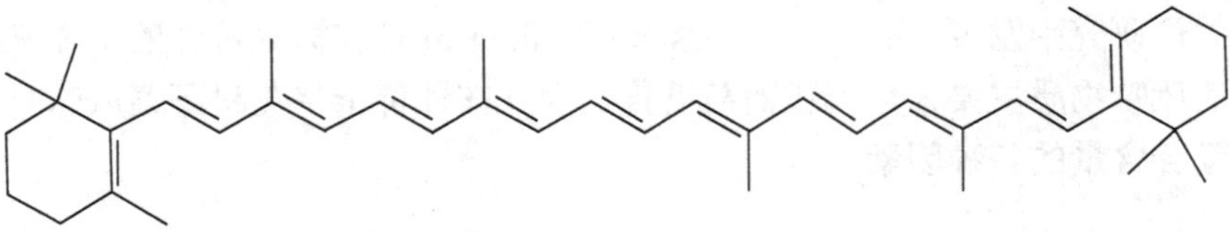

β-胡萝卜素

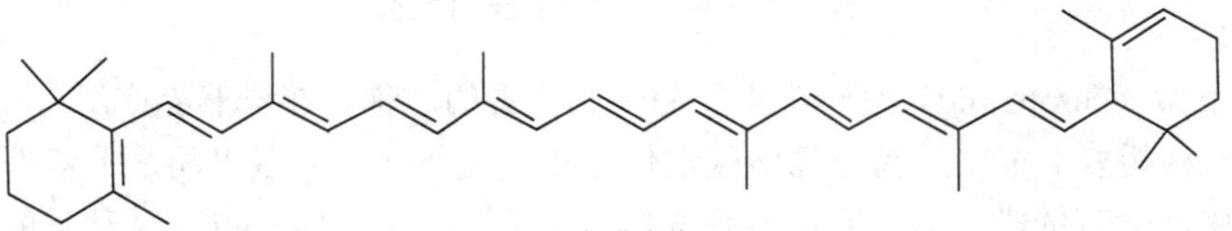

α-胡萝卜素

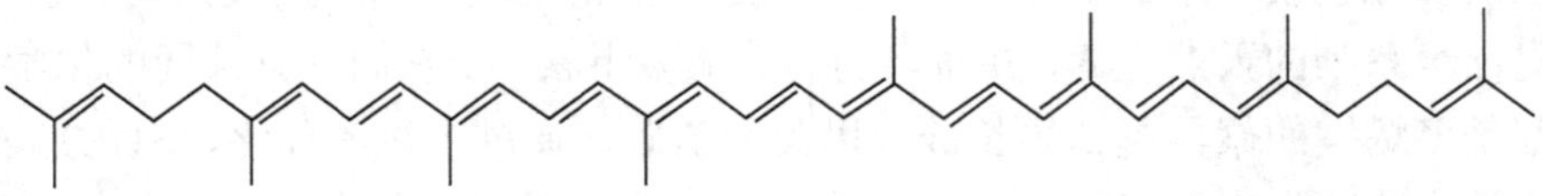

番茄红素

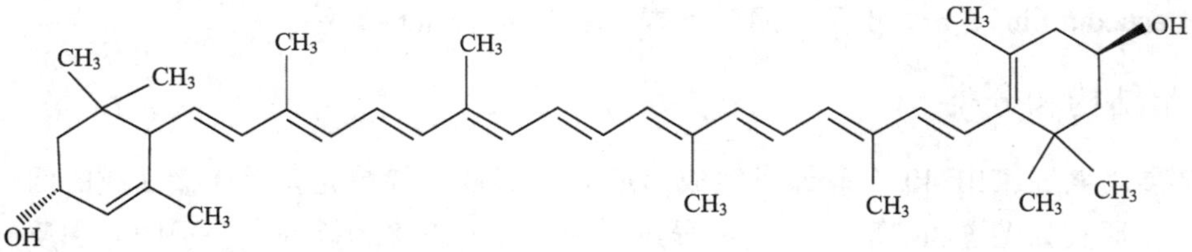

叶黄素

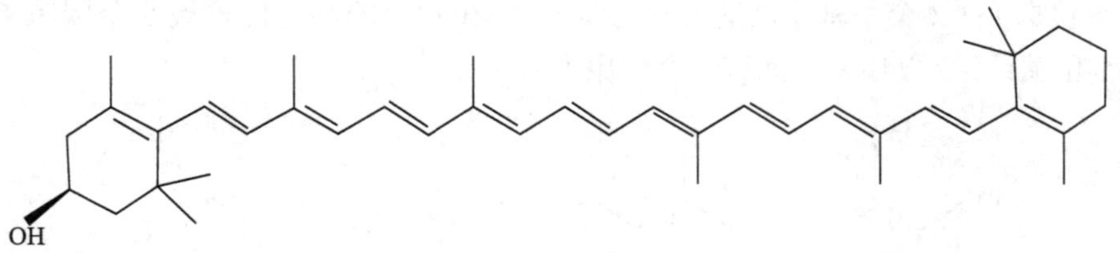

β-隐黄质

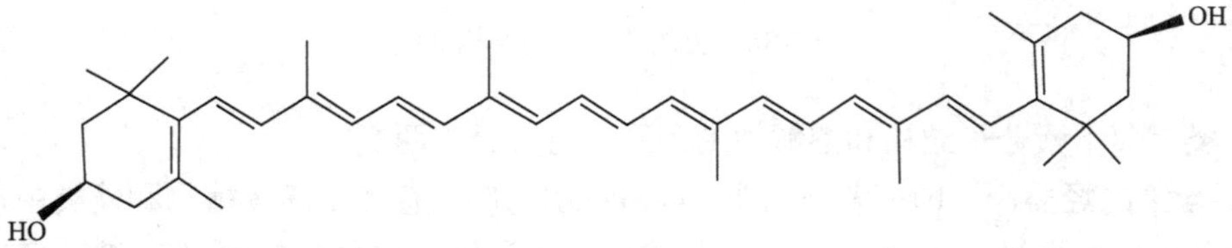

玉米黄质

图 5-37　常见的几种胡萝卜素结构式

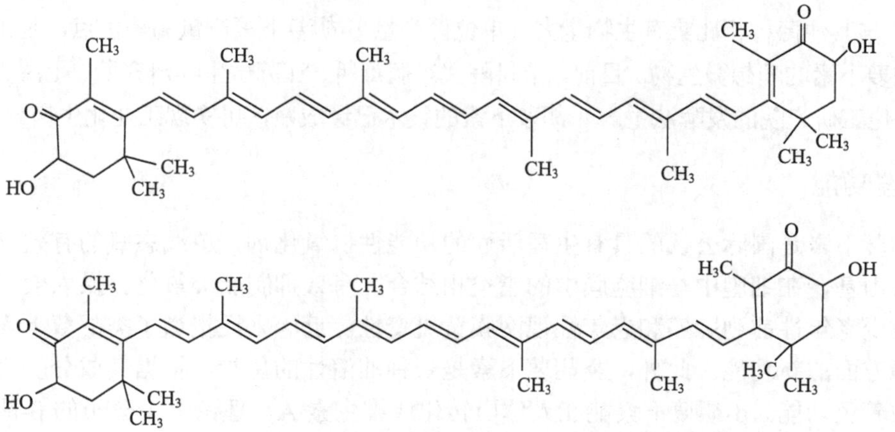

虾青素

图 5-37　常见的几种胡萝卜素结构式（续）

二、理化性质

类胡萝卜素是一类脂溶性色素，大多难溶于水，可溶于有机溶剂，在各种溶剂中的溶解度随温度的上升而增加；类胡萝卜素的含氧衍生物随其分子中的含氧官能团数目的增多，亲脂性减弱，叶黄素则易溶于甲醇、乙醇。类胡萝卜素耐酸、耐碱，在锌、铜、锡、铁离子存在时不易被破坏；由于分子中存在许多不饱和双键，该色素对光、热、氧较为敏感。类胡萝卜素化合物与浓硫酸或三氯化锑的氯仿溶液都显深蓝色，这两个颜色反应常用来作为这类化合物的定性鉴定。类胡萝卜素的颜色取决于其结构中扩展的共轭双键系统。高度不饱和的共轭双键系统产生一系列紫外-可见光谱（300～500nm），导致橙-黄颜色的形成，同时其分子结构中饱和、环化、氧化及基本碳架的加成和取代程度的差异又会影响其光谱特征，一般类胡萝卜素的颜色随分子不饱和程度的增加，吸收光谱发生红移。

三、主要来源

类胡萝卜素分布于整个植物界，并且是许多动物体色的组成部分。不过只有高等植物和原生生物的类胡萝卜素是自己合成的。动物的类胡萝卜素来源于高等植物、藻类及其他原生生物。

目前人们提取的天然类胡萝卜素的来源主要有以下几种：①从富含类胡萝卜素的天然植物中提取。高等植物如胡萝卜、番茄、紫（白）苏、沙棘、火棘、西瓜、玉米等中富含类胡萝卜素。我国北疆胡萝卜中类胡萝卜素含量高达 10～45mg/100g。另外，我国自行培育的 93-8 胡萝卜品种 β-胡萝卜素含量达 15～18mg/100g，均有很高的开发价值。②从盐藻中获得。盐藻中含有丰富的类胡萝卜素，大面积养殖盐藻可获得丰富的类胡萝卜素原料。20 世纪 80 年代末期，轻工业部制盐研究所在天津塘沽盐场的盐藻中成功提取出 β-胡萝卜素，并在内蒙古吉兰泰盐湖区建成 12 万 m^2 的盐藻养殖基地和每年 50kg 的 β-胡萝卜素提取加工车间。③通过微生物发酵获得。目前已发现能合成类胡萝卜素的主要微生物主要有瑞士乳杆菌、球形红杆菌、短杆菌、分枝杆菌、粘红酵母、布拉克须霉、三孢布拉霉等。其中，三孢布拉霉（*Blakeslea trispora*）与其他菌种相比具有生物量大、单位菌产量 β-胡萝卜素产量高等优点，是工业化生产天然 β-胡萝卜素的理想微生物。目前，中科院武汉病毒所、江苏微生物研究所、上海工业微生物所和上海化工研究院的发酵法生产 β-胡萝卜素的技术已经成熟，可实现工业化生产。

四、生理功能

类胡萝卜素是国际公认的具有生理活性的功能性抗氧化剂，单线态氧的有效猝灭剂能清除羟基自由基，在细胞中与细胞膜中的脂类相结合，有效抑制脂类氧化。摄入较多的类胡萝卜素能减少老年性前列腺癌和老年性视网膜黄斑变性。近年来还报道了类胡萝卜素在抗癌、抗衰老等方面的新功能。此外，类胡萝卜素是一种油溶性的色素，根据其成分颜色各异，具有很好的着色功能。β-胡萝卜素能在人体内转化成维生素 A，理论上 1 分子的 β-胡萝卜素可得 2 分子的维生素 A（实际生物效价仅为 1/6），故 β-胡萝卜素又被称为维生素 A 原。β-胡萝卜素对夜盲症、干眼病、角膜炎、失明等眼疾有明显的治疗作用，还具有养颜和促进儿童生长发育，降低血脂、血压、血糖，补中健食，养胃益脾，增强机体抗病等功能。

（一）抗氧化作用

由于类胡萝卜素化合物分子中带有一个共同的结构，即由 8 个异戊二烯单位构成，其两端各具一个 β-紫罗酮或其他构型。它的存在形式可能以异构型、取代型和开环型三种形式存在，这种特殊的共轭结构使之具有良好的抗氧化能力，即高效猝灭单线态氧和清除自由基的作用，减少自由基对细胞遗传物质（DNA、RNA）和细胞膜（如蛋白质、脂质和碳水化合物）的损伤。在人体正常的新陈代谢过程中或受到强烈的紫外线照射后会产生活性氧，活性氧具有不稳定性和高能水平，可将能量迅速传递给其他分子而产生自由基。含有不成对电子的自由基异常活跃，它可损伤核酸、蛋白质、细胞膜等细胞的重要组分，导致细胞突变或死亡。Patrizia 等（1999）研究发现，类胡萝卜素可以降低淋巴细胞 DNA 的损伤。多年来，类胡萝卜素一直被成功用于治疗内原叶琳病（即由于叶琳环在皮肤表面的积累而导致 O_2 增加带来的皮肤伤害）和其他的一些光敏疾病（如由于晶状体中单线态氧的存在而导致的白内障）。

（二）抗癌作用

在类胡萝卜素化合物的药用价值方面，研究最多的是抗癌作用。研究发现，类胡萝卜素对肺癌和皮肤癌具有良好的防治效果，对胃癌、前列腺癌、食道癌、乳腺癌等也有明显的防治效果。在此类色素中，β-胡萝卜素是其典型的代表，是最有效的自由基清除剂之一，是最有效的癌症预防物之一。1990 年美国国立癌症研究所报道，血清中 α-胡萝卜素、β-胡萝卜素、叶黄素、番茄红素和隐黄质的高水平能降低癌症的危险性，其中 β-胡萝卜素的功能最强。β-胡萝卜素的减少会增加某些癌症的危险性。在最易患癌症的危险人群中，血清中 β-胡萝卜素的水平经常很低。

（三）增强免疫力

类胡萝卜素对人体的免疫力系统有增强的作用，能增强特异性和非特异性免疫功能，也能增强肿瘤的免疫性，防治肿瘤的发展和扩散。饮食中的类胡萝卜素能阻止由紫外线、化学致癌因子或它们的联合作用引起的皮肤肿瘤，也可以对致癌因子引起的内部肿瘤起一定的抑制作用。

（四）增加细胞之间的缝间连接交流

细胞缝间连接交流是指邻近细胞间由连接蛋白链形成的如珍珠串般的连接通道，通过它，一个细胞发出的信息可传递到另一个细胞而产生相应的反应。细胞间的交流对于多细胞生物体的发生和组织的构建、细胞功能的协调、细胞生长和分裂的控制是必需的。Bertram 等用细胞模型证明，β-胡萝卜素和其他类胡萝卜素可加强细胞与细胞缝间连接交流的能力，从而抑制或降低癌症的发生。在转化阶段的癌细胞会由于通道受到破坏而干扰交换，从而促进其生长；体外促癌物质能通过连接蛋白的基因而抑制交换；在癌症加速阶段连接蛋白基因的表达会大大降低。Wolf（1992）证明，β-胡萝卜素和视黄醇能通过兴奋连接蛋白，激活或重新活化信息的交换，从而抑制癌症诱导细胞升级到恶化阶段。

（五）着色功能

类胡萝卜素呈天然的黄色或橘黄色，是一种有效的着色剂。在家禽体内，类胡萝卜素沉积于爪、喙及皮下脂肪中使其着色，提高家禽胴体品质。在产蛋家禽的体内，类胡萝卜素沉积于卵黄中使其呈黄色，提高蛋的品质。鱼虾类肤色的深浅取决于类胡萝卜素的摄食量。Storebadden 等证明，胡萝卜素能在动物肌肉中沉积，改善鱼体的色泽。

世界各国对有特殊价值食品都很重视，已有 50 多个国家批准 β-胡萝卜素作为黄色素加入食品中，大量用于黛色人造黄油、饮料、烘焙食品等。在制药上，类胡萝卜素可用于糖衣药片的染色。根据类胡萝卜素用量多少，可以得到不同的颜色。

第七节　其他活性成分

一、有机酸类化合物

有机酸类（organic acid）是分子结构中含有羧基（—COOH）的化合物。其在中草药的叶、根、特别是果实中广泛分布，如乌梅、五味子、覆盆子等。常见的植物有机酸有：脂肪族的一元、二元、多元羧酸，如酒石酸、草酸、苹果酸、柠檬酸、抗坏血酸（即维生素 C）等；芳香族有机酸如苯甲酸、水杨酸、咖啡酸等（图 5-38～图 5-41）。有机酸类除少数以游离状态存在外，一般都与钾、钠、钙等结合成盐，有些与生物碱类结合成盐。脂肪酸多与甘油结合成酯或与高级醇结合成蜡。有的有机酸还是挥发油与树脂的组成成分。

酒石酸（tartaric acid）即 2,3-二羟基丁二酸，是一种羧酸，存在于多种植物中，如葡萄和罗望子，也是葡萄酒中主要的有机酸之一。酒石酸最大的用途是作为饮料添加剂，也是药物工业的原料。

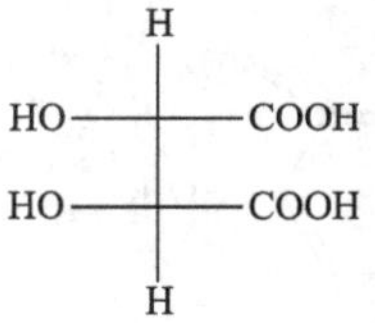

图 5-38　酒石酸

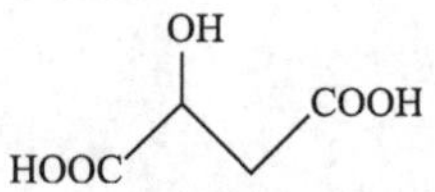

图 5-39　苹果酸

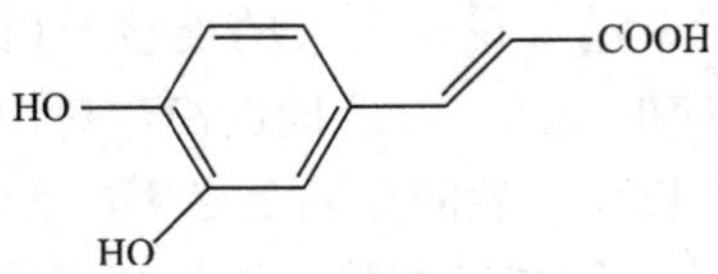

图 5-40　咖啡酸

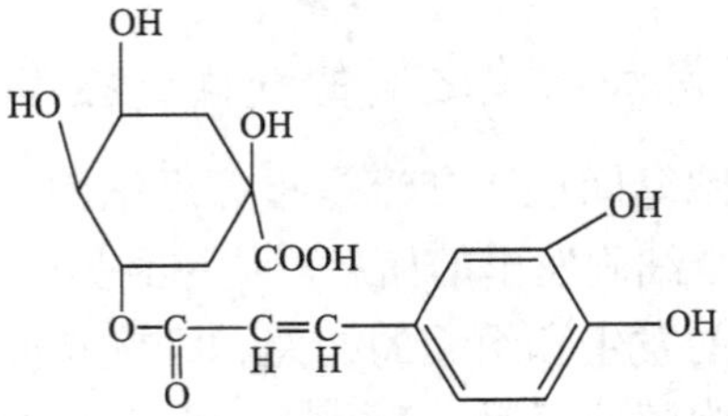

图 5-41　绿原酸

苹果酸（malic acid）又名 2-羟基丁二酸，由于分子中有一个不对称碳原子，有两种立体异构体。其在大自然中以三种形式存在，即 D-苹果酸、L-苹果酸和其混合物 DL-苹果酸。L-苹果酸为天然果汁的重要成分，与柠檬酸相比酸度大（酸味比柠檬酸强 20%）但味道柔和，具特殊香味，不损害口腔与牙齿，代谢上有利于氨基酸吸收，不积累脂肪，被生物界和营养界誉为“最理想的食品酸味剂”，目前在许多老年及儿童食品中取代柠檬酸。

咖啡酸（caffeic acid）的衍生物在植物界中分布十分广泛，如许多中药（茵陈、苎麻、金银花等）中存在的绿原酸（chlorogenic acid）是咖啡酸和奎宁酸的酯，是抗菌利胆的有效成分；而从菜蓟中分得的菜蓟素（cynarin）也是一种利胆保肝成分（图 5-42）。

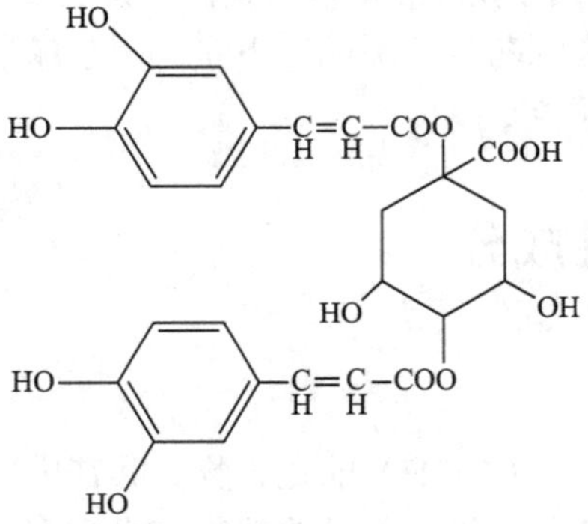

图 5-42　菜蓟素

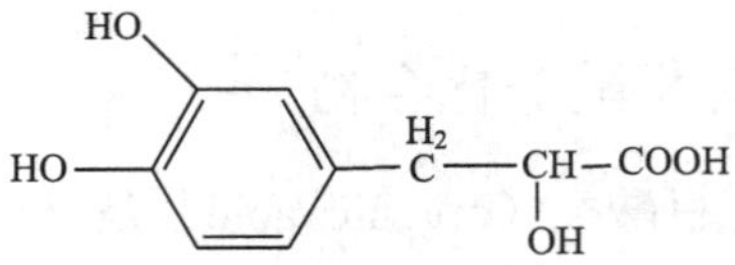

图 5- 43　丹参素甲

丹参为唇形科鼠尾草属植物，其根为常用中药。丹参的水溶性化学成分中主要含有丹参素甲、丹参素乙、丹参素丙等（图 5-43 和图 5-44）。药理实验证明这些成分具有耐缺氧、抗冠状动脉硬化、增加冠脉血流量、抑制凝血和促进纤溶作用，是丹参治疗冠心病的有效成分。丹参素甲又简称丹参素，丹参素丙为丹参素甲的二聚体。

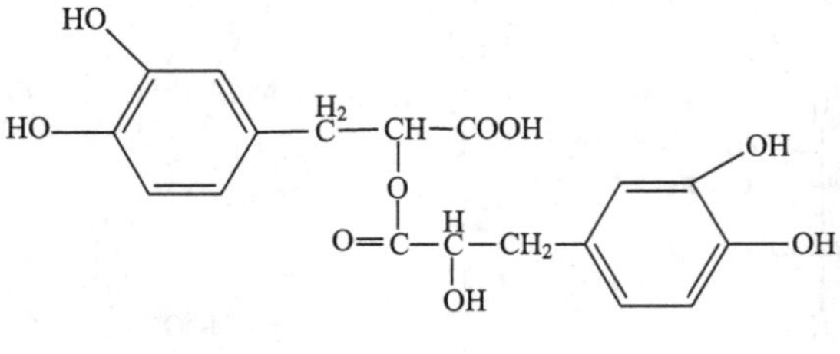

图 5-44　丹参素丙

二、有机醇类化合物

烃分子中一个或几个氢被羟基取代而生成的一类有机化合物即有机醇类化合物。芳香烃的环上的氢被羟基取代而生成的化合物不属醇类而属酚类。自然界存在有许多种醇：在发酵液中有乙醇及其同系列的其他醇；植物香精油中有多种萜醇和芳香醇，它们以游离状态或以酯、缩醛的形式存在；还有许多醇以酯的形式存在于动植物油、脂、蜡中。根据所含羟基的多少，可分为一元、二元、三元或多元醇。一个碳原子上一般不能含有两个羟基，因同碳二醇不稳定，容易失水形成羰基化合物。醇也可按照连接羟基的碳原子上氢的数目分为一级醇、二级醇和三级醇。

（一）二十八烷醇

二十八烷醇（octacosanol）是一元直链的高级脂肪醇，有 28 个碳原子，直链的末端连着羟基，是一种天然存在、世界公认的抗疲劳功能性物质。自 1937 年，国外学者将其从小麦胚芽油中提取，并发现它对人体的生殖障碍疾病有治疗作用后。从 1949 年起，美国伊利诺斯大学 T.K.Cureton 等学者进行了二十多年的研究，证明它具有一系列独特的生理功能，此后广泛开展了二十八烷醇的研究，并取得了一系列令人振奋的成果。二十八烷醇一般以蜡酯形式存在于自然界许多植物中，在苹果皮、葡萄皮、苜蓿、甘蔗等植物蜡中都含有二十八烷醇，蜂蜡、米糠蜡等也含有二十八烷醇。例如，小麦胚芽中二十八烷醇含量为 10mg/kg，胚芽油中含量为 100mg/kg。

二十八烷醇的生理作用包括：①增进耐力、精力、体力；②提高反应灵敏性；③提高应激能力；④促进性激素作用，减轻肌肉疼痛；⑤改善心肌功能；⑥降低收缩期血压；⑦提高机体代谢率。

二十八烷醇是一种安全有效的功能性因子，根据小白鼠口服试验，二十八醇的 LD_{50} 为 18g/kg 以上，安全性比食盐（LD_{50}=3g/kg）还高；同时经小鼠精子畸变试验、小鼠骨髓微核试验和 Ames 试验等均呈现阴性。二十八烷醇的另一个显著特点是用量极微而生理活性显著。根据日本油脂株式会社的报道，通常每人每天口服 0.2mg 的二十八烷醇就能达到消除疲劳的目的；为了增强体力和耐力，每天的口服量大约是 0.5mg；而用于治疗目的的用量为 5mg。此外，作为一种天然醇，二十八烷醇具有良好的生物降解性，易为动物体吸收及利用。

（二）甾醇

甾醇（sterol）以环戊烷全氢菲为骨架，可分为动物甾醇、植物甾醇和菌性甾醇三大类。动物甾醇以胆固醇为主；植物甾醇主要为谷甾醇、豆甾醇和菜油甾醇等，存在于植物种子中；菌类甾醇有麦角甾醇，存在于蘑菇中。

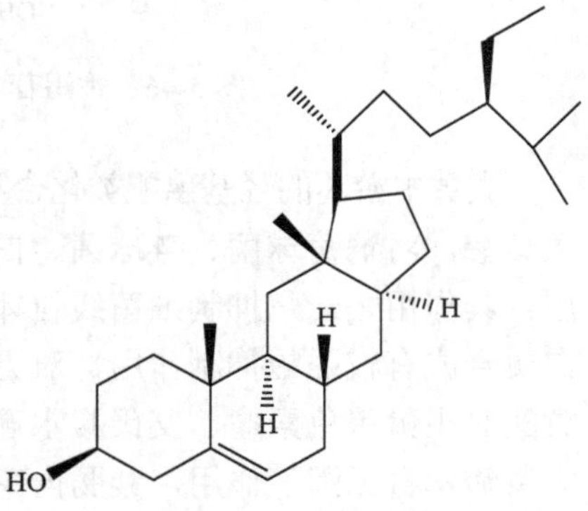

图 5-45　谷甾醇

谷甾醇（sitosterol）又称麦固醇（图 5-45），有降低血清胆固醇的作用，用于Ⅱ型高脂血症及预防动脉粥样硬化，还具有抗炎作用，有类似阿司匹林的退热作用。植物甾醇的结构与胆固醇相似，在生物体内以与胆固醇相同的方式吸收。但是植物甾醇的吸收率比胆固醇低，一般只有 5%～10%。植物甾醇能阻碍胆固醇的吸收，从而起到降低血液中胆固醇含量的作用。其作用机理是：①抑制肠道对胆固醇的吸收；②促进胆固醇的异化；③在肝脏内抑制胆固醇的生物合成。其中，在肠道内阻止胆固醇的吸收是最主要的作用方式。

（三）谷维素

谷维素（oryzanol）系阿魏酸与植物甾醇的结合脂，它可从米糠油、胚芽油等谷物油脂中提取。其外观为白色至类白色结晶粉末，无味，有特异香味，加热时可溶于各种油脂，不溶于水。临床上常采用谷维素改善植物神经功能和内分泌调节功能，此外还具有抗氧化、抗衰老、降血脂等多种生理作用。谷维素在功能食品方面的应用可能主要集中在降血脂，体现在：①降低血清总胆固醇、甘油三酯含量；②降低肝脏脂质；③降低血清过氧化脂质；④阻碍胆固醇在动脉壁沉积；⑤抑制胆固醇在消化道吸收。

三、醌类化合物

醌类化合物是植物中一类具有醌式结构的化学成分，主要分为苯醌、萘醌、菲醌和蒽醌四种类型。在中药中以蒽醌及其衍生物尤为重要。醌类在植物中的分布非常广泛，如蓼科的大黄、何首乌、虎杖，茜草科的茜草，豆科的决明子、番泻叶，百合科的芦荟，紫草科的紫草等。

醌类化合物的生物活性是多方面的。番泻叶中的番泻苷类化合物具有致泻作用（图 5-46），故番泻苷用于热结积滞、便秘腹痛、水肿胀满的治疗，是临床上最常用的泻下药之一。番泻苷除具有清热行滞、通便利水、排毒养颜、促进肠胃蠕动致泻等作用外，还具有一定的抗菌功能，临床尚可用于急性胰腺炎、菌痢、流行性出血热、胆囊炎、产后回乳等；主要应用于医药、减肥保健品等。

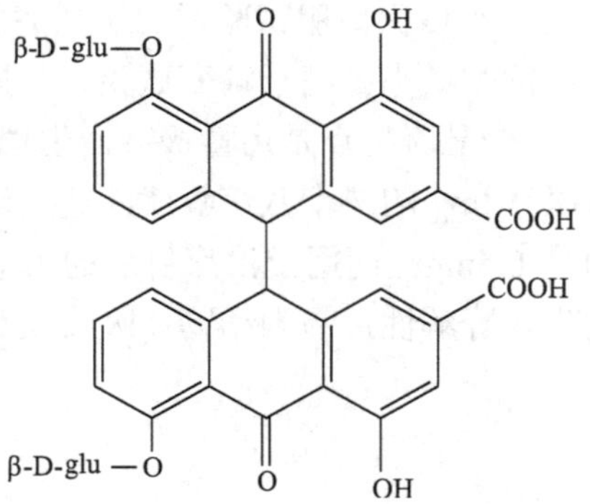

图 5-46　番泻苷

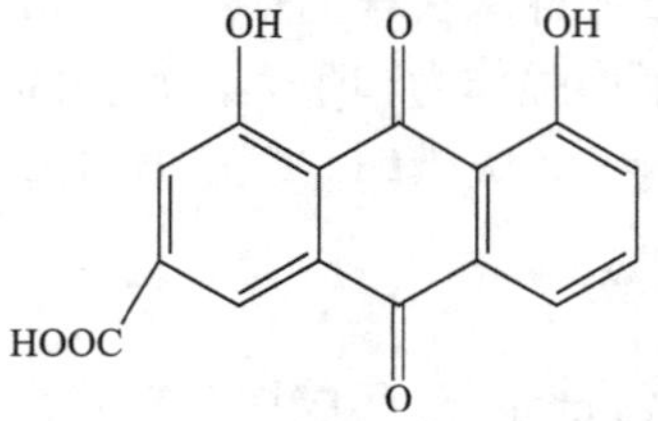

图 5-47　大黄酸

大黄中游离的羟基蒽醌类化合物具有明显的抗菌活性（图 5-47）。大黄中的主要醌类化合物大黄酸，对葡萄球菌、链球菌、白喉杆菌、枯草杆菌、副伤寒杆菌、痢疾杆菌等均有抑制作用。其作用之一是抑制细菌线粒体呼吸链的电子传递；大黄酸对金黄色葡萄球菌的核酸和蛋白质合成有较强的抑制作用，对无细胞系统 DNA 的生物合成也有抑制作用。除此之外，大黄酸对小鼠黑色素瘤、艾氏腹水癌、肝癌、乳腺癌、P388 白血病细胞都有一定的抑制作用；大黄酸本身无泻下作用，其肠内菌转化产物大黄酸蒽酮有泻下活性，能够降低结肠对钠和氯离子的吸收，增加钾离子分泌。

茜草中的茜草素类成分具有良好的止血作用。茜草素是一种蒽醌类化合物，存在于茜草科植物茜草的根、羊角藤的根及根茎中（图 5-48）。实验证明茜草素大剂量能降低动物血压而不影响心脏，有某些利尿及兴奋离体肠管的作用，对金黄色葡萄球菌有抑制作用，有凉血、止血功效，用于吐血、崩漏、外伤出血。

丹参中丹参醌类化合物具有扩张冠状动脉的作用，用于治疗冠心病、心肌梗死等疾病。丹参酮ⅡA 为唇形科植物丹参的干燥根及根茎中分离得到的化合物，能显著延长小鼠耐缺氧时间，减轻缺氧引起的心肌损伤，同时改善心肌收缩力，促进心肌再生；除此之外，丹参酮ⅡA 能扩张动物微动脉，使毛细管网开放数量增多，加快血液流速、流量，从而改善微循环障碍（图 5-49）。

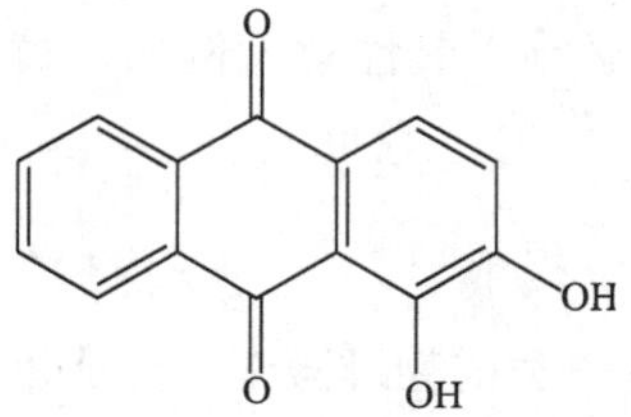

图 5-48 茜草素

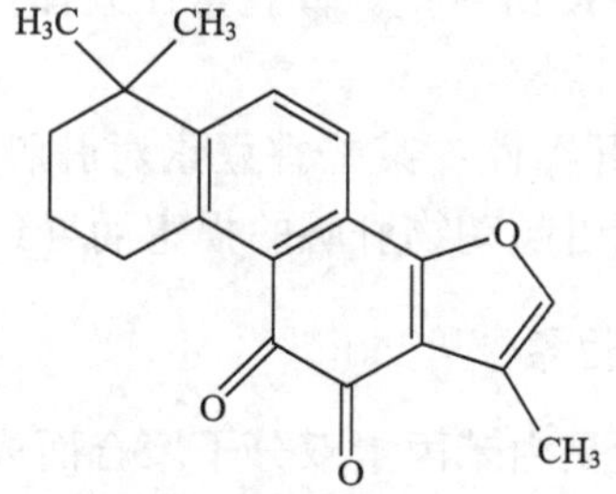

图 5-49 丹参酮ⅡA

四、香豆素和木脂素类化合物

香豆素（coumarin）、木脂素（lignan）都是植物体内存在的一类具有 C6～C3 基本骨架的活性成分，由酪氨酸衍生而来。

（一）香豆素

香豆素是邻羟基桂皮酸的内酯，具有芳香气味。现已从自然界中分离到近 900 种香豆素类化合物，它们都具有苯骈 α-吡喃酮母核基本骨架，90%以上的香豆素 7-位有羟基或醚基（图 5-50）。香豆素广泛存在于高等植物中，尤其是伞形科、芸香科、菊科、豆科、兰科、茄科等植物及微生物代谢产物中。香豆素在紫外光下常常显蓝色荧光，有的在可见光下也能观察到荧光，在遇浓硫酸时也能产生特征性的蓝色荧光，因此人们比较容易发现它们的存在。

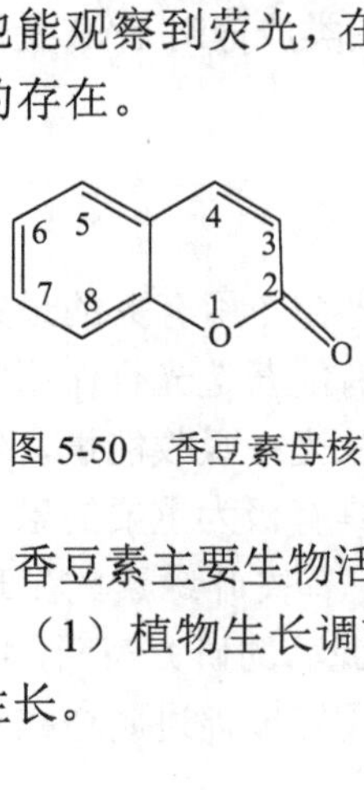

图 5-50 香豆素母核

图 5-51 补骨脂内酯

图 5-52 七叶内酯

香豆素主要生物活性有如下几个方面。

（1）植物生长调节作用：低浓度的香豆素可刺激植物发芽和生长，高浓度时抑制发芽和生长。

（2）光敏作用：许多香豆素具有光敏作用。呋喃香豆素外涂或内服后经日光照射可引起皮肤色素沉着，所以补骨脂内酯（图 5-51）可用于治疗白斑病。

（3）抗菌、抗病毒作用：中药秦皮治痢疾的有效成分是七叶内酯及其苷（图 5-52）；从微生物中获得的新生霉素（novobiocin）具有香豆素结构。

（4）平滑肌松弛作用：伞形科植物中许多香豆素有血管扩张作用，吡喃香豆素类化合物 samidin 具有对冠状动脉扩张的作用。亮菌甲素（armichromone）是一种利胆活性成分，松弛胆总管末端的括约肌，能显著促进胆汁分泌。

（5）抗血凝作用：双香豆素存在于腐败的牧草中，牛羊食后可因出血而致死。双香豆素的某些类似物，是临床使用的一类抗凝血药物，用以防治血栓形成。香豆素的抗凝血作用可被维生素 K 所对抗。香豆素在人体内吸收快而作用缓慢，长期应用要防止其积聚，应加强凝血时间的监控。

（6）肝毒性：某些香豆素对肝脏有一定的毒性，必须引起注意。例如，黄曲霉素在极低浓度就能引起动物肝脏的损害而导致癌变。

（二）木脂素

木脂素是由苯丙素双分子聚合而成的天然成分，是一类植物雌激素。组成木脂素的单体有 4 种：①桂皮酸，偶有桂皮醛；②桂皮醇；③丙烯苯；④烯丙苯。

亚麻籽及芝麻中木脂素的含量较高，谷物类食物（如黑麦、小麦、燕麦、大麦等）、大豆、十字花科植物（如西兰花）和一些水果（如草莓）中也含木脂素。木脂素具有清除体内自由基、抗氧化的作用；能结合雌激素受体，并干扰癌促效应，因此可能对乳腺癌、前列腺癌和结肠癌等有防治作用。

木脂素主要生物活性如下。

（1）抗肿瘤作用：小檗科鬼臼属及其近缘植物中，普遍存在且含量较高的各种鬼臼毒素类木脂，均显示强的细胞毒活性，能显著抑制癌细胞的增殖。

（2）肝保护和抗氧化作用：五味子和华中五味子果实中的各种联苯环辛烯类木脂素，均有保护和降低血清谷丙转氨酶作用。

（3）抗 HIV 作用：鬼臼毒素类木脂素对麻疹和Ⅰ型单纯疱疹有对抗作用。

（4）中枢神经系统作用：一些木脂素对中枢神经系统既有抑制也有抗抑制作用。

（5）血小板活化因子（PAF）拮抗活性：海风藤中获得的新木脂素类成分对 PAF 受体结合有明显抑制作用，其中海风藤酮活性最强。

五、叶绿素和姜黄素

叶绿素（chlorophyll）是一类含镁卟啉衍生物的泛称，是一类与光合作用有关的最重要的色素，是植物体内光合作用赖以进行的物质基础。叶绿素存在于所有能营造光合作用的生物体，包括绿色植物、原核的蓝绿藻（蓝菌）和真核的藻类。叶绿素从光中吸收能量，然后利用能量将二氧化碳转变为碳水化合物。光合作用对地球上生命物质具有极为重要的意义。

叶绿素在化学结构上也与人类和大多数动物的血红素极其相似。有关叶绿素的生理功效，早在 1919 年就已提出，认为它能促进增血功能并加速治愈创伤。此后的研究表明，叶绿素还有多种生理功效：①促进伤口愈合；②除口臭；③降低胆固醇；④轻度促进肠道蠕动，具有缓解便秘的功效。

姜黄素是从姜科、天南星科中的一些植物根茎中提取的一种化学成分，其中，姜黄素约含 3%～6%，是植物界很稀少的具有二酮的色素，为二酮类化合物（图 5-53）。姜黄素为橙黄色结晶粉末，味稍苦，不溶于水，在食品生产中主要用于肠类制品、罐头、酱卤制品等产品的着色。医学研究表明，姜黄素具有降血脂、抗氧化、抗肿瘤、抗炎、利胆等作用。此外，姜黄素还可防止关节肿大、关节炎，对心血管疾病、癌症等也有一定效果。

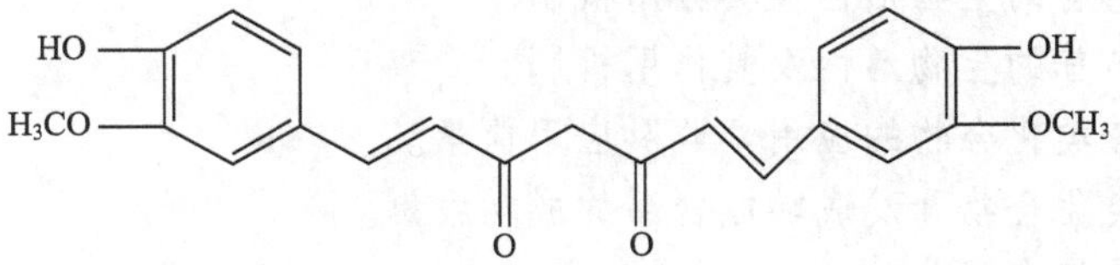

图 5-53　姜黄素

2006 年，新加坡国立大学研究人员发现，咖喱中的姜黄素含抗氧化作用，可抑制类淀粉斑块在脑部形成，从而减低患老年痴呆症的机会。这或许可以部分解释印度人患老年痴呆症的比率较西方低。此外还发现姜黄素能抑制 HIV-1 整合酶活性。姜黄素还是一种广谱的阻止一系列病毒感染健康细胞的抑制剂。

本章小结

随着营养科学的发展，在膳食营养与健康和疾病关系的研究中，食物中已知必需营养素以外的化学成分日益引起人们的关注，其中有些成分已作为保健食品的成分广为应用。植物性食物中除了含有已知的维生素和矿物质外，近 20 余年来陆续发现一些植物化学物（phytochemicals），尽管植物所含此类化合物甚微，然而却种类繁多且对人体健康具有非常重要的作用。本章主要论述了植物中的原花青素和花色苷、黄酮类化合物、三萜类化合物、生物碱、皂苷类化合物、有机硫化合物、类胡萝卜素及其他活性物质的结构、分类、来源、功能和开发应用。这些植物生物活性物质的功能主要表现在抗氧化、抗衰老、抗癌或抑制肿瘤、预防心血管疾病等的作用。由于植物化学物种类繁多，生物活性广泛，我们对它们的认识还非常有限，如何针对实际需求，合理开发利用这些植物化学物资源，以正确指导膳食、保护机体健康，还有很长的科研之路。

思考题

1. 原花青素的结构特点是什么？
2. 原花青素的主要来源有哪些？
3. 原花青素和花色苷的主要功能有哪些？作用机制是什么？
4. 阐述原花青素和花色苷的应用领域及应用前景。
5. 简述黄酮类化合物的分类。
6. 黄酮类化合物主要的生理功能有哪些？
7. 黄酮类化合物预防肿瘤的机制有哪些？

8. 黄酮类化合物抗氧化、抗衰老的作用机制是什么？
9. 谈谈黄酮类化合物在保健食品中的应用前景。
10. 简述萜类化合物的分类。
11. 单萜类代表性功能成分有哪些？
12. 二萜类代表性功能成分有哪些？
13. 简述甾体皂苷苷元与三萜皂苷苷元的不同点。
14. 简述人参皂苷的生物活性及其作用机制。
15. 简述大豆皂苷的生物活性及其作用机制。
16. 试论述皂苷类化合物的应用领域及应用前景。
17. 举例：萜类化合物开发成功能食品的成功案例。
18. 生物碱的种类有哪些？
19. 生物碱的生理功能有哪些？在临床上有哪些应用？
20. 谈谈你对生物碱安全性的看法。
21. 简述硫代葡萄糖苷化合物的分类及其主要基团类型。
22. 简述有机硫化合物的生理功能及作用机制。
23. 叙述有机硫化合物的应用领域及应用前景。
24. 类胡萝卜素主要的分类方式有哪些？
25. 类胡萝卜素的主要理化性质有哪些？
26. 简述类胡萝卜素的生理功能及作用机制。
27. 简述类胡萝卜素的应用领域及应用前景。
28. 有机酸类化合物代表性功能成分有哪些？
29. 二十八烷醇主要生理活性及其作用机制有哪些？
30. 醌类化合物主要活性成分及其在保健食品开发中的作用有哪些？
31. 姜黄素的主要来源及其生理作用有哪些？

第6章 功能性微生物及其代谢产物

自然界存在大量的微生物，有些对人体有害作用，如病原微生物，有些对人体既无害也无益，有些有益于人体健康。近年对肠道微生态展开了大量的工作，发现了许多益生菌及其代谢产物与人体相互作用的科学证据。同时，人类通过工业化技术，利用微生物的有益代谢产物来服务人类健康。

第一节 益 生 菌

一个成人体内有约100万亿个细菌，有益菌群和有害菌群的数量维持着人体微生态的平衡。益生菌（probiotics）是一类对宿主有益的活性微生物，是定植于人体肠道、生殖系统内，能产生确切健康功效，从而改善宿主微生态平衡、发挥有益作用的活性有益微生物的总称。人体、动物体内有益的细菌或真菌主要有酪酸梭菌、乳酸菌、双歧杆菌、嗜酸乳杆菌、放线菌、酵母菌等。目前，功能强大的复合活性益生菌，已被广泛应用于生物工程、农业、食品安全及生命健康等领域。

一、益生菌的发现

发酵乳的出现可以追溯到 6000 年前。古埃及遗迹的壁画上就有挤牛奶的画面，而壁画上的文字记载也证实，当时有一种称为“生命”的强酸性乳饮料，这种饮料除了饮用外，还被当成药品。中国人在公元前500年就会制造和食用豆腐，并有用豆腐乳作为类似抗生素药物使用的经验。公元12世纪，蒙古大汗成吉思汗就已经用发酵马奶和牛奶作为他的军队的日常饮食，发酵乳被称为“库米斯”，是蒙古军队的重要饮料和药剂。

19世纪末，俄国科学家梅契尼科夫（Elie Metchnikoff，1845—1916，1908年诺贝尔生理学或医学奖获得者）在保加利亚旅行时惊奇地发现，该地区的人们非常长寿，有很多100岁以上的老人。通过对保加利亚人的伙食习惯的研究，梅契尼科夫发现这些长寿人群有着经常饮用含有益生菌的发酵牛奶的传统。经过进一步考察，梅契尼科夫发现了用于发酵牛奶的细菌（益生菌）和长寿的某种关联。

19世纪末至20世纪初，有“微生物之父”和“疫苗之父”双重称号的法国科学家路易斯·巴斯德（Louis Pasteur）同样认为肠内发酵是必需的，并提出了微生物有益的观点。1899年，法国巴黎儿童医院的帝赛（Henry Tisser）医生最先发现了双歧杆菌，他发现母乳喂养的婴儿的粪便涂片上有较多的革兰氏阳性多形态的杆菌或球杆菌，并有分叉，命名为分叉杆菌（现称为双歧杆菌，*Bifidobacterium*）；人工喂养的婴儿的大便中很少有双歧杆菌，而含有大量的革兰氏阴性杆菌，还发现双歧杆菌与婴儿患腹泻的频率及营养密切相关。1900年，丹麦人奥拉·严森（Orla Jerlserl）首次对乳酸菌进行了分类。1905年，保加利亚科学家斯塔门·戈里戈罗夫第一次发现并从酸奶中分离了“保加利亚乳酸杆菌”(*Lactobacillus bulgaricus*)。1922年，Rettger 和 Cheplin 报道了嗜酸乳杆菌（*Lactobacillus acidophilus*）酸奶所具有的临床功效，特别是对消化的功能性。1962 年，Bogdanov 从保加利亚乳杆菌（*Lactobacillus bulgaricus*）中分离出了 3 种具有抗癌活性的糖肽，首次报道了乳酸菌的抗肿瘤作用。

1965 年，D.M. Lilly 和 R.H. Stillwell 在《科学》杂志上发表的论文“益生菌——由微生物产生的生长促进因素”中最先使用“益生菌”这个词语来描述一种微生物对其他微生物生长的促进作用。1974 年，Paker 将益生菌定义为对肠道微生物平衡有利的菌物。1992 年，Havennar 对益生菌定义进行了扩展，解释为一种单一的或混合的活微生物培养物，应用于人或动物，通过改善固有菌群的性质对寄主产生有益的影响。1995 年，吉布森（Gibson）把能在大肠中调整菌群的食品称为“益生元”(prebiotic)。2006 年，意大利 M. Del Pianoa 等认为益生菌应该定义为“一定程度上能耐受胃液、胆汁和胰脏分泌物而黏附于肠道上皮细胞并在肠道中定植的一类活的微生物”。

2007 年 12 月 9～10 日，英国、美国、法国、中国等国科学家在美国酝酿成立了“人类微生物组国际研究联盟”(IHMC)，2008 年 4 月联合启动“人类元基因组计划”，开始对人类元基因组的全面研究。这项人类微生物组计划，被称为“第二人类基因组计划”，是人类基因组计划的延伸，通过元基因组学的方法研究人体内（表）的微生物菌群结构变化与人体健康的关系。该计划对人体内所有共生的微生物群落进行测序和功能分析，其序列测定工作量至少相当于 10 个人类基因组计划，并有可能发现超过 100 万个新的基因。

最新的研究进展表明，结构异常的肠道菌群很可能是肥胖、高血压、糖尿病、冠心病和中风等因饮食结构不当造成的代谢性疾病的直接诱因。美国华盛顿大学戈登小组 2006 年在《自然》杂志报道，肥胖小鼠的肠道菌群可以把人体不能消化的植物纤维，转变成短链脂肪酸供人体吸收利用，增加人体从食物中获得热量的能力。细菌还可以直接调节人体脂肪代谢途径的基因表达活性，减少脂肪酸的氧化，增加甘油三酯从源头上的合成。研究人员认为，肠道菌群产生的某种因子，很有可能是启动机体肥胖所必需的。英国里丁大学吉布森小组 2007 年在《糖尿病》杂志报道，高脂食物显著减少双歧杆菌等保护肠道屏障的细菌，致使产生内毒素的细菌明显增加，导致进入血液的内毒素增加，引起低度的慢性炎症，最后导致胰岛素抵抗等一系列代谢紊乱疾病。这一研究是通过动物模型进行的，在人体上是什么情况还需要研究。研究人体共生微生物的基因，为阐明代谢性疾病等多种慢性病的病因提供了一种创新性的思维和方法，并为有效预防和治疗这些疾病带来了新的希望，可能在新药研发、药物毒性控制和个体化用药等方面实现突破性进展。

二、益生菌的功效

事实上，许多有益的细菌存在于人体的口腔、胃肠道、皮肤和阴道中。当人体提供少量的营养和庇护给这些友好的微生物时，它们会给予人类更高的回报——为人体健康服务，防止其他有害菌的入侵。一般来说，人体内的菌群平衡会以多种方式维护着人体的健康状态。经临床证实的益生菌更有助于预防和治疗某些由细菌、病毒、真菌和原生动物引起的疾病，包括自动免疫疾病、过敏症和癌症等。维护着人体正常菌群平衡的益生菌还可对人体起到去除有害物质、清除体内毒素和净化体内环境等作用。益生菌的功效有如下几点。

1. 帮助营养物质的消化吸收 益生菌能提高营养物质（成分）在肠道内的消化吸收。

人体肠道内没有益生菌群，就无法对所摄入的食物进行很好的消化、吸收，以及清除食品中的有害成分。许多益生菌株在胃肠道内可产生酶，这些酶可帮助人体更好地消化所摄入的食品及吸收食品中的营养成分。益生菌还可竞争性地黏附在肠道上皮细胞上产生屏蔽作用，进而抑制有害微生物通过肠道壁吸收营养物质及进入血液循环系统。嗜酸乳杆菌是这方面的代表菌株，可分泌消化乳糖的乳糖酶，从而缓解乳糖不耐症。

2. 产生重要的营养物质　益生菌能产生维生素，包括泛酸、尼克酸、维生素 B_1、维生素 B_2、维生素 B_6 及维生素 K 等，同时能产生短链脂肪酸、抗氧化剂、氨基酸等，对骨骼成长和心脏健康有重要作用。

3. 抵抗细菌病毒的感染，提升免疫力　益生菌通过产生杀灭有害菌的化学物质，以及与有害菌竞争空间和资源而遏制它们的生长。益生菌能抑制和清除有害菌产生的毒素。

4. 预防和治疗某些疾病　人体许多健康问题都是由体内菌群失衡引起的，决定因素是微生态的平衡，可通过使体内菌群重新达到生态平衡来实现缓解与治疗的目的。例如，腹泻、便秘、阴道感染等综合症状，国内外已经经过多年的研究和实践，证明使用特定的经临床证实的益生菌可有效地进行预防或治疗，如肠道综合征、呼吸道感染、生殖系统感染、过敏、口臭、胃溃疡等。

三、益生菌的健康效应及可能涉及的机制

表 6-1 列出了益生菌的健康功能及可能涉及的机制，具体如下。

表 6-1　益生菌的健康功能及可能涉及的机制

健康功能	可能涉及的机制（作用）
抗肠道致病菌	通过拮抗作用，定殖竞争。增加抗体产生，增强全身免疫效应；以代谢产物的抗菌作用等机制抵抗病原菌的入侵
辅助乳糖消化	细菌乳糖酶在小肠中辅助人体对乳糖的消化
防止小肠细菌过度生长	乳酸菌影响过度生长的菌群，降低有毒代谢产物生成，平衡小肠肠道菌群
缓解短肠综合征	短肠综合征：小肠切除、营养物吸收障碍、腹泻等造成小肠吸收面积减少而引起的一个临床症候群。通过增加肠道菌群和抑制病原菌，减轻腹泻症状。同时升高血清中的前蛋白水平，增加粪便中的短链脂肪酸，增加淋巴细胞数量提高免疫力和促进吸收
调节免疫系统	增强非特异性抗原的特异性防御，抗感染和肿瘤；辅助抗原特异性免疫应答；调节/影响 Th1/Th2 细胞产生抗炎细胞因子，降低有毒含氮代谢物的释放
防止结肠癌作用	抗诱变活性，包括对致癌代谢物质的解毒作用和改变结肠微生物中的前致癌酶活性；激活免疫功能；影响胆汁盐浓度
降低/降解微生物有毒代谢产物	增加肠道中双歧杆菌数量，将适合分解蛋白的肠道优势菌群，转变为适合糖代谢的菌群，从而减少有毒和腐败代谢产物的产生
抗过敏	预防抗原异位到血液；在刺激性免疫抗原增加时，预防过度的肠道免疫应答
降血脂和缓解心脏病	通过细菌细胞消化，沉淀胆固醇；改变胆盐水解酶活性；抗氧化作用
抗高血压作用	牛奶蛋白在细菌肽酶作用下产生抗高压三肽；细胞壁成分作为血管紧张素转化酶抑制剂起作用
预防泌尿生殖器感染	黏附于泌尿器和阴道细胞，竞争排除致病菌；产生抑制剂（H_2O_2 和生物表面活性剂）
抗幽门螺旋杆菌感染	竞争性定殖，抑制幽门螺旋杆菌生长和黏附于黏膜细胞，降低其在胃中浓度
抗肝性脑病	竞争性排他作用或抑制肠道菌群尿素的产生
抗非酒精脂肪肝	抑制有害细菌增殖，遏制小肠细菌的过度增长，加强胃肠道屏蔽的功能，调节免疫系统

续表

健康功能	可能涉及的机制（作用）
中和食物致癌物	产生丁酸中和食物中的致癌物质；菌体吸附重金属等致癌物质
缓解 NEC（小肠末梢坏死性炎症）症状	降低 TLR 和信号分子，增强负向调控，降低 IL-8 反应
抗轮状病毒性胃肠炎	增强对病毒的 IgA 反应
抗克罗恩病	降低促炎性因子的产生，包括：TNF-α；降低上皮内淋巴细胞中的 TNF-α 表达和 CD4 细胞的数量
抑制龋齿牙龈炎	抑制龋齿菌（链球菌）活动，阻碍牙周病菌增殖
促进卵泡成熟	调节分泌
促进大脑发育	刺激信号机制，影响控制运动和焦虑行为的神经元回路
促进皮肤健康	增加皮毛光泽度和厚度
抗寄生虫	分泌一种抗性物质
缓解重症肌无力	下调了乙酰胆碱受体活性 T 细胞和 B 细胞的效应功能
增强营养值	产生维生素和辅助因子

四、益生菌的分类和常见的益生菌

迄今为止，科学家已发现的益生菌大体上可分成以下三大类：

（1）乳杆菌类（如嗜酸乳杆菌、干酪乳杆菌、詹氏乳杆菌、拉曼乳杆菌等）；

（2）双歧杆菌类（如长双歧杆菌、短双歧杆菌、卵形双歧杆菌、嗜热双歧杆菌等）；

（3）革兰氏阳性球菌（如粪链球菌、乳球菌、中介链球菌等）。

此外，还有一些酵母菌与酶亦可归入益生菌的范畴，详见表 6-2。

表 6-2　常见益生菌的种类和菌株

种类	菌株
乳杆菌（*Lactobacillus*）	*L. acidophilus* NCFM（嗜酸乳杆菌）；*L. acidophilus* SBT-2062（嗜酸乳杆菌）；*L. acidophilus* LA-1，LA-5（嗜酸乳杆菌）；*L. acidophilus* DDS-1（嗜酸乳杆菌）；*L.casei* Shirota（Lcs）（干酪乳杆菌）；*L. casei* DN114001，Inurnirnitas（干酪乳杆菌）；*L. paracasei* CRL431（副干酪乳杆菌）；*L. paracasei* F19（副干酪乳杆菌）；*L. rhamnosus* GG（鼠李糖乳杆菌）；*L. rhamnosus* LB21（鼠李糖乳杆菌）；*L. rhamnosus* GR-1（鼠李糖乳杆菌）；*L. rhamnosus* 271（鼠李糖乳杆菌）；*L. plantarum* WCFS1（植物乳杆菌）；*L. gasseri* LG21（格氏乳杆菌）；*L. fermentum* RC-14（发酵乳杆菌）；*L. reuteri* SD2112，MM2（罗伊氏乳杆菌）；*L. reuteri* ATCC5570（罗伊氏乳杆菌）
双歧杆菌（*Bifidobacterium*）	*B. bifidum* CNCM 1-373（两歧双歧杆菌）；*B. animalis* subsp. *lactis* Bb12, Bb11（动物双歧杆菌）；*B. animalis* subsp.*lactis* Bi-07，Lafu，B94（动物双歧杆菌）；*B. animalis* subsp. *lactis* DN-173010（动物双歧杆菌）；*B. animalis* subsp. *lactis* HN019（动物双歧杆菌）；*B. breve* Yakult（短双歧杆菌）；*B. longum* UCC35624（长双歧杆菌）；*B.longum* SBT-2928（长双歧杆菌）；*B.infantis* UCC35624（婴儿双歧杆菌）
其他菌	*B. coagulans* GBI-30，6086（凝结芽孢杆菌）；*B. subtilis* HU58（枯草芽孢杆菌）；*E. coli* Nissle1917（大肠杆菌）；*S. thermophiles* CHCC3534（嗜热链球菌）；*S. cerevisiae* var. *boulardii* CNCMI-3799（啤酒酵母菌）；*E. facium* NCMB10415（粪肠菌）；*L. lactis* LIA（乳酸乳球菌）；*L. lactis* subsp. *lactis* HV219（乳酸乳球菌）；*P. jensenii* 702（詹氏丙酸杆菌）；*P. freudenreichii* SI41（费氏丙酸杆菌）

当人体住满足够的益生菌时，人就会处于健康的状态，但是一旦体内菌群失去平衡，比如菌种间比例发生大幅变化或者超出正常数值时，那么腹泻、过敏、胃口不佳、疲倦、免疫力低等一系列病症就会随之而来，人体的健康就会亮红灯，而这时适当添加益生菌，协助体内菌群平衡，才能让人重现健康状态。

婴幼儿由于自身免疫系统发育尚未成熟，母传抗体在出生后逐渐消失，在出生后最初 6 年都处于易感期，这段时间很多宝宝都会出现胃肠功能、免疫功能不完善，机体抵抗力较弱，消化功能紊乱，肠吸收不良及感染性疾病等，这些状态不但阻碍了婴幼儿体格的生长和发育，对智力认知的发育、情感社交能力的发育都带来不同程度的影响，而益生菌可以通过以菌制菌的独特天然生态疗法，通过维持肠道菌丛平衡，保持益生菌优势地位，改善婴幼儿免疫力、促进肠胃消化吸收，预防各种疾病，守护婴幼儿健康均衡成长。

第二节　微生物的功能性代谢产物

微生物的代谢，是指微生物在存活期间的代谢活动。微生物在代谢过程中，会产生多种多样的代谢产物。根据代谢产物与微生物生长繁殖的关系，可以分为初级代谢产物和次级代谢产物两类。

初级代谢产物是指微生物通过代谢活动所产生的、自身生长和繁殖所必需的物质，如氨基酸、核苷酸、多糖、脂类、维生素等。在不同种类的微生物细胞中，初级代谢产物的种类基本相同。此外，初级代谢产物的合成在不停地进行着，任何一种产物的合成发生障碍都会影响微生物正常的生命活动，甚至导致死亡。

次级代谢产物是指微生物生长到一定阶段才产生的化学结构十分复杂、对该微生物无明显生理功能，或并非是微生物生长和繁殖所必需的物质，如抗生素、毒素、激素、色素等。不同种类的微生物所产生的次级代谢产物不相同，它们可能积累在细胞内，也可能排到外环境中。

微生物群体生长可产生生态效应，可转化太阳能为生物化学能，可维持水体或环境的正常；菌体本身可以作为食品、饲料；其酶类可用于医疗和多种工业过程；其代谢物可能应用于食品、饲料、化妆品的添加剂，其中微生物次级代谢物对人类做出的贡献最为重要，因为很多重要药物尤其是抗生素是微生物的次生代谢物或其衍生物，这些药物在过去的半个多世纪中挽救了无数人的生命；微生物代谢物也可能是新材料的来源。下面介绍几种微生物的功能性代谢产物。

一、酵母发酵法生产谷胱甘肽

（一）谷胱甘肽的结构和物理化学性质

谷胱甘肽（glutathione，GSH）是由谷氨酸、半胱氨酸和甘氨酸经肽键缩合而成的具有多种重要生理功能的活性三肽，化学名称为 C-L-谷氨酰-L-半胱氨酰-甘氨酸（C-L-glutamyl-L-cysteinyl-glycine）。GSH 的熔点 189～193℃（分解），晶体呈无色透明细长柱状，等电点为 5.93，溶于水、液氨和二甲基甲酰胺，而不溶于醇、醚和丙酮。谷胱甘肽分子式见图 6-1。

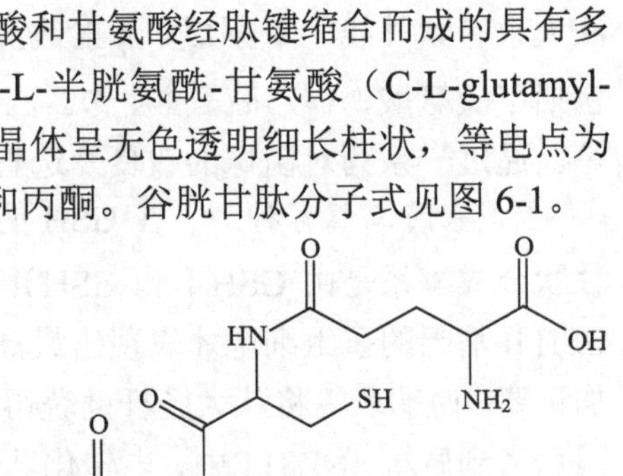

图 6-1　谷胱甘肽分子式

GSH 分子中含有一特殊肽键——C-谷氨酰胺键，其保护肝脏等许多特殊性质均与此肽键有关；GSH 分子中含有一个活泼的巯基（—SH），易被氧化脱氢，2 分子 GSH 脱氢后转变为 1 分子氧化型谷胱甘肽（GSSG）。GSH 广泛存在于自然界中，动物肝脏、酵母和小麦胚芽中都含有丰富的 GSH，其含量为 1～10mg/g，人和动物的血液中也含有较多的 GSH，而植物组织中的 GSH 含量则较低。

（二）谷胱甘肽的生理功能

GSH 在生物体内有着多种重要的生理功能，特别是对于维持生物体内适宜的氧化还原环境起着至关重要的作用。GSH 的生理功能主要有以下几个方面。

（1）保护肝脏，治疗各种肝类疾病：GSH 强大的还原作用使肝细胞膜对氧自由基的耐受性增加，从而使 GSH 具有促进肝功能、保护肝细胞膜、提高肝脏酶的活性、加快黄疸的消退、增强肝脏解毒等功能。

（2）治疗肿瘤，减轻化疗和放疗的副作用：GSH 能激活多种酶（如巯基—SH 酶），从而促进糖、脂肪和蛋白质代谢，并影响细胞的代谢过程，同时通过巯基与体内自由基结合，可以转化成容易代谢的酸类物质，从而加速了放化疗产生的自由基的排泄。

（3）治疗眼科疾病，特别是应用于白内障的治疗：GSH 高浓度存在于眼组织的水晶体、视网膜及睫状体内，有益于角膜或水晶体透明性的维持及组织再生与修复。

（4）解除中毒，减轻空气污染和食物中的有毒成分对人体造成的伤害：GSH 能与进入机体的有毒化合物、重金属离子等直接结合，并促其排出体外，起到中和解毒的作用。

（5）其他功能：GSH 具有较强的抗氧化作用，广泛应用于食品和保健品行业；还具有增强免疫力、治疗糖尿病神经损害、抗炎等作用。

（三）酵母发酵法生产谷胱甘肽

自 1938 年实现了由酵母制备 GSH 以来，发酵法生产 GSH 的工艺方法不断得到改进，且发酵使用的细菌或酵母容易培养，原料容易获得，条件容易控制，因此发酵法已成为目前生产 GSH 最普遍的方法。其在酿酒酵母中的代谢途径见图 6-2。

1. 发酵生产 GSH 的流程　诱变剂→酵母→高产酵母→热水抽提→离心→调 pH→树脂吸附→酸洗脱→CuO 沉淀→离心沉淀物→H_2S 置换→离心过滤→浓缩→脱色→喷雾干燥→成品

2. 生产菌株的选育

1）诱变育种　到目前为止，针对 GSH 生产的酵母菌株而进行的物理或化学的处理方法大致有紫外线、X 射线、γ 射线及亚硝基胍等，而培养基中的特定筛选物质（筛子）主要包括甲硫氨酸、L-乙硫氨酸、DL-乙硫氨酸、1,2,4-三氮唑、氰化钠、亚硫酸盐、酰胺和靛酚等。通过一系列对菌株的改良及选育工作，获得了很多 GSH 高产菌株。

2）基因工程育种　在 GSH 的生物合成中，GSH 合成酶系的活性普遍较低，由于谷胱甘肽合成酶系是由 GSH Ⅰ和 GSH Ⅱ两个合成酶共同组成的，所以，只有同时带有 GSH Ⅰ和 GSH Ⅱ基因的重组细胞才表现出最高的 GSH 合成活性，其中提高 GSH Ⅰ的活性比 GSH Ⅱ更加重要。傅瑞燕等将从大肠杆菌获得的编码 C-谷氨酰半胱氨酸合成酶和谷胱甘肽合成酶的基因克隆到质粒 pNZ814 中，电转化乳酸乳球菌 NZ9000，获得重组菌胞内谷胱甘肽，含量达到 358nmol/mg 蛋白。尧辉等将克隆 GSH Ⅰ、GSH Ⅱ构建成双顺反子重组表达载体 pTrc99A/GSH Ⅰ GSH Ⅱ，建立 GSH Ⅰ、GSH Ⅱ蛋白表达体系。以 0.08mmol/ L IPTG 于 28℃诱导工程菌 *E.coli* BL21，谷胱甘肽合成能力达到湿菌体 8.5mg/g。

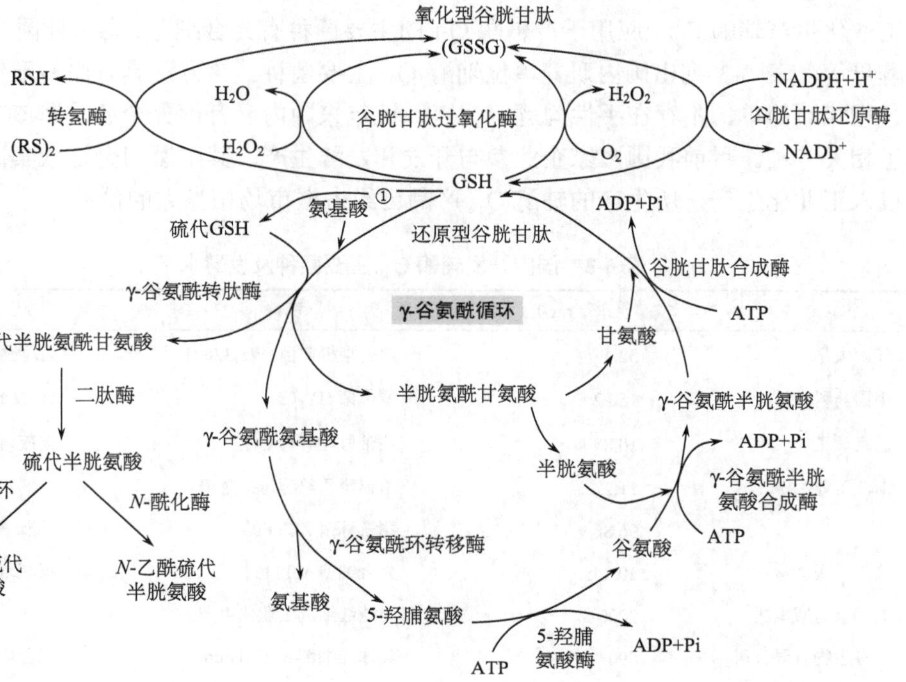

图中①为谷胱甘肽硫转移酶

图 6-2　酿酒酵母中 GSH 的代谢途径

3. 发酵工艺的优化　生产 GSH 所用菌株通常能在很广的培养条件下生长并积累 GSH，但产量很低。因此，要想进一步提高 GSH 的合成能力，除选育优良菌株外，还必须对培养基中的各种营养成分及培养条件进行优化，以实现目标产物的大幅度积累。詹谷宇等在酵母菌的诱变育种中用 GSH 的代谢类似物乙硫氨酸作为抗性筛选物，筛得抗代谢类似物突变株 K11UE126，其胞内累计 GSH 的量较出发菌株高出 49.7%。Kimura 等采用亚硝基胍和紫外线诱变大肠杆菌 B355，获得高产 GSH 的优良突变株，每克湿细胞含 2.43mg GSH。

4. 谷胱甘肽的应用前景　GSH 具有广谱解毒作用，在临床上的应用越来越广，已成为医学上重要的具有调节人体免疫功能和辅助抗癌的药物之一。GSH 的抗氧化性又使它在食品工业中的应用备受人们关注，在食品贮藏保鲜和改善产品风味、提高产品营养价值方面的作用越来越被人们看好。例如，将其加入到面制品中，可起到还原作用，不仅使制造面包的时间大大缩短、劳动条件得到改善，还起到食品营养的强化作用及其他功能；将其加入到酸奶和婴幼儿食品中，相当于维生素 C，可起到稳定剂的作用；加到肉制品和干酪等食品中，具有强化风味的效果。

二、生物合成法生产辅酶 Q_{10}

生物合成法是利用微生物细胞、植物细胞或动物细胞的生命活动而获得人们所需物质的技术过程。目前，辅酶 Q_{10} 的生物合成方法包括利用植物细胞培养和微生物细胞发酵两种方式。植物细胞培养主要是以烟草组织为材料，通过愈伤诱导、悬浮培养，产生生长速度快、辅酶 Q_{10} 含量高的烟草悬浮培养细胞。国内从事辅酶 Q_{10} 植物细胞培养的单位只有少数几家，也都处于初步研究阶段，还没有进入中试和工业化生产。1977 年，日本首次实现了微生物发酵法工业化生产辅酶 Q_{10}。应用于产辅酶 Q_{10} 的主要菌种有光合细菌、土壤杆菌、红假单胞菌、裂殖酵母等，表 6-3 列出国内研究单位辅酶 Q_{10} 主要菌种。该方法具有原料廉价丰富、产物分离过程相对简单、不存在手性问题等优点，近年来国内已有部分企业采用该方法生产，并申请了相关专利。目前我国多家企业参与开发和发酵生产，其中厦门金达威集团、神舟生物已经投入工业化生产，所生产的辅酶 Q_{10} 产品已经占据市场相当大的份额。

表 6-3　国内开发辅酶 Q_{10} 主要菌种及发酵水平

单位	发酵水平/（mg/L）	菌株	备注
江南大学	52.4	放射型根瘤菌 WSH2601	7L 发酵罐
中国药科大学	156.2	酵母菌 HY-05	5L 发酵罐流加补糖
南京理工	10.8	热带假丝酵母 C-1	摇瓶培养
浙江工业大学	11.2	季也蒙假丝酵母摇瓶培养	
	96.88	鞘氨醇菌 ZUTE03	摇瓶培养
第三军医大学	20.365	光合细菌 MT1131	摇瓶培养
厦门金达威集团	2000	类球红细菌工业化生产	
神舟生物有限公司	800	类球红细菌 Shenzhou6	工业化生产
沈阳农业大学	48.44	葡萄汁酵母摇瓶培养	

三、聚谷氨酸

（一）聚谷氨酸（γ-PGA）的结构和理化性质

聚谷氨酸（γ-PGA）是一种水溶性、生物降解、不含毒性、使用微生物发酵法制得的生物高分子。γ-PGA 是一种有黏性的物质，在纳豆——发酵豆中被首次发现，是一种特殊的阴离子自然聚合物，是以 α-氨基（α-amino）和 γ-羧基（γ-carboxyl）之间经酰胺键连接（amide linkage）所构成的同型聚酰胺（homo-polyamide）。γ-PGA 的分子质量从 5 万～200 万 Da 不等。图 6-3 是 γ-PGA 的分子式。

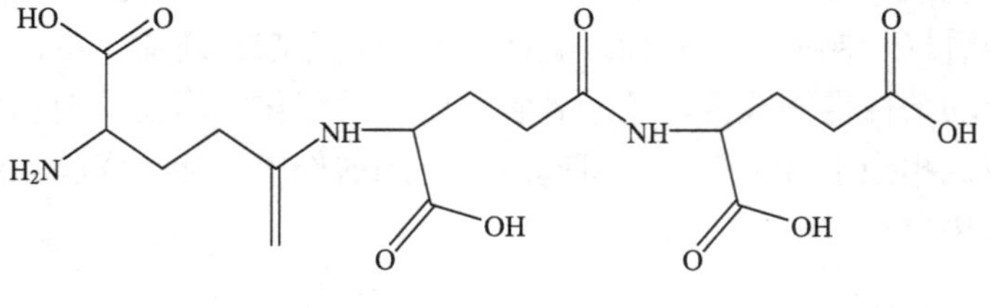

图 6-3　γ-PGA 分子式

（二）微生物的生物聚合法生产聚谷氨酸

自从 1942 年 Bovamick 等发现芽孢杆菌属微生物能在培养基中蓄积 γ-PGA 以来，利用微生物生物聚合生成 γ-PGA 的研究非常活跃。研究发现，除了枯草芽孢杆菌外，短小芽孢杆菌和地衣芽孢杆菌等也能产生 γ-PGA。但由于一般的 γ-PGA 生产菌的产量较低，因此要能达到有较好的生产潜力，通常需要对生产菌进行高产突变株的诱变选育，并且大量研究工作针对菌体生长需求、提高 γ-PGA 产量和改变聚合链光学异构体比例。

表 6-4 列出了研究较多的几种产 γ-PGA 微生物的基本情况。

表 6-4　几种主要的产 γ-PGA 微生物

菌株	培养基主要成分	培养方法	产量/（g/L）	相对分子质量
B.licheniformis ATCC9945A	谷氨酸（20g/L），甘油（80g/L）柠檬酸（12g/L），NH_4Cl（7g/L）	30℃/4 天	17～23	140 000～980 000
B.subtilis IFO3335	谷氨酸（30g/L），柠檬酸（20g/L）	37℃/2 天	10～20	100 000～2 000 000
B.subtilis F-2-01	谷氨酸（7g/L），葡萄糖（80g/L）	30℃/2~3 天	48	1 200 000
B.subtilis TAM-4	果糖（75g/L），NH_4Cl（18g/L）	30℃/4 天	20	600 000～1 600 000
B.licheniformis A35	葡萄糖（75g/L），NH_4Cl（18g/L）	30℃/3~4 天	8～12	300 000～500 000
B.subtilis MR-141	麦芽糖或葡萄糖（60g/L），大豆汁（70g/L），谷氨酸钠（30g/L）	30L 罐 40℃/4 天	35	—
B.licheniformis NCIMB11709	甘油（80g/L），柠檬酸（12g/L）	30℃/140h	5～17.8	400 000～1 000 000

（三）γ-PGA 的应用

γ-PGA 具有优良的水溶性、超强的吸附性和生物可降解性，降解产物为无公害的谷氨酸，是一种优良的环保型高分子材料，可作为保水剂、重金属离子吸附剂、絮凝剂、缓释剂及药物载体等，在化妆品、环境保护、食品、医药、农业、沙漠治理等产业均有很大的商业价值和社会价值。

1. 化妆品应用　特殊的分子结构，使其具有极强的保湿能力，能有效地增加皮肤的保湿能力，促进皮肤健康，其超强的保湿能力更优于玻尿酸（透明质酸）（hyaluronic acid，HA）及胶原蛋白（collagen），为新一代的生物科技保湿成分；作为增白剂具有长期持久的抗折皱性能。

2. 医药　聚谷氨酸在医药上的应用专利非常多，在其所有相关专利中约占 50%，主要用于抗肿瘤药物的载体、靶向药物的载体、外用药物的载体和药物缓释等。

本 章 小 结

益生菌的功效包括：帮助营养物质的消化吸收，产生重要的营养物质，提升免疫力，预防和治疗某些疾病。益生菌主要分为乳杆菌类、双歧杆菌类、革兰氏阳性球菌（如粪链球菌、乳球菌、中介链球菌等）。此外还介绍了重要的功能性微生物代谢物。

思考题

1. 简述益生菌的发展历程。
2. 益生菌的可能作用机制有哪些？
3. 益生菌的种类有哪些？
4. 简述谷胱甘肽的作用及其生产方法。
5. 简述辅酶 Q_{10} 的作用及其生产方法。
6. 简述聚合氨酸特点和应用。

第三篇　功能食品的原料

保健食品原料是指与保健食品功能相关的初始物料，如维生素、可用于保健食品的中药材、矿物质、植物提取物、氨基酸和多肽、生物活性物质等。保健食品辅料是指生产保健食品时所用的赋形剂，以及其他附加物料，如调味剂、稳定剂、防腐剂、增稠剂、表面活性剂。保健食品所使用的原料和辅料应当是国家食品药品监督管理总局指定的87种食药两用植物、114种仅可用于保健食品的原料，或是GB2760食品添加剂使用标准和GB14880食品营养强化剂使用标准中规定的物料，或是普通食品原料。对于非上述范围内的新食品原料，要求提供安全性、功能性、食用历史、检查方法等研究资料，无食品安全国家标准的，应当提供自行制定的质量标准。

本篇重点介绍中药类功能食品原料、新食品原料和功效成分明确的功能原料。

第7章　中药类功能食品原料

中药是我国传统医学和文化的瑰宝。在古代社会中，人们在寻找食物的过程中发现了各种食物和药物的性味及功效，认识到许多食物可以药用，许多药物也可以食用，两者之间很难严格区分，慢慢形成了“药食同源”理论。这一理论认为，许多食物既是食物也是药物，食物和药物一样同样能够防治疾病。我国许多保健食品的思想来源就是药食同源的物质。为了规范保健食品，卫生部对药食同源物品、可用于保健食品的物品进行了明确的界定。

第一节　功能食品原料

为了保证保健食品的安全与功能性，国家食品药品监督管理总局指定了 87 种食药两用植物，既可用于保健食品也可以用于普通食品，以及114种可用于保健食品但不能用于食品的中药。国家食品药品监督管理总局和国家有关部门也规定了不可用于保健食品的原料和辅料，禁止使用的物品不得作为保健食品的原料和辅料。

既是食品又是药品的物品（87 种）：丁香、八角茴香、刀豆、小茴香、小蓟、山药、山楂、马齿苋、乌梢蛇、乌梅、木瓜、火麻仁、代代花、玉竹、甘草、白芷、白果、白扁豆、白扁豆花、龙眼肉（桂圆）、决明子、百合、肉豆蔻、肉桂、余甘子、佛手、杏仁（甜、苦）、沙棘、牡蛎、芡实、花椒、赤小豆、阿胶、鸡内金、麦芽、昆布、枣（大枣、酸枣、黑枣）、罗汉果、郁李仁、金银花、青果、鱼腥草、姜（生姜、干姜）、枳椇子、枸杞子、栀子、砂仁、胖大海、茯苓、香橼、香薷、桃仁、桑叶、桑葚、桔红、桔梗、益智仁、荷叶、莱菔子、莲子、高良姜、淡竹叶、淡豆豉、菊花、菊苣、黄芥子、黄精、紫苏、紫苏籽、葛根、黑芝麻、黑胡椒、槐米、槐花、蒲公英、蜂蜜、榧子、酸枣仁、鲜白茅根、鲜芦根、蝮蛇、橘皮、薄荷、薏苡仁、薤白、覆盆子、藿香。

可用于保健食品但不能在普通食品中使用的原料：人参、人参叶、人参果、三七、土茯苓、大蓟、女贞子、山茱萸、川牛膝、川贝母、川芎、马鹿胎、马鹿茸、马鹿骨、丹参、五加皮、五味子、升麻、天门冬、天麻、太子参、巴戟天、木香、木贼、牛蒡子、牛蒡根、车前子、车前草、北沙参、平贝母、玄参、生地黄、生何首乌、白及、白术、白芍、白豆蔻、石决明、石斛（需提供可使用证明）、地骨皮、当归、竹茹、红花、红景天、西洋参、吴茱萸、怀牛膝、杜仲、杜仲叶、沙苑子、牡丹皮、芦荟、苍术、补骨脂、诃子、赤芍、远志、麦门冬、龟甲、佩兰、侧柏叶、制大黄、制何首乌、刺五加、刺玫果、泽兰、泽泻、玫瑰花、玫瑰茄、知母、罗布麻、苦丁茶、金荞麦、金樱子、青皮、厚朴、厚朴花、姜黄、枳壳、枳实、柏子仁、珍珠、绞股蓝、胡芦巴、茜草、荜茇、韭菜子、首乌藤、香附、骨碎补、党参、桑白皮、桑枝、浙贝母、益母草、积雪草、淫羊藿、菟丝子、野菊花、银杏叶、黄芪、湖北贝母、番泻叶、蛤蚧、越橘、槐实、蒲黄、蒺藜、蜂胶、酸角、墨旱莲、熟大黄、熟地黄、鳖甲。

国家食品药品监督管理总局也特别规定了不能用于保健食品的物品：八角莲、八里麻、千金子、土青木香、山莨菪、川乌、广防己、马桑叶、马钱子、六角莲、天仙子、巴豆、水银、长春花、甘遂、生天南星、生半夏、生白附子、生狼毒、白降丹、石蒜、关木通、农吉痢、夹竹桃、朱砂、米壳（罂粟壳）、红升丹、红豆杉、红茴香、红粉、羊角拗、羊踯躅、丽江山慈姑、京大戟、昆明山海棠、河豚、闹羊花、青娘虫、鱼藤、洋地黄、洋金花、牵牛子、砒石（白砒、红砒、砒霜）、草乌、香加皮（杠柳皮）、骆驼蓬、鬼臼、莽草、铁棒槌、铃兰、雪上一枝蒿、黄花夹竹桃、斑蝥、硫黄、雄黄、雷公藤、颠茄、藜芦、蟾酥。

以上名单表明，同一植物有不同食用部位、产地、制作方式的应予标明。列入名单的物品，新的食用部位视为新的物品，应作食品新资源评价，如三七茎叶、人参花、杜仲籽。

一个保健食品中使用的动植物物品（原料）不得超过 14 个。其中，既是食品又是药品的物品名单外的动植物物品（原料）不得超过 4 个。附录 1 和附录 2 两个名单外的动植物物品（原料）不得超过 1 个。

保健食品的中药质量必须达到《中华人民共和国药典》（简称《药典》）一部的要求，用量一般为《药典》推荐平均量的 1/3～2/3，详见附录 1 和附录 2。

第二节　功能食品原料的分类

中药类保健食品是我国主要品种，占有较大的市场份额，研发应坚持以中医药理论为指导，以现代药理研究为依据，从中医传统保健理论入手组方。例如，以女性为消费人群的保健品，可选择补阴、补血类中药；以老年人为主消费人群的保健品，可选用补气类中药；以助消化为目的的保健品，可以选用消导药。

按中药的功效不同，可将既是食品又是药品的物品（87 种）、仅用于保健食品中的中药（114 种）分别进行分类。

一、既是食品又是药品的物品（87 种）按功效进行的分类

（1）温里作用原料：丁香、小茴香、肉桂、干姜、高良姜。

（2）消导作用原料：山楂、麦芽、鸡内金、莱菔子。

（3）收涩作用原料：乌梅、白果、覆盆子、肉豆蔻、益智仁、莲子。

（4）止血作用原料：小蓟、槐花。

（5）清热作用原料：马齿苋、菊花、决明子、金银花、栀子、鱼腥草、淡竹叶、蒲公英。

（6）祛风湿作用原料：木瓜、乌梢蛇、荷叶。

（7）泻下作用原料：火麻仁、郁李仁、蜂蜜、番泻叶。

（8）驱虫作用原料：榧子。

（9）补益作用原料：玉竹（滋阴）、甘草（补气）、龙眼肉也称桂圆（补血）、百合（滋阴）、阿胶（补血）、山药（补气）、枸杞子（补血）、桑葚（补血）、黄精（滋阴）、大枣（补气）、枳椇子（滋阴）、白扁豆（补气）。

（10）解表作用原料：白芷（辛温解表）、生姜（辛温解表）、香薷（辛温解表）、桑叶（辛凉解表）、淡豆豉（辛凉解表）、紫苏（辛温解表）、葛根（辛温解表）、薄荷（辛温解表）。

（11）利水渗湿作用原料：赤小豆。

（12）理气作用原料：佛手、薤白、刀豆、香橼、八角茴香。

（13）化痰、止咳、平喘作用原料：杏仁（甜、苦）、胖大海、桔梗、紫苏籽、罗汉果、桔红。

（14）平肝作用原料：牡蛎、芡实、花椒、昆布。

（15）芳香化湿作用原料：砂仁、藿香。

（16）利水渗湿作用原料：茯苓、薏苡仁。

（17）活血祛瘀作用原料：桃仁。

（18）安神作用原料：酸枣仁。

（19）理气作用原料：橘皮、代代花。

（20）其他类：白扁豆花、余甘子、沙棘、酸枣、黑枣、青果、菊苣、黄芥子、黑芝麻、黑胡椒、槐米、鲜白茅根、鲜芦根、蝮蛇。

二、仅用于保健食品的物品（不能在普通食品中使用的中药）按功效进行的分类

（1）补益药：人参（补气）、女贞子（滋阴）、山茱萸（补阴）、马鹿茸（补阳）、天门冬（补阴）、北沙参（滋阴）、白术（补气）、白芍（补血）、石斛（滋阴）、当归（补阴）、杜仲（补阳）、补骨脂（补阳）、麦门冬（补阴）、龟甲（补阴）、党参（补气）、淫羊藿（补阳）、菟丝子（补阳）、黄芪（补气）、蛤蚧（补气）、熟地黄（补血）、鳖甲（补阴）、太子参（补气）、制何首乌（补血）、西洋参（补阴）、胡芦巴（补阳）、沙苑子（补阳）。

（2）止血药：三七、白及、侧柏叶、茜草、大蓟、墨旱莲、槐实。

（3）泻下药：巴戟天、芦荟、番泻叶、制大黄、熟大黄。

（4）活血祛瘀药：川牛膝、川芎、丹参、红花、益母草、蒲黄、姜黄、怀牛膝。

（5）收涩药：五味子、诃子、金樱子。

（6）祛风湿药：五加皮、骨碎补、桑枝。

（7）解表药：升麻（辛凉解表）、牛蒡子（辛凉解表）。

（8）平肝药：天麻、石决明、罗布麻、蒺藜。

（9）理气药：木香、青皮、厚朴、枳实、枳壳、香附、玫瑰花。

（10）清热药：木贼、玄参、生地黄、地骨皮、知母、野菊花、土茯苓、牡丹皮、赤芍、积雪草、苦丁茶。

（11）利水渗湿药：车前子、车前草、泽泻、泽兰。

（12）芳香化湿药：白豆蔻、苍术、佩兰。

（13）化痰、止咳、平喘药：竹茹、桑白皮、川贝母、平贝母、浙贝母、湖北贝母。

（14）温里药：吴茱萸、荜茇。

（15）安神药：远志、柏子仁、珍珠、首乌藤。

（16）其他类别：人参叶、人参果、马鹿胎、马鹿骨、牛蒡根、生何首乌、红景天、杜仲叶、刺五加、刺玫果、玫瑰茄、金荞麦、厚朴花、绞股蓝、韭菜子、银杏叶、越橘、蜂胶、酸角。

本章小结

以中药为主的保健品是市场的热销产品，国家规定了可以用于食品与保健食品的中药，也规定了只能用于保健食品的中药，以及不能用于保健食品的品种。本章从中药药效与西药药理的角度分别介绍了各种允许使用的品种，因此可以根据需要进行组方，以达到理想的保健作用。

思考题

1. 如果构思设计开发一款缓解体力疲劳保健品，可选用的可用于保健食品的动植物原料有哪些？

2. 简述银杏叶与葛根的主要成分及其与保健食品相关的功能。

第8章 新食品原料

新食品原料（前称为新资源食品）应当具有食品原料的特性，符合应有的营养要求，且无毒、无害，对人体健康不造成任何急性、亚急性、慢性或者其他潜在性危害。新食品原料是指在我国无传统食用习惯的下述四类物品：①动物、植物和微生物；②从动物、植物和微生物中分离的成分；③原有结构发生改变的食品成分；④其他新研制的食品原料。

第一节 新食品原料的分类及其功能

目前卫生部已经批准可使用的新食品原料有以下品种（详见附录3）。

（1）植物、藻类及其提取物：显齿蛇葡萄叶、丹凤牡丹花、狭基线纹香茶菜、青钱柳叶、茶树花、阿萨伊果、乌药叶、辣木叶、人参（人工种植）、金花茶、显脉旋覆花（小黑药）、诺丽果浆、白子菜、短梗五加、玛咖粉、珠肽粉、菊粉、雨生红球藻、蛋白核小球藻、裸藻、盐藻及提取物。

（2）油脂类：鱼油及提取物、DHA 藻油、磷虾油、长柄扁桃油、光皮梾木果油、盐地碱蓬籽油、美藤果油、盐肤木果油、中长链脂肪酸食用油、元宝枫籽油、御米油、茶叶籽油、杜仲籽油、牡丹籽油、翅果油、花生四烯酸油脂、甘油二酯油、共轭亚油酸、共轭亚油酸甘油酯、磷脂酰丝氨酸。

（3）微生物类：马克斯克鲁维酵母、广东虫草子实体、茶藨子叶状层菌发酵菌丝体、雪莲培养物、植物乳杆菌、副干酪乳杆菌、嗜酸乳杆菌、鼠李糖乳杆菌、植物乳杆菌、植物乳杆菌、蛹虫草、嗜酸乳杆菌。

（4）功能性糖类：库拉索芦荟凝胶、透明质酸钠、低聚甘露糖、低聚半乳糖、低聚木糖、L-阿拉伯糖、蚌肉多糖、酵母β-葡聚糖、棉子低聚糖、多聚果糖、异麦芽酮糖醇。

（5）蛋白及肽类：地龙蛋白、小麦低聚肽、玉米低聚肽粉、牛奶碱性蛋白、γ-氨基丁酸、乳碱性蛋白粉、水解蛋黄粉。

（6）其他类：表没食子儿茶素没食子酸酯、植物甾醇酯、植物甾醇、植物甾烷醇酯、叶黄素酯、乳矿物盐、1,6-二磷酸果糖三钠盐、β-羟基-β-甲基丁酸钙、蔗糖聚酯。

第二节 新食品原料申报的要求

为了保证新食品原料的安全性，国家对新食品原料进行严格的管理，需要进行申报，经论证批准后才可作为食品进行使用。新食品原料申报资料的审查和评价是对新食品原料的特征、食用历史、生产工艺、质量标准、主要成分及含量、使用范围、使用量、推荐摄入量、适宜人群、卫生学、毒理学资料、国内外相关安全性文献资料，以及与类似食品原料比较分析资料的综合评价。

一、申报资料要求

国家食品药品管理局对新食品原料的申报及安全性评价有严格的规定，需要提供以下材料：

（一）新资源食品卫生行政许可申请表；

（二）研制报告和安全性研究报告；

（三）生产工艺简述和流程图；

（四）产品质量标准；

（五）国内外的研究利用情况和相关的安全性资料；

（六）产品标签及说明书；

（七）代理申报的，应当提供经公证的委托代理证明；

（八）有助于评审的其他资料。

二、研制报告的要求

研究报告主要内容有：

（一）新食品原料的研发背景、目的和依据。

（二）新食品原料名称：包括商品名、通用名、化学名（包括化学物统一编码）、英文名、拉丁名等。

（三）新食品原料来源

1. 动物和植物类：产地、食用部位、形态描述、生物学特征、品种鉴定和鉴定方法及依据等。

2. 微生物类：分类学地位、生物学特征、菌种鉴定和鉴定方法及依据等资料。

3. 从动物、植物、微生物中分离的成分以及原有结构发生改变的食品成分：动物、植物、微生物的名称和来源等基本信息，新成分的理化特性和化学结构等资料。原有结构发生改变的食品成分还应提供该成分结构改变前后的理化特性和化学结构等资料。

4. 其他新研制的食品原料：来源、主要成分的理化特性和化学结构，相同或相似的物质用于食品的情况等。

（四）新食品原料主要营养成分及含量，可能含有的天然有害物质（如天然毒素或抗营养因子等）。

（五）新食品原料食用历史：国内外人群食用的区域范围、食用人群、食用量、食用时间及不良反应资料。

（六）新食品原料使用范围和使用量及相关确定依据。

（七）新食品原料推荐摄入量和适宜人群及相关确定依据。

（八）新食品原料与食品或已批准的新食品原料具有实质等同性的，还应当提供上述内容的对比分析资料。

三、安全性评估报告的要求

安全性评估报告要求提供下列报告：

（一）成分分析报告：包括主要成分和可能的有害成分检测结果及检测方法。

（二）卫生学检验报告：3 批有代表性样品的污染物和微生物的检测结果及方法。

（三）毒理学评价报告

1. 国内外均无传统食用习惯的（不包括微生物类），原则上应当进行急性经口毒性试验、三项遗传毒性试验、90 天经口毒性试验、致畸试验和生殖毒性试验、慢性毒性和致癌试验及代谢试验。

2. 仅在国外个别国家或国内局部地区有食用习惯的（不包括微生物类），原则上进行急性经口毒性试验、三项遗传毒性试验、90 天经口毒性试验、致畸试验和生殖毒性试验；若有关文献材料及成分分析未发现有毒性作用且人群长期食用历史而未发现有害作用的新食品原料，可以先评价急性经口毒性试验、三项遗传毒性试验、90 天经口毒性试验和致畸试验。

3. 已在多个国家批准广泛使用的（不包括微生物类），在提供安全性评价材料的基础上，原则上进行急性经口毒性试验、三项遗传毒性试验、28 天经口毒性试验。

4. 国内外均无食用习惯的微生物，应当进行急性经口毒性试验/致病性试验、三项遗传毒性试验、90 天经口毒性试验、致畸试验和生殖毒性试验。仅在国外个别国家或国内局部地区有食用习惯的微生物类，应当进行急性经口毒性试验/致病性试验、三项遗传毒性试验、90 天经口毒性试验；已在多个国家批准食用的微生物类，可进行急性经口毒性试验/致病性试验、二项遗传毒性试验。

大型真菌的毒理学试验按照植物类新食品原料进行。

5. 根据新食品原料可能的潜在危害，选择必要的其他敏感试验或敏感指标进行毒理学试验，或者根据专家评审委员会的评审意见，验证或补充毒理学试验。

（四）微生物耐药性试验报告和产毒能力试验报告。

（五）安全性评估意见:按照危害因子识别、危害特征描述、暴露评估、危险性特征描述的原则和方法进行。

其中，第（二）、（三）、（四）项报告应当由我国具有食品检验资质的检验机构（CMAF）出具，进口产品第（三）、（四）项报告可由国外符合良好实验室规范（GLP）的实验室出具。第（五）项应当由有资质的风险评估技术机构出具。

除了以上文字资料外，还需要另附未启封的样品 1 件或者原料 30 克。

本章小结

新食品原料指在我国没有传统食用习惯的物品，其申报有着严格的要求，卫生部已经出台多个文件进行管理，如《新食品原料安全性审查管理办法》、《新食品原料申报与受理规定》等。这些新原料也可以用于保健食品的组方。

思考题

1. 什么是新食品原料？简述鱼油及提取物、共轭亚油酸的主要成分、功能、制备生产方法与质量标准。

2. 新食品原料中有哪些是不适于婴幼儿的？

3. 简述新食品原料申报与受理规定。

4. 简述新食品原料安全性审查规程。

第9章 功效成分明确的功能原料

功能原料是保健食品的重要部分，无论是研究开发，还是规模化生产均对其十分重视。这类原料范围广，成分复杂，包括条件性必需氨基酸、自由基清除剂、蜂产品等。现就具有代表性的原料介绍如下。

第一节 条件性必需氨基酸

氨基酸是人体内重要物质，20 种氨基酸中，能够在体内合成的、不需要从膳食中提供的称为非必需氨基酸；不能自身合成，必须从膳食中提供的称为必需氨基酸；有的虽然人体能够合成，但其合成能力有限或在某些情况下容易缺乏，称为条件性或半必需氨基酸。研究开发的重点应放在必需氨基酸与条件性氨基酸方面。

一、L-精氨酸（Arg）

精氨酸分子式为 $C_6H_{14}N_4O_2$，也称 2-氨基-5-胍基-戊酸，相对分子质量为 174.2，白色菱形结晶或单斜片状结晶（无结晶水），无臭，味苦；易溶于水、极微溶于乙醇，不溶于乙醚；是合成蛋白质、尿素、谷氨酸盐、肌酸的前体物质，对未成年人的生长发育非常重要。目前，多以发酵的方法生产。

（一）分布

在植物中精氨酸以游离精氨酸形式分布于种子和幼苗（如棉籽和羽扇豆）及花粉中；在无脊椎动物中则以磷酸精氨酸的形式存在于肌肉中。

（二）生理功能

精氨酸合成的主要器官为小肠上皮细胞，由瓜氨酸透过胞质精氨基琥珀酸合成酶（ASS）及精氨基琥珀酸裂解酶（ASL）合成。人体自行合成的精氨酸通常足够满足机体需要，但在应激、创伤或快速生长状态下则可能缺乏，因此其被称为条件必需氨基酸，它有许多重要的生理功能。

（1）精氨酸能够通过对抗脂质过氧化，而保护糖尿病的心肌自由基损伤。精氨酸可通过 L-Arg-N0 通路改善心肌供血，提高心肌组织 SOD 活性，降低脂质过氧化反应，从而增强心肌组织抗自由基损伤的作用。

（2）精氨酸对热应激的胸腺损伤有明显保护作用。其作用机制可能与精氨酸提高 SOD 含量、抑制下丘脑-垂体-肾上腺轴释放皮质醇，从而减轻由皮质激素介导的免疫抑制作用有关。

（3）精氨酸对脑缺血再灌注损伤有明显改善作用，其可能与 NO 调节 NF-κB 信号途径有关。

（4）对各型高血压的收缩压与舒张压有明显的降低作用，这可能与 NO 的功能有关，NO 不但是作用强大的血管舒张剂，而且能抑制血管平滑肌细胞的增生并促进其细胞凋亡。

（5）精氨酸是精子蛋白的主要成分之一，有利于精子运动。

（6）精氨酸通过鸟氨酸代谢途径，能将体内多余的氨转化为尿素而排泄出去，有助于肝功能恢复和肝昏迷的治疗。

（7）其他作用：精氨酸可治疗智力发育迟缓，这可能与精氨酸是 NO 的前体有关，它能增加各脑区的 NO 含量。它也能减轻抗癌药顺泊引起的肾脏损伤。

二、谷氨酰胺

（一）分布

谷氨酰胺学名 2-氨基-4-甲酰胺基丁酸，是谷氨酸的酰胺。白色结晶或晶性粉末，能溶于水，不溶于甲醇、乙醇、醚、苯、丙酮、氯仿和乙醇乙酯，无臭，稍有甜味。在中性溶液中不稳定，在醇、碱或热水中易分解成谷氨醇或丙酯化为吡咯羧醇，无臭，有微甜味。它是血液中最丰富的氨基酸（约占全血氨基酸的 20%），肌肉中谷氨酰胺浓度较高，占细胞内游离氨基酸的一半多。谷氨酰胺在血液和细胞间可自由交换，30%～35%的谷氨酰胺存在于血液中，它是合成核苷酸的重要原料，也是细胞分裂的主要能源来源。

（二）生理特性及其应用

（1）免疫组织营养：淋巴细胞中富含高活性的谷氨酰胺酶，受到免疫刺激时，酶的活性增加。

（2）胰脏组织营养：肠内供应谷氨酰胺可支持胰脏生长及其功能。谷氨酰胺能降低重大疾病患者的感染率，并缩短住院时间。

（3）谷氨酰胺氧化分解后，能为免疫细胞补充能量，用于治疗运动员强化训练后免疫功能受损；也有利于治疗和支持肝脏功能，减少癌症治疗中放疗和化疗的副作用；另外还可以用于治疗神经衰弱、精神分裂症、肌肉萎缩、改善脑出血后遗症、预防癫痫病发作等。

（4）谷氨酰胺在胃肠道的应用：谷氨酰胺是肠黏膜细胞生长的必需营养物质，是肠黏膜的主要能源物质和蛋白质的氮源供体，对胃肠道有积极的营养和保护作用。

三、牛磺酸

（一）理化性质

牛磺酸是一种硫氨基酸，是牛磺的组成成分，其结构为 $C_2H_7NO_3S$，化学名称为 2-氨基乙磺酸，因 1872 年首次从牛胆汁中分离出而得名。它是无色四面针状结晶，可溶于水，不溶于无水乙醇和乙醚，熔点为 310℃，相对分子质量 125.15，既可以通过多种给药途径吸收，也能由肝脏在体内合成。

在自然界中，牛磺酸广泛分布于动物体内各组织器官，不参与体内蛋白质的生物合成，但它却与胱氨酸和半胱氨酸的代谢密切相关，在哺乳动物组织内可达毫摩尔级浓度，在脑、心、肝、肾、骨骼、肌肉与血液等部位以游离的形式存在，含量颇丰。不同动物体内牛磺酸的含量也各不相同，在鱼虾类中牛磺酸含量较高；而鸡蛋、奶酪、蜂蜜、水果、蔬菜与谷类中未检出牛磺酸。

在生产实践中，牛磺酸常常添加于婴幼儿食品与乳制品中。

（二）生理功能

（1）牛磺酸对视力发育的影响。牛磺酸对儿童视力发育有重要意义。如果儿童体内牛磺酸含量不足，将导致儿童视力发育异常，而补充后视力发育将得到改善。牛磺酸不但对儿童视力发育有重要意义，对成人的视力也具有重要作用，可以增强视网膜功能，给予长期低照度工作的成人补充牛磺酸，能提高其暗适应能力。

（2）调节脂类的消化吸收。肝脏中，胆固醇转化为胆汁酸，牛磺酸与胆酸结合形成牛磺胆酸，与胆汁一起排出肠道，使得胆固醇得以排出，达到降低胆固醇的目的。牛磺胆酸常以盐的形式存在，对于消化道中脂类的消化吸收是必需的。它能增加各种脂肪酶的活性，加速脂肪水解；可降低脂肪的表面张力，使脂肪乳化成微粒，分散于水溶液中，从而增加与脂肪酶作用的界面，促进水解的进行；还能与甘油一酯结合，促进胆固醇、脂溶性维生素等的消化吸收及胆汁的分泌，增加胆汁排泄量，抑制胆结石形成。

（3）促进糖代谢。牛磺酸可加速葡萄糖进入细胞，还可促进细胞内糖代谢和糖原合成，降低动物血糖水平。另外，牛磺酸促进胰腺 β 细胞胰岛素释放，发挥胰岛素样效应，协同胰岛素对糖代谢的调控效应，参与维持机体葡萄糖自稳态，对糖尿病及其并发症具有明显的细胞保护作用。

（4）参与矿物元素代谢。牛磺酸对 Ca^{2+}有调节作用：低钙时促进 Ca^{2+}的内流，高钙时减少 Ca^{2+}内流和增加 Ca^{2+}与细胞的亲和力，以降低游离钙水平，从而对应激性损伤的心肌细胞起保护效应。其具体机制如下：牛磺酸能刺激细胞膜上 Ca^{2+}依赖性 ATP 酶泵的运转速率，间接增强膜对钙离子的摄取；对细胞膜上钙离子的高亲和性位点有调节作用；可抑制 Ca^{2+}在细胞膜上的被动扩散及调节钙通道的开关。牛磺酸还可促进肠道对锌的吸收。

（5）抗应激作用。应激是指机体在受到各种内外环境因素刺激时所出现的非特异性全身性的反应，是机体的一种防御机制，但如果反应过度，则造成机体内环境紊乱，对人体造成损害，而牛磺酸有明显抗应激作用，能有效地对抗应激引起的神经细胞损伤、免疫抑制、心肌细胞损伤。

（6）提高机体免疫力，能够促进多种动物免疫器官（如胸腺、脾脏）的发育，并调节细胞因子的分泌。在免疫细胞方面，能保护并促进免疫增殖。在淋巴细胞中牛磺酸的含量占整个游离氨基酸的 50%，在中性粒细胞中牛磺酸的含量占所有游离氨基酸的 76%，牛磺酸缺乏时可引起机体白细胞数量下降、多核白细胞与单核细胞比值降低，还可抑制创伤或坏血病患者的免疫反应。

（7）参与神经内分泌的调节。牛磺酸是中枢神经系统中含量最多的游离氨基酸，在动物大脑皮层、小脑和嗅球等区域含量很丰富，可促进神经系统发育，改善学习记忆调节生长激素（GH）、催乳素及脑内 β-内啡肽（β-EP）、精氨酸加压素（AVP）的分泌。

牛磺酸除上述功能外，还具有提高动物繁殖性能、膜稳定、调节钙浓度调节机体渗透压平衡等作用。

（三）质量标准

牛磺酸应符合 GB 14759《食品添加剂牛磺酸》要求，按 GB/T 5009.169 《食品中牛磺酸的测定》检测。

第二节　蜂　产　品

我国是世界养蜂大国，据不完全统计，我国蜜蜂饲养量大约在 700 万群，高于俄罗斯、美国、巴西等世界其他养蜂大国。中国幅员辽阔、气候适宜，蜜粉源植物丰富，为养蜂业创造了良好的环境。据联合国粮农组织（FAO）统计，2005 年我国蜂蜜的总产量在 29.8 万 t 左右，居世界首位；蜂王浆的年产量为 3000t，占世界总产量的 95%；蜂花粉的年产量约为 5000t；蜂胶的年产量为 500～700t；蜂蜡的年产量约为 4000t。据国家统计局统计，2008 年蜂蜜产量在 35t 以上，比 2007 年产量增加 10%左右。

蜂产品是指蜜蜂通过采集、分泌、酿造等活动产生的一系列产品，包括蜂蜜、蜂王浆、蜂花粉、蜂胶、蜂蜡、蜂毒、蜂王幼虫、雄蜂蛹等。不同的蜂产品有不同的化学组成及不同的作用与功能，本章将介绍其中的几类主要产品：蜂蜜、蜂王浆、蜂花粉、蜂胶。

一、蜂胶

蜂胶是蜜蜂从植物芽孢或树干上采集的树脂，将其混入其上腭腺、蜡腺的分泌物加工而成的一种具有芳香气味的胶状固体物，是蜜蜂科动物中华蜜蜂等修补蜂巢所分泌的黄褐色或黑褐色的黏性物质，也是蜜蜂的药品，具有广谱抑菌、抗病毒、止痛等作用。中国每年饲养蜂群约 700 万群，一个 5 万～6 万只蜜蜂的蜂群一年能生产蜂胶 100～500g，由于产量稀少，被誉为“紫色黄金”。由于蜂胶（即从蜂箱中直接取出的蜂胶）中含有杂质且重金属含量较高，不能直接食用，必须经过提纯、去杂、去除重金属（如铅）等之后才可用于加工生产各种蜂胶制品。此外，蜂胶的来源与加工方法对于蜂胶的质量影响很大。

（1）不同地区、不同植被下形成的蜂胶，即由不同的树脂生产出来的蜂胶，其色泽、气味、成分等都有明显不同。

（2）同一类型的蜂胶，其成分、气味也会随贮存方法、贮存年限的不同有所差异。

（3）每一种蜂胶制品的性能随其配方和蜂胶提取物含量的不同有着明显差异。

（4）由不同的提取工艺、不同的提取溶剂而得到的蜂胶提取物的成分不同，对蜂胶的抗菌作用、抗氧化作用影响很大。

（一）主要成分

不同地区来源的蜂胶的化学成分差异较大，它与所采集的植物种类有密切关系。当然，某些成分来自蜜蜂本身。经综合分析，其基本成分为：树脂树香复合物 50%，蜂蜡 30%，挥发油 10%，花粉 5%，其他物质 5%。现在已经有 300 多种成分已经被确定，其中主要功效成分/标志性成分有黄酮类化合物，包括多酚类（polyphenols）、白杨黄素（chrysin）、山萘黄素（kaempferol）、高良姜精（galangin）、栎精（quercetin）等（约 10%）、安息香及其衍生物（benzoic acids and derivatives）、肉桂醛（cinnamic alcohol）、10-羟基-2-癸烯酸（王浆酸，10-hydroxy-2-decylenic acid）、萜烯类、有机酸、氨基酸、酶类、无机盐等，还含有丰富的维生素、胰蛋白酶等多种活性物质和多糖类物质。

（二）性状

蜂胶为不透明固体，表面光滑或粗糙，折断面呈砂粒状，切面与大理石外形相似，呈黄褐色、棕褐色或青绿色，有时接近黑色；具有异常芳香气味，随着存放时间的延长香味渐失，但仍有特殊的气味，在加热或燃烧时发出类似乳香的香味；味微苦，嚼时粘牙；36℃时质软、黏性较强；低于 15℃时变硬变脆，可以粉碎；熔点为 70℃，通常比重为 1.127。蜂胶是一种成分复杂的树脂类物质，不溶于水，微溶于松节油，易溶于乙醚、氯仿、乙醇、丙酮、苯、2%NaOH 溶液。

（三）生理功能

1. 调节血糖　蜂胶降血糖、防治并发症的机理可能有以下几点。

（1）蜂胶中的黄酮类、萜烯类物质有促进肝糖原合成的作用，从而降低血糖，而且这种调节是双向的，不会降低正常人体血糖含量。

（2）蜂胶可抗菌消炎，能活化细胞，促进组织再生，因此可以使发生病变、丧失分泌功能的胰岛细胞恢复功能，从而降低血糖含量；也具有强大的抗病毒作用，能降低多种病毒的感染和复制能力。例如，蜂胶中的水飞蓟素就有强大的抗胰腺炎作用，对存在细菌或病毒感染的糖尿病治疗有良好的辅助作用。

（3）黄酮类化合物可以降血脂，改善血液循环，因而可防治血管并发症。

2. 调节血脂，改善心脑血管　其机理可能与蜂胶能促进外源性脂质分解、内源性脂质生成有关。另外，蜂胶中的黄酮类化合物等能明显降低血液中胆固醇、甘油三酯的含量，改善血管弹性和通透性，扩张血管，降低血液黏稠度，改善血液循环；可以预防高脂血症以及由此引起的心脑血管疾病；还能有效地防止血管内胶原纤维的增加、血小板聚集，有利于保护心脑血管。

3. 较强的天然抗氧化剂　蜂胶即使在低浓度时也具有较强的抗氧化作用，可消除体内过剩的自由基，保护和稳定细胞膜从而避免机体正常组织、细胞被破坏，其可能的机理是通过直接或间接地调节机体抗氧化体系来调节体内氧化还原平衡，从而发挥抗氧化活性。其中，以黄酮类化合物与咖啡酸酯类化合物作用最为显著。

4. 具有较强的抗菌、抗病毒、抗真菌作用　蜂胶对金黄色葡萄球菌、链球菌、沙门氏菌、流感病毒、脊髓灰质炎病毒、单纯疱疹病毒、黄癣菌、断发癣菌、紫色癣菌等均有抑制作用。其对多种微生物的强大抑制作用，使之用于防治龋齿。

5. 抗肿瘤　蜂胶有直接或间接的抗肿瘤作用。蜂胶中的 CAPE（咖啡酸苯乙酯）和 Artepilin C（3,5-二异戊二烯基-4-羟基肉桂酸）是两个疗效确切的抗肿瘤成分。蜂胶可以通过免疫调节抑制肿瘤细胞生长，还能通过抑制血管生成等多途径发挥抗肿瘤的作用。

6. 护肝作用　蜂胶能调整体内谷胱甘肽的水平，并保护、修复肝细胞，对药物性、化学性等多种肝损伤均有保护作用。

7. 调节免疫　蜂胶能同时调节机体的特异性和非特异性免疫功能，明显增强巨噬细胞吞噬能力和自然杀伤细胞活性，增加抗体产量；也能显著增强细胞免疫和体液免疫。

蜂胶可以申报的保健功能有：①增强免疫力功能；②抗氧化功能；③对化学性肝损伤有辅助保护功能；④辅助降血脂功能。

蜂胶应符合《GB/T 24283—2009 蜂胶》规定，总黄酮按《保健食品检验与评价技术规范》（2003 版）进行测定。

（四）食用量和安全性

《药典》蜂胶日推荐量为 0.2～0.6g。1991 年卫生部食品卫生监督检验所按照《食品安全性毒理学评价程序》对北京蜂胶（原产地北京顺义）食用进行了安全检验：急性毒性（小鼠 LD_{50}＞10g/kg）、亚急性毒性试验、致突变试验、微核试验、精子畸形试验、哺乳动物细胞基因突变试验，结果均为阴性。大鼠 90 天喂养（1500mg/kg）及繁殖试验、传统致畸（5000mg/kg）试验，均未见毒性反应。结果表明，北京蜂胶属于实际无毒物质，食用规定数量是安全的。

（五）蜂胶食用时应注意

（1）原料蜂胶中可能含有超标重金属和非天然夹杂物，不能直接食用。

（2）婴儿、孕妇不宜。蜂胶中的功效成分/标志性成分，有可能影响婴儿免疫系统正常发育。孕妇食用蜂胶产品后，某些生物活性物质会刺激子宫，引起宫缩，干扰胎儿正常的生长发育。

（3）蜂胶既属于动物类药物，也属于植物类药物，过敏体质者慎用。

极少数人（过敏体质者）对蜂胶可能有过敏反应，从皮肤轻度充血到明显的湿疹样皮疹、黏膜水肿、头痛、恶心、低烧等症状。

二、蜂王浆

蜂王浆又称蜂皇浆、蜂乳，是由蜜蜂上腭腺分泌用以喂饲蜂王和幼虫的浆状物质，颜色为乳白色至淡黄色，具有酸、涩、辛辣味。能够分泌王浆的多是 3～10 日龄幼蜂，蜜蜂分泌王浆是用来饲喂 1～3 日龄的幼虫，这和周岁内的婴儿需要吃奶是相似的。另外，蜂王浆是蜂王终生的食物，因而蜂王 16 天生殖器官就发达、体质健壮，寿命长达 5 年以上；而 3 日龄以后吃不到王浆改吃蜂蜜和花粉的工蜂则生殖器官萎缩，寿命只有 1 个月。无论从发育状况和寿命都可以看到王浆的作用之大。在产卵盛期，蜂王每天要产卵 2000 多粒，其总重量超过了蜂王的体重，这在生物界是绝无仅有的。

由于蜂王浆口味欠佳，味道酸、涩、略带辛辣，一般常与 10 倍的蜂蜜混合后食用；亦可制成片剂、胶囊或口服液等剂型服用。其保健功能以调节免疫为主。

（一）主要成分

10-羟基-2-癸烯酸（亦称王浆酸，简称 10-HDA，$C_{10}H_{18}O_3$，186.25）约 2%，另含水分 62.5%～68.5%，蛋白质 11.0%～14.5%，有多种维生素、腺苷（UDP-葡糖、UDP-葡糖酸、UDPx）、尿苷、鸟苷、胞苷，有酸性及碱性磷酸酯酶、胆碱酯酶等酶类。

（二）性状

黏稠的乳白色至淡黄色浆状物质，有光泽，有酸、涩和辛辣味，略甜，不耐热，低温下能较长时间保存，易溶于水，呈酸性，pH为4左右。

（三）保健作用

（1）调节机体生理机能：人体具有多种生理机能，这些机能的协调平衡，是机体健康的保证。如果内分泌系统失去平衡，机体就会出现各种不适，从而导致疾病，甚至死亡。蜂王浆就具有调整内分泌功能。

（2）促进组织再生：蜂王浆可促使新细胞代替衰老的细胞，使血液中红细胞数量明显增加。

（3）延年益寿：蜂王浆不但具有延缓衰老的独特功效，而且还具有防治老年性常见病及并发症的特殊功能。蜂王浆首先通过促使衰老机体的代谢功能较快地恢复和协调起来，进而改善和恢复造血及循环系统的代谢功能，使人体的各部分组织细胞的作用得到改善和提高，从而促使身体各器官的功能得以恢复，可增强新陈代谢，提高人体免疫力，防病抗病，延年益寿。

（4）增强机体的免疫力和抵抗力：蜂王浆可以增强机体素质，提高适应不良因素和恶劣环境的能力，从而防止造成机体受损。

（5）抗癌、抗菌：试验证明蜂王浆具有很强的抗癌症作用和很明显的抗菌消炎作用。蜂王浆早已在临床上用于一些炎症和癌症的辅助治疗，如对胆囊炎、肾炎、口腔溃疡、肠胃溃疡、风湿性关节炎等疾病均有较好疗效。蜂王浆所含的癸烯酸有很强的杀菌和抗癌作用。

蜂王浆因含有激素，儿童及青少年不宜。老年人可长期摄取，蜂王浆摄入量每天5～10g、蜂王浆冻干粉每天0.3～3g为宜。

蜂王浆应符合GB 9697《蜂王浆》要求，蜂王浆冻干粉应符合GB/T 21532《蜂王浆冻干粉》的规定。标志性成分 10-羟基-α-癸烯酸按 GB 9697—2008《蜂王浆》高效液相色谱法检测。

三、蜂花粉

蜂花粉是指蜜蜂采蜜时带回的花粉团，在蜂巢内经过贮藏和发酵后形成的花粉。蜂花粉是有花植物雄蕊中的雄性生殖细胞，它不仅携带着生命的遗传信息，而且包含着孕育新生命所必需的全部营养物质，其主要成分是蛋白质、氨基酸、维生素、微量元素、活性酶、黄酮类化合物、脂类、核酸、植酸等。其中氨基酸含量及比例很接近联合国粮农组织（FAO）推荐的氨基酸模式。

蜂花粉是工蜂采集的花粉，来源于大自然，是蜜蜂从显花植物（蜜源植物和花粉源植物）花蕊内采集的花粉粒，并加入了特殊的腺体分泌物（花蜜和唾液）混合而成了一种不规则扁圆形状物。

采集同一种植物花粉形成的蜂花粉为单一品种蜂花粉，采集两种植物的花粉形成的蜂花粉或两种以上单一品种蜂花粉的混合物为杂花粉。卫生部于1998年下发《关于1998年全国保健食品市场整顿工作安排的通知》（卫监法发[1998]第 9 号），将食品新资源油菜花粉、玉米花粉、松花粉、向日葵花粉、紫云英花粉、荞麦花粉、芝麻花粉、高粱花粉列为普通食品管理。油菜花粉是中国最大宗的蜂花粉，呈黄色，有特殊的青腥味，香味很浓郁。

（一）主要成分

蜂花粉含蛋白质，包括22种氨基酸、14种维生素和30多种微量元素，以及大量的活性蛋白酶、核酸、黄酮类化合物及其他活性物质。花粉富含的蛋白质多以游离氨基酸的形式存在；含维生素A、B_1、B_2、C等多种维生素，特别是B族维生素的含量极为丰富，每100g花粉含硫胺素600μg、核黄素1670μg、吡哆醇900μg、泛酸2700μg、烟酸10 000μg。其成分依据植物来源的不同而变化。

（二）性状

不规则扁圆形状物，黄色或淡黄色。

（三）质量要求

蜂花粉应符合GB/T 30359 《蜂花粉》要求。

（四）生理功能

1. 调节血脂作用　蜂花粉具有调节血脂作用，其机理主要是蜂花粉中所含维生素、芸香苷和黄酮类化合物、矿物元素、多糖、不饱和脂肪酸及核酸等综合作用的结果。将花粉提取物作用于新生小鼠的心肌细胞系，发现其能抑制心肌细胞脂褐质沉淀。研究表明，花粉多糖能显著降低大鼠血清中总胆固醇的含量。玉米花粉黄酮类物质对实验性高脂血症和高胆固醇血症均有显著的治疗作用。

2. 抗缺氧、提高运动能力　花粉中含有增进和改善组织细胞氧化还原能力的物质，可以加快神经与肌肉之间冲动传导速度，提高反应能力。翟凤国等研究发现蜂花粉能明显延长小鼠负重游泳时间、降低运动时血清尿素氮水平、减少肝糖原的消耗量、减少运动后血乳酸的含量和增加乳酸脱氢酶的活力。

3. 增加免疫、抗衰老　蜂花粉中含有大量增强免疫功能的有效成分，如维生素C、牛磺酸、核酸及微量元素等。经测试发现油菜蜂花粉各剂量组对小鼠脏器/体重比值均无影响，但能提高脾淋巴细胞增殖能力、显著提高小鼠迟发型变态反应水平、促进抗体生成细胞的生成、升高小鼠血清溶血素抗体水平、增强小鼠碳廓清能力，并能显著增强小鼠腹腔巨噬细胞吞噬鸡红细胞的能力。在肉鸡日粮中同时添加蜂花粉，可提高肉鸡的免疫性能。

4. 抗辐射　花粉可提高辐照动物外周血粒细胞数，增加辐照动物血浆超氧化物歧化酶（SOD）的活性，有利于骨髓造血功能的改善，并能提高T淋巴细胞、巨噬细胞的数量和活性，降低辐照动物红细胞中多胺的水平，降低脂质过氧化物及其产物丙二醛含量等，具有多方面防止辐照损伤的效应。

5. 改善学习记忆能力　蜂花粉对神经系统具有积极的调节作用，能促进脑细胞的新陈代谢、消除疲劳、增强智力。花粉制剂能显著升高脑衰老动物某些脑区SOD活性和降低NO水平，以及预防动物海马、纹状体、下丘脑等脑区DNA的损伤作用，提示花粉制剂具有调节神经、健脑益智等作用。

6. 抑制前列腺疾病　蜂花粉还能促进内分泌腺的发育，提高和调节内分泌功能，因而对一些由内分泌功能紊乱引起的疾病起到治疗作用，同时蜂花粉中的亚麻酸、黄酮类化合物和吲哚乙酸有明显的预防和治疗前列腺疾病的作用。蔡华芳等研究表明，花粉及其醇提物可抑制正常幼年小鼠前列腺生长和由丙酸睾酮所致前列腺增长。花粉提取物对雄兔有增强排尿的作用，对雄性大鼠前列腺肥大和皮下炎性肉芽肿有抑制作用。目前，我国治疗前列腺疾病的有效药物“前列康”，就是以花粉为主要原料制成的。

第三节　其他常用保健食品原料

一、螺旋藻

螺旋藻（spirulina）又名蓝藻、蓝海藻、蓝绿藻，原产于非洲与北美洲，因其外形呈丝状螺旋体，故将其命名为螺旋藻，是一种浮游性丝状微藻，光自养，为蓝藻门、蓝藻纲、段增藻目、颤藻科中的螺旋藻，属于低等水生植物。

螺旋藻具有高蛋白、低脂肪和低糖的特点，且吸收效率比较高。其蛋白质含量在 60%～71%，脂肪类含量在 6%～8%，碳水化合物 12%～25%，矿物质 7%～13%，水分 3%～7%。其蛋白质含量是地球所有食物蛋白质含量最高的，是牛羊肉的 3～4 倍、小麦大米的 8～10 倍，且氨基酸含量丰富，氨基酸的平衡完全达到联合国粮农组织（FAO）蛋白质咨询小组确定的理想蛋白质标准。螺旋藻是含 β-胡萝卜素最多的食物，是胡萝卜含量的 10～15 倍。由于螺旋藻的细胞壁不是由纤维而是由一些蛋白质和胶原组成，所以很容易被人体消化吸收，消化率达 84%以上，任何食物都无法与其相比。螺旋藻具有抗贫血、调节血脂、降血压、降血糖，升高白细胞、抗癌、抗辐射、护肝、促进乳母乳汁分泌、抗衰老，提高机体免疫力等多种生理功能。

常用品种为钝顶螺旋藻（spirulina platensis, SP），除含上述许多营养成分外，尚含有藻多糖、藻蓝蛋白、γ-亚麻酸、肌醇等多种生物活性物质。

由于其药理作用强大，且安全性高，是开发的热点之一，目前经国家卫生计生委批准的以螺旋藻为主要原料的保健食品已超过百余种，不同产品宣传的功能各有不同，例如：调节血脂、辅助抑制肿瘤、抗辐射、耐缺氧、抗疲劳、延缓衰老和促进生长发育作用等，但其中有一个共同的功能就是免疫调节功能。

食用螺旋藻粉应符合 GB/T 16919—1997《食用螺旋藻粉》标准的要求。可以申报增强免疫力功能，单用螺旋藻量一般每天为 3～6g。

二、褪黑激素

褪黑激素（melatonin），分子式为 $C_{13}N_2H_{16}O_2$，相对分子质量 232.27，化学名称为 *N*-乙酰基-5-甲氧基色胺，是哺乳动物和人类的脑松果体产生的一种吲哚类激素，因为能使皮肤变白而得名，又称松果体素、褪黑素、褪黑色素。也有报道称哺乳动物的视网膜和副泪腺能产生少量的褪黑激素：某些变温动物的眼睛、脑部和皮肤（如青蛙）以及某些藻类也能合成褪黑激素。受光线强弱的诱导，褪黑素早上分泌较少，晚上分泌旺盛。它每日所分泌的量虽极其微小，但作用却极其强大，具有广泛的生理和药理作用，对生物的昼夜节律、性成熟及生殖、免疫反应、肿瘤、衰老等均具有作用。

老年人的睡眠水平与体内褪黑素含量有较大的关系，增加褪黑激素可改善老年人睡眠质量。褪黑素独特的昼夜分泌节律有固定的相位关系。多年来的研究表明，生理性的褪黑素浓度升高是睡眠的促发因子。外源性慢性给予褪黑素以调节睡眠节律为主；而急性给药，可观察到直接的催眠效果。褪黑素影响睡眠的机制是多方面的，它可通过神经内分泌系统、神经递质及其受体、体温及神经免疫等方面来参与睡眠的调节。

以褪黑素为原料生产的保健食品，应注意：①产品配方中除褪黑素和必要的辅料（赋形剂）外，不得添加其他成分（维生素 B_6 除外）；②褪黑素原料的纯度应达到 99.5%以上；③褪黑素的推荐食用量为 1～3mg/天；④保健功能限定为改善睡眠。

褪黑素按 GB/T 5009.170 《保健食品中褪黑素含量的测定》检测。

三、大豆异黄酮

大豆异黄酮是黄酮类化合物，是大豆生长中形成的一类次级代谢产物，是一类生物活性物质。由于是从植物中提取，与雌激素有相似结构，因此大豆异黄酮又称植物雌激素。目前已发现 12 种大豆异黄酮，包括染料木素（genistein，金雀异黄素、三羟异黄酮）、大豆黄素（daidzein，二羟异黄酮、黄豆苷原）、黄豆黄素（glicitein）等及其相应衍生物。其中苷原结构有 3 种，其余为糖苷结构；黄色至淡黄色粉状，味微苦，溶于水，耐热（120℃加热 30min 不变，180℃加热 30min 残留 80%），耐酸（pH 2.0 仍稳定）。由于其与雌激素有类似的结构，部分功能也与雌激素有关。①大豆异黄酮类有较多的酚羟基结构，能作为供氧体能与自由基反应使之生成相应的离子或分子，淬灭自由基，终止自由基的连锁反应，而产生抗氧化的作用。②随着女性年龄的增长，雌激素水平将持续下降，骨中的钙将大量流失，易形成骨质疏松，补充大豆异黄酮能够预防更年期或老年女性骨质疏松。③大豆异黄酮能调节血脂，预防冠状动脉硬化。④对多种原因引起的学习记忆能力下降有辅助治疗作用。⑤有辅助抗辐射作用，能减轻辐射对机体的损伤，促进机体的恢复。⑥有辅助降血糖功能，其机理可能与调节 α-葡萄糖苷酶和 α-淀粉酶活性有关，也可能与抑制胰岛细胞凋亡并促进胰岛 β 细胞功能恢复有关。⑦提高免疫力。⑧缓解体力疲劳功能。

妇女更年期症状主要是由体内雌激素水平下降造成的，目前已成为危害妇女健康的严重问题。大豆异黄酮可以补充体内雌激素不足，改善更年期症状。

大豆异黄酮对人体是安全的，在人们食用大豆及其加工食品的几千年中从未听说过有大豆中毒事件发生，故大豆异黄酮是一类对人体有益无害的天然保健品。至于大豆异黄酮的剂量至今尚未有统一的国际标准。医学专家认为，每人每日摄入 25～100mg 大豆异黄酮有保健与防病效果，保健食品用量为每天 60mg 左右。

大豆异黄酮按 GB/T 23788《保健食品中大豆异黄酮的测定方法高效液相色谱法》进行。

四、葡萄籽提取物

葡萄籽提取物是指从葡萄籽中提取出的有效成分的总称，其中以多酚化合物为主，主要有儿茶素类和原花青素类。儿茶素类化合物包括儿茶素、表儿茶素及其没食子酸酯，是葡萄籽中主要的单聚体，也是原花青素寡聚体和多聚体的构成单位。寡聚体为水溶性物质，极易吸收，生物性最强，其生物活性随聚合度增大而增强；多聚体水溶性较差，其稳定性随 pH、温度条件的不同而异，低 pH，热稳定性较好，光稳定性较差。

葡萄籽提取物是有效的抗氧化食品，原花青素（OPC）是从葡萄籽中提取出来的有效成分，为纯天然生物黄酮素类物质，含量在 95.0%以上。葡萄籽提取物由于特殊的酚羟基结构，水溶性好，易被人体吸收，这是其他类黄酮化合物没有的特点，因而抗氧化效果最有效。葡萄籽提取物作为一种抗氧化剂，功效是维生素 C 的 20 倍、维生素 E 的 50 倍，并且吸收迅速完全，口服 20min 即可达最高血液浓度，代谢半衰期达 7h 之久。

葡萄来源的原花青素具有极强的抗氧化和清除自由基活性，尤其是生物体内活性强，主要表现在以下几个方面：①有效地清除超氧阴离子自由基和羟基自由基等，也可中断自由基链式反应；②参与磷脂、花生四烯酸的新陈代谢和蛋白质磷酸化，保护脂质不发生过氧化损伤；③作为强有力的金属螯合剂，在体内形成惰性化合物；④保护和稳定维生素 C ,并有助于维生素 C 的吸收，同时对维生素 E 的抗氧化作用具有明显的协同增强作用。

国内保健食品葡萄籽原花青素一般推荐每人每日摄入量为 100～300mg。已批的保健食品的原花青素的每日用量范围较大，主要集中在 50～250mg/天，约占相关产品的 80% ,中位数为 144mg/d，各保健功能之间原花青素的用量无明显差别。

原花青素测定按卫生部《保健食品检验与评价技术规范》（2003 版）“保健食品中原花青素的测定”。

五、大豆磷脂

保健食品磷脂的用量一般为每天 1～4g。可申报辅助降血脂、辅助改善记忆等功能。

磷脂应符合中华人民共和国行业标准 SB/T 10206—1994《磷脂通用技术条件》。其有效成分可按 GB/T 21493—2008《大豆磷脂中磷脂酰胆碱、磷脂酰乙醇胺、磷脂酰肌醇的测定》检测（详见第四章“功能性成分”第二节）。

六、L-肉碱

每人每天 2g 左旋肉碱具有减肥作用，有氧运动能促进其减肥效果。

左旋肉碱或其酒石酸盐具有减肥、抗疲劳的保健功能。左旋肉碱酒石酸盐符合 GB 25550《食品添加剂 L-肉碱酒石酸盐》的规定，也可按该标准检测含量（详见第四章“功能性成分”第三节）。

七、鱼油

鱼油为从深海可食用鱼提取加工而成，又称深海鱼油。在国际保健品市场上，鱼油的销售量仅次于复合维生素、大豆磷脂和维生素 E 而名列第 4。

鱼油中富含长链 *n*-3 族脂肪酸 EPA 和 DHA。一般采用 EPA+DHA 含量不低于 30%的鱼油原料。鱼油具有辅助改善记忆和降血脂保健功能。

关于 EPA 和 DHA 营养功能的研究已广泛展开，鱼油甘油三酯的作用机制有多方面。①日粮中鱼油抑制了肝脏中脂肪酸和甘油三酯（TG）的合成。②抑制肝脏极低密度脂蛋白（VLDL）的合成和分泌。③富含鱼油的膳食可抑制 VLDL 中载脂蛋白 B 的合成，并促进周围组织 VLDL 和肝脏 VLDL 残体的清除。其过程可能与脂蛋白脂肪酶活性升高或与 VLDL 向 LDL（低密度脂蛋白）的转变途径部分受阻有关，这可能是 *n*-3 脂肪酸所特有的作用。

④鱼油使肝脏中脂肪酸的β-氧化作用增强，同时可能增加了脂肪组织中脂肪酸的动员量。在大鼠的灌注试验中发现，鱼油使大鼠肝脏中的脂肪酸氧化作用增强，推测其原因可能是线粒体内的丙二酰辅酶A对肉毒碱软脂酰转移酶Ⅰ的敏感性增强。⑤鱼油可降低血浆总胆固醇。其机制可能是：膳食鱼油使肝脏中的胆固醇合成的关键酶 3-羟基-3-甲基戊二酰辅酶 A 还原酶（HMG CoA 还原酶）减少而降低了机体中胆固醇的合成，这已在大鼠试验和兔的试验中得到证实；富含鱼油的膳食可以防止高胆固醇食物导致的血浆胆固醇升高，很可能是鱼油使 LDL（低密度脂蛋白）颗粒直径增加、LDL 核心胆固醇酯的不饱和度及其流动性增加从而使胆固醇从体内排泄加快。

食用鱼油的量为 1～2g/天，此剂量在高危人群中降低总心血管疾病、总心血管性死亡、心梗及心绞痛方面的疗效明确，但在猝死、心衰及心血管疾病住院事件上暂无明显疗效，是否系鱼油制剂使用量的不足尚不能排除。现有的文献中，所用鱼油剂量不统一，有大于 2g/天者，也有小于 1g/天者。另有研究推荐，易发生冠心病者应服用鱼油补充 *n*-3 多不饱和脂肪酸：英国卫生部 200mg/天；英国处方集 1250mg/天；国际脂肪酸与类脂研究协会 650mg/天；丹麦卫生部 300mg/天；法国 1500mg/天。我国保健食品用量一般为每天 2～3g。

功效成分 EPA、DHA 按 GB/T 5009.168《食品中二十碳五烯酸和二十二碳六烯酸的测定》规定的方法测定。

八、辅酶 Q_{10}

根据国家食品药品监督管理局“关于含辅酶 Q_{10} 保健食品产品注册申报与审评有关规定的通知（国食药监许[2009]566 号）”要求，含辅酶 Q_{10} 的产品，其辅酶 Q_{10} 的每日推荐食用量不得超过 50mg，允许申报的保健功能暂限定为缓解体力疲劳、抗氧化、辅助降血脂和增强免疫力（详见第七章“功能性微生物及其代谢产物”第二节）。

九、蛋白粉

营养与免疫的关系作为近年来营养学研究的一个热点，受到了越来越多的国内外学者的重视，而蛋白质、氨基酸既是机体生长发育的营养物质，又是构成机体免疫系统的物质基础，因而更加受到了重视。蛋白质、氨基酸对机体的细胞免疫、体液免疫有重要影响。蛋白质是组成人体一切细胞、组织的重要成分。机体所有重要的组成部分都需要有蛋白质参与。人体的大多数免疫物质和组织器官的自然屏障都是由蛋白质或氨基酸构成，如免疫球蛋白、细胞因子、转运蛋白等；在最容易损伤的肺和小肠的表面，连续分泌的黏液糖蛋白可以发挥重要的屏障功能，这对于预防致病微生物入侵至关重要。近年的研究发现，蛋白质及氨基酸还可以通过其他机制调节机体的免疫能力，维持机体的免疫保护作用。

蛋白质是一类重要的营养素，它是由氨基酸构成的。组成人体蛋白质的基本氨基酸有 20 种，其中有 9 种是人体自身不能合成、必须从食物中摄入的必需氨基酸，它们是：异亮氨酸、亮氨酸、赖氨酸、甲硫氨酸、苯丙氨酸、苏氨酸、色氨酸、缬氨酸、组氨酸。蛋白质在营养学中的重要地位众所周知，它的存在与生命的各种活动紧密联系，如参与机体构成、参与机体的代谢过程等。

以乳清蛋白粉、大豆蛋白为原料的具有增强免疫力功能的蛋白粉保健食品，近年已有几十个获得国家食品药品监督管理局批准，一般每天 10g 即具有增强免疫力功能。

乳清蛋白应符合 GB 11674《乳清粉和乳清蛋白粉》要求。大豆蛋白应符合 GB/T 22493《大豆蛋白粉》要求。蛋白质测定按《GB 5009.5 食品中蛋白质的测定》进行。

十、牛初乳

牛初乳是奶牛正常分娩后 72h 内所分泌的乳汁。牛初乳作为一种功能性食品，它富含免疫因子、生长因子等生理功能性物质和多种营养成分，具有常乳无法比拟的特点。近年来，国内外对牛初乳营养组分、功能性的研究较多，开发了多种功能性初乳保健食品，备受人们的喜爱。一般来说 1 头奶牛在泌乳期 1 周内的初乳量约为 100kg，而犊牛仅仅需要 40～50kg。近 20 年来，我国的奶牛业发展非常迅速，为我们提供了大量的牛初乳原料。牛初乳中含有多种营养成分和生物活性物质，使之具有较强的功能作用，而成为保健食品的原料。

牛初乳的保健功能与其特有的营养成分相关联。大量实验证明，初乳含有多种功能性蛋白质、酶、生长因子、微量元素等，营养价值高，具有调节人体代谢、提高机体免疫力和抗感染的功能。这些功能大都与牛初乳中独特的营养组分有关，其含有的免疫球蛋白（IgG）、乳铁蛋白、各种生长因子及丰富的生物活性物质，赋予了牛初乳多种保健功能。医学及营养学研究表明，初乳中的 200 多种营养化学成分和生物活性物质的协同作用，使牛初乳具有多种医疗保健功能。牛初乳中免疫球蛋白在增强机体的免疫能力、有效抑制入侵的致病原、杀死肿瘤细胞等方面发挥着重要作用。

免疫球蛋白（immunoglobulin，Ig）是各类抗体的统称，是一类具有抗体活性或化学结构与抗体相似的球状蛋白。牛初乳免疫球蛋白根据抗原性不同分为 5 类：IgG、IgA、IgM、IgE 和 IgD，其中，IgG 占 86%，它能部分取代人类 IgA（含量 4.1～4.57mg/g）的功能。牛初乳中免疫球蛋白含量 50～150mg/mL，是人初乳的 50 倍，对病毒、细菌及真菌感染具有较强的防治作用。牛初乳中抗体及其他免疫因子协同作用，能更加高效地预防和改善疾病、增强抗病能力，具有调节人体代谢、提高机体的免疫力的作用。因此，牛初乳粉免疫球蛋白可作为提高机体免疫力的保健食品的标志性成分。

以牛初乳粉为原料的具有增强免疫力功能的牛初乳粉保健食品，近年已有几十个获得国家食品药品监督管理局批准，一般每天 0.6～2g 牛初乳粉即具有申报功能。

牛初乳粉应符合 RHB 602《牛初乳粉》的规定。免疫球蛋白 IgG 按保健食品检验与评价技术规范（2003 年版）规定的方法测定。

十一、茶多酚

茶多酚（TP）也叫茶鞣质或茶单宁，是茶叶中多酚类物质的总称，约占茶叶总量的 15%，包括儿茶素类、黄烷醇类、花色苷类、黄酮类、黄酮醇类和酚酸类等，是一类以儿茶素为主体的多酚类，在儿茶素成分中，表儿茶素没食子酸酯（epigallocatechin gallate, EGCG）是其中含量最丰富和药用活性最强的成分。茶多酚结构中有多个羟基，能够提供活泼的氢而清除自由基。试验表明，儿茶素类化合物对·OH 的清除率达 98%，对活细胞（PMN）产生的氧自由基的综合清除效果优于维生素 E 和维生素 C。

TP 的主要吸收部位在小肠，口服 1.6～2.3h 后，血液中的有效成分达到高峰，服用约 8h 后，血液中无法检测到其有效成分。

其主要生理功能如下：

（1）抗肿瘤，其机制可能与诱导肿瘤细胞凋亡、抑制癌基因的表达有关。

（2）抗辐射。外涂茶多酚能有效地改善紫外线诱发小鼠皮肤光老化模型中小鼠皮肤弹性纤维的病变，延缓皮肤的光老化。以 $^{60}Co\ \gamma$ 照射小白鼠，发现每千克体重灌服茶多酚 150mg 组比对照组小鼠存活率提高 66.6%。Malhomme de la Roche 等展开了临床试验，在 10 位志愿者摄入茶汤后，采集血液标本，再将这些标本进行紫外线/可见光辐射，最后对样本的 DNA 损伤情况进行检测，结果表明，茶多酚能够通过消除由辐射产生的活性氧簇，进而减少有机体的 DNA 损伤，达到减轻辐射伤害的效果。

（3）调节血脂，升高高密度脂蛋白、降低胆固醇与低密度脂蛋白，从而达到防治心血管疾病的目的。

（4）过度饮酒后，酒精在肝脏代谢过程可引起肝细胞受损或者坏死，而 TP 可拮抗这一过程，防治酒精性肝损伤。

本 章 小 结

新食品原料来源广泛，功效成分明确的原料包括条件性必需氨基酸、蜂产品、植物提取物、鱼油等。

思考题

1. 了解 L-精氨酸具有哪些生理功能调节作用。
2. 了解谷氨酰胺具有哪些生理功能调节作用。
3. 了解牛磺酸具有哪些生理功能调节作用。
4. 了解蜂王浆具有哪些生理功能调节作用。
5. 了解大豆磷脂具有哪些生理功能调节作用。
6. 了解茶多酚具有哪些生理功能调节作用。

第四篇　功能食品的开发及功能评价

功能食品开发包含产品设计、配方依据、生产技术、生产工艺、质量检测、功能评价等环节。这部分是功能食品学理论与实际应用相结合的内容，是功能食品业健康发展的基石与核心。

合适的产品形态与加工技术将有助于功能食品的功效的充分发挥。本篇介绍了常见的加工技术及产品形态，介绍了8个功能食品开发案例，以供参考。

第10章　不同形态功能食品的加工技术

保健食品的剂型是指将原辅料加工制成适于食用的形式。保健食品剂型的选择应根据配方原料化学成分的性质、保健功能、适用人群的需要及生产的实际条件综合考虑。保健食品剂型选择应遵循以下原则。

原则一：由于保健食品具有食品的属性，故应选择通过胃肠道吸收的口服剂型。非口服剂型一般不宜作为保健食品剂型。

原则二：有些原料为难溶性或者某些成分的溶液状态不稳定，则应选择固体剂型；若水溶性好的原料或成分，可选择液体剂型，如口服液、饮料、糖浆剂型；但是在水中不稳定，如含有易水解、易聚合、易氧化等成分的保健食品，不宜选择口服液等液体剂型。儿童应用的保健食品应注意选择色、香、味俱佳的剂型。

原则三：剂型不同，采用的工艺路线、生产技术、生产环境、设备等都有不同的要求，应尽量选择既能充分发挥保健功能，又能充分利用原有设备，适于工业化生产、工艺简便、成本较低、方便食用，以及便于携带、运输、贮存的剂型。

原则四：《保健食品申报与审评补充规定（2005年7月1日颁布试行）》第二条规定：同一产品原则上不得制成两种剂型或分别成型，符合下列条件的产品，可申请注册两种剂型或分别成型：有足够的证据说明，目前的生产技术条件下，不能加工成一种剂型；或虽可加工成一种剂型，但影响产品保质期，其保质期小于6个月的；单独的一种剂型，不能独立形成一种保健功能；两种剂型的保健食品其产品名称应标明两种剂型，产品的最小包装应为一日或一次食用量。

原则五：《保健食品申报与审评补充规定（试行）》第四条规定：缓释制剂保健食品审评

的具体规定为：申请人应提供充分的证据说明缓释制剂的必要性（包括文献及试验依据）；产品的原料构成应为单体成分，其纯度为90%以上；应保证普通制剂改为缓释制剂产品的食用安全，提交相关的安全性毒理学评价资料；申请人应提供按照《中华人民共和国药典》中《缓释控释制剂指导原则》《释放度测定方法》《药物制剂人体生物利用度和生物等效性试验指导原则》进行普通制剂和缓释制剂的释放度比较试验、人体生物利用度和生物等效性试验的试验报告。

目前保健食品常用剂型有茶剂、颗粒剂、粉（散）剂、硬或软胶囊剂、片剂、糖粒、口服液剂、保健饮料和酒剂等。本章按照保健食品的不同加工形态分类方式为例进行介绍。

第一节　水剂功能食品的加工

一、茶饮

（一）茶饮的概念及特点

茶饮是指以含茶叶或不含茶叶的原料（质地轻薄或具有芳香挥发性成分的原料），用沸水冲泡、温浸而成的一种专供饮用的液体。常用的原料有植物的花、叶、果实、皮、茎枝、细根等。

茶饮的特点在于配料灵活，使用方便，饮用随意，像喝茶一样频频饮服，边饮边兑加沸水，直至味淡为止。

茶饮分为袋泡茶、茶块两大类，其中袋泡茶最受欢迎。袋泡茶的特点是体积小，利于贮藏，便于携带，使用方便。袋泡茶适用于质地较轻、疏松，有效成分易于浸出的原材料，尤其适用于含挥发性成分的原材料。

（二）制作方法

1. 袋泡茶　袋泡茶一般可分为全生料型和半生料型两种。

（1）全生料型：将原材料（或含茶叶）粉碎成粗末，经干燥、灭菌后，分装入滤袋中即得。

（2）半生料型：将部分原材料粉碎成粗末，部分原材料（或含茶叶）煎煮后去渣取汁，浓缩成浸膏后吸收到原材料的粗末中，经干燥、灭菌后，分别装入耐温的滤袋中即得。

2. 茶块　将原材料粉碎成粗末、碎片，用面粉作黏合剂。也可将部分原材料煎煮去渣取汁，提取浓缩成稠膏作为黏合剂，与剩余原料粗末混匀，制成软材或颗粒，用模具或压茶机压制成一定的形状，低温干燥而成。

（三）质量检查（GB 19296—2003）

1. 外观及水分　外观洁净，色泽一致，闻之清香，品之纯正。袋装茶颗粒大小基本一致。含水量一般不超过12%。

2. 定性定量　对制剂组分进行定性检查。可用显微镜检查、化学方法鉴别、色谱法测定、现代分析仪器分析等鉴别分析。例如，含有挥发性成分的茶，可对其中的挥发油含量及水浸液挥发性成分的浸出量进行含量测定；运用高效液相色谱分析茶叶茶多酚（主要成分儿茶素）的含量。

3. 装量差异　取茶剂 10 份，去掉包装，分别称重，每块（袋、包）内容物的重量与标示重量相比较，装量差异不大。

二、酒剂

传统保健酒，从成分来讲，有“酒”与“醴”之分。“酒”主要含普通药材成分；“醴”除含普通药材成分外，尚有糖的成分；而“醪”除含有糖成分外，尚有酿酒所产生的酒渣成分（即醪糟）。

药酒简单的制法如下。

（一）冷浸法

把药材按量浸泡在一定浓度的白酒中，振摇，贮存一个时期即可饮用。

（二）热浸法（煮酒法）

先以药材和酒同煎一定时间，然后再放冷，贮存。这是一种较古老的制作药酒、食用酒的方法，早在汉代就有青梅煮酒的传说。这种方法既能加速浸取速度，又能使一些成分容易浸出。煮酒时要注意防火安全，可采用隔水煮炖的间接加热方法，即把药料和酒先放在小铝锅、搪瓷罐等容器中，然后再放在另一盛水的大锅里煮炖。这样既不会因温度过高损失酒的成分，也比较安全。

（三）药米同酿法

把药料细粉或药汁与米同煮后，再加酒曲，经过发酵制成含糖分较高的醴或醪。

酒剂只适合能饮酒和无肝肾疾患的人饮用，并应控制用量。

三、口服液

（一）口服液的概念及特点

口服液是将原材料用水或其他溶剂，采用适宜的方法提取，经浓缩制成的内服液体剂型。其特点是：①能浸出原材料中的多种有效成分；②吸收快，显效迅速；③能大批量生产，免去临用煎药的麻烦，应用方便；④服用量减少，便于携带、保存和服用；⑤多在液体中加入了矫味剂，口感好，易为人们所接受；⑥成品经灭菌处理，密封包装，质量稳定，不易变质。

（二）口服液的制作方法

一般分为浸提、净化、浓缩、分装、灭菌等工艺过程。

1. 浸提　将原材料洗净，加工成片、段或粗粉。一般是按汤剂的煎煮方法进行浸提，由于一次投料量较多，故煎煮时间每次为 1～2h，取汁留渣，再进行煎煮，如此反复 2 或 3 次，合并汁液，滤过备用。

2. 净化　为了减少口服液中的沉淀，需采用净化处理，过去多采用水提醇沉静化处理，目前采用酶处理法较好，可降低成本、提高质量。

3. 浓缩　滤过后的提取液再进行适当浓缩。其浓缩程度，一般以每日服用量在 30～60mL 为宜。口服液可根据需要选择添加矫味剂和防腐剂。常用的矫味剂有蜂蜜、单糖浆、甘草酸和甜菊苷等；防腐剂有山梨酸、苯甲酸和丙酸等。

4. 分装　在分装前，液体中加入一定剂量的矫味剂、防腐剂，搅拌均匀后，可进行粗滤、精滤，装入无菌、洁净、干燥的指形管或适宜的容器中，密封。

5. 灭菌　分装后，采用多种灭菌法（如煮沸法、蒸汽法、热压法等）进行灭菌。

（三）口服液的质量检查

可按以下项目进行检查：外观检查（包括澄明度检查）、装置差异检查、卫生学检查、定性鉴别、有效成分含量的测定、相对密度测定等，这些项目的检查，基本上能有效地控制口服液的质量。

四、露剂

（一）露剂的概念及特点

露剂是用水蒸气蒸馏法制得的一种液体。原料一般带有芳香性，含挥发性成分较多，如花、茎枝、果实等。露剂的特点是芳香宜人、服用方便。

（二）制作方法

露剂的制作方法多采用水蒸气蒸馏法。该法系将含有挥发成分的原材料洗净、粉碎，放入蒸馏器中，加适量的水进行加热、冷凝，收集蒸馏液至相当于原材料重量的6～10倍即可。必要时可蒸馏数次。

五、水剂功能食品的加工技术

（一）膜分离技术在水剂功能食品加工中的应用

膜分离技术是一种在常温下无相变的高效、节能、无污染的分离、提纯、浓缩技术。这项技术的特性适合功能食品的加工，在如下几个方面应用效果明显：可用超滤对果汁进行除菌、澄清、脱果胶及回收果汁中的果胶、蛋白酶等，也可用反渗透对果汁进行浓缩，浓缩浓度可达20～25ºBx。可用反渗透把速溶茶的固形物含量从8%浓缩至20%左右；用超滤脱除罗汉果浸提液中的多糖、蛋白质等，再用反渗透进行浓缩，其浓缩浓度为20～25ºBx。

（二）胶体磨与均质机

胶体磨可在极短时间内实现对悬浮液中的固形物进行超微粉碎，同时兼有混合、搅拌、分散和乳化的作用，成品粒径可达1μm；效率和产量高，大约比球磨机和辊磨机的效率高出两倍以上；可通过调节两磨体间隙达到控制成品粒径的目的；结构简单，操作方便，占地面积小。但是，由于定子和转子磨体间隙极微小，因此加工精度较高。

胶体磨的普通形式为卧式，其转子随水平轴旋转，定子与转子间的间隙通常为50～150μm，依靠转动件的水平位移来调节。料液在旋转中心处进入，流过间隙后从四周卸出。转子的转速范围为3000～15 000r/min。这种胶体磨适用于黏度相对较低的物料。对于黏度相对较高的物料，可采用立式胶体磨，其转子的转速为3000～10 000r/min，这种胶体磨卸料和清洗都很方便。

均质机的工作部件是均质阀，工作原理是：当高压物料在阀盘与阀座间流过时产生了急剧的速度梯度，速度以缝隙的中心为最大，而附于阀盘与阀座上的物料流速为零。由于急剧的速度梯度产生强烈的剪切力，使液滴或颗粒发生变形和破裂以达到微粒化的目的。

均质阀的形式甚多，多由一锥形阀盘置于阀室内的阀座上构成。阀盘上有垂直的阀杆，阀杆上带有弹簧，可借调节手柄来调节其张力，以此改变均质压力。工作时由于物料的压力，阀盘被提起而离开阀座，其间形成极小间隙。当物料从环状间隙出来后立即与挡环相碰，起着进一步碎裂液滴的作用。

均质机与胶体磨相比较，前者适于处理黏度较低的制品（低于 0.2Pa·s），而后者适于处理黏度较高的制品（大于 1.0Pa·s）。对黏度介于上述范围之内的物料则两者均可使用，但均质机可得到更细的乳化分散性。

第二节　固体与半固体制剂功能食品的加工

一、软胶囊

（一）软胶囊的概念及特点

软胶囊是指把一定量的原料、原料提取物加上适宜的辅料密封于球形、椭圆形或其他形状的软质囊中制成的剂型。软胶囊的特点表现为以下方面：

（1）软胶囊的可塑性强、弹性大，由软胶囊囊材组成的性质所决定，即明胶、增塑剂和水三者之间的比例；

（2）软胶囊可弥补其他固体剂型的不足，如含油量高或液态药物不易制成丸剂、片剂时，可制成软胶囊。

软胶囊除了上述特点外，还具有与硬胶囊相同的方便、利用率高、稳定性好、可以延效等特点。

（二）软胶囊的制作方法

软胶囊囊材的组成主要是胶料（主要是明胶）、增塑剂（甘油、山梨醇等）、附加剂（防腐剂、香料、遮光剂等）和水。软胶囊的形状有球形、椭圆形等多种。在保证填充物达到保健量的前提下，软胶囊的容积要求尽可能减小。软胶囊中填充物如为固体物时，原料粉末应通过 5 号筛，并混合均匀。软胶囊生产时，填充物品与成型是同时进行的（图 10-1）。

软胶囊制作的方法可分为压制法（模压法）和滴制法两种。

1. 压制法　①要配制囊材胶液。根据囊材配方，将明胶放入蒸馏水中浸泡使其膨胀，待明胶溶化后把其他物料一并加入，搅拌混合均匀。②制胶片。取出配制好的囊材胶液，涂在平坦的板表面上，使厚薄均匀，然后用 90℃左右的温度加热，使表面水分蒸发，成为有一定韧性、有一定弹性的软胶片。③压制软胶囊。小批量生产时，用压丸模手工压制；大批量生产时，常采用自动旋转轧囊机进行生产。

2. 滴制法　滴制法是指通过滴制机制备软胶囊的方法。制作时需注意胶液的配方、黏度，以及所有添加液的密度与温度。

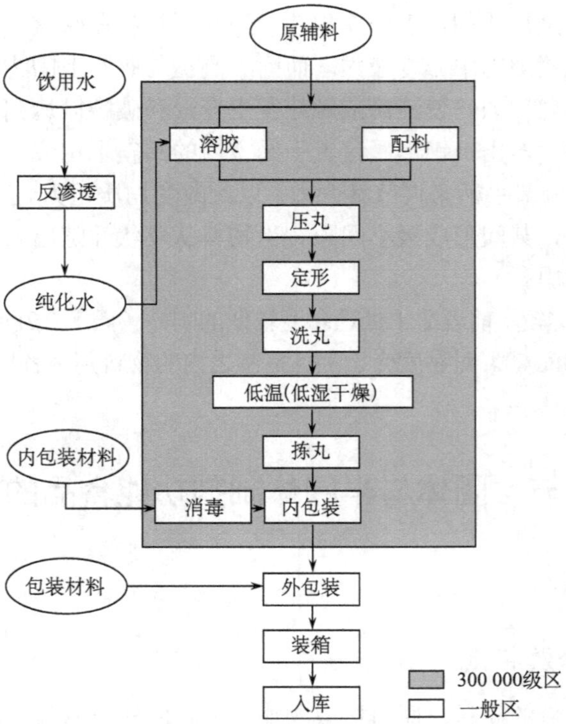

图 10-1　软胶囊加工工艺

（三）软胶囊的质量检查

胶囊剂的质量应符合药典“制剂通则”项下对胶囊剂的要求。

1. 外观　胶囊外观应整洁，不得有黏结、变形或破裂现象，并应无异臭。硬胶囊剂的内容物应干燥、松紧适度、混合均匀。

2. 水分　硬胶囊剂内容物的水分，除另有规定外，不得超过 9.0%。

3. 装量差异　取供试品 20 粒，分别精密称定重量，倾出内容物（不得损失囊壳）。硬胶囊剂囊壳用小刷或其他适宜的用具拭净；软胶囊剂囊壳用乙醚等溶剂洗净，置通风处使溶剂挥散尽，再分别精密称定囊壳重量，求出每粒胶囊内容物的装量与 20 粒的平均装量。每粒装量与平均装量相比较，超出装量差异限度的不得多于 2 粒，并不得有一粒超出限度 1 倍（平均装量为 0.3g 以下，装量差异限度为±10.0%；0.3g 或 0.3g 以上，装量差异限度为±7.5%）。

4. 崩解度与溶出度　胶囊剂作为一种固体制剂，通常应进行崩解度、溶出度或释放度检查，除另有规定外，应符合规定。凡规定检查溶出度或释放度的胶囊，不再检查崩解度。

二、硬胶囊

（一）硬胶囊的概念及特点

硬胶囊是指把一定量的原料提取物或原料粉末直接充填于空心胶囊中，或将几种原料粉末混合均匀分装于空心胶囊中而制成的功能食品。硬胶囊剂具有以下特点。

（1）外观光洁，美观，可掩盖原料不适当的苦味及臭味，使人易于接受，方便服用。

（2）保健功能因子的生物利用度高，辅料用量少。在制备过程中可以不加黏合剂、不加压，因此在胃肠道中崩解快，一般服后 3～10min 即可崩解释放功能物质，与丸剂、片剂相比，硬胶囊显效快、吸收好。

（3）稳定性好，光敏物质和热敏物质，如维生素宜装入不透光的硬胶囊中，便于保存。

（4）可延长释放保健功能物质，先将原料制成颗粒状，然后用不同释放速度的材料包衣，按比例混匀，装入空胶囊中即可达到延效的目的。

（二）硬胶囊的制作方法

1. 囊材的选择　明胶是制备空胶囊的主要原料。除了明胶以外，制备空胶囊时还应添加适当的辅料，以保证其质量。

2. 空胶囊的制作　空胶囊的制作过程可分为溶胶、蘸胶制坯、干燥、拔壳、截割及整理 6 个工序，多由自动化生产线完成。

按照国家的生产标准，将空心胶囊划分为 3 个等级，即优等品（指机制空胶囊）、一等品（指适用于机装的空胶囊）、合格品（指仅适用于手工填充的空胶囊），并对胶囊的外观和理化性状，以及菌检标准都进行了相应的规定。

3. 囊内填充物　由于填充物多用容积来控制，而原料的密度、晶态、颗粒大小不同，所占的容积也不相同，所以，一般是按照其剂量所占的容积来选用最小的空胶囊。空胶囊的规格常用的为 0～3 号，基本可以满足产品的要求。一般是凭经验或试装来选择适当号码的空胶囊。硬胶囊中填充的物品，除特殊规定外，一般均要求是混合均匀的细粉或颗粒。

4. 胶囊的封口　有平口与锁口两种。生产中一般使用平口胶囊，待填充后封口，以防其内容物漏泄。

（三）硬胶囊的质量检查

同“软胶囊的质量检查”。

三、片剂

片剂是指保健食品中的功效成分与适宜的辅料经过加工而制成的片状制剂。片剂之所以广泛应用，就在于它有下列特点：剂量准确；只要处方设计合理、工艺过程理想，片剂的主药含量差异较小；质量稳定。片剂为固体制剂，且经过压制，片面孔隙小，不利于水分等渗透；机械化程度高，产量大，成本低；运输、携带、贮存、使用方便。

片剂的制作方法有颗粒压片法和直接压片法两大类，以颗粒压片法应用较多。颗粒压片法又分为湿颗粒法和干颗粒法两种，前者适用于原料不能直接压片，或遇湿、遇热不起反应的片剂制作。下面重点介绍湿颗粒法（图 10-2）。

（一）原料的处理

按配方的要求选用合适的材料，并进行洁净、灭菌、炮制和干燥处理。

1. 适宜粉碎的原料　含淀粉较多的原料如山药、天花粉等；或含有少量芳香挥发性成分的原料和某些矿物原料等，宜粉碎成细粉，过 5～6 号筛。

2. 适宜提取法的原料　含挥发性成分较多的原材料如薄荷、紫苏叶等，可用单提挥发

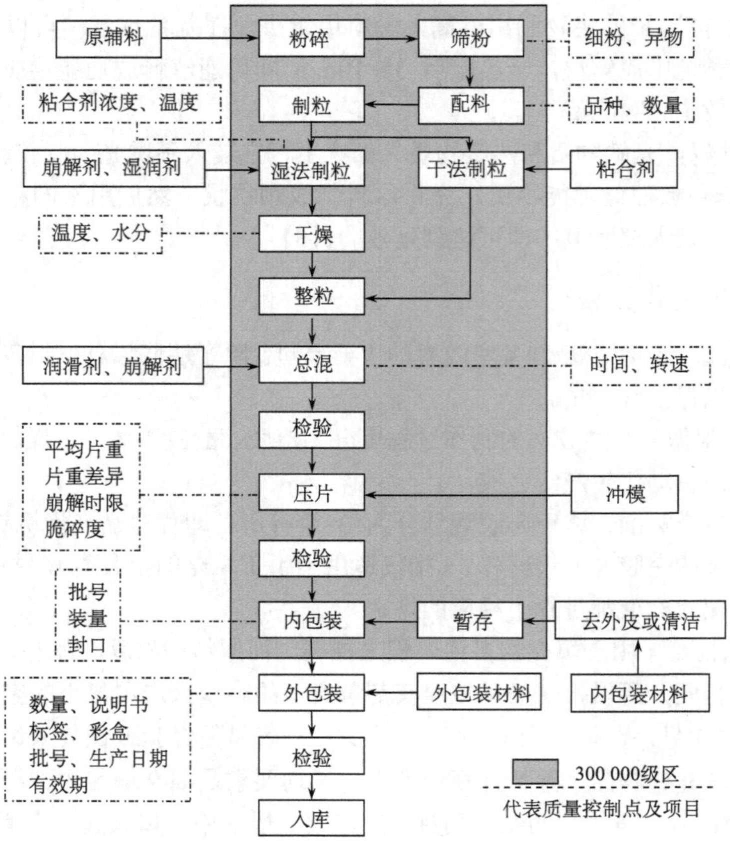

图 10-2　片剂加工工艺

油或双提法。

3. 适宜煎煮浓缩成稠膏的原料　含纤维较多、质地疏松、黏性较大或质地坚硬的原材料。浸膏片、半浸膏片中的稠膏，一般可浓缩至相对密度 1.2～1.3，有的亦可达 1.4。

4. 化学品中的主、辅料的处理　某些结晶性或颗粒状物，如大小适宜并易溶于水者，只要进行过筛使成均匀颗粒或经干燥加适量润滑剂即可压片。一般通过 5～6 号筛较适宜。

（二）制粒

大多数片剂都需要事先制成颗粒才能进行压片，这是由原料物性所决定的。制成颗粒主要是增加其流动性和可压性。增加物料的流动性，减少细粉吸附和容存的空气以减少片剂的松裂，避免粉末分层和细粉飞扬。

不同原料有不同的制粒方法，主要分为全粉制粒法、细粉与稠浸膏混合制粒法、全浸膏制粒法及提纯物制粒法等。其中全浸膏制粒法比较常用。

1. 全浸膏制粒法　有两种方法：将干浸膏直接粉碎，通过规定的筛子，制成颗粒，或者用浸膏粉制粒。干浸膏先粉碎成细粉，加润湿剂，制软材，制颗粒。用这种方法制得的颗粒质量好，但费时费力，成本高。近年来，采用喷雾干燥法制得浸膏颗粒，或得到浸膏细粉进而喷雾转动制粒。这些方法比较先进，既可以提高生产率，又提高了片剂的质量，并减少细菌污染。

全浸膏片因不含原材料细粉，服用量较少，容易符合卫生标准，尤其适用于有效成分含量较低的片剂。

2. 提纯物制粒法　是将提纯物细粉（有效成分或有效部位）与适量稀释剂、崩解剂等混匀后，加入黏合剂或润湿剂，制软材，制颗粒。

片剂颗粒所用的黏合剂或润湿剂的用量，以能制成适宜软材的最少用量为原则。如果原料粉末较细且干燥，则黏合剂用量要多些，反之则少些。

制成的湿粒要及时进行干燥，含水量应控制在 3%～5%的范围之内。

（三）压片

常用的压片机有单冲压片机和旋转式压片机两种。单冲压片机的产量一般为 80 片/min，一般用于新产品的试制或小量生产；压片时是由单侧加压（由上冲加压），所以压力分布不够均匀，易出现裂片，噪声较大。旋转式压片机，生产能力较高，是目前生产中广泛使用的压片机。

压片前要先计算出片的重量。片重的计算：如果片数和片重未定时，则先称出颗粒总重量，然后计算相当于多少个单服重量，再依照单服重量的颗粒之重量，决定每次服用的片数，进一步计算出每片的重量。若配方中规定了每批原材料应制的片数及每片重量时，则所得的干颗粒重应恰等于片数与片重之积，即干颗粒总重量（主料加辅料）等于片数乘以片重。如果干颗粒总重量小于片数乘以片重时，则应补充淀粉等辅料，使两者相等。

半浸膏片的片重，可用下式计算：

片重＝（干颗粒重+压片前加入的辅料重量）÷理论片数＝[（成膏固体重+原粉重）+压片前加入的辅料重量]÷[原药材总重量/每片原药材量]＝[（药材重量×收膏%×膏中含总固体%+原粉重）+压片前加入的辅料质量]÷（原药材总重量/每片原药材量）

若已知每片主料成分含量时，可通过测定颗粒中主料成分含量再确定片重：

片重＝每片含主料成分量÷干颗粒测得的主料成分百分含量

干颗粒法是指不用润湿剂或液态黏合剂而制成颗粒进行压片的方法。干法制粒的最大优点在于物料不需要经过湿润和加热的过程，可以缩短工时，并可减少生产设备，尤其对受湿、热易变质的原料来说，可以提高其产品质量。

粉末直接压片是指将原料的粉末与适宜的辅料混合后，不经过制颗粒而直接压片的方法，目前国外应用较广泛，国内也有不少研究及生产部门应用。

四、颗粒剂

（一）颗粒剂的概念及特点

颗粒剂是指原材料的提取物与适宜辅料或部分原材料细粉混匀，制成的干燥颗粒状（晶状）剂型。《药典》规定的粒度范围是不能通过 1 号筛（2000μm）的粗粒和通过 4 号筛（250μm）的细粒的总和不能超过 8%。

颗粒剂中的原材料全部或大部分经过提取精制，体积缩小，运输、携带、服用方便，味甜适口。

（二）颗粒剂的分类及制法

颗粒剂按照溶解性能和溶解状态一般分为两种类型：可溶性颗粒剂、混悬性颗粒剂。

1. 可溶性颗粒剂　该颗粒剂加水能完全溶解，溶液澄清透明，无焦屑等杂质。制作过程分为：提取、精制、制粒、干燥、整粒、质量检查、包装等步骤（图 10-3）。

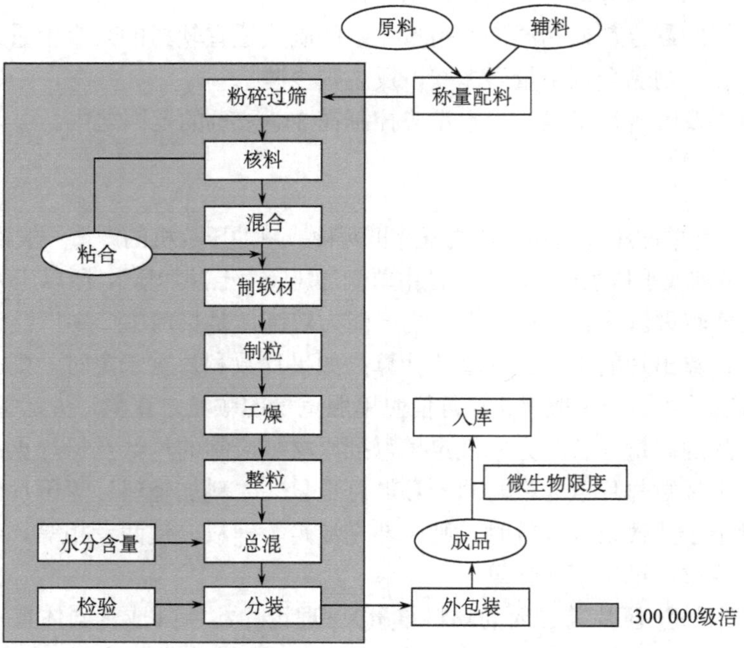

图 10-3　颗粒剂加工工艺

（1）提取：大多数原材料用煎煮法提取。具体操作是将原材料切成片或段，或研成末，按常法煎煮，取汁留渣，加水再煮，如此反复 3 次，将汁液滤过合并，加热浓缩至稠膏状备用。也有因原材料成分的不同而采用渗漉法或浸渍法或回流法提取。

（2）精制：将稠膏加入等量的 95%乙醇，混合均匀，静置冷藏至少 12h，滤过，滤液回收乙醇后，再继续浓缩至稠膏状。

（3）制粒：将精制过的稠膏或干膏细粉拌入一定量的水溶性赋形剂，混匀，再加入规定浓度的乙醇，之后通过颗粒机上一号筛（12～14 目）制成颗粒。

可溶性颗粒剂的赋形剂主要是蔗糖和糊精。蔗糖中以白砂糖为好。用前干燥、粉碎、过筛制成糖粉。大多数情况下，稠膏与糖粉的比例是 1∶2～1∶4。功能食品不宜含糖量太高，可以用部分糊精代替糖粉，以减少糖粉的用量。

（4）干燥：用烘箱、烘房或远红外干燥机进行干燥。干燥时注意，一要迅速，二要温度适宜，温度控制在 60～80℃较好。干燥程度，以颗粒中的水分控制在 2%以内为宜。

（5）整粒：颗粒干燥后，可能有粘着结块的现象，需用摇摆式颗粒机重新过筛，使颗粒更加均匀，筛出的细小颗粒可以再制粒。

（6）包装：可以用复合塑料袋包装，其优点是不透湿、不透气、颗粒不易出现潮湿溶化的现象。

2. 混悬性颗粒剂　该颗粒剂用水冲后不能全部溶解，液体中有浮悬的细小物质。它是将一部分原材料提取制成稠膏，另一部分原材料粉碎成细末，二者混合制成颗粒。

混悬性颗粒剂的制作：普通原材料用水加热，煎煮提取汁液，汁液合并滤过，煎煮浓缩至稠膏待用；含有挥发性或热敏性成分的原材料粉碎成细粉，过筛（多用 6 号筛）备用。将稠膏、细粉、糖粉按比例混合均匀成软材，通过 1 号筛（12～14 目）制成湿颗粒，然后进行干燥，干燥后通过 1 号筛整粒、分装。

（三）颗粒剂的质量检查

颗粒剂的质量检查，除主功能成分含量外，《药典》还规定了粒度、干燥失重、溶化性及重量差异等检查项目。

1. 外观　颗粒应干燥、均匀、色泽一致，无吸潮、软化、结块、潮解等现象。

2. 粒度　除另有规定外，不能通过 1 号筛和能通过 4 号筛的粉末总和不得过 8%。

3. 干燥失重　取供试品按《药典》方法测定，除另有规定外，不得超过 2%。

4. 溶化性　取供试颗粒 10g，加热水 200mL，搅拌 5min，可溶性颗粒应全部融化或可允许有轻微浑浊，但不得有焦屑等异物。混悬型颗粒剂应能混悬均匀。

5. 装量差异　单剂量包装的颗粒剂，其装量差异限度应符合表 10-1 的规定。检查方法参考《药典》有关规定。

表 10-1　颗粒剂装量差异限度表

标示装量/g	装量差异限度/%	标示装量/g	装量差异限度/%
≤1.0	±10.0	1.5～6（含）	±7.0
1.0～1.5（含）	±8.0	>6	±5.0

6. 卫生学检查　符合要求。

五、散剂

（一）散剂的概念及特点

散剂是指一种或数种原料经粉碎、混合而制成的粉末状剂型。散剂具有以下特点：

（1）散剂粉状颗粒的粒径小、比表面积大、容易分散，起效快；

（2）贮存、运输、携带比较方便；

（3）制备工艺简单，剂量易于控制，便于婴幼儿服用。

（二）散剂的制作方法

一般应通过粉碎、过筛、混合、分剂量、质量检查及包装等程序。

1. 过筛　将粉碎的物料选择适当的筛过筛。

2. 混合　是指将多种固体粉末相互交叉分散的过程。在散剂制作的过程中，目前常用的混合方法有研磨混合法、搅拌混合法与过筛混合法等。

3. 分剂量　系指将混合均匀的散剂按照所需要的剂量分成相等质量份数的过程。一般采用重量法和容量法分剂量。大批量生产时可以用散剂定量分包机，其原理与容量法相同。

4. 包装 散剂表面积大，易吸湿受潮而使质量下降，所以选用的包装材料应有利于防湿，常用的材料有光纸、蜡纸、玻璃瓶、硬胶囊等。包装后的散剂要放在干燥、阴凉、空气流通的地方。

（三）质量检查

《药典》规定：检查的项目主要是散剂的均匀度、细度与水分。混合均匀度可采用含量测定法。将散剂不同部位所取的样品进行含量测定，再与规定的含量相比较，确定是否达到合格程度。

粉末细度的测定依颗粒大小而采用不同的方法，粗大颗粒用过筛法，微小颗粒则用光学显微镜法。散剂的水分一般不得超过 9.0%。此外，还应按《药典》附录中的“微生物限度检查法”进行卫生学检查。

六、蜜膏

（一）蜜膏的概念及特点

蜜膏是指原料经过加水煎煮，去渣浓缩后，加入蜂蜜制成的稠厚的、半流体状的剂型。蜜膏的特点是浓度高，体积小，稳定性好，利于保存，携带方便，便于服用，作用和缓、持久。蜜膏又叫煎膏剂。

煎膏剂中所用的蜂蜜均指炼蜜，糖大多为冰糖或蔗糖，也有用红糖（如益母草膏），糖也必须经过炼制。

（二）蜜膏的制作方法

蜜膏的制作工艺一般分为煎煮、浓缩、收膏、分装四个步骤。

1. 煎煮 将原料按照要求切成片、段，或粉碎成末，加水加热，进行煎煮，先以大火烧开后，改用小火煎煮 30min 即可；将汁液分离，留渣再加水煎煮，如此反复 2 或 3 次，把汁液合并，静置，过滤待用。

如果原料为新鲜的果蔬，可用榨汁机榨取汁液，另用其渣加水如常法煎煮，时间可稍短一些，取汁去渣，与前面的汁液合并备用。

2. 浓缩 将准备好的汁液加热煎煮，不断搅拌，待汁液浓缩到产品所规定的相对密度，即可停火；或者取浓缩液滴在滤纸上，如果滴液四边无渗出的水迹，即达到了要求，我们把这种浓缩膏称为“清膏”。

3. 收膏 在清膏中加入规定量的炼蜜（一般不超过清膏量的 3 倍），用小火煎熬，不断搅拌，撇去浮沫，当膏液稠度达到所规定的相对密度即可停火。除另有规定外，蜜膏的相对密度一般要求在 1.4 左右。

由于蜂蜜中含有较多的水分和死蜂、蜡质等杂物，故应用前须加以炼制，其目的是去除杂质、破坏酶类、杀死微生物、减少水分含量、增加黏合力。

鲜蜂蜜的选择，以半透明、有光泽、香甜味纯、清洁无杂质为好。炼蜜的程度除由制膏原材料的性质而定外，与原料粉末的粗细、含水量的多少、加工季节的气温也有关系，在其他条件相同情况下一般冬天用嫩蜜，夏天用老蜜。

4. 分装　先将容器洗净、干燥、消毒，然后再把放凉的蜜膏装瓶，以免日后发霉变质。一般选用大口容器盛装，这是由于蜜膏比较黏稠，存取方便。

七、固体制剂功能食品的加工技术

（一）喷雾干燥

1. 喷雾干燥原理　喷雾干燥技术是近代干燥新技术之一。通过机械的作用，将需干燥的物料分散成很细的、像雾一样的微粒，与热空气接触后，在瞬间将大部分水分除去，从而使物料中的固体物质干燥成粉末。

2. 喷雾干燥的优点

（1）干燥速率高、时间短。由于料液被雾化成几十微米大小的液滴，所以液体的比表面积很大，故所进行的热交换和质交换非常迅速，一般只需几秒到几十秒钟就干燥完毕，具有瞬间干燥的特点。

（2）物料温度较低。虽然采用较高温度的干燥介质，但液滴有大量水分存在时，物料表面温度一般不超过热空气的湿球温度。对奶粉干燥，为 50～60℃。因此，适宜热敏性物料的干燥，能较好保持产品的营养、色泽和香味。

（3）制品有良好的分散性和溶解性。根据工艺要求选用适当的雾化器，可使产品制成粉末或空气球。因此，制品的疏松性、分散性好，不粉碎也能在水中迅速溶解。

（4）产品不易污染。由于干燥过程是在密闭的容器中进行的，杂质不易进入产品中。

（5）生产过程简单，操作控制方便，即使含水量达 90%的料液，不经浓缩同样也能一次获得均匀的干燥产品。大部分产品干燥后不需粉碎和筛选，简化了生产工艺流程。而且，对于产品粒度和含水量等质量指标，可通过改变操作条件进行调整，且控制管理都很方便。

（6）适宜于连续化生产。干燥后的产品经连续排料，在后处理上结合冷却器和气力输送，组成连续生产作业线，有利于实现自动化大规模生产。

3. 喷雾干燥的缺点

（1）设备比较复杂，一次投资较大，当用 160℃以下的热空气进行干燥时，所需干燥设备体积较大，一般情况下干燥室的水分蒸发强度仅能达到 2.5～4kg/m^3。

（2）使被干燥物料雾化成细小微粒，从废气中回收夹带的粉末，需要一套价格较高的复杂设备。

（3）为了降低产品中水分含量，以致需要较多的空气量，从而增加鼓风机的电能消耗与回收装置的容量。

（4）热效率不高，热消耗大，每蒸发 1kg 水分需 2～3kg 的蒸汽，相当于 1500～1700kcal 热量。

（二）升华干燥

1. 升华干燥原理　将含水物料先冻结，然后使物料中的水分在高真空下不经液相而直接从固相化为水汽排出，称升华干燥法，或称冷冻升华干燥法。

2. 升华干燥的特点

（1）较好保存了食品的化学和营养品质。由于在低温下操作，能最大限度地保存食品的色、香、味，如蔬菜的天然色素保持不变，各种芳香物质的损失可减少到最低限度，对热敏感性物质特别适合，能保存食品中的各种营养成分，尤其对维生素C保存率达90%以上。因升华干燥在真空下操作，氧气极少，因此易氧化的物质（如油脂类）可以得到较好保护。

（2）在真空和低温下操作，微生物的生长和酶的作用受到抑制。

（3）升华干制品重量轻、体积小、贮藏时占地面积少、运输方便。各种升华干燥的蔬菜经压块，重量减少十几倍，体积缩小几十倍。以冷藏食品质量为100%，罐头为110%，升华干制品仅为 5%。因此包装费用比罐头低得多，贮藏费用比冷藏低得多，在贮藏和运输过程中，损失率也较小。

（4）易吸水恢复原状。因为被干燥物料含有的水分是在结冰状态下直接蒸发的，故在干燥过程中，水汽不带动可溶性物质移向物料表面，不会在物料表面沉积盐类，即在物料表面不会形成硬质薄皮，不会使物料干燥后因收缩引起变形，故极易吸水恢复原状。

（5）产品不易变质，保存期长。用冷冻升华干燥法加工的食品能排除 95%～99%以上的水分，产品能长期保存而不变质。

但冷冻升华干燥消耗较大的电能，且生产加工量不易放大。

（三）微粉碎和超微粉碎

根据被粉碎物料和成品粒度的大小，粉碎可分成粗粉碎、中粉碎、微粉碎和超微粉碎等四种。粗粉碎的原料粒度在 40～1500mm 范围内，成品颗粒粒度 5～50mm；中粉碎的原料粒度在 10～100mm 范围内，成品颗粒粒度 5～10mm；微粉碎的原料粒度在 5～10mm 范围内，成品颗粒粒度 100μm 以下；超微粉碎的原料粒度在 0.5～5mm 范围内，成品颗粒粒度10～25μm 以下。

在功能性食品生产上，某些微量活性物质（如硒）的添加量很小，如果颗粒稍大，就可能带来毒副作用。这就需要非常有效的超微粉碎手段将之粉碎至足够细小的粒度，加上有效的混合操作才能保证它在食品中的均匀分布，使功能性活性成分更好地发挥作用。因此，超微粉碎技术已成为功能食品加工的重要新技术之一。

1. 气流式超微粉碎　气流式超微粉碎的基本原理是利用空气、蒸汽或其他气体通过一定压力的喷嘴喷射产生高度的湍流和能量转换流，物料颗粒在这高能气流作用下悬浮输送，相互之间发生剧烈的冲击、碰撞和摩擦作用，加上高速喷射气流对颗粒的剪切冲击作用，使得物料颗粒间得到充足的研磨而粉碎成超微粒子，同时进行均匀混合。由于欲粉碎的食品物料大多熔点较低或者不耐热，故通常使用空气。被压缩的空气在粉碎室中膨胀，产生的冷却效应与粉碎时产生的热效应相互抵消。

气流式超微粉碎概括起来有以下几个方面特点：粉碎比大，粉碎颗粒成品的平均粒径在5μm 以下；粉碎设备结构紧凑、磨损小且维修容易，但动力消耗大；在粉碎过程中设置一定的分级作用，粗粒由于受到离心力作用不会混到细粒成品中，这保证了成品粒度的均匀一致；易实现多单元联合操作，在粉碎同时还能对两种配合比例相差很远的物料进行很好的混合。此外，在粉碎的同时可喷入所需的包囊溶液对粉碎颗粒进行包囊处理；易实现无菌操作，卫生条件好。

2. 高频振动式超微粉碎　高频振动式超微粉碎的原理是利用球形或棒形研磨介质做

高频振动时产生的冲击、摩擦和剪切等作用力，来实现对物料颗粒的超微粉碎，并同时起到混合分散作用。振动磨是进行高频振动式超微粉碎的专门设备，它在干法或湿法状态下均可工作。

3. 旋转球（棒）磨式超微粉碎或微粉碎　旋转球（棒）磨式超微粉碎或微粉碎的原理是利用水平回转筒体中的球或棒状研磨介质，后者由于受到离心力的影响产生了冲击和摩擦等作用力，达到对物料颗粒粉碎的目的。它与高频振动式超微粉碎的相同之处都是利用研磨介质实现对物料的超微粉碎，但两者在引发研磨介质产生作用力的方式上存在差异。

4. 转辊式微或超微粉碎　这种微或超微粉碎技术是利用转动的辊子在另一相对表面之间产生摩擦、挤压或剪切等作用力，达到粉碎物料的目的。根据相对表面形式的不同，有盘辊研磨机和辊磨机两大类型的专用设备。

5. 锤击式和盘击式微粉碎　锤击式微粉碎的原理是利用高速旋转锤头产生的强大冲击力，以及受锤头离心力作用冲向内壁产生的冲击、摩擦和剪切力，与颗粒间相互强烈地冲击、摩擦和剪切等作用力将物料粉碎成微细粒子。经锤击式粉碎的物料平均粒度可达 40μm 以下，属于微粉碎范畴。

第三节　普通食品剂型的加工

一、益生菌类保健食品

益生菌（probiotics）是一类对人体有益的肠道生理菌，它们可直接作为食品添加剂服用，以维持肠道菌群的平衡。益生菌是人体肠道重要的生理菌，能够促进肠内微生物菌群的生态平衡，具有改善肠道菌群结构、促进肠道中有益菌的增殖、抑制有害菌的生长、消除致癌因子、提高机体免疫力、降低胆固醇等重要生理功效，对于高血压、高血脂、心脏病、糖尿病和癌症的防治有着重要意义。

（一）益生菌干酪

1. 益生菌干酪的定义及其功效　即通过添加益生菌发酵剂而使奶酪具有益生作用。一般成熟后活菌数要达到100万单位（10^6cfu/g）才发挥益生菌的作用。益生菌干酪中的蛋白质在发酵成熟过程中在凝乳酶、益生菌及产生的蛋白酶的作用下，逐步被分解形成胨、大肽、小肽、氨基酸及其他具有生物活性的物质。这些小分子物质很容易被人体吸收，使干酪的蛋白质消化率高达 96%～98%。活的益生菌和产生的活性物质能对人体产生各种有益的作用。例如，某些益生菌能在干酪中形成和释放具有生物活性的 ACE（血管紧张素转化酶）抑制肽，从而对人体起到降血压的作用。

2. 益生菌干酪的加工　原料乳→杀菌（63℃，30min）→冷却（30℃）→添加发酵剂（0.015%）→添加 $CaCl_2$（0.015%）→当 pH 降到 6.4～6.5 时，添加凝乳酶（0.003%）→切割、搅拌→升温到 40℃，搅拌排乳清→堆积（2.5h）→排乳清→加盐入模（1.5%）→压榨过夜→真空包装→8℃成熟。

（二）益生菌奶粉

益生菌奶粉主要是指中老年奶粉和婴幼儿配方奶粉中添加益生菌。婴幼儿配方奶粉常添加的成分有 IgG、IgA、IgM、IgD、IgE5 种免疫球蛋白，以及二十二碳六烯酸（DHA）、二十碳五烯酸（EPA）、α-亚麻酸、亚油酸等不饱和脂肪酸，同时适当添加益生元、益生菌，以及维生素 A、维生素 B_1、维生素 B_6、维生素 C、维生素 D 和叶酸等。婴儿在出生之后，随着肠道内、皮肤上正常菌群的寄存，人体的免疫系统就开始启蒙、发育，并逐渐走向成熟。在这个发育成熟的过程中，如果人体内正常菌群建立过晚或不良，就会出现相应的疾病或症状。以往人体内正常菌群建立和免疫系统的发育关键是靠母乳喂养，所以不能进行母乳喂养的孩子身体表现较虚弱，易腹泻，且智力上也受到一定影响。现在，可以通过婴幼儿配方乳粉来模拟人乳成分，添加益生菌的婴幼儿配方乳粉对宝宝的正常菌群建立起到极大的促进作用，还可提高宝宝的免疫力。此外，添加一些益生元也起到一定的辅助作用。

益生菌奶粉的加工参照本章第二节“颗粒的加工”。

（三）益生菌发酵果蔬汁

1. 益生菌发酵果蔬汁的特点　植物性材料的发酵首推植物乳杆菌，也可与保加利亚乳杆菌、嗜酸乳杆菌和肠膜明串珠菌等其他乳酸菌配合获得更好的质量和风味。为了获得多重风味和较高的活菌数，一些发酵果蔬汁饮料还加入了少量奶粉或乳糖。这样在酸乳中的益生菌也可以积极参与发酵过程，得到发酵果蔬汁乳饮料。这种饮料富含丰富的维生素、天然功能性色素和乳酸，配合果蔬的清爽，使功能性和良好的风味有机结合。

2. 益生菌发酵果蔬汁的加工　益生菌发酵果蔬汁的工艺流程如下：

鲜牛奶、果蔬汁、蔗糖、稳定剂 → 调配→过滤→杀菌→冷却→接种（乳酸菌）→发酵→灌装→冷藏

（四）益生菌酸豆乳

1. 益生菌酸豆乳的特点　经益生菌发酵后的豆乳，可以改善豆腥味等不良风味；发酵豆乳可以让钙质更有生物活性，易于吸收；益生菌发酵分解淀粉和低聚糖产生有机酸；分解蛋白质产生多种氨基酸和多肽，其中也有功能性多肽（如降压肽）；大量益生菌有利于肠道健康、提高免疫力、美白肌肤等。

2. 益生菌酸豆乳的加工　发酵原料→100℃灭菌 15min→冷却到 45℃→以接种量为 5%接入活化好的发酵剂→42℃发酵 4h→发酵→灌装→冷藏→理化检测。

（五）益生菌巧克力

益生菌与巧克力可以说是强强联合，巧克力中的多酚在赋予巧克力独特魅力的同时，也有利于心脏健康，有益于消化健康。值得注意的是，生产时必须在较低温度（35～40℃）下才能使巧克力与益生菌混合，因此益生菌巧克力的制作需要特殊的烘焙工艺。据报道，巧克

力巨头百乐嘉利宝（Barry Callebaut）新近在美国市场推出一款益生菌巧克力产品。这种巧克力内含有的益生菌比酸奶或乳制品多 3 倍，并且拥有长达 1 年之久的货架期。

（六）益生菌类保健食品质量检查

益生菌类保健食品的加工都应遵照国家食品药品监督管理总局于 2005 年颁布的《益生菌类保健食品申报与审评规定（试行）》（国食药监注[2005]202 号），以及益生菌类保健食品厂良好生产规范进行操作，并且参照“FAO/WHO 益生菌评价指南”进行质量监控。

二、保健馒头

（一）馒头的特点

馒头是我国的传统主食，营养强化馒头中主要含有强化蛋白质、氨基酸、维生素、纤维素、矿物质等。由于主食安全性和成本方面的原因，大多强化添加料由天然农产品加工而来，包括植物蛋白产品、果蔬产品、肉类及其副产品和谷物加工的副产品等。

（二）馒头加工工艺

面粉、含有功能因子的辅料→和面→醒发→整形→醒发→蒸制→出锅→冷却。其操作要点如下。

1. 原辅料处理　将要添加的含有功能因子的原料进行筛选、清洗、打浆或磨粉待用。

2. 和面　用适量的水与辅料粉一并放入搅拌机中搅拌，将松散的面粉加适量的水和辅料粉泥和成一团，揉至面团表面光滑、不黏手、有弹性为止。

3. 发酵　发酵是馒头生产的重要环节，一般在温度为 85℃、相对湿度为 85%的醒发室内发酵。

4. 成型和醒发　将面团搓成大小均匀的圆状小面团，然后揉搓形成表面光滑的馒头坯，成型后不宜马上蒸制，应经过醒发工序。醒发的温度为 85℃、相对湿度为 85%。

5. 蒸制　一般沸水上笼约为 20min。

（三）质量标准

按照小麦馒头粉标准 GB/T 21118—2007 进行质量判定。

1. 产品感官质量要求　其外观形态完整，色泽正常，表面无皱缩、塌陷，无黄斑、灰斑、白毛和黏斑等缺陷，无异物。内部质构特征均一，有弹性，呈海绵状，无粗糙大孔洞、局部硬块、干面粉痕迹及黄色碱斑等明显缺陷，无异物。口感要求无生感，不粘牙，不牙碜。滋味和气味要求具有小麦粉经发酵、蒸制后特有的滋味和气味，无异味。这些感官质量指标要求都是对小麦粉馒头最基本的质量要求。

2. 产品标准　该标准要求馒头比容应大于 1.7mL/g，主要是对馒头松软度进行规范；馒头水分含量应小于 45%；馒头的 pH 为 5.6～7.2，以保证馒头良好的口感。

3. 卫生要求　大肠菌群/（MPN/100g）：≤30；霉菌计数/（cfu/g）：≤200；致病菌（沙

门氏菌、志贺氏菌、金黄色葡萄球菌等）：不得检出。总砷（以 As 计）/（mg/kg）：≤0.5；铅（以 Pb 计）/（mg/kg）：≤0.5。

三、保健挂面

（一）挂面的定义和特点

挂面是一种细若发丝、洁白光韧，并且耐存、耐煮的手工面食，有圆而细的，也有宽而扁的，主要品种有普通挂面、花色挂面、手工挂面等；按辅料的品种分有鸡蛋挂面、西红柿挂面、菠菜挂面、胡萝卜挂面、海带挂面、赖氨酸挂面等。目前，挂面已形成主食型、风味型、营养型、保健型等共同发展的格局。

（二）挂面加工的工艺流程

功能因子包络化合物
↓
原辅料预处理→面粉、CMC、食盐、食碱→和面→熟化→压片→切条→湿切面→干燥→切断→计量→包装→检验→成品挂面

1. 原辅料清选、包埋 将要添加的具有功能因子的原料除杂后，按最优质量配比加水打浆榨汁。向均质好的保健原料中加一定量的β-环糊精并混匀，然后将其置于冰箱中静止冷藏，使之利用β-环糊精的特殊空洞结构，将原料浆中的固形物包埋进空洞内，以形成稳定的包络复合物，待用。

2. 和面 和面的好坏对面条的品质影响极大。将各辅料称量后加入到面粉中一起和制，最后形成干湿均匀、色泽一致呈松散豆腐渣状面团胚料，且用手握成团，轻轻揉搓仍为松散小颗粒结构。和面时间 10～15min，和面温度 25～30℃。

3. 熟化 将和好的面团静置，以此来消除面团内部由于和面时形成的内应力，使面团内水分分布均匀，面筋蛋白充分吸水形成网络结构，一般熟化时间为 15～30min，熟化温度为 20～25℃。

4. 压延、切条 压延（轧片）的主要目的是通过压力把颗粒状面团轧成面片，把分布在面团中的面筋和颗粒淀粉粒子集结起来，并通过多道滚轧形成组织细密、互相粘连、厚薄均匀、光滑平整的面带。要求面带光滑、无疙瘩、无并条，经多次辊压后制成厚度为 1.3～1.4mm 薄面带，再切成 2mm 宽的面条。

5. 干燥 采用自然干燥，温度为 20～25℃，相对湿度为 60%～80%。也可采用烘房干燥。

6. 计量包装 按规格进行包装。

（三）质量要求

挂面应该平直、光滑、不酥、不潮、不脆，有良好的烹调性能和一定的抗断强度。参见 SB/T10068—92 中华人民共和国行业标准《挂面》。

1. 感官指标 色泽为淡黄色（花色挂面应具有添加辅料的颜色和气味），无霉味、酸味及其他异味，无外来杂质，不整齐度不高于 15%，其中自然断条率不超过 10%。

2. 理化指标　水分含量为 12.5%～14.5%，脂肪酸值（湿基）≤80，盐分（以氯化钠计）≤2%。铅（以 Pb 计）≤0.5mg/kg，砷（以 As 计）≤0.5mg/kg。

3. 卫生指标　细菌总数≤1000 个/g，大肠杆菌群≤30 个/100g，致病菌不得检出。

四、保健饼干

（一）保健饼干的特点

饼干作为焙烤制品中的一个类型，在我国已经有悠久的生产历史。随着科学技术的进步，饼干业在技术水平、工艺装备、生产效率诸多方面都获得了很大程度的提高。近几年来，通过强化食品中的特殊营养成分，或者向饼干中添加某种功能因子，以改善人体生理机能，受到了消费者的普遍欢迎。

（二）加工工艺

酵母、水　其他原辅料　功能性成分原料
↓　↓　↓
面粉→混匀→第一次调粉→发酵→第二次调粉→面团静置（1.5h）→辊压成型→表面刷油、糖、鸡蛋→焙烤（220℃，时间 3～5min）→冷却→成品

1. 第一次调粉　将面粉（总量 50%）和酵母以慢速搅匀后，将温水加入，中速搅拌 2min，快速搅拌 5min，即成为光滑、韧性良好的面团，面温 24～26℃；发酵：在温度 26～28℃、相对湿度 72%的条件下发酵 2～6h。

2. 第二次调粉　先将白砂糖用定量的水溶解，再加入其他辅料并搅拌均匀，最后加入养麦粉、发酵好的面团及剩余的面粉进行搅拌。面团要组织均匀、软硬适度、弹性适中；静置。

3. 成型　将调好的面团在醒发室内静置 15～20min，然后送入成型机中辊轧、冲印成型。

4. 烘烤　前期采用较高的底火和较低的面火，使其充分胀发后再定型；定型着色阶段，底火低于面火。饼干的烘烤温度分 3 段：200℃、230℃、180℃，分别调整各部分加热器的温度控制器。烘烤时间为 3～5min。

5. 冷却、包装　出炉后的饼干在烤盘上自然降温或人工降温冷却至 38～40℃时即可包装。

（三）质量要求（GB/T 20980，GB7100）

1. 感官要求

（1）形态：外形完整，花纹清晰，厚薄基本均匀，不收缩，不变形，不起泡，不得有较大或较多的凹底。特殊加工品种表面允许有砂糖颗粒存在。

（2）色泽：呈棕黄色或金黄色或该品种应有的色泽，色泽基本均匀，表面略带光泽，无白粉，不应有过白、过焦现象。

（3）滋味与口感：具有该品种应有的香味，无异味。口感酥松，不粘牙。

（4）组织：断面结构呈多孔状，细密，无大孔洞。

（5）杂质：无油污、无异物。

2. 理化指标 酸价（以脂肪计）KOH/(mg/g)≤5；过氧化值(以脂肪计)/(g/100g)≤0.25；总砷(以 As 计)/(mg/kg)≤0.5；总铅(Pb)/(mg/kg)≤0.5。

3. 微生物指标 菌落总数/(cfu/g)≤2000；大肠菌群/(MPN/100g)≤30；霉菌计数/(cfu/g)≤50。

本章小结

在国家政策的引导下，我国保健食品行业在不断提高产品质量的同时，新产品也不断涌现。保健食品不但在功能方面追求多功能和高效性，在形式方面也追求着多元化。我国目前的保健食品剂型主流仍然是片剂、胶囊剂、颗粒剂、口服液、粉剂、膏状等传统剂型，而且大多数剂型还是以药品剂型为主。据统计，我国有 71.1%的保健食品为药品剂型，这说明我国保健品依然没有摆脱药品的身影。因为与药品剂型基本一致，消费者更容易将其和药品同类归属，再加上一些不法商人的非法宣传，很容易给消费者造成保健食品就是包治百病的“良药”的误导，致使保健食品市场陷入信任危机。因此，未来的保健食品剂型应该在以传统剂型为主的基础上应更加注重普通食品形式的研究。

思考题

1. 保健食品剂型在选择上应该遵循哪些原则？试举例说明。

2. 比较几种水剂保健食品的特点及其制作方法，举例说明生活中常见的几种水剂保健食品的制作工艺。

3. 查阅资料，试简述保健食品生产中常用的浓缩工艺。

4. 试做一份调查问卷，了解城市居民家庭购买的各种保健食品的剂型中哪种剂型所占比例最大，指导消费者正确选择保健食品。

5. 益生菌是如何作为保健食品发挥作用的？

6. 谈谈你对保健食品不同剂型的认识。请举例说明。

第11章 营养补充剂的加工技术

营养补充剂是以一种或数种经化学合成、微生物产生或天然动植物中提取的营养素为原料制成的产品，以补充人体维生素、矿物质等所需营养素为目的。因此营养补充剂也纳入了保健食品的管理范畴。营养补充剂的产生主要是由于人们追求健康意识的增强，既希望通过食品强化剂等防止营养缺乏病的发生，又希望通过摄取非传统营养素和其他膳食成分防止慢性非传染病等疾病的发生。

营养补充剂应符合以下要求：

（1）营养素补充剂不得以提供能量为目的。

（2）营养素补充剂只能宣传补充营养素。

（3）营养素补充剂必须取得保健食品批准证书后方可生产销售。

（4）营养素补充剂由一种或多种维生素或矿物质等组成；产品形式为片剂、胶囊、冲剂或口服液；冲剂每日食用量不得超过20g，口服液每日食用量不得超过30mL。

（5）营养素补充剂包装应便于消费者食用和保持产品的稳定性，并在其标签和说明书中标示每种营养素含量、推荐摄入量、贮藏方法和注意事项等。

（6）营养素补充剂中所加入的营养素及每日推荐摄入量应在《营养素补充剂中营养素名称和用量表》规定的范围内，所加入的辅料应主要是以提高产品工艺性能或者改善产品的口味为目的。

（7）营养素补充剂中的营养素原料和辅料应提供其来源及质量标准；化学合成的营养素原料应为《食品添加剂使用卫生标准》、卫生部有关通告或药典中规定允许使用的营养素原料种类，并符合相应的规定，否则，应参照对食品新资源的要求进行安全性毒理学评价，并提供人体安全摄入量的科学证明。

（8）申报者应提供营养素补充剂中营养素的定量检验方法。

（9）营养素补充剂产品质量标准中维生素含量范围值为：0.8×标示值～1.8×标示值；矿物质含量范围值为：0.75×标示值～1.25×标示值；产品中每种营养素含量的实测值必须在该产品质量标准范围值之内。标示值是指生产企业在其产品标签和说明书上所标示的该产品中某种营养素含量的确定数值，不得标示为范围值。

（10）含有三种以上（含三种）维生素、矿物质的营养素补充剂，方可称为复合或多种营养素补充剂。

营养补充剂的加工过程包括营养素从原料中的提取、分离、纯化，以及制备成片剂、胶囊、冲剂或口服液的加工过程。由于活性肽与活性蛋白质、功能性油类，以及维生素和矿物质是常见的日常营养补充剂，因此本章将分别介绍了活性多肽与活性蛋白质、功能性油类、维生素和矿物质的补充剂的加工技术。

第一节　活性多肽与活性蛋白质补充剂的加工

自 1902 年伦敦大学医学院的 Buyliss 和 Starlling 首次发现活性多肽物质促胰激素以来，人们开始致力于活性多肽物质的研究。肽是两个或两个以上的氨基酸以肽键相连的化合物，在人体内起重要生理作用，发挥生理功能。在体内或体外由酶水解食品蛋白质而产生的具有生物功能或生理作用的肽被称为生物活性肽。活性肽广泛存在于自然界中，生物体很多活性物质都以肽的形式存在，没有肽，就没有活性，没有生命。研究发现一些肽具有免疫调节、激素调节、酶调节、抗病毒、降血压和降血脂等功能。活性蛋白质是指除具有一般蛋白质的营养作用外，还具有某些特殊的生理功能的一类蛋白质。由于活性多肽和活性蛋白质的特殊功能，使得人们对它的需求增加，因此科学家对活性多肽和活性蛋白质的制备、分离和纯化进行了一系列研究。

一、生物活性多肽和活性蛋白质的合成及提取

（一）化学合成法

活性多肽就是不同的氨基酸通过肽键相连而形成的化合物。它的经典液相合成方法就是：用羧基被保护了的氨基酸，与氨基被保护了的氨基酸，在羧基活化的情况下反应，形成肽键，然后通过选择性脱除保护基团，就得到了自由多肽。Fischer（1907）和他的助手用液相合成法成功地合成了亮氨酸-(甘氨酸)$_3$-亮氨酸-(甘氨酸)$_3$-亮氨酸-(甘氨酸)$_9$ 十八肽。随后，Vigneaud（1954）成功合成催产素，使液相合成法前进一大步。1985 年，北京医科大学药学院有机化学教研室用液相合成法成功地合成了 α-人心房肽，它是一种具有强大的降压、利尿、利钠、扩张血管、改善心律、加强心肌营养血流量等功能的活性多肽。α-人心房肽的成功合成为我国的活性多肽的化学合成奠定了坚实的基础。

但是由于液相合成法本身具有很大的缺陷，每次接肽反应后都需要对产物分离纯化或结晶，以除去未反应的原料和副产物，这样比较繁琐且耗时。Merrifield（1963）发明了多肽的固相合成方法。固相合成法先将所要合成肽链的羧基端氨基酸的羧基以共价键的结构同一个不溶性的高分子树脂相连，然后以此结合在固相载体上的氨基酸为氨基组分，脱去氨基保护基并同过量的活化羧基组分反应接长肽链。近十几年来，Merrifield 及其同事用固相合成法合成了大量生物活性多肽，如蜂毒明肽、胸腺素、高血糖素、促胃液素和表皮传送生长因子等。由于 Merrifield 在固相法合成生物活性多肽方面做出了卓越贡献，于 1984 年荣获了诺贝尔化学奖。在我国，上海生化所和北京大学化学系在该领域也做了不少工作。1975 年，用固相法合成了胰高血糖素；1979 年，合成了烟草花叶斑病毒外壳蛋白质的羧基端大肽片段。

（二）提取法

1. 水溶液提取　多肽和蛋白质一般以水溶液为主，稀盐溶液和缓冲液对多肽和蛋白质的稳定性好、溶解度大，这是提取多肽和蛋白质类最常用的溶剂。用水溶液提取蛋白质或肽类时应注意盐溶变化、pH 和温度等对提取蛋白质及肽类的影响，必要时控制这些因素，以减少杂蛋白和杂多肽对目标物的干扰。洒威（2005）等用水提醇沉法获得了姬松茸子实体活性

肽，采用 8 倍体积水对姬松茸子实体活性肽进行了提取，在温度为 4℃和 pH9.0 的条件下，用 70%乙醇沉淀 6h，可得到较高的活性肽含量且抗氧化性最佳。

2. 有机溶剂提取　一些与脂类结合较牢固、分子中非极性侧链较多的多肽，难溶于水、稀盐、稀酸或稀碱中，常需用不同比例的有机溶剂提取。常用的有机溶剂有己醇、丙酮、异丙醇和正丁酮等。这些溶剂可以与水互溶或部分互溶，同时它们有亲水性和亲脂性，因此常用来提取含有非极性侧链较多的蛋白质或肽类。

（三）重组菌生产多肽

利用重组 DNA 法生产多肽，但这个技术存在生产效率问题。张必武等设计了一个叠加方案，即把活性多肽的基因串联成几个重复序列，每两个重复之间设计一个酶切位点，然后把这一串基因克隆进质粒载体并转入宿主菌进行表达。表达产物由于预先已有一酶切位点，故只需简单的酶解和下游纯化工艺就可得到纯的、具有很高生物活性的小分子多肽。根据这一设计，构建了含 2 个 5 肽重复基因的质粒载体，转入酿酒酵母后得到高效表达的多肽。

（四）酶解法

酶解法主要是通过各种酶降解蛋白质得到目标多肽，该方法的关键是选择合适的酶和确定合适的水解条件。在食物蛋白水解研究中涉及的酶种类较多，包括细菌胶原酶、胰蛋白酶、嗜热菌蛋白酶等，以及胰凝乳蛋白酶、胃蛋白酶、枯草杆菌蛋白酶、木瓜蛋白酶等。也可使用植物蛋白酶进行水解，如无花果蛋白酶、木瓜蛋白酶、菠萝蛋白酶等。另外，也可以利用微生物酵解蛋白质制取生物活性多肽。在选择酶的时候，应满足具有较强的专一性，且不会随着水解度的提高出现苦味的条件。伍曾利（2009）等采用胃蛋白酶和胰蛋白酶水解椰肉，发现椰子多肽提取液最佳提取参数为：酶解温度 45℃，胃蛋白酶的酶解时间 8h、胰酶的酶解时间 3h，胃蛋白酶的酶解 pH 为 1.5～1.7，胰酶的酶解 pH 为 7.5～7.7，两种酶的用量都为椰肉重量的 1.5%，料液比 1∶10，提取所得的椰子多肽提取液经测定其多肽含量为 15.8mg/mL。椰子多肽对增强肾脏血液循环和利尿均有良好的作用，临床上可用于辅助治疗肝炎和肠胃炎。

（五）超声波提取法

超声波是利用超声波波动与能量双重属性，破碎细胞和强化传质，使细胞中蛋白成分更好地释放出来。该方法不仅大大提高了蛋白质的提取效率，而且减少了溶剂的使用，缩短了提取时间。有研究表明在大豆蛋白的提取试验中，超声波提取法的蛋白提取率相对于水提法和碱提法要高出 23%，且提取相同数量蛋白所需能量比传统提取节约 30%。超声波破碎在最大限度保存酶活性的前提下促进蛋白质的溶出。田应娟等（2009）尝试微波辅助乙醇水溶液从啤酒糟中提取蛋白质的研究。实验结果表明，乙醇浓度、微波时间和提取温度对啤酒糟蛋白提取率均有较大的影响，乙醇浓度为 70%、微波时间为 2h 时各组实验达到最大提取率。氨基酸分析结果表明，微波辅助乙醇水溶液从啤酒糟中提取得到的蛋白质为谷类醇溶蛋白中的富硫醇溶蛋白。

（六）双水相萃取法

双水相萃取法技术是指亲水性聚合物水溶液在一定条件下形成双水相，由于被分离物在两相中分配不同，因而可以实现分离。双水相萃取可以在室温环境下进行，且蛋白质的稳定性提高，收率较高。孙亚莉（2013）等应用响应面法对双水相萃取分离红豆蛋白质的条件进行了优化。采用 Plackett-Burman 法对 7 个相关影响因素进行了评价，筛选出有显著正效应的 pH、NaCl 质量分数和有显著负效应的温度 3 个因素；得到主要因素的最佳条件为：pH 为 7.5，NaCl 质量分数为 0.145%，萃取温度为 33℃，在此优化萃取条件下，红豆蛋白萃取率达到 50.27%。

二、生物活性多肽和活性蛋白质的分离纯化

（一）根据溶解度

1. 盐析法　在溶液中加入中性盐使生物大分子沉淀析出的过程称为盐析。其基本原理是：蛋白质或肽分子中的羧基、氨基和羟基都是亲水基团，这些基团与水相互形成水化层，包围于蛋白质分子周围形成亲水胶体，削弱了蛋白质分子间的作用力，蛋白质表面极性基团越多，水化层越厚，蛋白质分子与溶剂分子之间亲和力越大，因而溶解度也越大。亲水胶体在水中的稳定因素是电荷和水膜，因为中性盐的亲水性大于蛋白质分子或肽的亲水性，所以加入大量中性盐后，夺走了水分子，破坏了膜，暴露出疏水区域，同时又中和电荷，破坏了亲水胶体，蛋白质分子即形成沉淀。这是传统的分离提纯方法。盐析法的优点是操作简便，成本低廉，对蛋白质或多肽有保护作用，重复性好。

2. 有机溶剂沉淀　该法沉淀蛋白质分辨率高且溶剂易除去，但因其易使蛋白质变性，故操作条件较严格。

3. 聚乙二醇沉淀　聚乙二醇等水溶液非离子型聚合物可使蛋白质发生沉淀，分子质量为 400～6000Da 的聚乙二醇沉淀效果最好。

4. 疏水层析　常用硫酸铵沉淀、离子交换和亲和层析之后，进行疏水层析的样品不需要透析、凝胶过滤等方式脱盐。

（二）高效液相色谱法

高效液相色谱法（high performance liquid chromatography，HPLC）是 19 世纪 60 年代末发展起来的新型分离分析技术，它的出现为肽类物质的分离提供了有利手段。近年来，HPLC 被成功用来分离、鉴定和纯化合成肽等。根据样品在固定相和流动相分离过程的物理化学原理可分为吸附色谱、分配色谱（正相、反相）、离子交换色谱、凝胶色谱和反相色谱等。HPLC 分离效果好，速度快，样品容量大，回收率高，已成为生物多肽的主要分离纯化方法。

1. 离子交换色谱法　离子交换色谱法（ion exchange chromatography，IEC）是以离子交换剂为固定相，根据流动相中组分离子与交换剂上平衡离子进行可逆交换时，结合力大小差异而进行分离的一种层析方法。1948 年，Thompson 等首先发现离子交换现象。离子交换层析在纯化蛋白质的层析手段中使用最为广泛。根据离子交换树脂上的交换基因所带电荷，可分为阳离子交换色谱和阴离子交换色谱。

2. 凝胶色谱法　凝胶色谱法（gel chromatography，GC）又称凝胶排阻色谱、分子筛

层析和凝胶过滤等。这是以多孔性凝胶填料为固定相，按分子大小顺序分离样品中各个组分的液相色谱法。当样品经凝胶层析后，各个组分便按分子从大到小的顺序依次流出，从而达到分离的目的。

3. 反相高效液相色谱（RP-HPLC）　RP-HLPC 分离肽的机理取决于一系列的相互作用——疏水效应、氢键形成及溶质分子中带电荷支链与硅胶的作用等。利用 RP-HLPC 分离多肽，首先得确定不同结构的多肽在柱上的保留情况，获得一系列的保留系数。RP-HLPC 主要用于相对分子质量低于 5000，尤其是 10 000 以下的极性小分子肽的分离纯化。

4. 亲和层析法　亲和层析是利用连接在固定相基上的配基与可以和其特异性产生作用的配体之间的特异亲和性而分离物质的层析方法。对多肽类物质分离，目前主要应用其单抗或生物模拟配基与其亲和，这些配基有天然的，也有人工合成的。一般实际中这些色谱方法联合使用效果更佳。

（三）电泳法

毛细管电泳（capillary electro phoresis，CE）是 20 世纪 60 年代末由 Hjerten 发明的，它利用小的毛细管代替传统的大电泳槽，使电离效率提高了几十倍。电泳就是利用在电场作用下，由于待分离样品中各种分子带电，以及分子本身大小、形状等性质的差异，使带电分子产生不同的迁移速度，从而对样品进行分离鉴定或提纯的技术。20 世纪 80 年代发展起来的新毛细管电泳技术，是化学和生化分析鉴定技术的重要新发展，受到人们的充分重视。

1. 毛细管区带电泳法（capillary zone electrophoresis，CZE）　CZE 分离多肽类物质的主要依据是根据不同组分中的化合物所带电性决定，当毛细管缓冲溶液向负极流动，形成电渗流，溶液中正粒子也流入负极，首先流出毛细管。中性粒子随缓冲溶液流动，带负电粒子与电渗流流向相反，最后流出毛细管。随着离子电荷多少和离子半径大小等因素的不同，离子迁移速度也有不同，故流出毛细管的顺序便出现差异，从而使样品得到分离。目前，CZE 在蛋白质和多肽分析中已广泛被人们采用。

2. 毛细管等电聚焦电泳（capillary isoelectric focusing，CIEF）　CIEF 工作原理是：根据不同蛋白质和肽类物质等电点（pI）不同，在具有不同 pH 梯度的电泳槽中，它们可在 pI 条件下聚集沉淀下来，从而达到分离和分析蛋白质或多肽的目的。CIEF 一般用于多肽混合物中各组分等电点的测定，以便为离子交换色谱提供参考数据。

3. 毛细管凝胶电泳（capillary gel electrophoresis，CGE）　CGE 是基于分子筛原理，经十二烷基磺酸钠（SDS）处理的蛋白质或肽类，在电泳过程中主要靠分子形状和分子质量不同而分离。目前，又有一种交联、线性和疏水多聚凝胶柱被用于肽物质的分析分离，此电泳法适于含硫水侧链较多的肽类分离，这种凝胶易于灌注、使用寿命长、性质较为稳定。

三、活性多肽和活性蛋白质补充剂的加工技术

（一）活性多肽和活性蛋白质粉剂与颗粒的加工技术

粉剂的加工技术主要包括原料的提取、纯化、浓缩、冻干或者喷雾。颗粒的加工技术主要包括提取、浓缩干燥、制粒、颗粒干燥、整粒、包装。将活性多肽和活性蛋白质制作成粉剂或者颗粒可使其贮存、携带更方便。

1. 酶解法制取鹿茸多肽干粉 该法由王华等（2013）研制，主要步骤如下。

（1）制备鹿茸多肽的原料为鹿茸残渣，即利用乙醇萃取新鲜鹿茸后剩余的鹿茸残渣为原料。

（2）酶水解：取鹿茸残渣 10g 溶于 100mL 的 50℃蒸馏水中，调节为碱性，然后加入 0.5mL 碱性蛋白酶，即枯草杆菌蛋白酶 Alcalase，维持温度 50℃和碱性，酶解 1h 后滴加 0.05mol/L 的氢氧化钠（NaOH），维持体系碱性。

（3）酶灭活：向步骤（2）中添加盐酸调节为酸性条件，保持温度为 50℃，20min 酶解结束，采用 800～1000r/min、20min 离心操作，然后过滤该液体并保存滤液，将滤液冻干后即得到鹿茸残渣酶解的粗提物。

（4）精制：将步骤（3）中所得到的粗提取依次通过截留分子质量为 10K、3K（其中 K 为 1000 单位）的超滤膜，采用 Sephadex G-25 凝胶过滤色谱柱及高效液相分离，得到精制的鹿茸多肽产品。

（5）干燥：将精致鹿茸多肽产品通过冷冻浓缩后，经冷冻干燥制成干粉。

2. 林蛙油多肽冲剂及制备方法 该法由张铁华等（2013）研制，主要步骤如下。

林蛙油经过酶解后，得到林蛙油多肽酶解液，添加人参皂苷、枸杞浓缩液、五味子浓缩液和蜂蜜，经搅拌、均质和杀菌后，进行低温喷雾干燥处理，制得林蛙油多肽冲剂。

取林蛙油干品，加入蒸馏水，泡发，胶体磨研磨至基本均匀，用滤网进行过滤；向过滤液中按重量比添加姜汁，加热，再冷却；再添加蛋白酶，得到林蛙油多肽酶解液。然后添加人参皂苷、枸杞浓缩液、五味子浓缩液和蜂蜜，搅拌均匀，均质，杀菌，冷却。最后进行低温喷雾干燥处理，获得林蛙油多肽冲剂。

（二）活性多肽和活性蛋白质水剂的加工技术

水剂的加工主要包括原料的处理、口感调配、稳定剂的选择、脱气均质与灌装杀菌。水剂可以通过瓶装体积控制口服的剂量，同时因其调配了口感，更容易让消费者接受。

案 例

李卫旗等（2013）研制的一种甜橘柚丝胶原蛋白多肽果汁的制作方法

该专利技术以甜橘柚果肉为主要原料，榨汁后经酶解处理及稳定剂的添加处理，并兼容经特定酶解处理获得的具有良好的悬浮性等物理性能、抗氧化性等生物活性的茧丝胶蛋白多肽，生产出一种口味良好、营养丰富的新型果汁产品。

甜橘柚鲜果汁的制取：将果皮去果肉，加入无菌水将果肉打浆，然后加异抗坏血酸护色，搅拌均匀；杀菌、钝化酶类、防止褐变，冷却后，加入果胶酶，用柠檬酸调 pH，保温，在榨汁机中压榨分离取甜橘柚鲜果汁。

丝胶蛋白多肽的调配与脱苦处理：将丝胶蛋白多肽粉用无菌水配制成溶液，丝胶蛋白被酶解成多肽后，会产生少量苦味，因此加入添加剂如活性炭、苹果酸、柠檬酸，溶解混合均匀，过滤，制成丝胶蛋白多肽溶液。

完成以上两项主项原料准备后，加入蔗糖、柠檬酸、苹果酸作为辅助原料，以改善果汁的口感和风味；同时，为防止果汁中产生沉淀或分层现象，还要添加适量的稳定剂，采用魔芋胶、果胶、黄原胶三种天然多糖的复合物为稳定剂。

最后，脱气均质与灌装杀菌。

（三）活性多肽和活性蛋白质微胶囊的加工技术

活性多肽和活性蛋白质的微胶囊的加工包括原料的处理、壁材的选择、喷雾设备的参数选择。微胶囊技术可以帮助掩盖活性多肽和活性蛋白质的一些特殊气味，同时保护活性多肽和活性蛋白的活性、延长其保质期。

案　例

张学武等（2013）研制的小球藻多肽微胶囊的制备方法

该发明专利首先采用低温超高压连续流细胞破碎机提取小球藻蛋白，木瓜蛋白酶水解小球藻蛋白，超滤离心管过滤，离子交换色谱 DEAE-52 和凝胶色谱葡聚糖凝胶 G-25 柱分离纯化，再采用富凝聚法制备小球藻多肽微胶囊。

采用低温超高压连续流细胞破碎机对小球藻蛋白质进行提取，得到小球藻蛋白质粉。以小球藻蛋白质粉为基础，加入木瓜蛋白酶进行水解。获得分子质量大小范围为 0～3kDa、3～5kDa、5～10kDa、>10kDa 的小球藻多肽水解液。以 3～5kDa 木瓜蛋白酶水解液为基础，使用离子交换色谱 DEAE-52 分离纯化，按照出峰顺序共收集到 A2-1 和 A2-2 两个峰。

以小球藻多肽水解液 A2-1 为基础，再采用复凝聚法制备小球藻多肽微胶囊。取适量壳聚糖，溶于 1%醋酸溶液中，使壳聚糖在醋酸溶液中浓度为 1.5%，再加入无水氯化钙，搅拌溶解，使氯化钙在壳聚糖-醋酸溶液中的浓度为 3%。另配制 3%的海藻酸钠水溶液，在海藻酸钠水溶液中加入小球藻多肽水解液，使其终浓度为 5mg/mL，混合均匀，将海藻酸钠小球藻多肽溶液缓慢滴加到等体积的壳聚糖氯化钙溶液中，45℃水浴，并用醋酸调节 pH 为 5，不断搅拌，20min 后移开水浴，8000r/min 离心，将沉淀物于 45℃烘箱中干燥即得小球藻多肽微胶囊。

第二节　功能性油类补充剂的加工

功能性油类补充剂主要是富含多不饱和脂肪酸和富含磷脂的油类。多不饱和脂肪酸是指含有两个或两个以上双键且碳链长为 18～22 个碳原子的直链脂肪酸，主要包括亚油酸、亚麻酸、花生四烯酸、二十碳五烯酸、二十二碳六烯酸等。多不饱和脂肪酸可以降低 LDL-胆固醇，降低心血管疾病发生，促进细胞生长，具有较好的抗癌作用等功能。由于多不饱和脂肪酸易氧化、不稳定，因此在制备多不饱和脂肪酸补充剂时，要考虑如何能最大限度避免其氧化，提高稳定性，延长货架期。

磷脂为含磷的单脂衍生物，分为甘油醇磷脂和神经氨基醇磷脂两类。前者为甘油醇酯衍生物，后者为神经氨基醇酯的衍生物。甘油醇磷脂包括卵磷脂、脑磷脂、肌醇磷脂、缩醛磷脂和心肌磷脂。磷脂可调整生物膜的形态和功能，促进神经传导，提高大脑活力，促进脂肪代谢，防止脂肪肝，降低血清胆固醇，改善血液循环，预防心血管疾病。

近年来，由于功能性油类对预防和治疗慢性疾病有着重要作用，因此市场对功能性油类补充剂的需求越来越大，对于功能性油类的加工技术的研究也越来越受到关注。

一、富含多不饱和脂肪酸的油类

多不饱和脂肪酸的生理活性和保健功能，使人们对其生产进行了一系列研究，以下是多不饱和脂肪酸制备的几种方法。

（一）富含多不饱和脂肪酸油类的制备

1. 理化富集方法

1）利用分子质量　　不同脂肪酸有不同的分子质量，利用分子质量不同对脂肪酸进行分离，以达到富集的目的。此类方法包括分子蒸馏法和超临界流体萃取法。

（1）分子蒸馏法。分子蒸馏技术是根据不同脂肪酸在真空条件下沸点不同来分离提取多不饱和脂肪酸。分子蒸馏是在相当于绝对大气压 1.33×10^{-3}～1.33×10^{-5}kPa 的条件下进行的，分子运动在此高真空下可以克服其相互间的引力，挥发自由能大大降低，因而分子的挥发性极其自由，沸点明显降低，因此在降低的温度下组分的挥发度仍显著增加，减小多不饱和脂肪酸的热变性，提高分离效果。徐世民（2006）等用分子蒸馏法对海狗油中多不饱和脂肪酸进行富集，通过控制适宜的温度和压力等条件，得到较为满意的分离效果。当进料速率为 80mL/h、预热温度为 80℃、刮膜器转速为 250r/min、蒸馏温度为 120℃、压力为 15Pa 时，经过一级分子蒸馏，得到 EPA、DPA 和 DHA 的总含量为 54.86%的海狗油产品，收率为 92.7%。

（2）超临界流体萃取法。气体压缩到临界点以上，成为超临界状态，此时对溶质的溶解能力大大增强，超临界流体萃取就是利用处于超临界状态的流体具有的这一特异性能而发展起来的，它综合溶剂萃取和蒸馏的功能与特点。CO_2 是超临界流体技术中最常用的溶剂，临界温度 31.06℃，接近室温，节省能耗，对设备要求低；无毒，对环境几乎无污染，CO_2 本身不会造成多不饱和脂肪酸氧化，而且由于操作温度低，有利于降低萃取过程中多不饱和脂肪酸的氧化；不可燃，便宜易得，极易从萃取产物中分离出来。张四喜（2007）等采用超临界 CO_2 流体萃取（SFE-CO_2）技术，并利用均匀设计法优化筛选最佳萃取工艺条件。结果蚕蛹油 SFE-CO_2 的最佳工艺条件为: 萃取压力（25.5±0.5）MPa，萃取温度 55℃，萃取时间 2.5h，最大萃取率为 35. 46%。各成分含量分别为:棕榈酸 25. 08%、硬脂酸 7. 55%、油酸 25. 40%、亚油酸 7. 58%、亚麻酸 34. 38%。

2）利用凝固点　　冷冻结晶法是早期使用的一种分离方法，根据脂肪酸凝固点不同进行分离。脂肪酸在碳链长短类似的情况下，双键越多，凝固点越低，即饱和脂肪酸凝固点高，低不饱和脂肪酸次之，多不饱和脂肪酸最低。因此，将混合脂肪酸降至一定温度，大部分饱和脂肪酸呈固态，不饱和的呈液态，再利用不同的工业方法来分离。最原始的方法是混合脂肪酸在浅盘上冷冻成饼状，然后施加不同的压力，在高压下液态脂肪酸被挤出，剩余硬脂酸类。

冷冻结晶法投资少，工艺简单，但低温设备要求高，操作较困难，需要大量有机溶剂，而且溶剂残留，得率低；处理后的脂肪酸中尚含有较多的短链低不饱和脂肪酸类和部分饱和脂肪酸，纯度不高，可作为富集多不饱和脂肪酸的预处理。

3）利用溶解度

（1）低温结晶法。低温结晶法根据不同脂肪酸在过冷有机溶剂中溶解度的不同分离。饱和脂肪酸在有机溶剂中的溶解度与其碳链长度成反比。当脂肪酸中双键数目一致时，碳链越长溶解度越低；双键数目增多，溶解度也增大。而且溶解能力与温度有关，温度越低，饱和脂肪酸与不饱和脂肪酸在有机溶剂中的溶解能力差别越大。例如，在丙酮和甲醇溶剂中，−40℃时饱和脂肪酸几乎不溶解，−60℃以下低不饱和脂肪酸几乎不溶，所以可将混合脂肪酸溶于合适的有机溶剂，低温放置后减压过滤除去大量饱和及单不饱和脂肪酸，除去有机溶剂，既可得到富集的多不饱和脂肪酸。袁晓艳（2005）等将混合脂肪酸以 1∶3（酸∶溶剂）溶解在石油醚中，冷却至 5～7℃，结晶出饱和脂肪酸，经抽滤、蒸馏得到不饱和脂肪酸，产率为 80%。

（2）脂肪酸金属盐法。脂肪酸金属盐法利用不同脂肪酸的金属盐在有机溶剂中的溶解度不同分离。饱和脂肪酸的金属盐在有机溶剂中的溶解度比不饱和脂肪酸的小，利用此性质可以除去饱和脂肪酸盐。钠盐、钾盐应用比较多，有机溶剂一般用丙酮和乙醇，但从操作工艺和多不饱和脂肪酸收率来看，丙酮优于乙醇。曾晓雄等（1994）以鱼油为原料，将混合脂肪酸分别与丙酮乙醇的钾盐、钠盐、铅盐混合，然后于低温下结晶制备多不饱和脂肪酸。实验表明，低温铅盐法、低温钠盐法的 DHA 和 EPA 含量较高，低温钾盐法则回收率最高。多不饱和脂肪酸制品中 DHA、EPA 总量为 40%～52%，重复使用盐法处理，PUFA 中 DHA、EPA 总含量可达到 70%以上。

4）利用极性　柱层析法是采用逆流分配高效液相色谱柱，利用多不饱和脂肪酸与饱和及单不饱和脂肪酸的极性差异及两相分配系数的差异来分离的。柱层析是一种高效、灵敏、准确的分离方法，层析载体有耐久性，柱可反复利用，富集后多不饱和脂肪酸含量高，并且成本低，操作简单，适于工业生产；但该法有时会产生很高的过氧化值，而且洗脱液是四氢呋喃、乙腈等有毒的有机溶剂，溶剂残留的去除也是工业生产难题，不适合保健食品的生产。

5）利用不饱和双键

（1）尿素包合法。尿素包合法是富集多不饱和脂肪酸的传统方法，原理是尿素分子在结晶过程中与饱和及低不饱和脂肪酸形成较稳定的晶体包合物析出，而多不饱和脂肪酸由于双键较多，碳链弯曲，具有一定的空间结构，不易被尿素包合，采用过滤方法除去尿素包合物，就可以得到较高纯度的多不饱和脂肪酸，达到富集的目的。多不饱和脂肪酸易氧化及结构异构化，反应中可通入氮气加以保护，必要时可考虑加入抗氧化剂。

用尿素包合法富集多不饱和脂肪酸（PUFA），原料成本低，不在高温下进行，有利于不饱和脂肪酸的分子结构和理化性质；工艺成熟，操作简单，适合大规模生产，国外已实现工业化。但此法分离纯度不高，并难以将双键相近的脂肪酸分开，若经多次包合，产品收率偏低，要提高纯度还需与其他分离方法如分子蒸馏法、超临界萃取法、柱层析法等相结合，优化工艺。吕微等（2011）用尿素包合法纯化小桐子油多不饱和脂肪酸。当 PUFA/尿素质量比为 1∶1、1∶1.5、1∶2、1∶2.5 时，PUFA 纯度不断提高，分别为 69.38%、84.58%、94%和 100%，PUFA 收率从 54.51%逐步降至 9.63%；PUFA/尿素质量比一定，甲醇用量增加，PUFA 收率明显提高，但对其纯度略有下降。包合温度为–20℃时，PUFA 的纯度（94.52%）和收率（23.78%）两个因素可同时得到兼顾。缓慢降温有利于 PUFA 的收率和产品得率的提高，快速降温得到的 PUFA 收率比缓慢降温低 10%左右，产品得率比缓慢降温的低 4%左右。

（2）银离子络合法。银离子络合法是根据脂肪酸双键数目不同来分离。银离子可与不饱和有机物碳碳双键形成极性络合物，双键越多，结合的银离子越多，亲水性越强。多不饱和脂肪酸与银离子形成的络合物亲水性较强，以 Ag^{+}-π 络合物的形式进入水相，而饱和脂肪酸及单不饱和脂肪酸仍留在油相中，油水分离后，络合物解离得到高含量的 PUFA。

银离子络合法选择性强，可分离出 PUFA 含量很高的产品，但由于化学反应的专一性，适用范围小，不能分离碳原子数不同而双键数相同的脂肪酸；且分离过程中有银离子，对制药不利。银离子络合法也面临着一系列问题，PUFA 有一定还原性，易还原银离子；银离子不稳定，遇光易被还原；银价格昂贵，需要对 $AgNO_3$ 回收与再生等。成琪等（2012）用 Ghosh 法将硅胶改性为硝酸银硅胶后，以亚油酸为对象，通过静态吸附试验了解硝酸银硅胶对不饱和脂肪酸的吸附特性，采用柱层析的方法分离血浆混合脂肪酸中的亚油酸。结果表明，血浆与有机溶剂在 1∶5 时既能有效萃取血浆总脂，用正己烷∶二氯甲烷∶乙醚= 89∶10∶1 作为洗脱剂，将洗脱液甲酯化后进行 GC 和 GC-MS 检测，硝酸银硅胶柱的洗脱液中亚油酸的纯度 60.74%，硅胶柱的为 23.65%，不饱和脂肪酸得到了较好的纯化。

2. 脂肪酶富集法　脂肪酶作为催化剂在工业上的应用日渐增多，其选择性、催化高效性及工艺条件温和等特点，使得在多不饱和脂肪酸富集方面的应用引起人们广泛的研究兴趣。目前在油脂方面的处理主要有酶催化水解、酶催化酯化、酶催化酯交换等几个方面。

Shimada（1998）等通过酶法富集 Mortierella 单细胞油脂中的花生四烯酸（ARA）。首先通过 Pseudomonas 脂肪酶对油脂进行水解，水解率达到 90%；第二步，在 Candida 脂肪酶的作用下，将游离的花生四烯酸选择性酯化在月桂醇上，酯化率达到 55%，为了进一步提高 ARA 含量，实验通过 Candida 脂肪酶的二次酯化，最终将 ARA 含量从最初的 25%提高到了 75%。Linman（2010）分别采用四种脂肪酶来富集沙丁鱼油中的 EPA 和 DHA，实验证明，Candida Rugosa 脂肪酶在短时间内将产物中的 EPA 含量从 13.62% 提高到了 33.74%，DHA 含量从 13.62% 提高到了 29.94%，效果显著。

3. 发酵法生产多不饱和脂肪酸　目前认为细菌、酵母、霉菌和藻类都能产多不饱和脂肪酸。但要实现微生物发酵生产多不饱和脂肪酸的产业化，通常要解决以下几个问题：①高产稳定菌种的选育；②多不饱和脂肪酸的代谢调控方法及培养条件的优化；③发酵过程中动力学参数的确定与优化控制。从微生物中提取多不饱和脂肪酸的方法和前面提及的多不饱和脂肪酸的提取方法类似，主要有溶剂提取法、尿素包含法、真空蒸馏法、分馏法、液相色谱法和超临界二氧化碳提取法等。陈波等（2003）以深黄被孢霉（*Mortierella isabellina*）为出发菌株，经紫外线诱变处理，采用抗性筛选法，直接在梯度平板上挑取抗脂肪酸脱氢酶抑制物抑芽丹（maleic hydrazide）的菌株进行初筛，然后经摇瓶发酵法测定相关性能指标进行复筛，获得一株生产性能比出发菌株显著提高的突变株 M80，其菌体收率达 25.10g/L、油脂产率达 12.35g/L、亚麻酸（GLA）产率达 771.88mg/L。

（二）富含多不饱和脂肪酸油类补充剂的加工技术

1. 多不饱和脂肪酸的微胶囊加工技术　多不饱和脂肪酸由于极易因环境中氧、热、湿和光而变质，丧失生理功效，产生对人体有害的反式脂肪酸，以及令人不愉快的腥异味，严重影响了其在食品中的应用。目前，主要方法是将其微胶囊化后作为营养强化剂添加在食品中。微胶囊技术是指利用天然或合成高分子材料，将分散的固体、液体甚至是气体物质包裹起来，形成具有半透性或密封性囊膜的微小粒子的技术，其粒子大小一般在 5～200μm，壁厚通常为 0.2～10μm。微胶囊化方法主要有喷雾干燥法、喷雾冻凝法、冷冻干燥法、分子包合法、复合凝聚法、斥水性微胶囊技术。

当用喷雾干燥法对不饱和脂肪酸进行微胶囊化时，使用变性淀粉及蛋白质类为主要壁材是主流方向，通过考察微胶囊的包埋率、表面油率、抗氧化性、表面形态等，调整壁材组成，添加合适的辅材，如淀粉糖浆、小分子糖等弥补产品的缺陷，从而达到理想的油脂微胶囊性质。在实际应用中，产品中可添加其他油溶性的功能成分。

案　例

陈晨等（2012）蚕蛹油不饱和脂肪酸微胶囊的制备及其性质研究

以壳聚糖、乳糖等为壁材，蚕蛹油不饱和脂肪酸为芯材，通过喷雾干燥法制备微胶囊。以微胶囊包埋率为评价指标，采用旋转曲面法设计正交试验，优化微胶囊壁材配比。研究发现，最佳配方为：脱油大豆卵磷脂添加量为壳聚糖的 13%（*m*/*m*），复配壁材乳糖与基础壁材壳聚糖比为 1.42∶1.0（*m*/*m*），芯材蚕蛹油不饱和脂肪酸与总壁材质量比为 0.52∶1.0（*m*/*m*）时，微胶囊包埋率为 83.31%，效果达到最佳；蚕蛹油不饱和脂肪酸经微胶囊化后流动性良好，且壁材有效阻隔芯材过氧化，货架期可延长至 8 个月；模拟胃肠液实验中，被壁材包裹的不饱和脂肪酸在胃液中受到保护缓慢释放，而在肠液中可迅速释放。

2. 富含多不饱和脂肪酸的饮料的加工技术　研究发现将二氧化碳添加到不饱和脂类或脂肪酸的水包油型乳剂中可以稳定脂肪酸的氧化，并获得稳定可口的饮料。

案　例

马蒂森等（2010）研制的含有多不饱和脂肪酸的充碳酸气的饮料

饮料中所用的油可以是提取自动物或者植物来源的可食用不饱和脂肪酸或其衍生物。饮料中的乳化剂应提供足够的水包油型乳液。饮料中还可以包含浓缩物或者新鲜压榨果汁，并适量添加甜味剂、调味剂、抗氧化剂、维生素、矿物质和防腐剂。

首先，将水溶性添加剂加入到水中；其次，在连续但温和的搅拌下，用选择好的富含多不饱和脂肪酸的油将乳化剂和油溶性添加剂混合；再次，在连续但温和的搅拌下，将油相缓慢加入到水相，获得均质的水包油型乳液；充入二氧化碳，并将组合物填充到合适的气密容器中。

3. 稳定多不饱和脂肪酸的高温挤压膨化包埋技术　多不饱和脂肪酸氧化后会产生腐臭的、令人不愉快的特性，因此需开发一种既能够提高多不饱和脂肪酸的稳定性又可以掩盖多不饱和脂肪酸中令人不愉快的鱼腥味的技术。在一些植物及油籽中含有多不饱和脂肪酸，但是几乎所有的植物油籽中都存在一些天然抗营养因子，传统的油脂提取加工技术很难将这些天然存在的抗营养因子去除掉，因此，很有必要发明一种能够去除掉植物油籽中所含有的抗营养因子且又能够提高油籽中所含的多不饱和脂肪酸及蛋白质等营养成分的稳定性新技术。

案　例

韩孝清等（2013）研制的一种稳定多不饱和脂肪酸的加工技术及其产品的制备

原料为：亚麻籽 50%，芥花籽 20%，玉米 28%，海藻胶体 2%。在预混合器中将上述原料混合 3～5min 后注入蒸汽预热到约 80℃；将预混合加热后的混合物直接注入高温挤压膨化机，膨化机温度为 135℃左右，挤压膨化机压力控制在 400Pa，持续 50s。把挤压膨化好的产品通过冷风器冷却到室温后包装，在室温下贮藏。流程图如下：

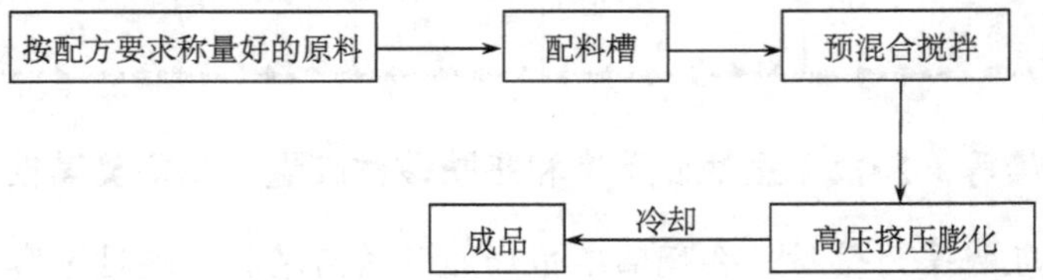

4. 多不饱和脂肪酸的微乳技术　微乳技术可以使多不饱和脂肪酸在水基食品体系中均匀、稳定分散。一般选择可在食品中使用的多不饱和脂肪酸作为主要功效成分，在搅拌条件下添加食用表面活性剂、助表面活性剂和水，温度维持在 30～70℃，制备出液滴直径在 5～100nm 的透明或半透明状乳液，作为食品加工中强化多不饱和脂肪酸的食品强化剂使用。

案　例

张连富等（2010）研制的一种微乳化多不饱和脂肪酸产品及制备方法

10kg 含 DHA 40%微藻油添加到 25kg 30℃ 1,3-丙二醇中，以 100r/min 转速搅拌使其溶解；25kg Triton165 加热到 30℃后，100r/min 转速搅拌下缓慢与 40kg 水混合并使体系温度保持在 30℃，至其混合均匀后，将溶解有含 DHA 微藻油的 1,3-丙二醇溶液缓慢加入到该混合液中，继续搅拌，直至形成均匀分散的半透明液后，进行包装。

5. 富含多不饱和脂肪酸的调和油加工技术　由于一种植物油中所含的脂肪酸不能满足人体脂肪酸平衡的需求，因此，采用几种植物油调和技术，使得调和油中脂肪酸比例平衡，且富含多不饱和脂肪酸。

案　例

白长军等（2012）研制的一种富含 *n*-3 多不饱和脂肪酸的植物调和油

一种富含 *n*-3 多不饱和脂肪酸的植物调和油，其饱和脂肪酸：单不饱和脂肪酸：多不饱和脂肪酸比例为 3∶4∶3，*n*-6∶*n*-3 多不饱和脂肪酸为 4∶1～6∶1，有助于解决人体脂肪酸摄入比例失衡可能引起的高血压、高血脂等慢性疾病的发生。选取花生油、菜籽油、棉籽油、棕榈油、亚麻籽油，加入罐内，罐温维持 40℃，匀速搅拌 15min，至植物油混合均匀，冷却，过滤，灌装即得成品调和油。

二、磷脂

20 世纪 80 年代初，我国在浓缩磷脂和粉末磷脂的制取工艺及设备的研究方面取得了一些成果，并开始将磷脂应用于面包、速溶奶粉、医药、化妆品、皮革、涂料等方面。90 年代，研发工作侧重于大豆磷脂的改性与应用、高纯度醇溶磷脂的提取技术和磷脂保健品的开发。改性大豆磷脂、大豆卵磷脂、大豆卵磷脂保健品（胶囊、冲剂）等产品也相继问世。目前，市售大豆磷脂产品品种多达几十种，但至今国际、国内尚无统一产品标准和分类。下面是美国大豆协会的分类法。

1. 浓缩磷脂　大豆油精炼脱胶工艺的副产品——水化油脚，经真空脱水而制得的产品即为浓缩磷脂。浓缩磷脂含有 60%～64%丙酮不溶物及 36%～40%大豆油，富含不饱和脂肪酸、磷脂酰胆碱、磷脂酰乙醇胺、磷肌醇、磷脂酰丝氨酸和维生素 E 等，根据加工过程的不同又可分为原色、脱色和二次脱色磷脂。

2. 粉末磷脂　由大豆浓缩磷脂经脱油精制而得的磷脂混合物，色泽为米黄色或棕黄色，呈粉粒状，内含的丙酮不溶物高于 95%，可作为天然食品添加剂等。

3. 改性磷脂　通过改性，可改善磷脂的耐热性、乳化性及在水溶液体系中的分散性，主要的改性方法有氢化、羟化、酰化及酶水解等。具体种类包括酶水解磷脂、酸碱水解磷脂、羟化磷脂、乙酰化磷脂、酰羟化磷脂、磺化磷脂等。

4. 精制磷脂　粉末磷脂经乙醇处理后分为醇溶部分和醇不溶部分。醇溶部分磷脂酰胆碱含量高，增强了其亲水性，是 O/W 型乳化剂，其产品等级按其磷脂酰胆碱含量不同而区分。醇不溶部分为磷脂酰乙醇胺、磷脂酰肌醇，是 W/O 型乳化剂。

浓缩磷脂和粉末磷脂的生产和使用量较大，特别是粉末磷脂，由于其质量高、纯度好，广泛用于各类食品或化妆品的生产中。下面介绍一些磷脂的主要加工技术。

（一）磷脂的制备

1. 溶剂萃取法　溶剂萃取法使用的是丙酮溶液，主要利用磷脂不溶于丙酮，而油脂及其他脂溶性物质均易溶于丙酮，使大豆浓缩磷脂脱油除杂，经干燥后制取粉末磷脂。溶剂法的优点是工艺较简单且操作方便，成本低廉，易于工业化。该法的缺点是丙酮与磷脂比例较高，丙酮的使用量和回收量较大；丙酮本身具有毒性和麻醉性，产品中丙酮残留要严格控制，大量残留丙酮将可能发生 3-羟基丁醛缩和反应，生成异亚丙基丙酮，对肺、肝、肾有严重损害。吴平（2006）等利用乙醇-正已烷双溶剂体系对大豆磷脂中肌醇磷脂进行分离。在乙醇浓度为 55%、无水乙酸钠用量为 0.05g，正已烷用量为 20mL，乙醇用量为 30mL，10g 大豆混合磷脂中肌醇磷脂的含量从 26.00%提高到 73. 89%。该双溶剂体系下，肌醇磷脂分离度可达 18.1。

2. 膜分离法　膜分离法主要是应用磷脂是天然两性物质，在非水体系中易于形成反胶束，从而使其尺寸与油脂有较大差异，通过超滤，使磷脂胶束截留，油脂渗透过膜，从而制备粉末磷脂。膜分离法优点：分离过程为常温过程，特别适用于热敏性物质；分离过程不发生相变，能耗相对较低；应用物理过程，保持产品的功能特性；仅用压力作推动力，因此装置较简便，操作容易，易于维修。缺点：膜污染；膜寿命有限；生产成本较溶剂法高。刘方波等（2008）以粗大豆浓缩磷脂为原料，采用无机膜过滤方式制取高质量浓缩磷脂，研究了膜孔径、溶料比、膜过滤温度、物料流速和水分含量对膜通量、丙酮不溶物含量和磷脂得率的影响。实验结果表明，水分含量 0.1%、膜孔径 0.20μm、溶料比 6∶1、过滤温度 50℃、物料流速 3m/s 为最佳工艺条件。在最佳条件下，产品中丙酮不溶物含量可达到 60%以上，最高可达 65% 以上； 且乙醚不溶物含量可以稳定地控制在 0.05%以下。

3. 超临界萃取法　超临界流体萃取过程是利用压力和温度对超临界流体溶解能力的影响而进行的。当处于超临界状态时，流体成为性质介于液体和气体之间的单一相态，具有和液体相近的密度，黏度虽高于气体但明显低于液体，扩散系数为液体的 10～100 倍，对物料有较好的渗透性和较强的溶解能力，能够将物料中某些成分提取出来。在超临界状态下，超临界流体与待分离的物质接触，使其有选择性地把极性和沸点不同的成分萃取出来。关明等（2005）建立了用超临界二氧化碳萃取法从粗磷脂中萃取纯化磷脂的方法。考察了影响油脂萃取率的因素，采用正交实验确定了最佳萃取条件：萃取压力为 30MPa，萃取温度为 55℃，萃取时间为 2h。大豆、葵花和胡麻三种磷脂得率分别为：88. 5%、76. 5%及 79. 2%，含磷量分别为 3. 83%、2. 62%及 2. 90%。

4. 酶法制备富含多不饱和脂肪酸的磷脂　自 20 世纪 90 年代以来，不断有研究者尝试采用酶法制备，即在脂肪酶或者磷脂酶的作用下，催化富含 EPA 和 DHA 的游离脂肪酸与大豆磷脂或蛋黄磷脂发生酸解反应，而富含 EPA 和 DHA 的游离脂肪酸通常采用皂化乙酯型鱼油的方法得到。孙兆敏等（2010）研究了无溶剂体系中固定化磷脂酶 A1 催化大豆磷脂与乙酯型鱼油进行酯交换反应，制备 *n*-3 多不饱和脂肪酸型磷脂的工艺。考察了反应温度、反应时间、底物比（乙酯型鱼油与磷脂的质量比）及加水量的影响，得到了较优的反应条件。实验结果表明，加酶量（按大豆磷脂的质量计算）20%，底物比 8∶1，底物总质量 5.0g，加水量 55μL，55℃反应 12h 时，所得产物中 EPA 和 DHA 的含量分别为 8.0%和 17.8%。

（二）磷脂补充剂的加工技术

1. 磷脂脂质的制备　脂质体是一种人工膜，是由磷脂胆固醇等膜材包合而成。利用脂质体可以和细胞膜融合的特点，将营养物质送入细胞内部。夏强和李小林发明了一种复合磷脂固醇脂质的制备方法（图 11-1），主要步骤如下：首先，称取大豆磷脂、胆固醇及维生素 E，用无水乙醇使其溶解，混合均匀，过滤；其次，将脂质溶液于旋转蒸发器上，减压除去无水乙醇成膜后，得到脂质块状物。

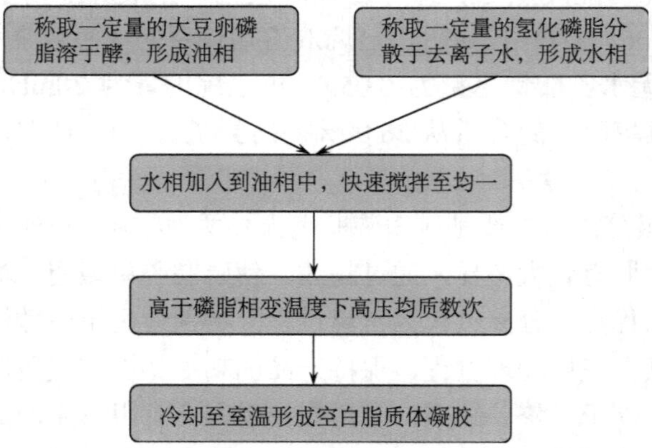

图 11-1　复合磷脂固醇脂质的制备方法

2. 不同纯度的磷脂粉末加工技术　适应市场需求使一种原料生产出不同纯度、多种粉末状磷脂产品，提高产品附加值。刘代成（2011）发明了一种用水化乳状磷脂生产粉末磷脂的方法，以水化乳状磷脂为原料，于搅拌下将经漂白或不漂白的水化乳状磷脂加入已有丙酮的萃取罐内，搅拌萃取 0.5～1h，搅拌速度 70～100r/min,共提取 4 次，每次丙酮与水化乳状磷脂加入比例为丙酮∶乳状磷脂=10∶0.8～1.2、10∶1.8～2.2、10∶1.8～2.2、10∶2.3～3.8，每次提取完成，静置沉淀，沉淀至萃取罐侧口处放出上清液，静置沉淀的时间依次是 0.4～0.8h、1～1.5h、1.6～3h、2.5～3h。每次从萃取罐侧口处放出上清液，再将粉末磷脂的沉淀液离心，干燥，得到磷脂质量含量分别为85%～90%、95%～97%、98%～98.5%、99%～99.5%的粉末磷脂产品。

3. 质构磷脂的加工技术　质构磷脂是在酶的催化作用下，通过酯交换反应将中碳链油脂、共轭亚油酸、植物甾醇或 *n*-3 系列多不饱和脂肪酸等不饱和脂肪酸引入磷脂分子中，替换磷脂分子中的饱和脂肪酸而获得。彭述辉（2012）发明了一种基于酶反应器的质构磷脂制备方法。该发明提供了一种质构磷脂酶法反应器。反应物料以 1～2m/s 的进料速度从物料入口进入反应罐，催化酶按磷脂质量 10%～20%的比例从加酶口进入反应罐，净化空气从空气入口进入反应罐，净化空气经空气分布器成为分散的均匀小气泡，空气流速为 1～3m/s；反应结束后，物料从物料出口流出，流出的速度为 1～2m/s。质构磷脂酶法反应器结构简单、成本低廉、有效反应容积较大，适合工业化生产质构磷脂。

第三节　维生素矿物质类补充剂的加工

维生素和矿物质补充剂是指富含维生素和矿物质等营养素的产品，目的是在正常膳食以外补充这些营养素的摄入，通常以胶囊、片剂、粉末、液体等作为产品形式。维生素和矿物质补充剂的用途包括以下几点：①治疗明显的营养缺乏症；②不管膳食中是否真正缺乏，都服用补充剂来确保维生素和矿物质的摄入达到推荐量标准；③在膳食中营养素低于最适量时进行补充；④通过补充来降低慢性疾病的发生。多种维生素矿物质补充剂已在国内临床大量应用，涉及肿瘤科、内科、眼科和皮肤科等，效果显著。因此，对于维生素矿物质补充剂的需求也越来越多，其加工技术的发展受到大众的关注。

一、维生素补充剂加工技术

（一）维生素的制备

1. 水溶液提取法　利用水溶性维生素的水溶性，在一定温度和 pH 范围内，将水溶性维生素提取出来。

2. 超声波辅助水溶液提取法　有许多研究表明，超声波可以辅助水溶液提取效果。张秀真等（2009）采用冷浸法、热提法和超声波提取法分别对宣木瓜中的水溶性维生素进行提取，并用高效液相色谱法测定其含量，发现超声波提取法的效率最高。

3. 溶剂萃取　溶剂萃取法是利用被萃取组分中不同成分在有机溶剂中的溶解度不同而进行的。师景双等（2011）对传统溶剂法浸提小麦胚芽中维生素 E 浸提条件进行了一系列的研究。通过试验确定浸提溶剂、最佳的颗粒度和水分含量，用料液比、浸提温度、浸提时间、乙醇体积分数进行单因素试验并通过实验计算得到最佳的控制条件。实验结果表明，乙醇体积分数为95%，浸提温度为70℃，料液比为1∶3，浸提时间为120min，此时的浸提效果最佳。

4. 超临界流体萃取　超临界萃取方法（supercritical fluid extraction，SFE）提取维生素 E 始于 20 世纪 80 年代。Rizvi 和 Friedrich 等用 SFE 从豆油中萃取得到了生育酚。葛毅强等从麦胚中用 SFE 提取天然维生素 E，适宜的萃取条件是压力 28～35MPa、温度 40～45℃，萃取时间约 90min，萃取后的产品含维生素 E 约 2%。由于原料中维生素 E 含量低，直接从植物油中用超临界萃取提取维生素 E 所得到的产物中维生素 E 的含量低，需要进一步的浓缩。李雪等（2005）研究了用连续逆流式超临界双塔浓缩和精制维生素 K_1 的工艺方法。第一塔压力 18～24MPa，温度 35～50℃；第二塔压力 8～11MPa，温度 40～60℃；CO_2与原料质量流量比为 37.5～70。产品为清亮黄色油状液体，维生素 K_1 的质量分数可达 97.24%。流程图如图 11-2 所示。

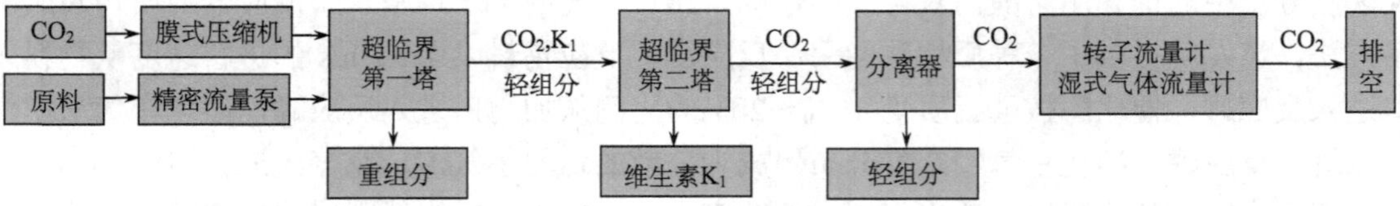

图 11-2　SFE 流程图

5. 分子蒸馏法　分子蒸馏是一种在高真空度下进行非平衡分离操作的新型分离过程。它的工作原理是：在极高真空度下，依据混合物分子运动平均自由程的差别，在远低于其沸点的温度下将其分离。所以分子蒸馏技术特别适用于高沸点、热敏性及易氧化物系的分离，可降低高沸点物料的分离成本，保护热敏物料的特点品质。

Ghost 等先用生物酶将葵花子油（其中含有 24.9%的不皂化物、4.8%生育酚、9.7%甾醇、28.8%游离脂肪酸、46.3%甘油酯）中的甘油酯水解成甘油和脂肪酸，然后对原料和反应生成的酸进行酯化，酯化后产物进行一些简单处理后进入分子蒸馏。蒸馏分两级：第一级在蒸馏温度 180～230℃，压强 1.00mmHg 条件下进行 45min；蒸余物进行二级蒸馏，在 230～260℃、1.00mmHg 进行 15min 收集到富含生育酚（约 30%）和甾醇（约 36%）的馏分。整个过程中生育酚和甾醇的回收率分别为 70%和 42%。闫广等（2004）在蒸馏温度 160℃、操作压力 0.5Pa 和刮板转速 350r/min 条件下蒸馏可以得到维生素 K_1 纯度高达 93.2%的馏出物。

6. 吸附法和离子交换法　吸附法是根据吸附剂对脂溶性维生素、游离脂肪酸、甾醇等组分吸附能力不同进行分离，按照吸附机制分类可以分为物理吸附剂、化学吸附剂、亲和吸附剂。离子交换吸附剂是利用离子交换树脂对脂溶性维生素和其他组分的吸附能力不同而进行分离。Chu 等采用硅胶作为吸附剂对棕榈油脱臭馏出物中的维生素 E 进行吸附。酯化后的棕榈油脱臭馏出物溶解在正己烷溶液中，维生素 E 的浓度约 0.057mg/mL，加入 2g 的硅胶和正己烷调成浆状物。在 35℃下搅拌 20min，搅拌速率 180r/min，使维生素 E 吸附在硅胶上。最后 90%以上的维生素 E 被吸附。余剑等（2006）对浓度为 52.3%的天然维生素 E 浓缩液进行精制处理。根据其主要成分的化学性质，采用在乙醇溶剂中强碱性离子交换树脂吸附其中维生素 E 的方法进行精制。通过静态吸附能力试验，发现该树脂对维生素 E 吸附能力较强，在 25℃条件下，干树脂饱和吸附量为 630mg/g；35℃时干树脂饱和吸附量为 450mg/g，并在此基础上进行了固定床吸附初步探索性试验，在特定的操作条件下绘出该离子交换柱对维生素 E 的吸附曲线、洗过曲线。将洗脱出的溶液浓缩后得到浓度为 92.5%的维生素 E 浓缩液，树脂的利用率为 35%。夏万东等（2009）采用弱碱阴离子交换树脂对天然维生素 E 浓缩液进行纯化。考察了上样量、洗脱速度与洗脱剂对分离的影响，以天然维生素 E 的含量和回收率为评价指标。结果表明，弱碱阴离子交换树脂纯化天然维生素 E 的最佳操作条件为上柱量 90mg/mL、洗脱液流速 5mL/min、洗脱剂环己烷∶乙醇体积比为 75∶25。天然维生素 E 含量可由原来的 30%提高到 90%以上，回收率达到 80%以上。

7. 发酵法　早在 20 世纪 30 年代以前，维生素 C 都是从柠檬中直接提取，价格昂贵，并且远远不能满足人们的需要。1933 年，德国的 Reischstein 等用化学方法合成维生素 C，后来通过改进发展成一步生物转化和多步化学合成来生产维生素 C，俗称“莱氏法”，但该法工艺繁琐，需要消耗大量有毒、易爆、易燃的化学物质，污染环境。60 年代，各国科学家开始探索以微生物合成法代替莱氏法。目前主要的微生物发酵法有二步发酵法（图 11-3）。

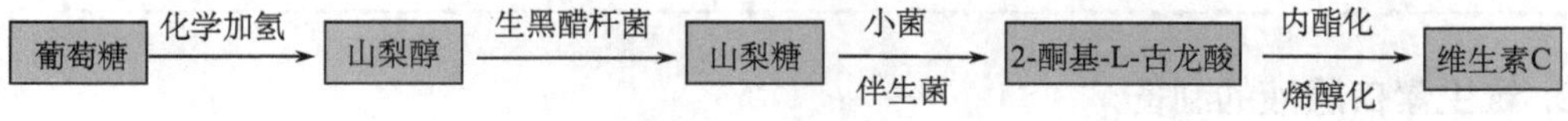

图 11-3　二步发酵法

（二）维生素补充剂的加工技术

1. 复合维生素泡腾片的加工技术　泡腾片是一种新型片剂，同传统剂型相比，具有服用、携带方便，溶解、吸收迅速，起效快，生物利用度高，色香味独特等优点。泡腾片的制备通常采用湿法制粒工艺，此法制成的泡腾片最大的不足就是容易吸湿或潮解而出现裂片、胀袋等情况。因此，目前也有采用固体分散体法，制得了泡腾崩解迅速、质量合格、稳定的泡腾片。泡腾片的制备方法大约有 4 种，①湿法制粒：将酸和（或）碱分别制粒，在压片前混合；②非水制粒：将处方中组分用非水液体制粒后混合压片；③直接压片：选择合适的组分，将混合物直接混合压片；④干法制粒：用滚压或重压法制粒。

案　例

李俊杰等（2008）确定的复合维生素 B 泡腾片制备工艺

（1）确定处方中各种维生素的用量：遵循《中国居民膳食营养推荐摄入量》推荐的标准。

（2）酸源的选择：泡腾片常用的酸源有柠檬酸、酒石酸、富马酸、己二酸、苹果酸等有机酸。不同的酸源对泡腾片的制备和质量产生不同的影响，本研究采用不同的有机酸为酸源，碳酸氢钠为碱源，白砂糖为填充剂，以制粒压片的工艺进行试制泡腾片，并用吸湿性、泡腾效果、压片难易、口感作为考察因素，通过压片实验选择最合适的酸源。

（3）工艺的研究：采用固体分散、包衣与非水制粒组结合的工艺（碱性固体分散-非水制粒工艺、碱性颗粒包衣-非水制粒工艺和碱性颗粒包衣-酸性颗粒包衣-非水制粒工艺），使碱性起泡剂与酸性起泡剂隔离，探索泡腾片制备工艺。

a. 碱性固体分散-非水颗粒工艺：将碳酸氢钠分散于水溶性载体 A 中，制备得到碱性颗粒（固体分散体）；将其余组分混合用适量 5%聚乙烯吡咯烷酮（PVP-K30）的乙醇溶液制粒，过 28 目筛，在 65℃下干燥 1.5h，完全干燥后过 28 目筛整粒得到酸性颗粒。将酸性颗粒和碱性颗粒、甜橙粉末香精按等量递加的方法混合均匀，压片得到片剂一。

b. 碱性颗粒包衣-非水制粒工艺：将碳酸氢钠用 5% PVP-K30 的乙醇溶液制粒，过 28 目筛，在 45℃下干燥得到碱性颗粒，并用无水乙醇溶解水溶性载体 A 后在小型包衣机上对其适量的包衣，其余组分混合均匀后用适量 5% PVP-K30 的乙醇溶液制粒，过 28 目筛，在 65℃下干燥 1.5h，完全干燥后过 28 目筛整粒得到酸性颗粒。将碱性颗粒与酸性颗粒、甜橙粉末香精混合压片得到片剂二。

c. 碱性颗粒包衣-酸性颗粒包衣-非水制粒工艺：分别制备碱性颗粒和酸性颗粒，并对酸性颗粒进行包衣，与甜橙粉末香精混合均匀后压片，得到片剂三。

以片剂的泡腾时间、工艺复杂程度、外观、胀袋情况等综合评价3种工艺制备的样品，以确定合适的工艺方法。酒石酸、碳酸氢钠、甜橙粉末香精和阿斯巴甜在片剂中的最优配比分别是22.5%、18.75%、0.15%、1.25%；通过碱性固体分散-非水制粒工艺压制出稳定性好、崩解时限短、工艺简单的泡腾片；初步稳定性加速实验显示此片剂的稳定性良好。

2. 维生素口服液的制备

案　例

尹建平等（2003）制备β-胡萝卜素口服液

本研究拟将β-胡萝卜素制成环糊精包合物配成口服液剂。①包合物的制备：分别称取β-胡萝卜素100g、β-环糊精900g、维生素E 1g和乙二氨四乙酸二钠1g，置球磨机中，加1500mL水和适量的氯仿，机械研磨1h。研磨液抽滤，以适量的水和氯仿洗涤，室温真空干燥，备用。②口服液的制备：取β-胡萝卜素包合物适量（相当于β-胡萝卜素30g）置乳钵中，加蜂蜜200mL研磨均匀，加水至此1000mL，摇匀、滤过、分装，100°C、300min流通蒸气灭菌，即得。

3. 维生素微胶囊的制备　微胶囊是用天然或合成高分子材料在细微的固体或液体周围形成一层保护膜，其厚度为几微米至几百微米，对芯料物质可起到保护和控制释放的作用。维生素分为脂溶性维生素和水溶性维生素，脂溶性维生素不溶于水，所以大大限制了它的应用。将脂溶性维生素微胶囊化，可提高脂溶性维生素的稳定性和水溶性，减少贮存过程中的损失，扩大其在食品中的应用范围。

案　例

陈发河等（2006）研制的天然胡萝卜素-环糊精微胶囊制备工艺

将β-环糊精置于适量60℃的蒸馏水中搅拌使其溶解，制成β-环糊精饱和溶液，冷却到50℃保温待用。将胡萝卜素加20倍的植物油研磨成悬浊液即为胡萝卜素油，再按体积比2∶1的比例将胡萝卜素油溶于丙酮中，然后将其匀速且缓慢滴加到β-环状糊精饱和溶液中，闭光恒温搅拌至规定时间，置于冰箱内冷藏24h，抽滤。用适量蒸馏水和丙酮洗涤后，低温冷冻干燥24h，即得胡萝卜素β-环糊精包埋物。

二、矿物质微量元素补充剂加工技术

（一）矿物质和微量元素片剂加工技术

在制作片剂补充剂时，需要在制粒、压片过程中选择合适的黏合剂和稀释剂（填充剂）及必要的崩解剂，并通过加速试验与室温留样考察其稳定性。

案　例

钙片的制备

我国有约 50%的人钙缺乏或摄入不足，因此补充钙是中老年人群日常的功能食品。下面介绍一种补钙片剂的生产方法。

用碳酸钙 490g（补充钙的主要成分）、白砂糖 230g（赋形剂）、淀粉 175g（赋形剂）、硬脂酸镁 5g（分散和压片需要）、维生素 D_3 3.3mg（促进 Ca 吸收和作用），共 900g 制成 1000 片。这样每片含钙 0.9×0.490×0.4=0.176g。

根据营养补充剂规定，在保健食品中一般用推荐量（RNIs 或 AIs）的 1/3～2/3。钙推荐量 800mg，保健食品中每日可补充钙 800mg×(1～2)/3=266～532mg，因此上述产品每天可摄入 2～3 片。

主要工艺为：

（1）将白砂糖粉碎，过 100 目筛，备用。

（2）制备淀粉浆：将适量淀粉与水混匀，加热糊化制成淀粉浆。

（3）制软材：将维生素 D 溶解于适量乙醇中，加入碳酸钙、淀粉、砂糖粉及淀粉浆制成适宜的软材。

（4）制粒：制成大小均匀的湿颗粒。

（5）干燥：将湿颗粒送入干燥机内，按标准操作程序操作，干燥。

（6）整粒：制好的颗粒用整粒机整粒。

（7）总混：将整粒后剩余颗粒与硬脂酸镁混合均匀。

（8）压片：将混匀后的颗粒置旋转式压片机的料斗中，调节好填充量、压力、压片。

（9）包装：可进行不同形式的包装。按照企业标准严格检验，合格的方能出厂。

片剂质量主要考察：片重差异检查、硬度、崩解度考察、钙含量的测定、微生物指标。

（二）矿物质和微量元素口服液加工技术

范铭等发明了一种矿物质及维生素营养补充剂的配方和加工方法（CN 201210041296.2）。配方：吡啶甲酸铬、硒化卡拉胶、柠檬酸镁、维生素 B_1、维生素 B_2、维生素 B_6、聚葡萄糖。制备方法：称取一水柠檬酸，加入纯化水溶解后，再加入柠檬酸镁，70℃水浴加热，完全溶解后，加入维生素 B_2、吡啶甲酸铬、聚葡萄糖，70℃水浴加热，完全溶解后，冷却至室温，用 $NaHCO_3$ 调节 pH 至 4.8 左右，再加入维生素 B_1、维生素 B_6、硒化卡拉胶，以及防腐剂、甜味剂、香精，定容，抽滤，过滤灭菌，分装，即得口服液。

此外，张厚程等发明了一种微生物发酵法生产全维生素矿物质口服液的方法（CN 201210488583.8）。利用微生物液体发酵富集转化作用，将各种人体必需的矿物质和维生素按一定规律分级添加到培养基中，让微生物在生长过程中吸收和转化无机态矿物质成为有机形态，同时利用多级添加发酵避免了矿物质之间的拮抗和竞争。最后通过压榨、抽滤、过滤灭菌、分装，即得口服液。

本章小结

本章总结了常见的营养补充剂——活性多肽/活性蛋白、多不饱和脂肪酸油、维生素和矿物质的加工技术。营养补充剂的加工过程包括营养素从原料中的提取、分离、纯化，以及制备成片剂、胶囊、冲剂或口服液等加工过程。本章内容为开发功能食品提供科学的加工技术，为其他营养补充剂的加工提供参考。

思考题

1. 活性多肽和活性蛋白质的制备方法有哪些？查找一例有关活性多肽或者活性蛋白质的制备专利，指出该专利的优点及可改进之处。

2. 多不饱和脂肪酸油和磷脂的制备方法有哪些？总结多不饱和脂肪酸营养补充剂加工中应该注意的因素。

3. 简述维生素矿物质补充剂的制备方法，找出一例市场上热销的维生素矿物质补充剂产品，尝试阐述该产品使用了哪些加工技术。

第12章 常见保健食品开发及其功能评价

保健食品开发包含众多需要考虑的方面，通用的流程概括如下：立项与调研→确定保健食品的功能与特性、消费人群和潜在的经济效益→保健食品的技术可行性→实验室研发：确定关键技术与功效成分，拟定配方和工艺→产品试制（含试用及调查反馈）→保健食品功能评价→保健食品质量及检测标准→确定工艺和产品特性→保健食品的企业规范与申报→制定企业标准。

我国有不同功能作用的多种保健食品，其面临的技术有较大差别。本章将介绍几种功能的保健食品的生产技术和功能性评价方法。

第一节 辅助增强免疫力保健食品开发及其功能评价

免疫力是人体自身的防御机制，是人体识别和消灭外来侵入的异物（如病毒、细菌等），处理衰老、损伤、死亡、变性的自身细胞，以及识别和处理体内突变细胞及病毒感染细胞的能力，是人体识别和排除“异己”的生理反应。机体免疫功能在30岁左右就开始减退。本节介绍一种辅助增强免疫力的保健食品的制备技术。

一、产品设计

产品以石金钱龟提取物、北虫草提取物为主要原料制成，经动物功能试验证明具有增强免疫力的保健功能。

主要原料：石金钱龟提取物、北虫草提取物、食用级微粉硅胶及β-环糊精、羟丙甲纤维素及空心胶囊。

功效成分及含量：每100g含石金钱龟活性蛋白21.5g、北虫草多糖3.0g。

二、配方依据

免疫系统对维持机体正常生理功能具有重要意义。免疫功能低下，会对机体健康产生极为不利的影响，使多种传染病、非传染病的发病率和死亡率提高，其中引人关注的有感冒、恶性癌症、糖尿病等。造成机体免疫力下降的原因有多种，诸如营养失衡、精神或心理因素、年龄增大、慢性疾病、药物、应激、内分泌失调和遗传因素等。

免疫调节药物或功能食品主要用于机体免疫功能障碍的疾病，如可增强由于肿瘤、衰老、慢性病毒感染（肝炎、艾滋病等）造成的免疫功能低下，或抑制器官移植后排斥反应及自身免疫性疾病时某些不正常的免疫反应。

石金钱龟，学名黄喉拟水龟（*Mauremys mutica* Cantor），两广俗称石龟，分类上隶属龟鳖目、龟科、拟水龟属。国内主要分布于江苏、浙江、安徽、广东、广西、海南、福建及中国台湾，国外分布于越南。石金钱龟是一种食药兼用的龟类，具有观赏价值及较高的营养价值和多种医疗保健功能，民间有可治疗癌症之说，其增强免疫力和抗肿瘤功效备受人们关注，中国古代书籍如《神农本草》《山海经》和《本草纲目》都有关于龟类作为药材的记载。

石金钱龟的最大价值是药用。龟体中含有较多的特殊长寿因子和免疫活动物质，常食可增强人体免疫力，使人长寿。龟肉味甘、咸平、性温，有强肾补心壮阳之功，主治痨瘵骨蒸、久咳咯血、血痢、筋骨疼痛、病后阴虚血弱，尤其对小儿虚弱和产后体虚、脱肛、子宫下垂及性功能低下等有较好的疗效。龟甲气腥、味咸、性寒，其主要成分为骨胶原、蛋白质、脂肪、钙、磷、肽类和多种酶，以及多种人体必需微量元素，具有滋阴降火、潜阳退蒸、补肾健骨、养血补心等多种功效，龟甲对肿瘤也有一定的作用。龟板是石龟的腹甲，又名龟甲、武元板、拖泥板、败将、神屋。《神农本草经》称之为“上品”。1985 年版《中华人民共和国药典》规定用腹甲入药。龟板的主体成分为动物胶、角质、蛋白质、脂肪、磷和钙盐等，并含无机物（碳酸钙、磷酸钙）36.08%、蛋白质 36.14%、其他成分 17.78%，其药用疗效有滋阴壮阳、益肾健骨和凉血止血。

北虫草是北冬虫草的简称，也叫蛹虫草或蛹草，俗名不老草，是虫、菌结合的药用真菌。北冬虫夏草属于真菌门、子囊菌纲、肉座菌目、麦角菌科、虫草属。它主要生长在我国的北方地区。北虫草不仅含有丰富的蛋白质和氨基酸，而且含有 30 多种人体所需的微量元素，是上等的滋补佳品。北虫草是一种名贵的药用真菌，与青海冬虫夏草同属于真菌门虫草属，有相似的药用和滋补功效。国内外科学研究认为，北虫草食用和药用价值可与传统的冬虫夏草媲美，人工培养的北虫草虫草素含量高于传统冬虫夏草几十倍。现代医药学研究证明，北虫草中含有虫草素、虫草酸及各种氨基酸等营养物质，具有滋肺补肾、止血化痰、扩张气管、镇静、抗各类细菌、降血压、强身健体等功效。

三、生产工艺

1. 石金钱龟提取物的制备　亀肉的提取：取龟肉，加水煎煮提取 3 次，第一次和第二次各 2h，第三次 1.5h，提取液合并后减压浓缩，冷冻干燥，得凝胶状的龟肉提取物。龟甲的提取：取龟甲，先用质量浓度为 50%的乙醇溶液回流提取 2.5h，再用质量浓度为 80%的乙醇溶液回流提取 2h，提取液合并后减压浓缩，冷冻干燥，得凝胶状的龟甲提取物。将龟肉提取物与龟甲提取物按一定比例均匀混合，即得。

2. 北虫草提取物的制备　北虫草洗净干燥，称重后投入提取罐内。将 10～15 倍量的水打入浸渍提取罐内浸渍 1h，煮沸 1～2h，放出提取液。再将 10～15 倍量的水打入浸渍提取罐内，煮沸 1～2h，放出提取液。合并提取液，将清液打入减压浓缩锅内。在真空度-0.08MPa、温度 60℃条件下进行减压浓缩。滤液经硅藻土过滤，喷雾干燥，备用。

3. 配方

配方如表 12-1 所示。

表 12-1　辅助增强免疫力的保健食品的配方

原料	含量	原料	含量
石金钱龟提取物	40%	微粉硅胶	10%
北虫草提取物	15%	β-环糊精	15%
淀粉	15%	羟丙基甲基纤维素	5%

可添加适量的香精。

4. 胶囊制备工艺

（1）取β-环糊精，加水，加热至 70～80℃，制成β-环糊精饱和溶液。

（2）将石金钱龟提取物加入β-环糊精饱和溶液中，在 70～80℃下搅拌 0.5～1h，然后将温度降至 0～5℃，使石金钱龟提取物和β-环糊精从溶液中析出。

（3）将析出的沉淀过滤，干燥，粉碎成细粉，与淀粉、微粉硅胶混匀后制粒。

（4）将羟丙基甲基纤维素制成质量浓度为 0.5%～1.5%的溶液，将颗粒用羟丙基甲基纤维素溶液包衣，干燥后与香精混匀，最后用胶囊填充。

（5）灭菌、贴签、外包装、成品检验、入库：置入 5kGy 的 ^{60}Co 辐射灭菌柜中灭菌 10h，取出，贴签、外包装、成品检验合格后即得成品，入库。

四、标志性成分及摄入量

由于北虫草主要标志性成分为多糖类，石金钱龟标志性成分为蛋白质，将本品标志性成分定为粗多糖、蛋白质。本品标志性成分检测结果显示每 100g 含石金钱龟活性蛋白 21.5g、北虫草多糖 3.0g。功能主要是有助于增强免疫力，摄入量一般为每天每人 0.3～0.6g。

五、适宜人群、不适宜人群的选择及依据

根据《保健食品申报与审评补充规定（试行）》中《保健功能及相对应的适宜人群、不适宜人群表》的规定，考虑到本品为保健食品原料制成，将本品适宜人群定为 18 周岁以上成人食用，不适宜人群为少年儿童、孕期及哺乳期妇女。

六、增强免疫力功能评价

（一）试验项目

试验项目：①体重；②脏器/体重比值测定：胸腺/体重比值，脾脏/体重比值；③细胞免疫功能测定：小鼠脾淋巴细胞转化实验，迟发型变态反应实验；④体液免疫功能测定：抗体生成细胞检测，血清溶血素测定；⑤单核-巨噬细胞功能测定：小鼠碳廓清实验，小鼠腹腔巨噬细胞吞噬鸡红细胞实验；⑥NK 细胞活性测定。

（二）试验原则

（1）所列指标均为必做项目。

（2）采用正常或免疫功能低下的模型动物进行实验。

（三）结果判定

（1）增加免疫力功能判定：在细胞免疫功能、体液免疫功能、单核-巨噬细胞功能、NK 细胞活性四个方面中任两个方面结果阳性，可判定该受试样品具有增加免疫力作用。

（2）细胞免疫功能结果判定：细胞免疫功能测定项目中的两个实验结果均为阳性，或任一个实验的两个剂量组结果阳性，可判定细胞免疫功能测定结果阳性。

（3）体液免疫功能结果判定：体液免疫功能测定项目中的两个实验结果均为阳性，或

任一个实验的两个剂量组结果阳性，可判定体液免疫功能测定结果阳性。

（4）单核-巨噬细胞功能结果判定：单核-巨噬细胞功能测定项目中的两个实验结果均为阳性，或任一个实验的两个剂量组结果阳性，可判定单核-巨噬细胞功能结果阳性。

（5）NK细胞活性结果判定：NK细胞活性测定实验的两个剂量组结果阳性，可判定NK细胞活性结果阳性。

第二节　抗氧化保健食品开发及其功能评价

随着年龄的增长、疾病的发生，以及环境污染、电离辐射、吸烟、饮酒、化学毒物和药物等因素可导致体内的氧化还原动态平衡体系出现障碍，人体内自由基水平呈增长趋势。同时自由基清除机制却呈退化趋势，结果造成体内自由基大量积聚。体内过剩的自由基引起大量的细胞衰老、死亡，引发机体多种生理功能的障碍，对机体健康造成严重的危害，促进多种老年疾病（如动脉粥样硬化、心脑血管疾病、脑神经细胞变性、糖尿病及肿瘤等）的发生、发展，导致机体的衰老，直至死亡。下面以一种抗氧化保健食品开发为例来说明该类保健食品的开发及其功能的评价。

一、产品设计

自由基是外层轨道具有孤电子的原子或基团，由于不成对电子的存在，使得自由基的化学性质相当活跃，自由基通过夺取其他物质的一个电子，使自己形成稳定的物质。正常的生理状态下自由基的产生、利用、清除三者处于动态平衡，此时自由基浓度很低、自由基发挥其有益的生物学效应；只有当平衡被打破，自由基水平高于正常值时，才表现出毒性效应。体内过剩的自由基对组织产生不可逆损伤，使组织细胞发生破坏性化学结构变化，直接导致许多疾病发生。自由基对机体攻击途径呈多方面，既有来自体内，也有来自外界。当机体中自由基超过一定量并失去控制时，机体就会受到各种各样伤害，以致产生各种各样疑难杂病。

自由基对机体损伤作用包括：①自由基在生物体内攻击和破坏生物大分子，引起过氧化变性，产生组织损害和器官退行性变化，导致老年病和衰老发生；②生物体在外界因素如感染、毒物、辐射等作用下，释放自由基，攻击细胞结构，诱发自身抗体，促使自身组织破坏；③自由基可能增加毛细血管通透性，使大量血浆渗出，而有效循环血量减少，从而使细胞屏障作用遭到损害，加重休克；④自由基是缺血再灌注损伤的一个重要因素，涉及各主要器官组织，因组织缺血、缺氧时细胞内能量分解大于合成，三磷酸腺苷分解产物大量产生，在酶催化下形成自由基，诸如冠动脉硬化与中风；⑤自由基对视网膜损伤导致晶状体组织破坏，从而产生白内障。值得一提的是，自由基对蛋白质不利影响是其对生物体危害最重要方面。这可从两个方面理解：一方面，自由基直接对蛋白质氧化破坏和由此引起交联变性，这是形成衰老重要原因之一；另一方面，对核酸氧化和交联使DNA发生断裂、突变及对热的稳定性发生改变等，从而严重影响蛋白质遗传信息正常转录、翻译过程，使蛋白质表达量降低甚至消失，或产生突变蛋白质。

正常情况下，人体内具有抵抗这些氧化作用的防御系统而使机体得到保护，活性氧自由基的清除主要通过两种系统发挥作用，分别为抗氧化酶系统和非酶系统。酶促抗氧化系统包括谷胱甘肽过氧化物酶（GSH-Px）、超氧化物歧化酶（SOD）、过氧化氢酶（CAT）等酶类，非酶促抗氧化系统包括维生素 E、还原型谷胱甘肽（GSH）、硒、原花青素和多酚等。它们发挥作用的方式、部位不同，但却相互协作，共同完成体内的抗氧化作用。因此，开发抗氧化保健食品应该从提高机体抗氧化酶系统和增加抗氧化物质两方面着手，发挥它们的联合协同效应。

本节产品设计拟通过硒、维生素 E、维生素 C 之间的协同增效作用，提高机体抗氧化酶系统的活力和增加抗氧化物质（水溶和脂溶性抗氧化成分），清除体内过多的活性氧自由基、预防和阻断脂质过氧化物的产生来发挥其抗氧化作用，保护机体不受活性氧自由基带来的氧化损伤作用，避免因为氧化应激引起的一系列疾病的发生和发展，延缓衰老。

二、原料的用量依据

硒可通过提高 SOD 酶活力起重要的抗氧化作用；维生素 E 醋酸酯在肠道中能被胰酶转化为维生素 E 的形式发挥抗氧化功能，保护脂溶性物质如不饱和脂肪酸、磷脂等；维生素 C 为水溶性物质，抗氧化能力强，保护水溶性体系中的物质如蛋白质、糖等，配方中维生素 E 和维生素 C 的溶解性不同，保护着机体不同的功能性物质，起协同增效的作用，使产品的抗氧化功能达到较好的效果。故选用硒、维生素 E 和维生素 C 作为本产品的功效成分。

在进行配方设计时，功效成分用量遵循既安全可靠，又有抗氧化保健功效的原则。其有效剂量的制定依据有以下几个方面。

（一）硒用量的确定依据

根据我国营养推荐量和我国已经批准的含硒抗氧化保健食品的初步统计，保健食品中每日硒食用量为 17.1～60μg，这将作为本产品配方硒使用量的参考依据。

确定本产品规格为 300mg/粒，食用方法为每日 1 次、每次 2 粒。每 100g 含硒 6.25mg，换算成每日食用量（以硒计）约 37.5μg 硒，既安全可靠，又有抗氧化的保健功效。

（二）维生素 E 用量的确定依据

我国现行成人维生素 E 的适宜摄入量是每天 14mg 总生育酚。维生素 E 的活性可用 α-生育酚当量（TE）来表示，规定 1mg α-TE 相当于 1mg 天然生育酚（D-α-生育酚）。维生素 E 的活性又可用国际单位（IU）来表示，1IU 的维生素 E 等于 1mg 人工合成生育酚（DL-α-生育酚醋酸酯）的活性。初步确定本产品规格为 300mg/粒，食用方法为每日 1 次、每次 2 粒。每 100g 含维生素 E（D-α-生育酚醋酸酯）1.2g，换算成 D-α-生育酚每日食用量 7.92mg（9.72 IU），既安全可靠，又有抗氧化及协同抗氧化保健功效。

（三）维生素 C 用量的确定依据

中国营养学会 2007 年制定的 DRI 中，提出 18 岁以后成年人抗坏血酸的 RNI 值为 100mg/天，UL 值为≤2000mg/天。根据《维生素、矿物质种类和用量》的规定，维生素 C 的摄入量应为 30～500mg/天。初步确定本产品规格为 300mg/粒，食用方法为每日 1 次、每次 2 粒。每 100g 含维生素 C 7.2g，换算成每日食用量 43.2mg，既安全可靠，又有抗氧化及协同抗氧化保健功效。

三、微胶囊生产工艺

配方组成成分见表 12-2。

表 12-2　抗氧化保健食品的总配方

原辅料名称	原料用量
有机富硒物（甲基硒代半胱氨酸-SeMSC）	0.15g
50%维生素 E 醋酸酯粉（DL-α-生育酚醋酸酯）	24g
维生素 C	72g
淀粉	561.7g
糊精	342.15g
	制成：1000g

产品规格：0.3g/粒；食用方法及食用量：每日 1 次，每次 2 粒。

功效成分含量（每 100g）：硒，6.25mg；维生素 E（维生素 E 醋酸酯），1.2g；维生素 C，7.2g。

功效成分每日食用量：硒，37.5μg；DL-α-生育酚，7.92mg（1mg DL-α-生育酚=1.1mg 维生素 E 醋酸酯）；维生素 C，43.2mg。

本产品采用胶囊剂型，剂型对功效成分的稳定性及保健食品效果和生产销售有较大的影响。胶囊剂型的保健食品食用、携带方便。胶囊剂外表整洁、美观，具有便于服用、携带，可掩盖粉末的苦、臭味，使用者服用的依从性好的各种优点，并且胶囊剂在胃肠道中分散快、吸收快，生物利用度高。本产品中维生素 C 见光易分解、氧化，用胶囊可以很好地包埋富硒物的不良气味，而且利于保持产品的稳定性。另外，胶囊剂与片剂、丸剂相比制备时不需要加黏合剂和压力，因此在胃肠道中崩解快，生物利用度高。综上所述，胶囊剂是本产品比较适宜的剂型。

生产工艺采用常规的胶囊剂生产工艺：粉碎、称量、配制、混合→填充→抛光、筛选→内包装→外包装→检验→入库，其中内包装及其以前的工艺都在 30 万级洁净区（图 12-1）。生产工艺设计和设备条件符合 GMP 要求。

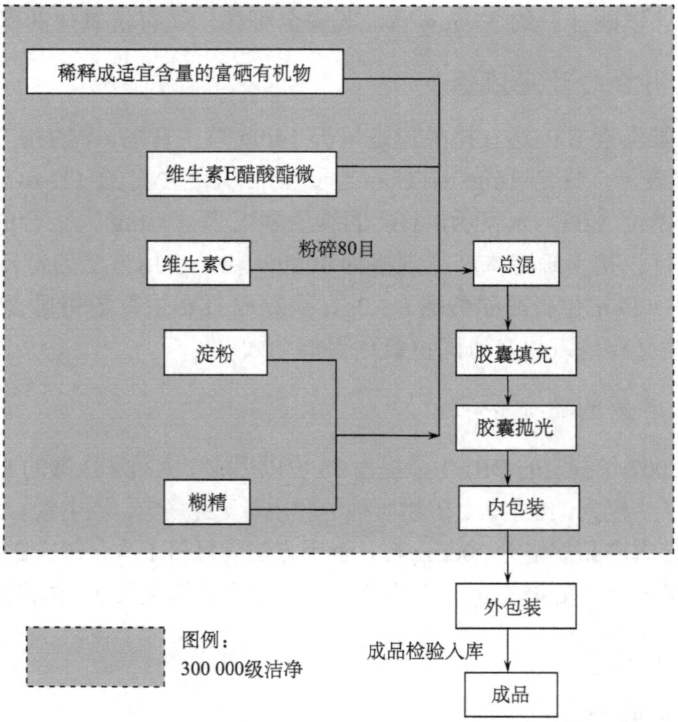

图 12-1　生产工艺简图

四、产品质量要求

1. 功效成分　硒：按国家标准《GB 5009.93—2010 食品中硒的测定》（氢化物原子荧光光谱法）规定的方法检测。维生素 E：按国家标准《GB/T 5009.82—2003　食品中维生素 A 和维生素 E 的测定》规定的方法检测。维生素 C：按国家标准《GB 5413.18—2010 婴幼儿食品和乳品中维生素 C 的测定》规定的方法检测。

2. 理化指标　水分按 GB/T 5009.3 的规定执行；灰分按 GB 5009.4 的规定执行；崩解时限按《中华人民共和国药典》2010 年版二部附录X A 崩解时限检查法的规定执行；砷按 GB/T 5009.11 的规定执行；铅按 GB 5009.12 的规定执行；汞按 GB/T 5009.17 的规定执行。

3. 微生物指标　菌落总数按 GB 4789.2 的规定执行；大肠菌群按 GB/T 4789.3—2003 的规定执行；沙门氏菌按 GB 4789.4 的规定执行；志贺氏菌按 GB 4789.5 的规定执行；金黄色葡萄球菌按 GB 4789.10 的规定执行；溶血性链球菌按 GB/T4789.11 的规定执行；霉菌和酵母菌按 GB 4789.15 的规定执行。

4. 净含量指标　按 JJF 1070—2005 定量包装商品净量计量检验规则执行。

五、抗氧化功能评价

采用健康雌性 SD 大鼠 64 只，体重 180～220g，平衡饮食适应环境 1 周后随机分成 8 组，每组 8 只，组间大鼠体重无显著性差异。第 1 组为空白组，给予相应体积蒸馏水；第 2 组为有机硒（SeMSC）组，SeMSC 浓度为 7.5μg/kg BW；第 3 组为无机硒（Na_2SeO_3）组，亚硒酸钠浓度为 6.84μg/kg BW；第 4 组为维生素 E（VE）组，维生素 E 浓度为 5mg/kg BW；第 5 组为有机硒与维生素 E 联用（SeMSC+VE）组，其中 SeMSC 和维生素 E 浓度分别为 7.5μg/kg BW 和 5mg/kg BW；第 6～8 组分别为产品低、中和高剂量组，大鼠灌胃产品剂量分别为人体推荐剂量的 5 倍、10 倍和 20 倍。

大鼠自由饮水摄食。按照分组，每只动物每日灌胃 1mL 的不同物质，连续灌胃 30 天。分别在灌胃的第 10 天、20 天、30 天尾部取血 0.5mL，分别测定灌胃有机硒、无机硒、维生素 E、有机硒和维生素 E 联用，以及配方保健品混合组分后大鼠血清中总抗氧化能力 T-AOC（图 12-2）、超氧化物歧化酶（SOD）活力（图 12-3）和氧化终产物丙二醛（MDA）含量（图 12-4）的动态变化。

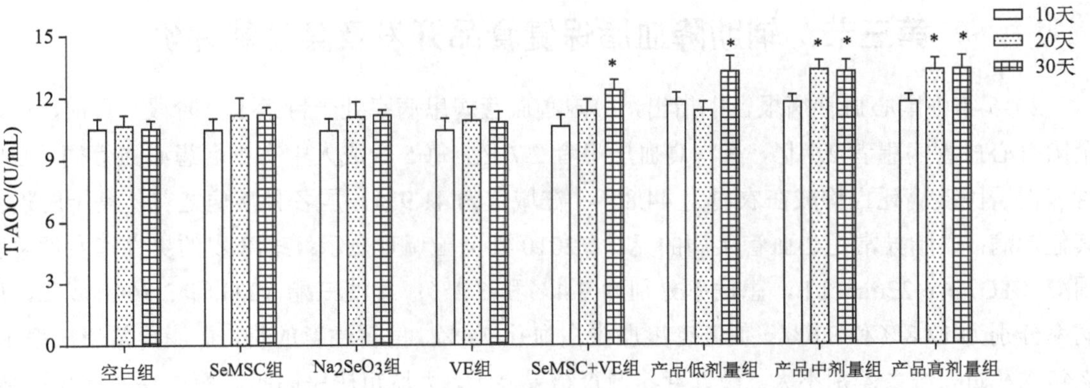

图 12-2　大鼠血清 T-AOC 水平变化（*表示与空白相比有显著性差异）

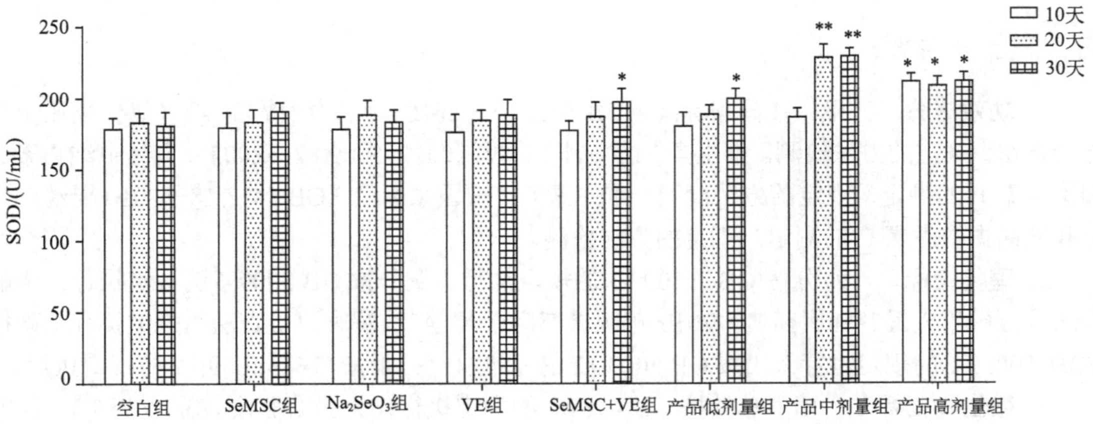

图 12-3　大鼠血清 SOD 活力变化（*表示与空白相比有显著性差异）

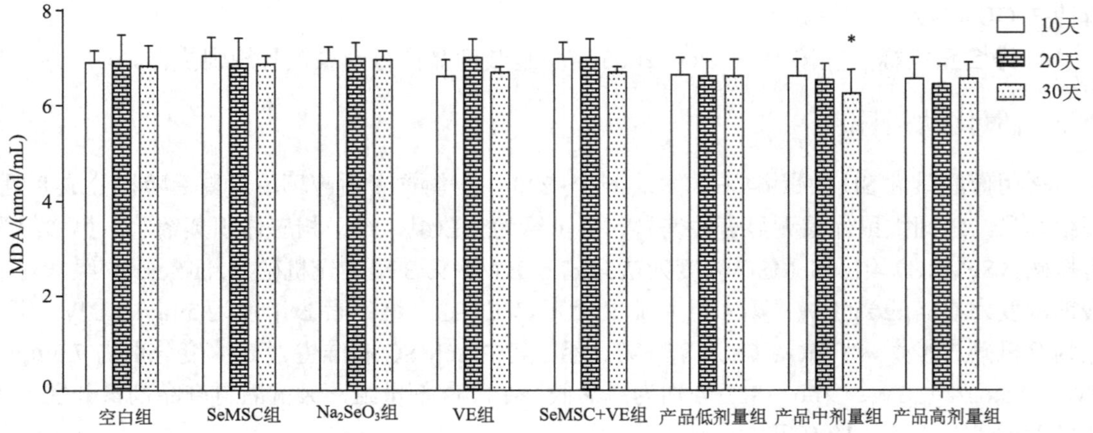

图 12-4　大鼠血清 MDA 含量变化（*表示与空白相比有显著性差异）

本配方保健品能显著提高成年大鼠血液中 T-AOC 水平和 SOD 活力，降低 MDA 水平，增强大鼠机体的抗氧化能力，预防过氧化造成的损伤。由结果可判定该配方产品抗氧化功能阳性，产品具有抗氧化保健功能。

第三节　辅助降血脂保健食品开发及其功能评价

2015 年中国心血管病报告中指出，中国心血管病患病率处于持续上升阶段。目前，估计全国有心血管病患者 2.9 亿，其中高血压患者 2.7 亿。每 5 个成人中有 1 名患心血管病。心血管病占居民疾病死亡构成在农村为 44.8%、在城市为 41.9%，居各种疾病之首，高于肿瘤及其他疾病。血脂异常是心血管疾病的元凶。2010 年全国调查显示：≥18 岁的男性和女性总胆固醇（TC）≥6.22mmol/L，患病率分别为 3.4%和 3.2%；甘油三酯（TG）≥2.26mmol/L，患病率分别为 13.8%和 8.6%；低高密度脂蛋白血症 7.4%。值得注意的是，血脂异常患病率中、老年人相近，城乡差别不大。最近营养调查结果显示，大城市居民高胆固醇血症率增长迅猛，从 4.5%增至 12.8%，高甘油三酯血症率从 13.3%增至 26.6%，此外全国 18 岁及以上成人超重率为 30.1%，肥胖率为 11.9%，比 2002 年分别上升了 7.3%和 4.8%；6～17 岁儿童青少年超重率为 9.6%，肥胖率为 6.4%，比 2002 年分别上升了 5.1%和 4.3%。2002 年，我国 18 岁及以上成人高血压患病率为 18.8%。这些结果说明，我国居民血脂异常已较为严重，应予相当重视，因此研究和生产辅助降血脂保健食品是我国保健食品的主流产品之一。国家食品药品监督管理局（SFDA）批准具有辅助降血脂功能的常用原料有：卵磷脂、山楂、芦荟、丹参、牛磺酸、茶多酚、苦荞粉、钝顶螺旋藻、决明子、EPA、DHA、维生素 E、银杏叶、荷叶、月见草油、沙棘油、红曲制剂、甲壳素、植物甾醇、γ-谷维素。因此，可以使用这些原料设计开发降血脂保健食品。下面以一种辅助降血脂保健食品开发为例来说明该类保健食品的开发及其功能的评价。

一、产品设计

红曲是一种纯天然、安全性高、有助于人体健康的食品添加剂。莫那可林（Monacolin，红曲素）类物质是红曲霉共同的代谢产物，它们的分子结构很相似，差别只在于 R 基不同，Monacolin 类物质主要有洛伐他汀（Lovastatin）和美伐他汀（Compactin 或 Mevastatin）。Monacolin 类物质可抑制胆固醇的合成。Lovastatin 不仅具有抑制 HMG-CoA 还原酶的作用，还可增加肝细胞表面 LDL 受体的表达，并具有升高 HDL 浓度的作用，因此有很强的降低血清胆固醇的作用，能治疗高脂血症。而用莫那可林 J（Monacolin J）开发出疗效更好的半合成药辛伐他汀（Simvastatin），降低血清胆固醇效果更好。这类物质色泽鲜艳、色调纯正、饱满、光热稳定性好，是天然绿色食品理想的着色剂。它应用范围广泛，包括食品类（肉制品、果汁、色酒、果酱、饮料、糖果、糕点、酱油、保健醋等）、药品类（药品着色剂、功能性保健品）和化妆品类。

设计的产品是以红曲为原料制成的保健食品，其主要功效成分为洛伐他丁，设计每天洛伐他丁摄入量为 9mg。洛伐他丁按 QB/T 2847—2007 《功能性红曲米（粉）》规定的方法进行检验。

二、配方用量依据

红曲经动物功能试验研究和临床研究证明，具有辅助降血脂的保健作用。在筛选本品配方过程中，必须从原料政策合法性、用量安全性、保健功能效果等几个方面进行考查。

（一）国食药监许[2010]2号通知规定

根据国食药监许[2010]2 号“关于以红曲等为原料保健食品产品申报与审评有关事项的通知”要求，产品中洛伐他汀应当来源于红曲，总洛伐他汀推荐量每日暂定不超过 10mg。

（二）参考国家食品药品监督管理局已批红曲单方的降血脂保健食品

国家食品药品监督管理局和卫生部已批红曲单方为原料保健食品较多，洛伐他丁每天摄入量 3.3～9.6mg 有辅助降血脂的保健功能。参考国家食品药品监督管理局已批红曲单方的降血脂保健食品，考虑到本品为高含量红曲，我们设计为每人每天摄入 3 粒，折合每天摄入洛伐他丁 9mg。

（三）药理实验文献表明本品用量红曲具有降血脂作用

根据《保健食品检验与评价技术规范》（2003 年版）规定，动物功能实验在人体推荐摄入量的 5～30 倍时指标为阳性，即可判定受试物此剂量具有保健功能。按每人每天摄入洛伐他丁 9mg/天计，动物实验组高剂量达 0.45g/（kg BW·天）。该范围是已有大量文献证实具有辅助降血脂保健功能的。

戴伟等（2003a）进行了红曲调节血脂作用的人体试食研究，受试者在观察期间停止使用有关调节血脂的药品和其他保健食品。每次 2 粒，每日 2 次，受试者服用红曲胶囊 30 天后，试验组血清 TC、TG 与对照组、试验组受试前比较均明显降低，TC、TG 分别下降 19.5% 和 21.1%，血清 HDL-C 升高 0.13mmol/L。试验组调节血脂的有效率为 91.7%（表 12-3）。

表 12-3　食用红曲胶囊前后血脂的变化　　（单位：mmol/L）

	对照组（60 人）		试验组（60 人）		t_1	t_2
	受试前	受试后	受试前	受试后		
TC	6.33±0.81	6.39±0.77	6.35±0.83	5.11±0.70	9.55	8.86
TG	2.11±0.56	2.14±0.53	2.13±0.52	1.68±0.56	4.65	4.55
HDL-C	1.62±0.43	16.4±0.48	1.63±0.45	1.76±0.47	1.38	1.55

注：t_1 与对照组比较，t_2 与受试前比较，$P<0.05$。

戴伟等（2003b）探讨红曲对血脂调节的影响。采用喂饲高脂饲料造成高脂大鼠模型，阳性对照组和红曲低、中、高剂量组在模型成立后给予受试物，预防性给予组在造模的同时给予受试物，试验第 10、17、24 天，酶法测定大鼠血清 TC、TG、LDL-C。结果表明，给高血脂大鼠红曲 7 天，0.5g/kg 可以使血清 Tc 降低 26.3%，LDL-C 降低 26.1%，TG 降低 190%；1.0g/kg 可以使血清 Tc 降低 23.1%，LDL-C 降低 31.9%，TG 降低 22.3。给红曲 14 天，0.5g/kg 可以使血清 TC 降低 32.6%，LDL-C 降低 39.5%，TG 降低 26.3%；1.0g/kg 可以使血清 TC 降低 36.6%，LDL-C 降低 52.2%，TG 降低 32.8%，与高脂对照组比较有显著性差异。预防性给予 1.0g/kg 的红曲 10 天，可以显著抑制大鼠血清 TC、TG、LDL-C 的升高，预防高血脂的形成。

余艳辉等（2000）研究采用高脂血症兔为实验模型。洛伐他丁为阳性对照药，观察云南红曲粉预防和治疗高血脂作用及抗动脉粥样硬化（AS）斑块形成作用。结果也表明红曲对高脂血症具有较好的预防和治疗效果，且呈一定的剂量依赖性，亦有较好的抗 AS 斑块形成作用。傅剑云等（2002）也发现红曲对降低实验高脂血症大鼠体重及血脂水平有明显效果。

崔春黎等（2002）用复方红曲胶囊治疗 45 例高脂血症的临床观察表明，该药主要功效成分为洛伐他汀，选取高脂血症患者 90 例，随机分配治疗组 45 例，对照组 45 例，服药前 4 周给低脂饮食，停用其他降脂药物。治疗期为 30 天，每日 3 次，每次 2 粒，含洛伐他汀 0.525mg/粒，合每天 3.15mg 洛伐他汀；同时给对照组服用“美降之”（含洛伐他汀 20mg/粒），每日 1 次，每次 1 粒，连续服药 30 天。结果显示，复方红曲胶囊组合洛伐他汀组均能显著降低血清总胆固醇、甘油三酯和低密度脂蛋白水平（$P<0.01$），而且二者在降低胆固醇和甘油三酯方面无明显差异（$P>0.05$），说明复方红曲胶囊是一种十分有效的治疗高脂血症药物，也证明红曲具有降血脂作用。黄宏南（2006）、刘丽娟（2002）和陆宗良等（1997）也进行了相似的研究，证实红曲中的洛伐他汀（10mg/天）具有显著降血脂功能。

三、生产工艺

1. 过筛　将符合洛伐他汀含量的红曲过 60 目筛备用。

2. 装囊　将总混料和空心胶囊分别加入各自料斗中，操作胶囊填充机进行胶囊填充。操作胶囊填充机时，随时注意胶囊填充量（0.3g/粒），调节填充量使填充出来的胶囊符合质量标准要求，及时剔出外观不合格的胶囊。

3. 磨光　将填充好的胶囊加入胶囊磨光机料斗中，操作胶囊磨光机进行胶囊磨光，及时剔出外观不合格的胶囊。

4. 半成品检验　收集磨光好的胶囊装入有内衬洁净塑料袋的塑料桶中，扎紧盖好，桶内外贴有标示物料名称、批号、数量等的状态标志，送入胶囊中间站办理交接手续，填写半成品请验单请验，检验感观指标、水分、粒净含量。

5. 分装　按物料进入车间程序领取经质量检验合格的塑料瓶和胶囊半成品。按包装规格装配好包装模板和装好塑料瓶将胶囊半成品加入料斗中，按数片包装机的操作规程进行胶囊的塑料瓶包装（60 粒/瓶）。在包装过程中及时挑出外观不合格的包装产品，如密封不良。包装好的产品计数通过缓冲设施传递出外包装。

6. 外包装　领取经质量检验合格的外包装材料和内包装产品。按包装要求进行外包装、装纸盒、大纸箱，将包装好的产品送入成品待检室，填写成品请验单请验，检验合格后领取产品合格证，封箱打包入库并办理入库手续。

四、辅助降血脂功能评价

根据血脂异常的类型，辅助降血脂功能按照不同的血脂类型设立分类的动物试验和人体试食试验。

（一）实验项目

根据受试样品的作用机制，分成三种情况，分别为：①辅助降低血脂功能：降低血清总胆固醇和血清甘油三酯；②辅助降低血清胆固醇功能：单纯降低血清胆固醇；③辅助降低血清甘油三酯功能：单纯降低血清甘油三酯。

（二）观察指标

1. 实验内容

1）*动物试验*　主要观察指标有体重、血清总胆固醇、血清甘油三酯、血清高密度脂蛋白胆固醇、血清低密度脂蛋白胆固醇。

2）*人体试食试验*　主要观察指标有血清总胆固醇、血清甘油三酯、血清高密度脂蛋白胆固醇、血清低密度脂蛋白胆固醇。

2. 试验原则

（1）动物试验和人体试食试验所列指标均为必测项目。

（2）根据受试样品的作用机制，可在动物试验的两个动物模型中任选一项。

（3）根据受试样品的作用机制，可在人体试食试验的三个方案中任选一项。

（4）在进行人体试食试验时，应对受试样品的食用安全性作进一步的观察。

3. 结果判定

1）*动物试验*

（1）混合型高脂血症动物模型。辅助降低血脂功能结果判定：模型对照组和空白对照组比较，血清甘油三酯升高，血清总胆固醇或低密度脂蛋白胆固醇升高，差异均有显著性，判定模型成立。①各剂量组与模型对照组比较，任一剂量组血清总胆固醇或低密度脂蛋白胆固醇降低，且任一剂量组血清甘油三酯降低，差异均有显著性，同时各剂量组血清高密度脂蛋白胆固醇不显著低于模型对照组，可判定该受试样品辅助降低血脂功能动物试验结果阳性。②各剂量组与模型对照组比较，任一剂量组血清总胆固醇或低密度脂蛋白胆固醇降低，差异均有显著性，同时各剂量组血清甘油三酯不显著高于模型对照组，各剂量组血清高密度脂蛋白胆固醇不显著低于模型对照组，可判定该受试样品辅助降低血清胆固醇功能动物实验结果阳性。③各剂量组与模型对照组比较，任一剂量组血清甘油三酯降低，差异均有显著性，同时各剂量组血清总胆固醇及低密度脂蛋白胆固醇不显著高于模型对照组，血清高密度脂蛋白胆固醇不显著低于模型对照组，可判定该受试样品辅助降低血清甘油三酯功能动物实验结果阳性。

（2）高胆固醇血症动物模型。模型对照组和空白对照组比较，血清总胆固醇（TC）或低密度脂蛋白胆固醇（LDL-C）升高，血清甘油三酯（TG）差异无显著性，判定模型成立。各剂量组与模型对照组比较，任一剂量组血清总胆固醇或低密度脂蛋白胆固醇降低，差异有显著性，并且各剂量组血清高密度脂蛋白胆固醇（HDL-C）不显著低于模型对照组，血清甘油三酯不显著高于模型对照组，可判定该受试样品辅助降低血清胆固醇功能动物实验结果阳性。

2）*人体试食试验*　指标判定标准：①有效：TC 降低>10%；TG 降低>15%；HDL-C 上升>0.104mmol/L。②无效：未达到有效标准者。

（1）辅助降低血脂功能结果判定。试食组自身比较及试食组与对照组组间比较，受试者血清总胆固醇、甘油三酯、低密度脂蛋白胆固醇降低，差异均有显著性，同时血清高密度脂蛋白胆固醇不显著低于对照组，试验组总有效率显著高于对照组，可判定该受试样品辅助降低血脂功能人体试食试验结果阳性。

（2）辅助降低血清胆固醇功能结果判定。试食组自身比较及试食组与对照组组间比较，受试者血清总胆固醇、低密度脂蛋白胆固醇降低，差异均有显著性，同时血清甘油三酯不显著高于对照组，血清高密度脂蛋白胆固醇不显著低于对照组，试验组降低血清总胆固醇有效率显著高于对照组，可判定该受试样品辅助降低血清胆固醇功能人体试食试验结果阳性。

（3）辅助降低甘油三酯功能结果判定。试食组自身比较及试食组与对照组组间比较，受试者血清甘油三酯降低，差异有显著性，同时血清总胆固醇和低密度脂蛋白胆固醇不显著高于对照组，血清高密度脂蛋白胆固醇不显著低于对照组，试验组降低血清甘油三酯有效率显著高于对照组，可判定该受试样品辅助降低甘油三酯功能人体试食试验结果阳性。

第四节　辅助降血糖保健食品开发及其功能评价

血液中的糖主要是葡萄糖，称为血糖，血糖的含量是反映体内糖代谢状况的一项重要指标。在进食后，由于大量葡萄糖吸收入血，血糖升高，但一般在 2h 后又可恢复到正常范围，呈现正常糖耐量；而在轻度饥饿时，血糖可以稍低于正常，但在短期内，即使不进食物，血糖也可恢复并维持在正常范围。可见，正常情况下，血糖含量有一定的波动范围。正常人空腹血浆葡萄糖的水平为 3.9～6.1mmol/L，全血葡萄糖水平为 3.6～5.3mmol/L；餐后 0.5～1h 血糖最高，餐后 2h 不超过 7.8mmol/L。

糖尿病是一种以高血糖为特征的内分泌代谢疾病，它是由于体内胰岛素绝对或相对不足和靶细胞对胰岛素的敏感性降低，引起碳水化合物、蛋白质、脂肪、电解质和水的代谢紊乱。早期可无症状，血糖过高时可出现“三多一少”症状，即多尿、多饮、多食及体重减轻，且出现疲乏、无力及精神不振等衰弱症状。糖尿病发病率较高，2012 年营养调查表明，糖尿病在全国 18 岁及以上成年人中的患病率为 9.7%，因此研究辅助降血糖保健食品对改善我国居民健康状况具有重要的作用，也是我国目前最主要生产的一类保健食品。

目前降血糖保健食品的原料主要有两类。

（1）食物类：现代药理学与营养学已发现一些对血糖有较好调节作用的食物有南瓜、苦瓜、苦荞麦、番薯叶、黄瓜、洋葱、魔芋、胡萝卜、蘑菇、核桃、大蒜、大豆、山药、冬瓜、玉米等（凌关庭，2007）。因此，有些降血糖保健食品是以这些食物为原料生产的。

（2）药食类：国家食品药品监督管理局（SFDA）批准具有辅助降血糖功能的常用原料有红曲、三七、葛根、泽泻、田七、何首乌、黄芪、黄精、人参、乌梅、知母、生地、决明子、山药、山楂、红花、甘草、苦瓜、魔芋精粉、蜂胶、桑叶、百合等药食同源物质或可用于保健食品的中药。

通过科学研究的不断深入，在这些食物或中草药中逐步发现了一些降血糖的功效成分，主要有以下几类。

（1）膳食纤维：增加膳食纤维可改善机体对胰岛素的感受性，从而调节糖尿病患者的血糖水平。另外，增加纤维摄入量可有效调节血脂，这对糖尿病患者也是非常有利的。

（2）黄酮类：主要通过影响 β 细胞的功能起作用，作用比较缓慢、持久。

（3）多肽：天然小分子活性多肽有明显的降血糖作用，而且不会发生低血糖。

（4）维生素和微量元素：维生素 C、维生素 B_6 的充足与否对糖尿病患者的血糖水平有很大的影响。微量元素硒、铜和铬对控制糖尿病情有重要作用。特别是铬，作为胰岛素耐量因子参与维持正常的血糖水平。

（5）其他：目前发现的降血糖活性成分还有糖醇类（木糖醇、麦芽糖醇、山梨酸糖醇、异麦芽糖醇、乳糖醇和 D-甘露醇）、皂苷类、多糖类、硫醚类、氨基酸类、不饱和脂肪酸、生物碱、香豆精、甾体等。药理研究表明各种食品功能因子的降血糖机制有所不同。

下面以一种辅助降血糖保健食品开发为例来说明该类保健食品的开发及其功能的评价。

一、产品设计

本案例以苦瓜、绞股蓝、山药、蜂胶、吡啶甲酸铬为主要原料（仅为案例，无数据准确性及商业利益考证），乔煦玮等（2011）与张信岳等（2008）研制具有辅助降血糖功能的“安平糖”保健食品。

1. 苦瓜 现代药理研究表明，苦瓜具有降血糖、抗肿瘤、抗病毒、抗菌、免疫调节等多种药理活性，其中降血糖最为显著。

2. 绞股蓝 绞股蓝为可用于保健食品的原料。其作用十分广泛，具有抗肿瘤、抗血小板聚集、抗心肌血缺氧、降血糖、降血脂、护肝、抗衰老、增强记忆力、保护急性脑缺血等作用。

3. 山药 山药为可用于保健食品的原料。其功效有补益强壮、补益脾胃、止泻益气、补肺止咳和治疗消渴症，具有降血糖、抗氧化作用。

4. 蜂胶 蜂胶为可用于保健食品的原料。其具有明显的降血脂、降血糖、软化血管等作用。蜂胶黄酮类化合物对一些水解酶如α-葡萄糖苷酶具有抑制作用，蜂胶抑制餐后血糖升高可能缘于它对体内糖代谢酶系的影响。

5. 吡啶甲酸铬 据《保健食品原料手册》，吡啶甲酸铬为哺乳动物（包括人）肝、肾内产生的氨基酸代谢产物，有降血糖的功能，可通过细胞膜直接作用于组织细胞，能增强胰岛细胞活性，改善人体糖代谢。

二、配方依据

现代营养与药理研究表明：服用苦瓜醇提物，相当于人体用量 235.68g/天，可明显降低高血糖，且苦瓜皂苷的 LD_{50}＞20.0g/kg；在绞股蓝降血糖实验中，对老年大鼠饲喂绞股蓝提取物，相当于人体服用量的 20～40mg/（kg・天），有明显降糖作用；喂以小鼠山药多糖（相当于人体推荐量 600mg/天）能明显降低高血糖病症中的血糖值；蜂胶的 LD_{50}＞2600mg/kg；蜂胶总黄酮 50mg/天时具有明显的降血糖作用；喂以大鼠相当于服用剂量 160μg/（kg・天）的吡啶甲酸铬，有降糖作用。

“安平糖”保健食品以苦瓜皂苷提取物、绞股蓝皂苷、山药多糖、蜂胶、吡啶甲酸铬按比例配伍，通过各食品功能因子的协同调节血糖的原理，研制有降糖作用的复方制剂。通过处方优化研究，确定苦瓜皂苷的用量为 1.3～1.6g/天，股蓝总皂苷用量为 188～230mg/天，山药多糖用量为 600～660mg/天，蜂胶总黄酮用量为 37～46mg/天，吡啶甲酸铬用量为 1～1.2mg/天。

三、制备工艺

1. 工艺流程 原料→检测→计量称重→混料→装填→抛光→内包装→外包装→检验→成品入库。

2. 检测 对各原料分别进行相应的感官、理化、微生物指标的检验，符合要求的则进行投料。

3. 混料 按照产品配方，对各种原料混合，由于配方中吡啶甲酸铬的用量较少，所以混合时采用等量递增的原则。

4. 灌装硬胶囊 采用 CFM-1200 全自动硬胶囊充填机装填，350mg/粒，负偏差限度为 31.5mg/粒。

四、产品的质量要求

参照《保健食品检验与评价技术规范》（2003 版）或《中华人民共和国药典》（2010 版）的技术标准，制定比色法分析苦瓜总皂苷、绞股蓝总皂苷、山药总多糖、蜂胶黄酮、吡啶甲酸铬的“安平糖”产品的质量标准，其在“安平糖”产品中的含量范围可作为质量控制的指标。

五、降血糖功能评价

1. 四氧嘧啶糖尿病小鼠模型制备及降血糖干预　雄性昆明成年小鼠 70 只，体重 18～22g，随机留取 10 只小鼠作为正常对照，其余小鼠尾静脉注射 100mg/kg 四氧嘧啶造模。1 周后剪尾采血测定空腹血糖，从造模小鼠中筛选空腹血糖超过 15mmol/L 小鼠 50 只，分为：模型组，降糖灵（盐酸苯乙双胍）0.3g/kg 阳性对照组，“安平糖”保健食品 1.0g/kg、2.0g/kg、4.0g/kg 三剂量组，每组 10 只。分别灌胃给予相应受试胶囊样品，每天 1 次，连续 8 周，灌胃体积均为 0.2mL/10g 体重，正常对照组及模型对照组给予等体积 1% CMC-Na 水溶液，每周称体重 1 次，每 2 周剪尾取血测定空腹血糖 1 次。

2. 链脲霉素合并高脂饮食诱导的Ⅱ型糖尿病大鼠模型制备及给药　雌性 SD 大鼠 50 只，体重 190～210g，腹腔注射链脲霉素 30mg/kg，并给予足量高脂饲料造成Ⅱ型糖尿病模型。2 周后剪尾采血（预先禁食 12h），测定血糖含量，并按血糖水平将大鼠分为：模型对照组，降糖灵 200mg/kg 阳性对照组，“安平糖”保健食品 0.75g/kg、1.5g/kg、3.0g/kg 三剂量组，每组 10 只。继续给予高脂饲料同时灌胃给予相应受试样品，每天 1 次，灌胃体积均为 1mL/100g 体重，模型对照组给予等体积 CMC-Na 水溶液，处理后每 2 周称体重并采血测定空腹血糖 1 次，至处理后 8 周。

3. 四氧嘧啶糖尿病小鼠糖耐量测定　雄性昆明成年小鼠，体重 18～22g，尾静脉注射 100mg/kg 四氧嘧啶造模。1 个月后筛选空腹血糖超过 15mmol/L 小鼠 40 只，分为：对照组，“安平糖”1.0g/kg、2.0g/kg、4.0g/kg 三剂量组，每组 10 只。禁食约 5h 后，灌胃降血糖干预，灌胃体积均为 0.2mL/10g，处理后 30min 灌胃给予 10%淀粉溶液 0.2mL/10g，灌胃前及给淀粉后 0.5h、1.0h、1.5h、2.0h、3.0h 剪尾采血，测定血糖含量，计算曲线下面积。

4. 人体试食试验　试验后空腹血糖恢复正常（≤5.6mmol/L），或空腹血糖下降幅度≥10%，判定为有效；试验后餐后 2h 血糖恢复正常（≤7.8mmol/L），或餐后 2h 血糖下降幅度≥10%，判定为有效。

5. 统计学处理　所有计量数据均表示为均数±标准差（$\bar{x}\pm s$），采用 SPSS 软件包，检验方法为 q 检验。P<0.05 表示差异有统计学意义。

6. 结果

1）保健食品对四氧嘧啶糖尿病小鼠体重与血糖的影响（表 12-4 和表 12-5）

表 12-4　保健食品对四氧嘧啶糖尿病小鼠体重的影响（$\bar{x}\pm s$，n=10）

组别	剂量/(g/kg)	体重/g			
		喂养前	喂养 2 周	喂养 4 周	喂养 8 周
正常对照组	—	32.0±3.3	32.4±3.1	32.9±4.5	34.1±4.7
模型对照组	—	26.8±3.5[a]	26.2±3.9[a]	27.4±4.3[a]	28.9±5.1[a]
降糖灵	0.3	26.2±2.2	25.9±2.5	29.1±2.3	31.2±2.7
保健食品组	1.0	24.6±1.8	24.8±1.9	26.0±1.8	26.7±2.0
	2.0	24.9±2.5	25.5±2.9	26.8±3.7	27.0±4.3
	4.0	26.2±2.6	27.0±3.1	28.4±2.8	29.1±3.5

a. 与正常对照组比较，P<0.05。

四氧嘧啶静脉注射造模后小鼠体重增长缓慢。从表 12-4 结果可见，“安平糖”保健食品 4.0g/kg 剂量喂养 2 周后开始体重增长略高于模型对照组，但没有统计学差异，而阳性对照降糖灵 0.3g/kg 剂量灌胃 4 周后体重增长也略高于模型对照组。另从表 12-5 结果可见，从灌胃 2 周后开始保健食品各剂量组血糖均低于模型对照组，且多与模型对照组存在统计学差异（P<0.05），提示该保健食品对四氧嘧啶所致糖尿病小鼠有一定降糖作用。

表 12-5 保健食品对四氧嘧啶糖尿病小鼠血糖的影响（$\bar{x}\pm s$，n=10）

组别	剂量/（g/kg）	血糖/（mmol/L）			
		喂养前	喂养 2 周	喂养 4 周	喂养 8 周
正常对照组	—	7.6±0.5	7.1±0.7	6.5±0.6	7.2±0.9
模型对照组	—	20.0±4.6[a]	28.1±3.3[a]	30.3±2.7[a]	29.4±3.8[a]
降糖灵	0.3	20.1±3.4	14.4±5.3[b]	21.5±5.0[b]	15.6±1.8[b]
保健食品组	1.0	20.0±3.4	24.3±2.3[b]	25.6±3.4[b]	26.6±2.9
	2.0	20.1±3.7	24.6±3.1[b]	25.9±2.4[b]	27.6±2.2
	4.0	20.1±2.7	25.8±3.6[b]	25.6±1.2[b]	24.2±2.9[b]

a. P<0.05，与正常对照组比较；b. P<0.05，与模型对照组比较。

2）对链脲霉素合并高脂饮食诱导Ⅱ型糖尿病大鼠体重与血糖的影响　大鼠腹腔注射链脲霉素合并高脂饲料喂养后体重增长较慢，从表 12-6 可见，阳性对照组，以及保健食品 1.5g/kg、3.0g/kg 剂量组灌胃后体重增长略快于模型对照组，但差异没有统计学意义；从表 12-7 结果可见，从灌胃 2 周后阳性对照组及“安平糖”保健食品各剂量组血糖均低于模型对照组，其中 3.00g/kg 剂量组与模型对照组差异具有统计学意义（P<0.05），提示该保健食品较高剂量对链脲霉素合并高脂饮食所致Ⅱ型糖尿病大鼠有一定降糖作用。

表 12-6 保健食品对Ⅱ型糖尿病大鼠体重的影响（$\bar{x}\pm s$，n=10）

组别	剂量/（g/kg）	不同时间体重/g				
		喂养前	喂养 2 周	喂养 4 周	喂养 6 周	喂养 8 周
模型对照组	—	212±16	253±22	264±23	287±30	313±33
降糖灵组	0.20	212±14	267±25	286±27	303±32	331±37
保健食品组	0.75	212±10	249±20	265±22	286±22	311±21
	1.50	212±15	256±19	272±22	286±31	325±34
	3.00	212±17	258±14	275±15	301±21	324±22

表 12-7 保健食品对Ⅱ型糖尿病大鼠血糖水平的影响（$\bar{x}\pm s$，n=10）

组别	剂量/（g/kg）	血糖/（mmol/L）				
		喂养前	喂养 2 周	喂养 4 周	喂养 6 周	喂养 8 周
模型对照组	—	16.9±5.5	16.0±5.2	19.2±6.6	21.6±6.2	19.3±4.3
降糖灵组	0.20	15.0±5.6	11.0±4.8[b]	8.0±4.2[b]	12.4±5.0[b]	12.6±4.7[b]
保健食品组	0.75	15.3±6.0	10.8±5.4	14.7±7.6	16.4±4.9	14.3±5.8
	1.50	16.2±5.6	12.9±6.2	16.8±8.2	18.6±5.9	18.9±5.7
	3.00	15.3±6.0	10.8±5.4[b]	14.7±7.6[b]	16.4±4.9[b]	14.3±5.8[b]

b. 与模型对照组比较 P<0.05。

3）保健食品对四氧嘧啶糖尿病小鼠糖耐量影响　该保健食品各剂量使四氧嘧啶诱发糖尿病小鼠口服蔗糖后各时段血糖值有不同程度降低（$P<0.05$）。另外，各剂量均能明显减少曲线下面积，并呈现一定剂量关系，高剂量能推迟血糖达峰时间。上述结果提示该保健食品对四氧嘧啶所致糖尿病小鼠糖耐量有一定改善作用（表 12-8）。

表 12-8　保健食品对四氧嘧啶糖尿病小鼠糖耐量的影响（$\bar{x}\pm s$，n=10）

组别	剂量/（g/kg）	初始血糖/（mmol/L）	给葡萄糖后血糖/（mmol/L）				曲线下面积
			0.5h	1.0h	2.0h	3.0h	
模型对照	—	18.5±5.6	41.8±5.6	42.9±6.1	39.5±3.3	33.7±5.8	95.0±11.6
保健食品	1.0	19.2±2.6	34.4±5.1^{b}	36.8±4.4^{b}	31.2±6.5^{b}	26.7±7.2^{b}	82.3±10.0^{b}
	2.0	17.8±4.7	33.1±1.8^{b}	38.0±1.4	30.0±3.9^{b}	27.9±1.9^{b}	82.8±3.9^{b}
	4.0	19.0±4.7	32.5±3.4^{b}	30.4±5.7^{b}	33.2±4.0^{b}	30.1±3.2	79.7±6.1^{b}

b. 与模型对照组比较 $P<0.05$。

实验结果表明，以苦瓜、绞股蓝、山药、蜂胶、壳聚糖、吡啶甲酸铬为主要原料研制出的辅助降血糖“安平糖”保健食品，可降低四氧嘧啶所致糖尿病模型小鼠血糖值，并明显改善该模型小鼠糖耐量，减少其血糖曲线下面积；同时，高剂量“安平糖”保健食品对链脲霉素合并高脂饮食所致Ⅱ型糖尿病大鼠血糖也有明显降低作用；此外，该保健食品对正常大鼠的糖耐量无影响。这些结果一致证明，该“安平糖”保健食品可以调节血糖，发展辅助降血糖保健食品。

4）人体试食试验　空腹血糖、餐后 2h 血糖、糖化血红蛋白（或糖化血清蛋白）、血脂四项指标均无明显升高，且空腹血糖、餐后 2h 血糖两项指标中一项指标阳性，对机体健康无影响，可判定该受试样品具有辅助降血糖功能的作用。

第五节　有助于改善胃肠道功能的保健食品开发及其功能评价

消化系统（主要是肠胃）是与食物直接接触的人体第一个系统，是连接机体内环境和外部环境的桥梁。胃肠道是人体的消化和吸收器官，以提供人体的营养；肠道是人体最大的免疫系统，其黏膜表面积最大，淋巴组织最为发达，集结了人体 60%～70%免疫细胞，接触最多外来微生物，持续抵抗外来危险物；肠道是人体最大的微生态群体，内有约 4000 多种、上百万亿个细菌，帮助肠道发挥正常的功能。食物成分可显著调节肠道结构和功能（如消化功能、肠道屏障）、调节肠道微生物的作用。“病从口入”、“健康始于肠道”，都说明保持肠道正常功能的重要性。改善胃肠道功能是目前我国保健食品主要的品种之一，也是研发的重点。

调节肠道菌群、对胃黏膜损伤有辅助保护、促进消化、通便四项功能均属于有助于改善胃肠功能范畴。四种作用针对的靶标不同，因此进行功能性食品开发时需要清晰确定。

一、肠道菌群和胃肠道黏膜与胃肠道功能

（一）肠道菌群对胃肠道功能的影响

1. 肠道菌群 种类繁多的肠道细菌组成一个庞大而复杂的微生态系统，直接参与人体的消化、营养吸收、代谢、能量供应、免疫调节、抗病等诸多方面。有研究者估计，一个健康人全身寄生的微生物（主要是细菌）有1270g左右，其中肠道内最多，达1000g，皮肤200g，口腔20g，肺20g，阴道20g，鼻1g。人体肠道拥有大约1000种的菌种，总数为约100万亿（10^{14}）个，相当于人体细胞数（10^{13}）的5～10倍。肠道微生态是主要的、也是最活跃的，一般情况下对人体健康有更加显著的影响。肠道细菌产生多种酶，肠道内与发酵场所相似，能协助分解蛋白质等物质，也能消耗某些营养物质。人体（肠道）功能、食物（药物）和肠道菌群三者之间可以相互影响。

细菌在人体胃肠道各部位定植的数量和种类各异。胃、十二指肠和空肠内细菌数量及种类均较少。在回肠中，革兰氏阴性菌（G^-）开始超过革兰氏阳性菌（G^+），但仍以需氧菌为主，也包括拟杆菌和双歧杆菌等厌氧菌。盲肠与结肠中的细菌浓度较高，占干粪便重1/3以上，需氧菌比较少，厌氧菌超过需氧菌100～1000倍，以拟杆菌、真杆菌、双歧杆菌及厌氧的G^+球菌为主。肠道内细菌部分是定植菌，部分是暂时的过路菌。

尽管人体肠道菌群组成复杂，种类超过上千种，但30～40种微生物占了肠道菌群的99%，主要集中于厚壁菌门和拟杆菌门。厚壁菌门（Phylum Firmicutes）主要包括梭菌纲和芽孢杆菌纲微生物，前者大多数细菌是产丁酸盐细菌，丁酸是肠道细菌发酵食物中不能被宿主吸收的多糖的最终代谢产物，对于宿主的能量供应及肠上皮细胞的发育有重要作用。拟杆菌门是人体肠道内第二大优势类群，数量仅次于厚壁菌门，占总菌群的10%～45%，具有碳水化合物发酵、参与多糖代谢、胆汁酸和类固醇代谢、维持肠道正常生理等诸多功能，对人体健康具有重要影响。拟杆菌有些时候可成为病原菌。

另外，同一肠道内不同类菌的空间分布也不一样。一般肠腔内肠道菌群形成3个生物层：里层为与黏膜上皮细胞粘连形成细菌生物膜的菌群（即膜菌群），包括双歧杆菌和乳酸杆菌，它们是肠道共生菌，对机体至关重要；中间主要为厌氧菌，包括粪杆菌、消化链球菌和优杆菌等；外层的细菌称为腔菌群，可以迁移，以大肠杆菌、肠球菌等需氧及兼性需氧菌为主。

婴儿在出生之前，肠道是无菌的。在出生后，各种菌开始在婴儿的肠道内繁殖，相继是肠杆菌、肠球菌、葡萄球菌和类杆菌。出生后1周左右，双歧杆菌开始占优势。在婴儿期，双歧杆菌保持着绝对优势的状态，母乳喂养婴儿之所以抗病力强，其原因之一是肠道内双歧杆菌占绝对优势而起到防御感染的作用。从断奶后，绝对优势的双歧杆菌渐渐显示出减少的趋势，类杆菌等成年人型菌逐渐占有优势。到了中老年以后，双歧杆菌进一步减少，韦永球菌等有害菌在进一步增加。

益生菌主要是来源于动物肠道内正常生理性菌和非肠道菌。目前，常用的益生菌菌种有双歧杆菌、乳酸杆菌和某些链球菌。其中，双歧杆菌有长双歧杆菌、短双歧杆菌、青春双歧杆菌、婴儿双歧杆菌等；乳酸杆菌有嗜酸乳杆菌、干酪乳杆菌、保加利亚乳杆菌、发酵乳杆菌、乳酸乳杆菌、胚芽乳杆菌、短乳杆菌和纤维二糖乳杆菌；链球菌有粪链球菌、乳链球菌、唾液链球菌嗜热亚种和乙酸乳酸双链球菌。

2. 肠道菌群失调原因　一般情况下，肠道菌群与人体肠道共存，保持一种微观生态平衡。如果由于机体内外各种原因导致这种平衡的变化，某种或某些菌种过多或过少，或者某些肠道菌向肠道内其他部位迁移繁殖，或者向肠道外其他部位转移，即称为肠道菌群失调。引起肠道菌群失调的原因较多，如婴幼儿喂养不当、食物或营养不良、药物或医疗方式（抗生素、激素、放疗或化疗）、中老年体弱、肠道或其他系统急慢性疾病等，均可引起肠道菌群失调。

1）摄入的食物影响肠道菌群　遗传背景完全一致的同卵双胞胎，尽管彼此肠道菌群的相似性高于其他无遗传关系的人，但其肠道菌群仍存在一定差异，更充分说明了后天的食物和环境因素比宿主的基因因素对菌群的形成起着更为重要的影响。Cani 等发现给予高脂饮食的小鼠模型，肠道内产内毒素的革兰氏阴性菌数目增多，而保护肠屏障的双歧杆菌减少。在食物中添加低聚果糖能够选择性刺激肠道双歧杆菌的数量，缓减糖尿病的症状。

2）机体（或肠道）的生理状态和免疫状态　人类不同的发育、生长和衰老阶段，肠道菌群表现出不同的多样性特征。婴儿时期肠道内主要为肠杆菌、链球菌等兼性厌氧菌，双歧杆菌的数量也较多；到 1 岁后转变为以拟杆菌和梭菌等严格厌氧菌占绝对优势的多样性组成；到老年，由于胃酸分泌减少，免疫功能下降，肠屏障功能减弱等生理功能的改变导致肠道菌群发生变化。

宿主的健康或疾病状态也是决定肠道菌群组成的一个重要因素。肥胖个体肠道内的厚壁菌门比例增高，因而更适宜宿主从食物中吸收能量。肠炎患者结肠内的常驻菌群会部分移位到回肠。

3）宿主的遗传因素　宿主的基因型是决定肠道菌群多样性的重要因素之一。人类在漫长的进化过程中，肠道菌群的组成特征与其他高等哺乳动物相比更接近于与其有共同进化祖先的灵长类动物。人与人之间共有的细菌种类比人与其他动物共有的多。

4）其他外在因素　除上所述，生活环境、地域、宿主的社会行为（如运动）、服用药物等也影响着肠道菌群的多样性。不同地域的人群其肠道菌群存在差异。Mueller 等利用原位荧光杂交比较法国、德国、意大利和瑞典 4 个欧洲国家人群肠道菌群内各大类群数量的差异，发现意大利人的双歧杆菌是其他 3 个国家的 2～3 倍。运动可以改变肠道菌群。运动组与不运动组大鼠模型的肠道菌群存在显著差异，运动组大鼠粪便中丁酸的含量也较多。药物（如抗生素）对肠道菌群的影响尤为显著。抗生素处理大大减少人群肠道内细菌的总数量，如双歧杆菌、白色瘤胃球菌的数量和相对比例减少，而一些机会致病菌[如肠球菌属（*Enterococcus*）]的数量和相对比例却显著增高。

3. 肠道菌群失调引起的不良后果　肠道菌群失调可有如下三种常见的不良后果。

一是腐败或有害菌显著增多、有益菌减少，腹胀、产气、便秘等不适反应。肠道有益菌群能抑制有害细菌的生长，从而抑制腐败菌毒害物质如吲哚、甲酚、胺等的产生；同时还能占据肠黏膜表面，构成一个生物学屏障，阻止致病菌的入侵。

二是肠道菌群失调引起营养消化与代谢障碍。肠道正常菌群含有大量的消化酶，能消化一些人体内依靠本身的酶系不能消化的营养物质，促进机体对营养物质的消化吸收。同时，肠道菌群能自身合成人体所必需的维生素（如维生素 B_1、维生素 B_2、维生素 B_6、维生素 B_{12}、叶酸、烟酸）及各种氨基酸和蛋白质类，直接向宿主提供营养物质。代谢产生的有机酸类物质降低肠道环境 pH，促进二价铁、锌、钙、磷等矿物元素的吸收，有机酸类物质也能促进肠管蠕动及增加肠管内渗透压，使水分分泌增加，因而产生通便功效。

三是肠道菌群失调引起机体免疫功能紊乱。肠道正常菌群可促进免疫细胞、组织和器官生长发育，刺激机体产生抗体，调节吞噬细胞的作用，从而加强小肠和其他组织对病原微生物的抵抗力。有报道，口服干酪乳杆菌能增强宿主肠黏膜的免疫反应，诱导免疫球蛋白 A 的分泌。

4. 肠道菌群调整原则 目前，通过食物调整肠道菌群主要有两种途经：第一，直接摄食补充相关的有益菌；第二，通过食物让肠道内的菌群按照预期有选择性地增殖，间接调整有益菌群。

WHO 对益生菌给的定义是：活的微生物细菌或酵母，当摄食或局部利用足够的数量后，能为宿主带来一个或多个明确论证过的保健作用。

益生元是可被选择性发酵的配料，能促进有益宿主健康的胃肠道菌群生长、改善有益菌群的组成和提高有益菌活力的成分。成为益生元的食物组分需同时满足如下要求：①一般不能被人体分泌的内源酶消化（即在大肠以上消化道有抗消化性能）；②可被肠道菌群发酵；③有益宿主健康；④选择性刺激一种或几种益生菌的生长或活力；⑤在食品加工处理过程中保持稳定性。

（二）胃肠道黏膜对胃肠道功能的影响

1. 胃肠道黏膜的结构与功能 消化系统由消化道和消化腺两部分组成。消化道是一条起自口腔，延续为咽、食道、胃、小肠（十二指肠、空肠、回肠）、大肠（盲肠、结肠、直肠），止于肛门的一段很长的肌性管道，其中胃肠道是物质消化和吸收的主要场所。

胃的形态结构：胃大致位于腹腔左上方，与食管连接，可分为贲门、胃底、胃体、胃窦和幽门几个部分。胃壁一般分为四层，即黏膜层、黏膜下层、肌层、浆膜层。与食物直接接触的黏膜层，正常胃黏膜覆盖着单层柱状上皮细胞，由表面看，细胞呈六角形，从垂直切面看细胞呈柱状，细胞核长圆形，常位于基底部，主要为分泌黏液。人的胃黏膜表面有一层厚度为 0.25～0.5mm 的黏液层，黏膜层和黏液层形成双重防护屏障，一旦平衡被破坏，就容易发生疾病。

肠道的基本结构也是分为四层：黏膜层、黏膜下层、肌肉层及外膜。黏膜层主要由上皮层、固有层和黏膜基层组成。上皮层由单层柱状细胞组成（肠上皮细胞），主要包括吸收细胞、杯状细胞、潘氏细胞、内分泌细胞及未分化细胞。吸收细胞数量最多，它是由密集而规则排列的微绒毛构成，每个细胞上微绒毛有约 1000 根，使细胞游离面面积扩大了约 20 倍；杯状细胞散布于吸收细胞间，能分泌黏液，具有润滑和保护作用，从十二指肠至回肠末端其数量逐渐增多；潘氏细胞位于绒毛底部，内含溶菌酶，同时具有分泌 α-防御素的能力，具有一定的灭菌作用；内分泌细胞多集中在十二指肠上部，能分泌多种激素，如 L 细胞广泛分布于各肠段，分泌肠高血糖素；I 细胞分布多见于十二指肠和空肠，分泌缩胆囊素——促胰酶素等；未分化细胞也称隐窝干细胞，胞体较小，细胞不断的增殖、分化、向上迁移，以补充绒毛顶端脱落的吸收细胞和杯状细胞，同时也具有分化成潘氏细胞和内分泌细胞的能力；固有层中富含免疫细胞，如 T 细胞、B 细胞和巨噬细胞，除了含有大量分散的淋巴细胞外，还含有淋巴小结，在十二指肠和空肠多为孤立淋巴小结，回肠多为集合淋巴小结。黏膜基层由内环行和外纵行两层平滑肌组成。黏膜下层为疏松结缔组织，含有较多的血管和淋巴管；肌肉层包含内环行和外纵行两层平滑肌；外膜除十二指肠厚壁为纤维膜外，小肠其余部分的外膜均为浆膜。

肠道功能主要包括消化吸收功能、屏障和免疫作用。肠上皮细胞在发挥肠道消化与吸收功能中起着主要作用，其对营养物质的吸收可以通过多种途径：主动转运，单纯扩散，易化作用，胞吞作用。肠道屏障功能和免疫作用对维持肠道稳态具有重要的意义，肠道功能正常与否与肠道黏膜层密切相关，尤其是上皮层和固有层。

2. 胃肠道黏膜损伤的原因 引起胃肠道黏膜损伤的因素主要有三个：①细菌及其代谢物，如毒素或脂多糖；②物理因素，比如过冷、过烫、未充分咀嚼的食物；③含有刺激性的化学物质。可由部分食物成分或药品引起胃肠道黏膜损伤（比如过量饮酒或浓茶）和刺激胃黏膜的药品（包含阿司匹林、非甾体类抗炎药等）。

3. 胃肠道黏膜损伤修复的原则和食物 保护或修复胃肠道黏膜损伤的原则主要有三条：第一，避免进一步刺激胃肠道，限制对胃黏膜有强烈刺激的饮食；第二，降低胃肠道的消化吸收负担，避免过载或饮食过量，调节胃酸分泌；第三，充分摄取能给胃肠道上皮细胞直接提供能量、维持分化与迁移的营养物质，如含谷氨酰胺、在肠道能转化为丁酸的食物。

二、有助于改善胃肠道功能的保健食品物质成分分类

改善胃肠道功能主要有调节肠道菌群、对胃黏膜损伤有辅助保护、促进消化、通便四项功能。有助于改善胃肠道功能的保健物质成分有以下种类。

（一）微生物类

目前我国允许用于保健食品的菌群：①双歧杆菌属：青春双歧杆菌（*Bifidobacterium adolescentis*）、婴儿双歧杆菌（*Bifidobacterium infantis*）、长双歧杆菌（*Bifidobacterium longum*）、短双歧杆菌（*Bifidobacterium breve*）、两歧双歧杆菌（*Bifidobacterium bifidum*）；②乳杆菌属：保加利亚乳杆菌（*Lactobacillus bulgaricus*）、嗜酸乳杆菌（*Lactobacillus acidophilus*）、干酪乳杆菌干酪亚种（*Lactobacillus casei* subsp. *casei*）、罗伊乳杆菌（*Lactobacillus reuteri*）；③链球菌属：嗜热链球菌（*Streptococcus thermophilus*）。

应特别注意的是，可用于婴幼儿食品的菌种只有四种：嗜酸乳杆菌（*Lactobacillus acidophilus*，NCFM，仅限用于 1 岁以上幼儿的食品）、动物双歧杆菌（*Bifidobacterium animalis*，Bb-12）、乳双歧杆菌（*Bifidobacterium lactis*，HN019，Bi-07）和鼠李糖乳杆菌（*Lactobacillus rhamnosus*，LGG，HN001）。

（二）功能因子类

通过持续的科学研究，在食物或中草药中逐步发现了一些改善胃肠功能的功效成分，主要有以下几种成分。

（1）氨基酸多肽类：可通过提供肠道黏膜细胞/组织需要的能量与物质，也可通过促进肠道蠕动，如谷氨酸、精氨酸。

（2）酚酸黄酮等植物提取物类：可抑制肠道有害菌群，修复胃肠损伤。例如，番茄红素，有助于消化、利尿，能协助胃液消化；姜黄素具有优良的抗炎活性。

（3）功能性糖：可促进有益肠道菌群增殖，如壳聚糖；果胶还可吸收肠腔毒素。

（4）膳食纤维：膳食纤维可刺激肠蠕动，加速排便，故又有通便作用。

（5）油脂：可促进肠道蠕动，促进通便，如亚油酸、油酸、β-谷甾醇。

（6）维生素和微量元素：维生素 B 可增强肠道消化酶活性。

（三）食物成分类

主要来源于食物或者药食两用资源，比如桑葚、麦芽、山楂、大枣、山药、蜂胶、当归、茯苓、鸡内金、白术、诃子肉、白芍、肉豆蔻、珍珠、玄参、莱菔子。橘皮对消化的促进作用主要是其中含有的挥发油对消化道有刺激作用，可增加胃液的分泌，促进胃肠蠕动。

三、有助于改善胃肠道功能的保健食品的功能评价

（一）调节肠道菌群功能

1. 实验项目　分为动物试验与人体试食试验，前者包括体重、双歧杆菌、乳杆菌、肠球菌、肠杆菌、产气荚膜梭菌，后者包括双歧杆菌、乳杆菌、肠球菌、肠杆菌、拟杆菌、产气荚膜梭菌。

2. 试验原则

（1）动物试验和人体试食试验所列指标均为必做项目。

（2）正常动物或肠道菌群紊乱模型动物任选其一。

（3）受试样品中含双歧杆菌、乳杆菌以外的其他益生菌时，应在动物和人体试验中加测该益生菌。

（4）在进行人体试食试验时，应对受试样品的食用安全性作进一步的观察。

3. 结果判定

1）*动物试验*　符合以下任一项，可判定该受试样品调节肠道菌群功能动物实验结果阳性。①双歧杆菌和（或）乳杆菌（或其他益生菌）明显增加，梭菌减少或无明显变化，肠球菌、肠杆菌无明显变化。②双歧杆菌和（或）乳杆菌（或其他益生菌）明显增加，梭菌减少或无明显变化、肠球菌和/或肠杆菌明显增加，但增加的幅度低于双歧杆菌、乳杆菌（或其他益生菌）增加的幅度。

2）*人体试食试验*　符合以下任一项，可判定该受试样品具有调节肠道菌群功能的作用。①双歧杆菌和（或）乳杆菌（或其他益生菌）明显增加，梭菌减少或无明显变化，肠球菌、肠杆菌、拟杆菌无明显变化。②双歧杆菌和（或）乳杆菌（或其他益生菌）明显增加，梭菌减少或无明显变化，肠球菌和（或）肠杆菌、拟杆菌明显增加，但增加的幅度低于双歧杆菌、乳杆菌（或其他益生菌）增加的幅度。

（二）促进消化功能

1. 实验项目

1）*动物试验*　包括体重、体重增重、摄食量和食物利用率，小肠运动试验，消化酶测定。

2）*人体试食试验*

（1）儿童方案：食欲、食量、偏食状况、体重、血红蛋白含量。

（2）成人方案：临床症状观察、胃/肠运动实验。

2. 试验原则

（1）动物试验和人体试食试验所列指标均为必做项目。

（2）根据受试样品的适用人群特点在人体试食试验方案中任选其一。

（3）在进行人体试食试验时，应对受试样品的食用安全性作进一步的观察。

3. 结果判定

1）动物试验　动物体重、体重增重、摄食量、食物利用率，小肠运动实验和消化酶测定三方面中任两个方面实验结果阳性，可判定该受试样品促进消化功能动物实验结果阳性。

2）人体试食试验　①针对改善儿童消化功能的，食欲、进食量、偏食改善结果阳性，体重和血红蛋白两项指标中任一项指标结果阳性，可判定该受试样品具有促进消化功能作用。②针对改善成人消化功能的，临床症状明显改善，胃/肠运动实验结果阳性，可判定该受试样品具有促进消化功能作用。

（三）通便功能

1. 实验项目

1）动物试验　包括体重、小肠运动实验、排便时间、粪便重量、粪便粒数、粪便性状。

2）人体试食试验　包括症状体征、粪便性状、排便次数、排便状况。

2. 试验原则

（1）动物试验和人体试食试验所列指标均为必做项目。

（2）除对便秘模型动物各项必测指标进行观察外，还应对正常动物进行观察，不得引起动物明显腹泻。

（3）排便次数的观察时间试验前后应保持一致。

（4）在进行人体试食试验时，应对受试样品的食用安全性作进一步的观察。

3. 结果判定

1）动物试验　排粪便重量和粪便粒数一项结果阳性，同时小肠运动实验和排便时间一项结果阳性，可判定该受试样品通便功能动物实验结果阳性。

2）人体试食试验　排便次数明显增加，同时粪便性状和排便状况一项结果明显改善，可判定该受试样品具有通便功能作用。

（四）对胃黏膜损伤有辅助保护功能

1. 实验项目

1）动物试验　包括体重、胃黏膜大体损伤状况、胃黏膜病理损伤积分。

2）人体试食试验　包括临床症状、体征、胃镜观察。

2. 实验原则

（1）动物试验和人体试食试验所列指标均为必做项目。

（2）无水乙醇、消炎痛致急性胃黏膜损伤模型或冰醋酸致慢性胃黏膜损伤模型任选其一进行动物试验。

（3）在进行人体试食试验时，应对受试样品的安全性作进一步的观察。

3. 结果判定

1）*动物试验*　实验组与模型对照组比较，大体观察评分与病理组织学检查评分结果均表明胃黏膜损伤明显改善，可判定该受试样品动物实验结果为阳性。

2）*人体试食试验*　试食组与对照组比较，临床症状、体征积分明显减少，胃镜复查结果有改善，可判定该受试样品对胃黏膜有辅助保护功能。

四、促进消化的保健食品研制

下面以一种促进消化的保健食品开发为例来说明该类保健食品的开发及其功能的评价。

（一）促进消化的保健食品的设计

本品以山楂为主料，配以茯苓、炒麦芽、鸡内金、山药，甜菊糖苷在本品中作甜味剂。山楂、茯苓、炒麦芽、鸡内金、山药为《卫生部关于进一步规范保健食品原料管理的通知》（卫法监发[2002]51 号）附件 1“既是食品又是药品的物品名单”所列品种。

1. 山楂　为蔷薇科植物山楂（*Crataegus pinnatifida* Bunge）或野山楂（*Crataegus cuneata* Sieb. et Zucc.）的果实；味酸、甘，性微温；入脾、胃、肝经。功能：健脾开胃、消食化滞、活血化痰；对胸膈脾满、疝气、血淤、闭经等症也有很好的疗效。山楂内服后能增加胃中酶类，促进消化，是我国传统的消食药物，主要成分为有机酸及黄酮类化合物。有机酸类主要有山楂酸（crataegolic）、柠檬酸（citric acid）、绿原酸（chlorogenic acid）、熊果酸（ursolic acid）、苹果酸（malic acid）、草酸（oxalic acid）、齐墩果酸（oleanolic acid）、琥珀酸（succinic acid）、延胡索酸（fumaric acid）等。黄酮类主要有槲皮素（quercetin）、牡荆素（vitexin）、异牡荆素（isovitexin）、山楂纳新（cratenacin）及脱乙酰山楂纳新（deacetyl-cratenacin）、大波斯菊苷（cosmosiin）、葡萄糖木犀草素（glucoluteolin）、山柰酚（kaempferol）及其衍生物、五子山楂苷（glogoside）、天竺葵定（pelargonidine）、金丝桃苷（hyperoside）、表儿茶精（epicatechin）、芦丁（rutin）等。此外，尚含内酯、苷类、脂肪酶、蛋白质、糖类、淀粉、维生素 C、鞣质以及微量元素铜、钠、锌、铁、磷、钙等。周异群等（1995）用单味大山楂口服液治疗成人消化不良症，效果显著。用量：煎汤内服，6～12g。

2. 麦芽　是植物大麦（*Hordeurn vulgare* L.）的成熟果实用水浸泡后，保持适宜温、湿度，待幼芽长至约 5mm 时，晒干或低温干燥。麦芽归脾、胃经；行气消食，健脾开胃，退乳消胀；用于食积不消，脘腹胀痛，脾虚食少，乳汁郁积，乳房胀痛，妇女断乳；主要成分含淀粉酶、转化糖酶、维生素 B、脂肪、磷脂、糊精、麦芽糖、葡萄糖等。麦芽含消化酶及维生素 B，有助消化作用。麦芽中淀粉酶的含量均高于谷芽，如麦芽 α 淀粉酶的含量为谷芽的 172 倍，故麦芽的助消化作用也较强。因淀粉酶不耐高温，麦芽应用晒干或低温干燥的成品。亦有报道，从炒麦芽水煎剂中提出一种胰淀粉酶激活剂，对胃酸（总酸与游离酸）与胃蛋白酶的分泌似有轻度促进作用。用量：煎汤内服，9～15g。

3. 茯苓　为多孔菌科真菌茯苓[*Poria cocos*（Schw.）Wolf]的干燥菌核。茯苓既能健脾、又能利水渗湿；主要成分为 β-茯苓聚糖（β-pachy man），约占干重的 93%；还含有三萜类化合物茯苓酸（pachymic acid）、土牧酸（tumulosic acid）、三萜羧酸（triterpene carboxylic acid）、齿孔酸（eburioic acid）、松苓酸（pinicolic acid）等。此外，尚含麦角甾醇（ergosterol）、树胶、甲壳质、蛋白质、脂肪酸、甾醇、卵磷脂、右旋葡萄糖、腺嘌呤（adenine）、组胺酸（histidine）、胆碱（choline）等。

慢性胃炎、消化性溃疡为常见多发病，中医辨证与脾虚有关。采用中药茯苓等益气健脾药治疗常收到明显疗效，这与茯苓保护胃黏膜、增强胃黏膜的屏障机能有关。茯苓具有明显的抗腹泻作用，这种治疗作用是通过健脾实现的。总之，茯苓对消化系统疾病的作用是明显的，对部分疾病的疗效优于同类西药。用量：煎汤内服，9～15g。

4. 鸡内金　为家鸡（*Gallus gallus domesticus* Brisson）的砂囊内壁，具有消食健胃，涩精止遗的功效。主要成分：含胃激素（ventriculin）、角蛋白、维生素 B 和维生素 C，并含有 17 种氨基酸、微量的胃蛋白酶和淀粉酶，尚含有氯化铵等。人口服鸡内金后胃液分泌量、酸度及消化力均有增高，其中消化力的增加出现较迟缓，维持较久。服药后胃运动机能明显增强，表现在胃运动期的延长及蠕动波的增强。由于胃运动的增强，因此，胃排空率亦大大加快。鸡、鸭内金均能显著减慢小鼠胃排空，显著地抑制小鼠肠蠕动，显著对抗新斯的明所致小鼠小肠运动亢进；对胰液的分泌能显著地促进，鸡内金对胃蛋白酶活性有一定的增强作用；在体外试验中，均能极显著地增强胰脂肪酶活性。用量：煎汤内服，3～10g；研末内服，每次 1.5～3g。

5. 山药　为薯蓣科植物薯蓣（*Dioscorea opposita* Thunb.）的块茎；入肺、脾、肾经。功能：健脾、补肺、固肾、益精。主治：脾虚泄泻、久痢、虚劳咳嗽、消渴、遗精、带下、小便频数。主要成分：块茎含薯蓣皂苷（dioscin），其皂苷元为薯蓣皂苷元（diosgenin），亦含黏液质、胆碱（choline）、淀粉、糖蛋白、止杈素（d-abscisin Ⅱ）、多酚氧化酶、维生素 C 、3,4-二羟基苯乙胺（3,4-dihydroxypheny-lethylamine）。黏液中含甘露聚糖（mannan）和植酸（phytic acid），尚含 17 种以上氨基酸，其中包括人体必需的 8 种氨基酸。游离氨基酸以丝氨酸、精氨酸、苯丙氨酸、酪氨酸含量较高。

山药对消化系统具有调节作用。山药煎剂对家兔离体肠管节律性活动有明显作用，对肾上腺素产生紧张性降低症状具有明显拮抗作用。山药能抑制正常大鼠胃排空运动和肠推进作用，也能明显对抗苦寒泻下药引起的大鼠胃肠运动亢进。山药中尿囊素能修复上皮组织，促进皮肤溃疡面和伤口愈合，具有生肌作用，可用于胃及十二指肠溃疡。用量：煎汤内服，9～18g。

产品预期达到促进消化的保健功能，适宜需要促进消化的人群食用。

（二）用量依据

根据上述传统中药的用量，配方设计为：山楂 15g、茯苓 18g、炒麦芽 18g、鸡内金 6g、山药 18g，甜菊糖苷适量（符合食品添加剂的用量要求），生产 100mL 的浓缩液（产品）。

（三）制备工艺（含工艺路线设计、产品形态与剂型选择）

1. 工艺路线　本品采用原辅料经提取、离心、浓缩、调配、灌封、灭菌、外包装的主要工艺路线，为常规口服液生产工艺（图 12-5）。

2. 产品的质量要求　参照《保健食品检验与评价技术规范》（2003 版）的技术标准，采用比色法分析总黄酮与粗多糖含量，质量控制指标为：每 100mL 含总黄酮 45.0mg、粗多糖 80.0mg。

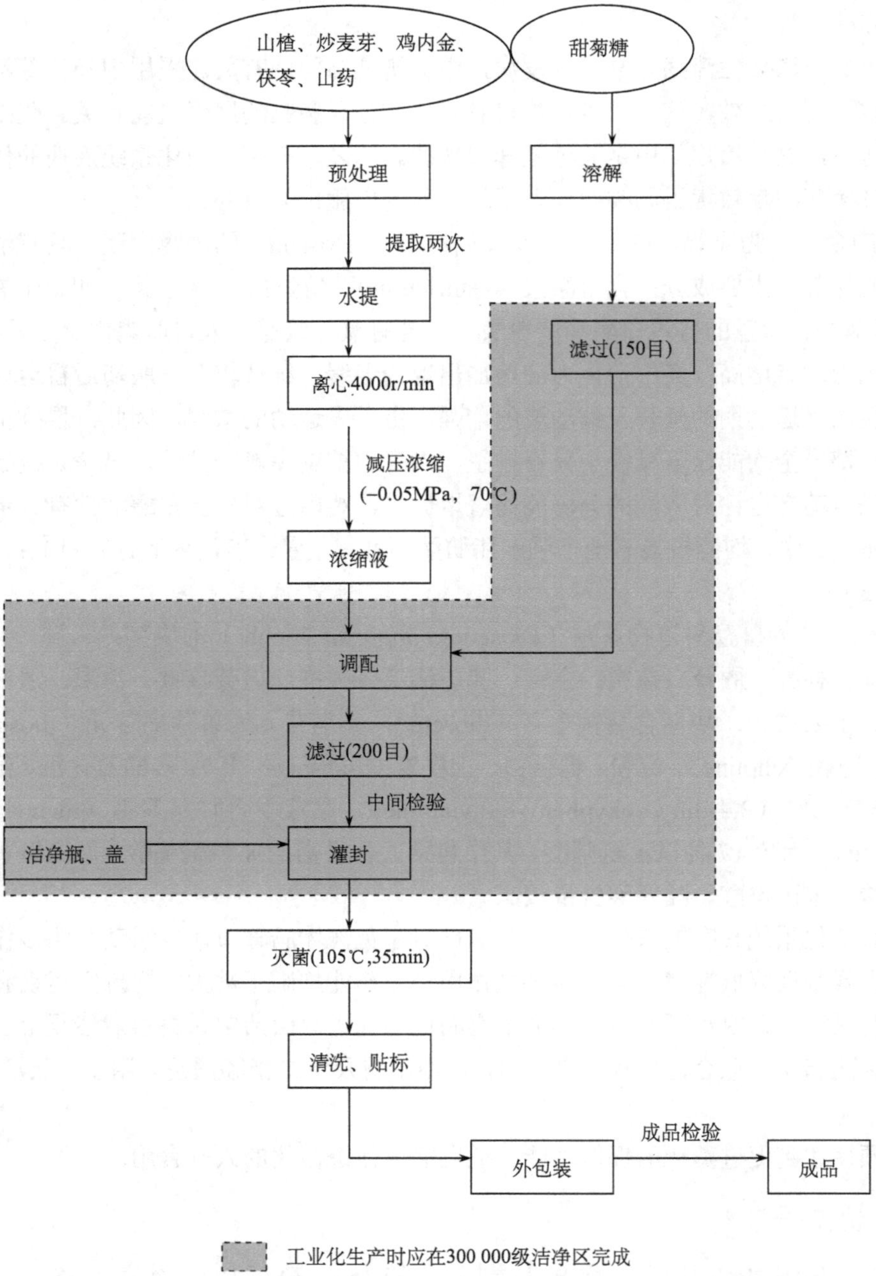

图 12-5　生产工艺简图

第六节　增加骨密度保健食品开发及其功能评价

大量资料显示 40 岁以上的人几乎都有不同程度的骨密度降低趋势，尤以妇女为甚，轻者无临床症状，重者可出现骨质疏松临床表现，呈进行性、持续性的腰背疼痛，脊柱变形渐成驼背，腰背疼痛加重，骨关节运动受限，甚至发生自发性骨折。骨质疏松是指骨密度降低，即骨中钙、骨胶原、骨黏蛋白均减少的一种现象。骨质疏松与钙的流失过多和钙的吸收不足有关，而钙的吸收因素又是多方面的，如钙的摄入量低下、消化系统和肾功能下降等，都会影响钙的吸收、利用和保留。某些保健食品可以促进机体对钙的吸收，或直接以多种钙的形式对人体加以补充，由此来减缓骨密度降低，或改善骨质疏松症状，或起到一定的预防作用。

骨质疏松已成为困扰老年人群的主要疾病，其发病率已经紧随糖尿病、老年痴呆，跃居老年疾病第三位。为此，国际上设立每年 10 月 20 日为世界骨质疏松日。骨质疏松症已成为影响中老年人生活质量的流行病，对人体健康的危害是多方面的，如造成腰酸背痛、变矮和驼背，影响生活质量。但其最大的危害还是容易发生骨折，发病率为 30%以上。骨质疏松导致髋关节骨折使人 1 年内病死率达 20%，而生存 1 年以上者约 25%丧失活动能力。许多患者因此致残，50%的患者需全天候生活护理，20%的患者需长年照顾，给家庭和社会带来沉重的负担。目前我国已是世界上拥有骨质疏松症患者最多的国家，约有患者 9000 万，约占总人口的 7%。国际骨质疏松基金会中国会员单位提供的数据显示，我国每年因骨质疏松症而并发骨折的发病概率超过 9%，并有每年增高的趋势。2008 年 10 月 20 日在北京发布的《骨质疏松症防治中国白皮书》指出，我国至少有 6944 万人患有骨质疏松症，有 2.1 亿人低骨量，存在骨质疏松症的风险。

下面以一种增加骨密度保健食品开发为例来说明该类保健食品的开发及其功能的评价。

一、产品设计

牛初乳中含有极其丰富的生物活性物质，如免疫因子和生长因子。牛初乳中的免疫因子的含量是常乳中的 5～10 倍，也是自然界中最密集免疫因子的生物资源之一，牛初乳中富含的类胰岛素性因子和表皮生长因子对组织生长具有明显的促进作用。经科学实验证明牛初乳及其制品有免疫调节、改善肠道、中和肠道毒素、促进生长发育、延缓衰老、抑制多种病菌、调节体内平衡等一系列生理功能。牛初乳含钙高，且易于吸收。鉴于其所含的成分和功能作用，可设计开发一种以牛初乳为基础，增加骨密度、改善骨质疏松，并能提高免疫力的复合牛初乳粉。

骨胶原蛋白是骨骼内的一种纤维状蛋白，是一种维持骨骼韧性和提供骨骼营养的重要高分子生物活性物质，含量占骨骼有机物的 90%。在骨中，骨胶原所组成的纤维网还起着类似黏合的固定作用，因此补充骨胶原蛋白可预防骨质疏松。

钙及维生素 D 是调节人体骨质最重要的营养因子，因此可以在产品进行补充。

二、原料用量及配方依据

本产品利用初乳中活性因子来调节免疫和体液平衡，辅以改善体质酸碱平衡的壳聚糖，并配制优质钙源和促进钙吸收、钙附着的组分，形成可提高骨密度的复合牛初乳粉。具体配方如下：每 100g 本复合牛初乳粉包括牛初乳粉 37～45g，壳聚糖粉 15～22g，骨胶原蛋白粉 11～19g，醋酸钙 7～14g，维生素 D_3 微囊粉（50 万 IU/g）0.014～0.018g，余量为脱脂奶粉。

本配方中，牛初乳粉为真空冷冻干燥粉；壳聚糖为烘干干燥粉；骨胶原粉为真皮纤维细胞酶解喷雾干燥粉；维生素 D_3 微囊粉为 100%通过 40 目标准筛的干燥粉。上述复合牛初乳粉中所述壳聚糖的主要成分是甲壳素脱乙酰基后的衍生物，甲壳素是 *N*-乙酰基-D-吡喃葡萄糖胺聚合的直链多糖。

三、功能评价

（一）实验方法

（1）选择20日龄昆明大白鼠，体重55g左右，雌雄各16只，按随机抽样的原则，分成两组各16只，每组雌雄各半，按随机法确定实验组和对照组（模型组）。

（2）致骨质疏松症试验，对实验组和对照组的白鼠灌注维A酸60mg/（kg·天），每天一次，连续15天。

（3）两组大白鼠饲喂相同配方的日粮，按4g/100g体重（24h）标准饲喂，同时对实验组和对照组给予补饲，分别使用实例配方的复合初乳粉和全脂奶粉，补饲量为2mg/100g体重。

（4）饲喂鼠安全试验。

（二）测定项目及方法

1. 测定项目

（1）测定大鼠血钙含量；

（2）测定大鼠骨密度水平。

2. 测定方法　在实验开始的第16天、第31天、第61天，分别测定大鼠血钙和密度水平。血钙测定采用日立-T600全自动生化分析仪，获得血钙值；骨密度检测采用显微CT测定右侧股骨远端松质骨和皮质骨微结构参数，X射线骨密度仪（DXA）测定左侧股骨骨密度。

统计分析实验数据应用方差分析法，F检验比较组间差异性。

（三）实验结果

（1）在实验日的第16日，两组大鼠的血钙平均水平分别为实验组（1.97±0.05）mmol/L和对照组（1.97±0.08）mmol/L；第31日，实验组平均值（2.21±0.06）mmol/L，而对照组平均值（2.17±0.06）mmol/L；第61日，实验组平均值（2.51±0.08）mmol/L，而对照组平均值（2.20±0.05）mmol/L。

在实验第16日时，两组血钙水平几乎相同，无显著差异。第31日时，实验组血钙水平达正常值下限，对照组低于正常值。第61日时，实验组血钙水平处于正常范围中等偏上水平，对照组略低于正常值，差异极显著。

（2）在实验日第16日和第61日测量大鼠骨密度，实验日第16日两组总体骨密度水平无统计学差距，VBMD为−2.5SD；61日时，实验组骨密度为VBMD+1SD，对照组为VBMD−2.0SD。第61日时，实验组的VBMD与BMC有强烈相关性，相关系数为0.944；实验组的雌雄鼠X光片显示，药物所致骨质疏松有明显向好的改善。

（3）30天饲喂试验表明，基础饲料中按50mg/100g BW和100mg/100g BW掺入实例配方的复合初乳粉，该样品对大白鼠各项指标无明显有害作用，30天饲喂的NOAEL值为180mg/100g。

因此，可以得到类似结论：本品对大鼠没有毒副作用，具有补充有机酸钙、增强钙吸收和促进成骨作用，具有调节机体免疫水平等功效。

第七节　改善营养性贫血保健食品开发及其功能评价

贫血不是独立的疾病，而是指单位容积循环血液中的血红蛋白量低于正常值（成年男性<120g/L，成年女性<110g/L，孕妇<100g/L），并由此引发的综合征的总称。按病因，将贫血分为失血性贫血、溶血性贫血、营养性贫血及再生障碍性贫血 4 种类型。营养性贫血主要因造血物质如铁、铜、钴等不足或慢性反复失血，铁的丢失过多，或生长发育过快，铁、叶酸、维生素 B_{12} 等造血物质需要量增多而导致的贫血，主要包括缺铁性小细胞低色素贫血、叶酸和维生素 B_{12} 缺乏性的巨幼细胞性贫血。营养性贫血多发于 6 个月至 2 岁的婴幼儿、妊娠期或哺乳期妇女、胃肠道等疾病所致营养物质吸收较差的患者。

一、贫血

（一）缺铁性贫血

1. 产生缺铁性贫血的主要原因

（1）铁的需要量增加而摄入不足。在生长快速的婴幼儿和儿童，月经过多、妊娠期或哺乳期的妇女，铁的需要量增多，如果饮食中缺少则易致缺铁性贫血。

（2）铁的吸收不良。因铁的吸收障碍而发生缺铁性贫血者比较少见。

（3）失血。失血尤其是慢性失血，是缺铁性贫血最多见、最重要的原因。消化道出血如溃疡病、癌、钩虫病、食道静脉曲张出血、痔出血、服用水杨酸盐后发生胃窦炎及其他可引起慢性出血的疾病，妇女月经过多和溶血性贫血，伴含铁血黄素尿或血红蛋白尿等均可引起缺铁性贫血。

缺铁性贫血的发生是一个较长时间内逐渐形成的。铁耗竭期，贮存铁耗尽，血清铁蛋白减低，此时并无贫血；若缺铁进一步加重，如贮存铁耗尽，血清铁蛋白和血清铁下降，总铁结合力增高，则出现缺铁性贫血。

2. 缺铁性贫血的主要症状　缺铁性贫血的主要症状：10%～70%患者有口角炎、舌面光滑与舌乳头萎缩，尤其老年人明显；引起萎缩性胃炎与胃酸缺乏；皮肤干燥、角化和萎缩、毛发易折与脱落；指甲不光整、扁平甲、反甲和灰甲。15%～30%患者表现神经痛（以头痛为主），感觉异常，严重者可有颅内压增高和视乳头水肿。5%～50%患者有精神、行为方面的异常，如注意力不集中、易激动、精神迟滞和异食癖。

（二）巨幼红细胞性贫血

多发生于 2 岁以下的小儿，主要是由于小儿饮食中的维生素 B_{12} 与叶酸的含量不足，或肠道细菌合成量不足，使红细胞成熟的因素缺乏而发病。

1. 产生巨幼红细胞性贫血的原因

1）摄入维生素 B_{12} 与叶酸不足　维生素 B_{12} 主要存在于动物食品中，肝、肾、肉类较多，奶类含量甚少。叶酸以新鲜绿叶蔬菜、肝、肾含量较多。维生素 B_{12} 主要需要量成人为每日 2～3μg、婴儿为每日 0.5～1μg。叶酸的生理需要量成人为每日 400μg DFE，婴儿为每日 65～150μg DFE。如不及时添加辅食或年长儿长期偏食，易发生维生素 B_{12} 或叶酸的缺乏。

2）吸收和利用障碍　在慢性腹泻小肠切除，局限性回肠炎、肠结核等皆可影响维生素 B_{12} 与叶酸的吸收；肝脏病、急性感染，胃酸减少或维生素 C 缺乏，皆可影响维生素 B_{12} 与叶酸的代谢或利用。

3）需要量增加　未成熟儿、新生儿及婴儿期生长发育迅速，对造血物质需要量相对增加，如摄入不足，则易缺乏；反复感染时，维生素 B_{12} 与叶酸消耗增加，从而需要量增多也易导致缺乏。

4）先天贮存不足　胎儿可通过胎盘，将维生素 B_{12} 与叶酸贮存在肝脏中，如孕妇患维生素 B_{12} 或叶酸缺乏，则新生儿肝脏贮存少，也易发生缺乏。

2. 缺巨幼红细胞性贫血的主要症状　较多为轻度或中度贫血，表现为面色蜡黄、疲乏无力，常伴有肝、脾、淋巴结肿大。出现食欲不振、舌炎、舌下溃疡、腹泻等。神经系统表现为：表情呆滞、嗜睡、对外界反应迟钝、少哭或不哭、智力发育和动作发育落后；出现共济失调；肢体、头、舌甚至全身震颤、肌张力增强，腱反射亢进，甚至出现抽搐。

二、改善营养性贫血保健食品的开发

下面以一种改善营养性贫血保健食品开发为例来说明该类保健食品的开发及其功能的评价。

（一）产品设计

阿胶为马科动物驴（*Equus asinus* L.）的皮去毛后熬制而成的胶块；味甘，性平；入肺、肝、肾经；功能为补血、止血、滋阴、润肺和安胎；主治血虚、虚劳咳嗽、吐血、衄血、便血、妇女月经不调、崩中和胎漏。“阿胶，能保肺气，养肝血，补虚羸，故止血安胎，止嗽止痢，治痰治痿，皆效。惟久嗽久痢久痰及虚劳失血之症者宜用”。《药典》推荐量：3～9g。

枸杞子为茄科植物宁夏枸杞（*Lycium barbarum* L.）的果实。夏、秋两季果实呈橙红色时采收。本品呈类纺锤形，略扁，长 6～21mm，直径 3～10mm；表面鲜红色或暗红色，顶端有小凸起状的花柱痕，基部有白色的果梗痕；无臭，味甜，微酸；甘，平；归肝、肾经。功能为滋补肝肾，益精明目，用于虚劳精亏，腰膝酸痛，眩晕耳鸣，内热消渴，血虚萎黄，目昏不明。陶弘景称其“补益精气，强盛阴道”。《药性论》中记载“能补益精诸不足，易颜色，变白，明目，安神”。《食疗本草》中记载“坚筋耐老，除风，补益筋骨，能益入，去虚劳”。王好古：“主心病嗌干，心痛，渴而引饮，肾病消中”。《纲目》中记载“滋肾，润肺，明目”。《本草述》中记载“疗肝风血虚，眼赤痛痒昏翳”；“治中风眩晕，虚劳，诸见血证，咳嗽血，痿、厥、挛，消瘴，伤燥，遗精，赤白浊，脚气，鹤膝风”。《药典》推荐量：6～12g。

黄芪为豆科植物黄芪（膜荚黄芪、东北黄芪）[*Astragalus membranaceus*（Fisch.）Bge.]或内蒙黄芪（*Astragalus mongholicus* Bge.）等的干燥根，亦名黄耆（《本经》）、绵黄耆（《本草图经》）。味甘，性微温；入肺、脾经。功能为补中益气、益卫固表、利水消肿、托毒、生肌。主治自汗、盗汗、血痹、浮肿、痈疽不溃或溃久不收，内伤劳倦、脾虚泄泻、脱肛、气虚血脱、崩带及一切气衰血虚之证。内服：煎汤，9～15g。

党参为桔梗科植物党参[*Codonopsis pilosula*（Franch.）Nannf.]的根，亦名上党人参（《本经逢原》）等。味甘，性平；入脾、肺经。功能为补中、益气和生津。主治脾胃虚弱、气血两亏、体倦无力、食少、口渴、久泻和脱肛。内服：煎汤，9～15g。

当归为伞形科植物当归[*Angelica sinensis*（Oliv.）Diels]的根，亦名干归（《本经》）。味甘、辛，性温；入肝、心、脾经。功能为补血和血、调经止痛、润燥滑肠。主治月经不调、经闭腹痛、症瘕结聚、崩漏；血虚头痛、眩晕、痿痹；肠燥便难、赤痢后重；痈疽疮疡、跌扑损伤。内服：煎汤，6～12g。

铁对改善营养性贫血极为重要。体内铁的 65%组成血红蛋白（Hb），约 30%以铁蛋白和含铁血黄素的形式贮存于肝、脾、骨髓等网状内皮系统内，余下的分布于肌红蛋白、细胞色素及细胞内与氧化还原过程有关的酶中。血液中转运的铁仅占总量的 0.12%左右。体内铁含量随年龄、体重及 Hb 水平而异。正常男性成人的总铁量约为 50mg/kg，女性约为 35mg/kg，新生儿为 60～70mg/kg。铁的代谢是在一个基本闭合的循环中进行，红细胞经过约 120 天后破坏释放的铁，其中 80%转运至骨髓而被再利用，20%则贮存于肝细胞及网状内皮系统备用。每天排出的铁量从摄入食物中得到补充，铁代谢处于动态平衡中。正常成人男性每日的铁排泄量为 0.5～1.5mg，女性因月经每天平均多失铁 1mg，故每天排泄量约 2mg，哺乳期每天多 1.5mg。最初 2 个月小儿从粪便丢失的铁相对地较成人为多，每天约 1mg，小儿体表面积相对较大，自皮肤丢失的铁亦相对较多，正常情况下，小于 2 岁小儿丢失铁约 0.04mg/(kg·天)，2～8 岁 0.03mg/(kg·天)，如有额外需要如生长发育、妊娠、失血等，则必须从食物中吸收更多的铁以满足需要。儿童处在生长发育期，随体重增加，血容量及组织铁相应增加，生长速率越快，铁的需要量相应越大，越易发生缺铁。足月儿 1 岁时体重增加 3 倍，早产儿可增加 5～6 倍，每增加 1kg 体重需增加铁 35～45mg，足月儿第一年内约需补充外源性铁 200mg，低出生体重儿需补充 280～350mg，所以婴儿期尤其是低出生体重儿更易发生缺铁性贫血。妊娠及哺乳期妇女需铁量增加；青年妇女由于月经失血，需要量也应增加。

因此，本品拟以阿胶、枸杞子、党参、黄芪、当归和葡萄糖酸亚铁等为主要原料，制成可改善营养性贫血的保健食品（制剂）。

（二）配方及原料用量依据

枸杞擅长补益精气，以资生血之源；黄芪功擅补气；阿胶滋阴养血；党参补中益气；当归补血活血。黄芪与当归配伍使用具有补气生血之效，用于治疗失血、妇女崩漏、产后血虚发热，以及疮疡溃后、久不愈合等气血虚弱者。党参与当归补血活血，配伍使用具有补气养血作用，用于治疗心血不足之头晕、面色萎黄、气短乏力等。党参与黄芪配伍使补气升阳作用更显著，用于治疗中气不足、气虚下陷之子宫脱垂或脱肛、脾胃虚弱、运化不健之食少纳呆、便溏泄泻、倦怠乏力等症。

据研究，我国居民摄入的铁并不低，但由于 85%均来自植物性铁，利用率低，通过补充铁盐，可大大改善贫血状况。因此，以黄芪、阿胶、枸杞、党参和当归组成补气生血之五宝，再添加葡萄糖酸亚铁具有滋阴养血、气旺血生之功效，对气虚血亏症极为合适。

配方配比为：阿胶 40g、枸杞子 60g、黄芪 90g、党参 90g、当归 60g，添加铁 100mg 制成 1000mL 产品。

（三）生产工艺

1. 黄芪、枸杞子、党参、当归水提　黄芪、枸杞子、党参、当归分别称重后投入提取罐内。将 10 倍量的水打入浸渍提取罐内浸渍 1h，煮沸 2h，放出提取液。再将 10 倍量的水打入浸渍提取罐内，煮沸 2h，放出提取液。合并提取液，将清液打入减压浓缩锅内。在真空度 –0.08MPa、温度 70℃条件下进行减压浓缩。浓缩至相对密度 1.06（70℃热测），滤液经硅藻土过滤，备用。

2. 阿胶溶化　按配方量称取阿胶，加入 8 倍量纯化水在夹层锅中煮沸溶化，经 80 目不锈钢滤网过滤，备用。

3. 调配　将中药提取液泵入配料罐中，加入阿胶溶化液，搅拌均匀，再加入按配方量称取的白砂糖、葡萄糖酸亚铁，搅拌溶解后补充纯化水至成品定量，搅拌均匀。将配好的料液经 160 目不锈钢滤网过滤后泵入不锈钢贮液罐中备用。

4. 中间检验　将料液贮存于不锈钢贮液罐中，外贴有标示物料名称、数量、批号、规格等的状态标识，办理交接手续，填写半成品请验单请验。测定可固形物含量、pH 指标，确认色、香、味。合格半成品进入下步工序。

5. 灌装、封口　定量的将料液灌入洁净玻璃瓶中并封盖，20mL/支。

6. 灭菌、灯检、贴签、外包装、成品检验、入库　置入灭菌柜中于 115℃灭菌 30min，取出待完全冷却后，经灯检、贴签、外包装（10 支/盒）、成品检验合格后即得成品，入库。

（四）标志性成分

由于黄芪、枸杞子、党参、当归主要标志性成分为多糖类，葡萄糖酸亚铁标志性成分为铁，将本品标志性成分定为粗多糖、铁。本品标志性成分检测，每 100mL 含粗多糖 21.8mg、铁 25.4mg。

（五）质量要求

质量要求如表 12-9 所示。

表 12-9　质量检测指标

项目	指标
感官	棕色均匀液体，味甜，具有本品固有的滋气味，无其他异味，久置允许少量沉淀物，不允许有肉眼可见的外来杂质
粗多糖（以葡聚糖计）/（mg/100mL）	≥18
铁（以 Fe 计）/（mg/100mL）	19～32
pH	3.5～5.5
蛋白质/（g/100mL）	≥3.0
可溶性固形物（20℃折光计法）/%	≥15.0
砷（以 As 计）/（mg/L）	≤0.3
铅（以 Pb 计）/（mg/L）	≤0.5
汞（以 Hg 计）/（mg/L）	≤0.1
六六六/（mg/L）	≤0.1
滴滴涕/（mg/L）	≤0.1
菌落总数/（cfu/mL）	≤100
大肠菌群/（MPN/100mL）	≤6
霉菌/（cfu/mL）	≤10
酵母/（cfu/mL）	≤10
致病菌（指沙门氏菌、志贺氏菌、金黄色葡萄球菌）	不得检出

（六）适宜人群、不适宜人群的选择及依据

根据《保健食品申报与审评补充规定（试行）》中《保健功能及相对应的适宜人群、不适宜人群表》的规定，考虑到本品为保健食品原料制成，将本品适宜人群定为营养性贫血者食用，不适宜人群为少年儿童。

（七）改善缺铁性贫血功能评价方法

1. 实验项目

1）*动物试验*　主要考察体重、血红蛋白和红细胞比积/红细胞游离原卟啉。

2）*人体试食试验*　主要考察血红蛋白、血清铁蛋白和红细胞游离原卟啉/红细胞运铁蛋白饱和度。

2. 实验原则

（1）动物试验和人体试食试验所列指标均为必做项目。

（2）在进行人体试食试验时，应对受试样品的食用安全性作进一步的观察。

（3）如果针对儿童的人体试食试验，只测血红蛋白和红细胞内游离原卟啉。

3. 结果判定

1）*动物试验*　血红蛋白指标阳性，红细胞游离原卟啉/红细胞压积两项指标中一项指标阳性，可判定该受试样品改善缺铁性贫血功能动物试验结果为阳性。

2）*人体试食试验*

（1）针对改善儿童缺铁性贫血功能的，血红蛋白和红细胞内游离原卟啉两项指标阳性，可判定该受试样品具有改善缺铁性贫血功能作用。

（2）针对改善成人缺铁性贫血功能的，血红蛋白指标阳性，血清铁蛋白、红细胞内游离原卟啉/血清运铁蛋白饱和度两项指标中一项指标阳性，可判定该受试样品具有改善缺铁性贫血功能作用。

第八节　辅助改善记忆保健食品开发及其功能评价

人类步入老年后，认知与记忆功能会出现一定程度的衰退。根据民政部公布的《2015 年社会服务发展统计公报》显示，截至 2015 年底，我国 60 岁及以上老年人口为 2.22 亿，占总人口 16.1%。其中 65 岁及以上人口 14 386 万人，占总人口 10.5%，早已步入老龄化社会。在这种趋势下，除了正常的记忆衰退外，年龄相关的记忆与认知障碍人数也显著增加。2015 年，全球痴呆患者人数已达 4680 万人，其中 50%～75%为阿尔茨海默病（Alzheimer disease，AD）患者。据估计，2016 年全球将新增 990 万名痴呆患者，平均每 3 秒新增 1 人。全球痴呆患者每 20 年增加 1 倍，到 2050 年将达到 1.31 亿人。在美国 65 岁以上的老年人口中，每 9 人中就有 1 名 AD 患者，每 3 位去世的老年人中，就有 1 人曾被诊断为 AD 或其他类型的痴呆。我国 AD 患者人数已超过 800 万人，65 岁以上人群患病率达到 6.6%，已居世界第一。阿尔茨海默病患者生活等功能严重缺失，因此改善记忆类保健食品受到越来越多的重视。

一、记忆及其影响因素

（一）现代记忆理论

认知是指人认识外界事物的过程，或者说是对作用于人的感觉器官的外界事物进行信息加工的过程，包括个体对感觉信号接收、检测、转换、简约、合成、编码、贮存、提取、重建、概念形成、判断和问题解决的信息加工处理过程。认知过程就是人脑接受外界输入的信息，经过头脑的加工处理，转换成内在的心理活动，再进而支配人行为的过程。

学习与记忆是大脑最重要和基本的神经过程，是智力的首要构成要素。学习是指经验信息的获得和发展，记忆是经验信息的贮存和提取，是两个不同而又紧密结合的神经活动。人的记忆过程就是大脑皮层神经细胞积极活动、进行记录和保存的过程，可分为瞬时记忆、短期记忆和长期记忆。从神经学来说，神经突触是实施脑功能的关键部位，具有可塑性，其传递效率的改变被认为是记忆产生的原因。神经刺激传入纤维，引发第二信使的级联激活，提高信息传递效率，这一系列的改变包括原突触连接的改变及已有蛋白的修饰，最终形成了短期记忆。当反复刺激大脑海马组织或进行强直刺激时，会发生晚期的突触长时程增强（LTP），细胞内的信号转导途径被更广泛地激活，使信息进一步巩固，从而实现短期记忆向长期记忆的转变。微弱的突触活动还可以引起长时程的突触传导抑制（LTD）。

（二）影响记忆力的因素

影响记忆力的因素有很多，如遗传、兴趣、情绪、疲惫程度、睡眠质量、心理状态和膳食状况，其中膳食营养是重要的影响因素之一。

记忆力下降可分为两种: 器质性与功能性的改变。器质性的记忆力下降是由于身体某一部位器质性病变或外伤引起的； 功能性的改变主要表现在膳食状况、营养条件、不良嗜好和压力等引起的记忆力下降。

大脑皮质含有大约100亿个神经元，皮层与皮层下、脑干与下丘脑之间有直接传入和传出联系。如果皮层50%以上受损，无疑会造成遗忘症；如果损伤面积仅10%以下，则学习记忆几乎不受影响。海马是大脑边缘系统中与学习记忆关系最显著、最易确定的一个结构，与辨别空间信息的功能有关。动物实验和临床资料表明，海马损伤可导致明显的记忆障碍。

我国传统中医认为，学习记忆功能下降可归结为虚、淤、痰等三个方面。“虚”即为脏腑功能减退，精气血不足。“淤”为瘢阻心脑，心神不安，心悸失眠，健忘痴呆，神昏谵语。“痰”为痰浊上犯头部，蒙蔽清阳，脑神失用。

多种营养和功能成分在中枢神经系统的结构与功能中发挥着极其重要的作用，有的参与神经细胞或髓鞘的构成，有的直接作为神经递质及其合成的前体物质，还有的与氧气供应有关（供氧不足也影响大脑的思维活动）。与记忆有关的主要理化指标有：①中枢胆碱能神经系统，胆碱乙酰转移酶、乙酰胆碱酯酶（AhcE）为重要指标；②包括去甲肾上腺素（NE）、多巴胺（DA）和5-羟色胺（5-HT）在内的神经递质；③谷氨酸（Glu）、γ-氨基丁酸（GABA）等氨基酸类神经递质；④神经生长因子（NGF）对中枢胆碱能神经细胞具选择性营养作用；⑤突触数量、突触面结构、突触体膜流动性、突触可塑性的变化均可观察到记忆的变化；⑥Ca^{2+}是控制神经可塑性的重要因素。上述即是观察记忆的指标，同样可以作为改善记忆的有效途径。

（三）改善记忆力的原料、营养与功能成分

我国目前规定的保健品有 27 类，经审查批准的具有辅助改善记忆功能的保健品有 100 多种，产品中出现次数较多的原料及功能性成分分别见表 12-10 和图 12-6。

表 12-10　常用于改善记忆的主要原料

原料	使用产品数	原料	使用产品数	原料	使用产品数
牛磺酸	71	银杏叶	33	鱼油	47
大豆磷脂	32	葡萄糖酸锌	31	乳酸锌	21
维生素 E	31	DHA	28	枸杞	16
红景天	15	卵磷脂	14	钙	13
人参	12	茯苓	12	核桃	12
远志	11	酸枣仁	10	紫苏子油	9

益智类的中药材，在归经上看，可以观察到一定的趋向性，主要归心、脾、肾，特别是心、肾二经，入肝、肺二经较少。陈正兰等收集了 113 副改善记忆相关的中药复配药方，并对其性味特征进行分析，归纳出的改善记忆中药配伍原则为：在性味特征上，以甘为主，苦辛辅之；以温为主，寒平辅之。在归经上，以心、肝、脾和肺为主，肾胃辅之。在功能特征上，以安神健脾为主，活血化淤次之，清热祛痰补肝益肾辅之。

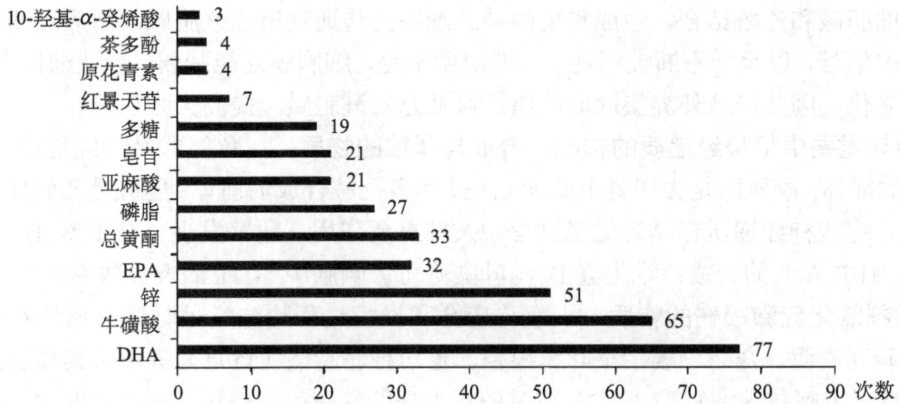

图 12-6　常用于辅助改善记忆的功能性成分

下面介绍几种常用于改善记忆的成分。

1. 牛磺酸　牛磺酸，又称 β-氨基乙磺酸，选择性分布于大脑、小脑及海马体中，是脑内仅次于谷氨酸的重要兴奋性神经递质。在新生儿大脑中含量较高，为成年水平的 3～4 倍，随着年龄的增长，含量呈降低趋势，成年后趋于稳定。研究表明，牛磺酸可以促进神经系统的发育及细胞的增殖分化，对婴幼儿智力发育尤为重要，因此婴儿配方奶粉一般都强化了牛磺酸。牛磺酸还有较广泛的生理活性，如抗氧自由基损伤、稳定细胞膜等。郭燕等对阿尔茨海默病造模的大鼠服用牛磺酸，结果表明在 400～600mg/(kg·天)剂量范围内可显著地改善阿

尔茨海默病模型大鼠的学习记忆能力，推测其机制可能与其抗氧化、改善胆碱能系统的功能及对受损海马组织的修复有关。Idrissi 等研究表明，牛磺酸可能改善衰老过程引起的认知障碍，该功效可以通过改变γ-氨基丁酸（GABA）系统来实现。

2. 锌　锌离子在学习记忆功能、神经的形成、衰老及神经病变等疾病中具有积极作用。锌参与超过 200 种酶及蛋白质的功能构建，在海马体、新皮层、杏仁核、纹状体中浓度较高。锌可作为酶的活性中心组分参与基因表达。实验表明，缺锌使大鼠脑中 DNA 和 RNA 合成减少。脑中的锌主要依靠膳食补充，而海马区对锌摄入不足最敏感，可能引发一系列学习记忆相关的功能缺失；小儿缺锌在早期会表现为挑食厌食，长时间后则出现智力偏低、记忆力差等脑功能障碍。Gardner 等对营养不良的婴幼儿进行随机对照研究，结果显示适量的锌补充利于营养不良婴幼儿的神经发育。

3. 鱼油、藻油、DHA　鱼油、藻油中均含有丰富的 DHA，即二十二碳六烯酸，是大脑的重要组成部分，也是正常神经功能的必需物质。DHA 主要存在于磷脂酰乙醇胺（PE）和磷脂酰丝氨酸（PS）的组分中，而 PE 又是神经细胞膜的主要磷脂组成，因此神经元的发育和突触的可塑性需要 DHA。母乳中的 DHA 有促进婴儿中枢神经系统发育的功效，婴儿配方奶粉一般都强化 DHA。大脑中的 DHA 含量降低会引起记忆能力下降，而 DHA 的摄入与学习能力的表现呈正相关。研究发现，阿尔茨海默病发生后大脑磷脂中 DHA 含量降低。Stonehouse 等的一项随机对照试验也表明，DHA 膳食补充可以增强低 DHA 饮食习惯的成年人的记忆及反应能力。

4. 卵磷脂　卵磷脂存在于人体的每一个细胞中，大多数卵磷脂存在于脑及神经系统、循环系统、免疫系统，以及重要器官如心、肝、肺等。在人的大脑中，卵磷脂约占 30%，卵磷脂所含的胆碱和乙酰结合，生成重要的神经细胞的传递物质乙酰胆碱，而后迅速传递人体代谢和思维信号，以至于不断被消耗。如卵磷脂不足，细胞膜功能减弱，会遗漏信息的传递，加速人体老化。因此，从外界摄取卵磷脂，可补充乙酰胆碱，提高大脑功能。

5. 参与重要中枢神经递质的构成、合成与释放的物质　色氨酸是神经递质 5-羟色胺（5-HT）的前体；酪氨酸是去甲肾上腺素（NE）和多巴胺合成的前体；胆碱是乙酰胆碱（Ach）的前体物。这些神经递质在学习记忆过程中发挥重要作用。研究发现，维生素 B_6 和维生素 B_{12} 均参与脑中 Ach 的合成；维生素 B_6 与叶酸则可影响脑中 5-HT 的合成效率。

6. 抑制氧化应激损伤的物质　氧化应激和炎症过程均与痴呆时信号系统及行为学缺失有关。研究表明，洋葱、姜、茶叶、银杏、葡萄籽、越橘（蓝莓）等由于其显著的抗氧化活性，对衰老及阿尔茨海默病（AD）病时的行为功能具有改善作用。银杏提取物可以改善脑部血液循环，具有加速人的反应能力、提高注意力、提高记忆力的功效。

二、改善记忆的保健食品的设计与开发

下面以一种改善记忆保健食品开发为例来说明该类保健食品的开发及其功能的评价。

（一）产品设计

磷脂是构成人体细胞膜的重要组成部分（图 12-7），影响了人体的脑部神经信息的传递，如果磷脂含量较少，影响了细胞膜的合成，从而使得人的记忆力的下降，特别是磷脂酰丝氨酸在改善记忆力方面表现出强大的功能。

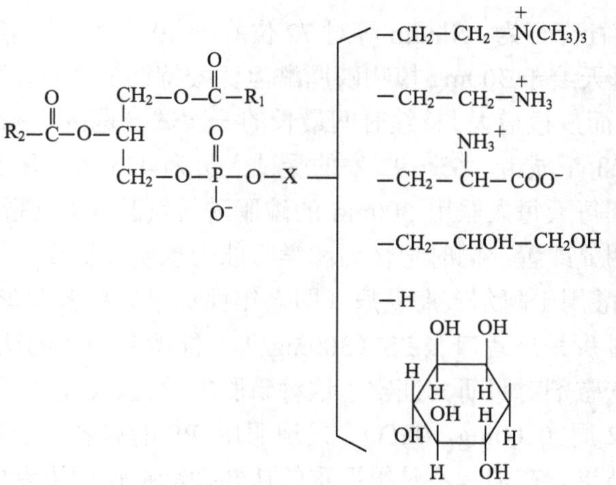

图 12-7 磷脂的结构

根据磷酸基团的不同可以分为各种磷酸甘油酯，如磷脂酰胆碱（phosphatidylcholine，PC）、磷脂酰乙醇胺（phosphatidyl ethanolamine，PE）、磷脂酰丝氨酸（phosphatidylserine，PS）、磷脂酰甘油（phosphatidyl glycerol，PG）

磷脂酰丝氨酸（PS）是细胞膜组分之一，它能影响细胞膜的流动性、通透性，并且能激活多种酶类的代谢和合成；PS 作用于神经系统的突触和鞘细胞部分，影响着脑部信息的传递及激素内分泌的调节，具有改善神经细胞功能、调节神经脉冲传导和增进大脑记忆功能，可增强儿童的认知能力、治疗老年痴呆症等病症。PS 被小肠吸收后，能水解出胆碱，随着血液进入大脑中转化为乙酰胆碱，即 PS 经甲基化可生成磷脂酰胆碱，后者又可作为合成乙酰胆碱的前体，参与调节细胞膜的流动性，并在细胞膜受体与第二信使间起中介作用。大脑中乙酰胆碱含量增加时，大脑神经细胞间信息传递速度加快，在生理功能上表现为提高大脑记忆力、增强智力、促进大脑发育等。

PS 不仅对生理性认知能力、损伤人群的认知能力恢复具有显著、积极的效应，并且在非损伤性认知能力下降的人群研究中也被证明具有提高认知力的作用。

由于现代膳食结构的变化，减少了从高含量磷脂食物中获取 PS 的量。据统计估测，目前每日 PS 的摄取量与正常需求量间差距为 70～150mg，素食者尤为缺乏，其差距为 200～250mg，因而使用强化 PS 的食物来减少 PS 不足导致的记忆力问题是必要的和有意义的。

卫生部 2010 年 第 15 号《关于批准蔗糖聚酯、玉米低聚肽粉、磷脂酰丝氨酸等 3 种物品为新资源食品的公告》批准磷脂酰丝氨酸（PS）为新资源食品。

由于磷脂酰丝氨酸溶于食用油，最好剂型为软胶囊。软胶囊服用方便、卫生，易为成人消费者接受，因此我们选择了此剂型。

本品是以磷脂酰丝氨酸、大豆油、明胶、甘油、纯化水、焦糖色为主要原料制成的软胶囊保健食品。本产品采用软胶囊剂型，设计为一日 2 粒，0.75g/粒，每 100g 中含磷脂酰丝氨酸 22g。折合每人每天摄入磷脂酰丝氨酸量为 330mg。

（二）原料及用量依据

Maggioni 等对 10 位患有抑郁症的老年妇女进行了试验，受试人员先服用安慰剂 15 天，然后又服用牛脑磷脂酰丝氨酸（剂量 300mg/天）30 天，结果表明牛脑磷脂酰丝氨酸可以明显改善患者的记忆、注意力和社交行为。Gindin 等对 72 位 60～80 岁的社区老年人进行试验，随机分配对照组与试验组，每天给予 300mg 植物磷脂酰丝氨酸持续 3 个月，发现受试人员在记忆和情绪方面都有所改善。而规模最大、持续时间最长的一次试验是由 Cenacchi 等进行的，这次试验覆盖意大利北部的 23 个城市，65～93 岁的受试人员为 425 人，所有人员都带有中度或者重度的认知下降，他们每天每人服用 300mg 的磷脂酰丝氨酸（对照除外），对数据分析得出，逃避现实和无兴趣明显改善，同时记忆力和学习能力也明显提高。

每天 300mg 磷脂酰丝氨酸用于阿尔茨海默病（即老年性痴呆）患者改善记忆。1986 年 Delwaide 等首次报道给老年性痴呆患者口服 PS（300mg/天）能改善患者的认知功能。此后，欧洲和美国的多项双盲法和安慰剂对照研究证实了这种磷脂的效力。Crook 等报道给 51 位 AD 患者服用 PS 或安慰剂 12 周（100mg，TID），发现服用 PS 的患者在若干认知能力方面有所提高，而对照组则无此结果。在那些不是很严重的认知功能损伤的患者中，效果更为明显。此实验结果表明在 AD 早期阶段研究中，PS 可能是一种极有前景的候选药物。以安慰剂为对照的另一项双盲法研究表明，给阿尔茨海默病早期患者每日服用 300mg PS 3～12 周后，显示轻度的改善。在另一项双盲法研究中，标准的心智功能测试结果平均提高了约 15%，在停止补充 PS 3 个月后，其心智能力仍继续提高。Cenacchi 等的一项包括 494 名老年患者的临床试验更充分地证明 PS 作为一种抗痴呆药物，能够改善行为和认知表现，而且试验中没有明显的副作用。同时，Sakai 等研究了老年痴呆症患者分别每日服用 300mg 来源于大豆的 PS（SB-tPS）和牛脑 PS（BC-PS）进行对比，结果显示，脂肪酸链为亚油酸和棕榈酸的大豆 PS 与脂肪酸链为硬脂酸和油酸的牛脑 PS，功效相似；进一步的老鼠试验表明，尽管两种 PS 结构组成有所不同，但都能增加大脑中葡萄糖的浓度，都能够对抗由东莨菪碱（镇静剂）引起的记忆损伤。

唐勇等（2011）研究表明，牛奶强化磷脂酰丝氨酸（PS）对人的记忆力具有改善作用。将 120 名 17～18 岁中学生随机为干预组和对照组，各组男女生人数比例一致，干预组每天服用强化 PS 奶 250mL（PS 100mg），后者服用未添加 PS 的纯牛奶，试验期 40 天。试验前后对受试者进行记忆力评分，评分方式采用临床记忆量表标准方法，分量表包括指向记忆、联想学习、图像自由回忆、无意义图形再认、人像特点联系回忆。结果表明，对照组服用前后各分量表得分和总分差异均无统计学意义，而 PS 干预组试验后各分量表得分和总分比试验前有显著性提高（$P<0.05$），同时，试验结束后 PS 干预组的各分量表得分及总分显著高于对照组，差异有统计学意义（$P<0.05$）。试验证明 PS 奶对学生记忆力有显著的改善和提高作用。

大量文献表明，成人每天 300mg 磷脂酰丝氨酸具有改善记忆功能。因此本品针对成人进行设计，每天 1.5g，按每 100g 中含磷脂酰丝氨酸 22g 计算，折合每人每天摄入磷脂酰丝氨酸量为 330mg。

（三）软胶囊生产工艺

软胶囊一般经制胶、内容物调配、压丸、定型、洗丸或不洗丸（依设备定）干燥、选丸、包装等主要工序加工制成。软胶囊制备常采用压制机生产，将明胶、甘油、纯化水、色素等溶解制成胶板，再将内容物置于两块胶板之间，调节好出胶皮的厚度和均匀度，用钢模压制而成。两条机器自动制成的胶带向相反方向移动，到达旋转模前，一部分已加压结合，此时内容物从填充泵中经导管进入胶带间，旋转进入凹槽，后胶带全部轧压结合，将多余胶带切割，便可制得胶丸。

1. 制胶　先取配方量的焦糖色与纯化水混合，得色素溶液，备用；加入甘油加热至70～80℃，投入明胶，搅拌至明胶全溶。抽真空至胶液无气泡，过滤放出胶液，置于贮胶桶中，保持胶液 60℃左右，备用。

2. 内容物制备　将磷脂丝氨酸和大豆油加热搅拌混合 30min，过 300 目筛，保温 40～45℃得物料备用。

3. 压丸、定型　将胶囊内容物、胶液在软胶囊机中压成软胶囊，装量为 0.75g/粒。每 15min 测一次胶丸内容物装量。将压好的软胶囊置于转笼中，在温度 18～26℃、相对湿度 20%～40%的条件下定型 1.0～2.5h。

4. 干燥　将制得的软胶囊置干燥托盘中，在温度 20～30℃，相对湿度小于 30%的条件下，干燥 24h。

5. 选丸　将干燥后的软胶囊在灯检台上检去异形丸、气泡丸、大小丸、漏油丸等不合格的软胶囊。

6. 包装　取合格软胶囊，分装，检验，入库。

软胶囊生产的主要工艺设备包括：化胶罐、配料罐、保温桶、软胶囊机、滚筒式干燥机、红外动态扫描式电子自动数粒机、电磁感应铝箔封口机、喷码机。

其生产质量控制控制见表 12-11。

表 12-11　软胶囊生产质量控制表

工序	质量控制点	质量控制项目	质量控制方法	频次
配料	投料	品种、数量	双人复核	1 次/批
	混合搅拌	温度、时间	温度计、闹钟	1 次/批
	脱气	温度、真空度、时间	真空表、温度计、闹钟	随时/班
化胶	化胶	温度、真空度、时间	真空表、温度计、闹钟	随时/班
压丸	装量	装量差异 （胶皮厚）	每 15min 检查 1 次装量，查记录	随时/班
干燥	定型干燥	温度、相对湿度	温度计 湿度计	随时/班
	终干燥	温度、相对湿度	温度计 湿度计	随时/班
	选丸、抛光	外观	抽检	随时/班
	半成品	崩解	检测	1 次/班
内包装	瓶装	数量、密封	抽检	随时/班
外包装	包装材料	品种、规格、数量	检查	每批
	成品	物理外观	QA 抽检	1 次/班
		成品质量	化验室抽检	1 次/班

（四）产品质量要求

磷脂酰丝氨酸软胶囊质量要求见表 12-12。

表 12-12　磷脂酰丝氨酸软胶囊质量要求

项目	指标	检测方法
感官	棕色软胶囊；具有磷脂固有的气味和滋味，无异味；软胶囊表面光滑，无破损；内容物为油状液体；无肉眼可见的外来杂质	目测、鼻闻、口尝
磷脂酰丝氨酸/(g/100g)	≥20	ILPS（国际卵磷脂和磷脂学会）AM101 分析方法
酸价(KOH)/(mg/g)	≤40	GB/T 5009.37
过氧化值/%	≤0.25	GB/T 5009.37
灰分/%	≤4.0	GB 5009.4
崩解时限/min	≤60	《中华人民共和国药典》二部附录
铅(以 Pb 计)/(mg/kg)	≤1.5	GB 5009.12
砷(以 As 计)/(mg/kg)	≤1.0	GB/T 5009.11
汞(以 Hg 计)/(mg/kg)	≤0.3	GB/T 5009.17
菌落总数/(cfu/g)	≤1000	GB 4789.2
大肠菌群/(MPN/100g)	≤40	GB/T 4789.3—2003
霉菌/(cfu/g)	≤25	GB 4789.15
酵母/(cfu/g)	≤25	GB 4789.15
致病菌（沙门氏菌、志贺氏菌、金黄色葡萄球菌）	不得检出	GB 4789.4、GB/T 4789.5、GB 4789.10

三、辅助改善记忆功能评价

（一）主要实验项目

1. 动物试验　跳台试验、避暗试验、穿梭箱试验、水迷宫试验。

2. 人体试食试验　指向记忆、联想学习、图像自由回忆、无意义图形再认、人像特点联系回忆、记忆商。

（二）实验原则

（1）动物试验和人体试食试验为必做项目。

（2）跳台试验、避暗试验、穿梭箱试验、水迷宫试验四项动物实验中至少应选三项。

（3）正常动物与记忆障碍模型动物任选其一。

（4）动物试验应重复一次（重新饲养动物，重复做实验）。

（5）人体试食试验统一使用临床记忆量表。

（6）在进行人体试食试验时，应对受试样品的安全性作进一步的观察。

本 章 小 结

本章主要介绍保健食品开发需要考虑的多方面因素，总结了通用的研发流程。同时，通过案例的方式，介绍几种功能的保健食品的生产技术和功能性评价方法。

思考题

1. 具有抗氧化功能的常用原料有哪些？这些原料作用机制如何？
2. 如何设计抗氧化的功能性食品？
3. 简述氧化功能评价的具体试验方法。
4. 糖尿病的诊断标准是什么？
5. 具有调节血糖功能的物质有哪些？
6. 如何科学评价辅助降血糖食品的功能？
7. 如何设计调节血糖的功能性食品？
8. 基于调节肠道菌群功能食品的开发环节需要注意哪些技术事项？
9. 改善胃肠道功能之调节肠道菌群与通便有哪些区别？
10. 试阐述对胃黏膜损伤有辅助保护功能食品的设计及配方依据。
11. 试阐述促进消化功能食品的设计及配方依据。
12. 简述骨质疏松症的发病机制。
13. 简述骨质疏松症的临床症状和危害。
14. 简述增强骨密度保健食品的功能评价常用指标。
15. 如何设计增强骨密度的功能性食品？
16. 改善营养性贫血配方可能的依据是什么？
17. 改善营养性贫血功能食品的原料还有哪些来源？
18. 具有辅助改善记忆功能常用原料有哪些？叙述其作用机制。
19. 软胶囊生产工艺有几步？
20. 如何设计辅助改善记忆的功能性食品？
21. 简述辅助改善记忆功能评价的具体试验方法。

第五篇　功能食品的申报与管理

保健(功能)食品只有通过安全性评估和功能性评价后，配方筛选方法科学，依据充分，结果可靠，产品剂型选择、工艺路线设计及工艺参数科学、合理、成熟，产品质量稳定时，才可以进行申报。国家食品药品管理局将按照有关规定组织有关专家进行评审，获得通过的才予以注册和管理。本篇内容主要根据国家《食品安全法》和保健食品有关规定的内容，介绍食品安全性毒理学评价，以及保健食品的申报、注册、产品技术与管理等内容。

第13章　食品安全性毒理学评价程序

食品安全性毒理学评价是运用毒理学的方法对食品中存在的潜在危害进行评价的科学过程。一般总是先进行动物实验，获得半数致死剂量（LD_{50}）和未观察到有害作用剂量（no observed adverse effect level，NOAEL），在此基础上，根据待评价物质的毒作用性质、特点、剂量-反应关系及人群实际接触情况等，进行综合分析，确定安全系数，然后外推到人，某些情况下也可进行人体试验，最后作出安全性评价。其主要目的是评价某种食品是否可以食用，具体就是评价食品中的有关危害成分或者危害物质的毒性及相应的风险程度。

第一节　毒理学评价的基本原理

毒理学是研究有毒有害物质对生物机体（包括人体）的损害作用、作用机制、危险度评估及其安全性评价与管理的一门学科。而毒理学评价的核心内容则是比较不同化学物质之间毒性的大小，为进一步评估其安全性奠定基础。

由于分子结构和理化性质的差异，不同外源化学物对机体产生的损害作用可能是不同的，这就是选择毒性。例如，甲基汞主要损伤大脑，甲醇进入体内先损伤眼睛，镉的靶器官主要是肾。由于外源化学物具有选择毒性，因此不同化学物质之间毒性大小的比较只能是相对的。为了定量描述或比较外源化学物毒性的大小，在毒理学中，根据实验动物体内试验将毒性参数分为两类。

一类为毒性上限参数，是在急性毒性试验中以死亡为终点的各项毒性参数，即致死剂量，这是由于死亡比非致死的许多效应都便于准确观察。大多数外源化学物的剂量-反应关系曲线是 S 形（图 13-1）。该曲线的中间部分，即在反应率 50%左右，斜率最大，此时剂量略有变动，反应即有较大的增减。因此，常用引起一群个体 50%死亡所需要的剂量，即半数致死剂量（LD_{50}）来表示外源化学物急性毒性的大小。我国食品毒理急性毒性分级法根据 LD_{50} 分 6 个等级：6 级（极毒），5 级（剧毒），4 级（中等毒），3 级（低毒），2 级（实际无毒），1 级（无毒）。

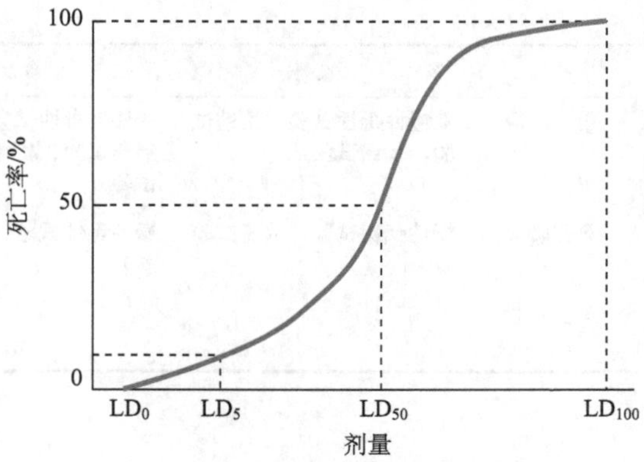

图 13-1　S 形剂量-反应关系曲线与 LD_{50}

另一类为毒性下限参数，即未观察到有害作用剂量（NOAEL），是指某种外源化学物在一定时间内按一定方式或途径与机体接触后，根据目前现有认识水平，用最为灵敏的试验方法和观察指标，未能观察到对机体造成任何损害作用或使机体出现异常反应的最高剂量。此参数可以从急性、亚急性、亚慢性、慢性毒性试验中得到。

第二节　毒理学评价的一般程序

对一种外源化学物进行安全性毒理学评价时，需按一定的顺序进行，以达到在最短的时间内，以最经济的办法，取得最可靠的结果。在实际工作中，一般采取分阶段进行的原则，即试验周期短、费用低、预测价值高的试验先安排。这是由于两个方面的原因：①毒理学试验之间有所关联，一般前一阶段的试验结果能为后一阶段试验的试验方法、剂量、观测指标等的选择提供依据；②由于毒理学试验成本较高，如前面阶段的试验能证明一个物质能否使用，则不必进行下一个阶段的试验，这样有利于减少资源消耗，节约试验成本。

对一种外源化学物的安全性评价需根据受试物质的种类来选择相应的程序，不同的化学物质所选取的程序不同，一般根据化学物质的种类和用途来选择国家标准、部门和各级政府发布的法规、规定和行业规范中的相应程序。我国健康相关产品毒理学评价阶段与试验项目见表 13-1。其中，《食品安全性毒理学评价程序和方法》适用于保健食品。

表 13-1　健康相关产品毒理学评价阶段与试验项目

	农药	食品	化妆品	消毒产品
法规名称	《农药安全性毒理学评价程序》，《农药登记毒理学试验方法》GB15670－1995	《食品安全性毒理学评价程序和方法》GB15193.1－2003	《化妆品安全性评价程序和方法》GB7919－87	《消毒技术规范》第 8 章：消毒剂毒理试验的程序和方法
第一阶段	急性毒性试验，皮肤与眼黏膜试验（皮肤刺激、致敏试验，眼刺激试验）	急性毒性试验	急性毒性试验，皮肤、黏膜试验（皮肤刺激、致敏、光毒、眼刺激）	急性毒性试验，皮肤、黏膜试验
第二阶段	蓄积毒性试验，致突变试验	遗传毒性试验，传统致畸试验，30 天喂养试验	亚慢性毒性试验，致畸试验	遗传毒性试验，蓄积试验

续表

	农药	食品	化妆品	消毒产品
第三阶段	亚慢性毒性试验，繁殖试验，代谢试验	亚慢性毒性试验——90 天喂养试验、繁殖试验、代谢试验	致突变、致癌短期生物筛选试验	亚慢性毒性试验，致畸试验
第四阶段	慢性代谢试验，致癌试验	慢性毒性试验（包括致癌试验）	慢性毒性试验，致癌试验	慢性毒性试验，致癌试验
第五阶段			人体试验（激发斑贴、试用试验）	

第三节　我国食品安全性毒理学评价程序

我国从 1980 年开始，提出了食品安全性评价的程序问题。1983 年我国卫生部颁布《食品安全性毒理学评价程序（试行）》，直到 1994 年由卫生部颁发了《食品安全性毒理学评价程序和方法》标准（GB15193.1—15193.19-94），2003 年进一步修订。目前，我国食品安全性毒理学评价需根据 GB 15193.1—2014《食品安全性毒理学评价程序》来开展。它适用于评价食品生产、加工、保藏、运输和销售过程中所涉及的可能对健康造成危害的化学、生物和物理因素的安全性，检验对象包括食品及其原料、食品添加剂、新食品原料、辐照食品、食品相关产品（用于食品的包装材料、容器、洗涤剂、消毒剂和用于食品生产经营的工具、设备）以及食品污染物。以下为 GB 15193.1—2014《食品安全性毒理学评价程序》的主要内容。

一、食品安全性毒理学评价程序对受试物的要求

（1）应提供受试物的名称、批号、含量、保存条件、原料来源、生产工艺、质量规格标准、性状、人体推荐（可能）摄入量等有关资料。

（2）对于单一成分的物质，应提供受试物（必要时包括其杂质）的物理、化学性质（包括化学结构、纯度、稳定性等）。对于混合物（包括配方产品），应提供受试物的组成，必要时应提供受试物各组成成分的物理、化学性质（包括化学名称、化学结构、纯度、稳定性、溶解度等）有关资料。

（3）若受试物是配方产品，应是规格化产品，其组成成分、比例及纯度应与实际应用的相同。若受试物是酶制剂，应该使用在加入其他复配成分以前的产品作为受试物。

二、食品安全性毒理学评价试验的四个阶段及其目的

1. 第一阶段　急性毒性试验。

经口急性毒性：LD_{50}，联合急性毒性，最大耐受剂量法。

测定 LD_{50}，了解受试物的毒性强度、性质和可能的靶器官，为进一步进行毒性试验的剂量和毒性判定指标的选择提供依据，并根据 LD_{50} 进行急性毒性剂量分级。

2. 第二阶段　遗传毒性试验，28 天喂养试验，致畸试验。

1）遗传毒性试验　目的是了解受试物的遗传毒性，以及筛查受试物的潜在致癌作用和细胞致突变性。

（1）遗传毒性试验内容。细菌回复突变试验、哺乳动物红细胞微核试验、哺乳动物骨髓细胞染色体畸变试验、小鼠精原细胞或精母细胞染色体畸变试验、体外哺乳类细胞 HGPRT 基因突变试验、体外哺乳类细胞 TK 基因突变试验、体外哺乳类细胞染色体畸变试验、啮齿类动物显性致死试验、体外哺乳类细胞 DNA 损伤修复（非程序性 DNA 合成）试验、果蝇伴性隐性致死试验。

（2）遗传毒性试验组合。一般应遵循原核细胞与真核细胞、体内试验与体外试验相结合的原则。根据受试物的特点和试验目的，推荐下列遗传毒性试验组合:

组合一：细菌回复突变试验；哺乳动物红细胞微核试验或哺乳动物骨髓细胞染色体畸变试验；小鼠精原细胞或精母细胞染色体畸变试验或啮齿类动物显性致死试验。

组合二：细菌回复突变试验；哺乳动物红细胞微核试验或哺乳动物骨髓细胞染色体畸变试验；体外哺乳类细胞染色体畸变试验或体外哺乳类细胞 TK 基因突变试验。

其他备选遗传毒性试验:果蝇伴性隐性致死试验、体外哺乳类细胞 DNA 损伤修复（非程序性 DNA 合成）试验、体外哺乳类细胞 HGPRT 基因突变试验。

2）28 天经口毒性试验　在急性毒性试验的基础上，进一步了解受试物毒作用性质、剂量-反应关系和可能的靶器官，得到 28 天经口未观察到有害作用剂量，初步评价受试物的安全性，并为下一步较长期毒性和慢性毒性试验剂量、观察指标、毒性终点的选择提供依据。

3）致畸试验　了解受试物是否具有致畸作用和发育毒性，并可得到致畸作用和发育毒性的未观察到有害作用剂量。

3. 第三阶段　亚慢性毒性试验——90 天经口毒性试验、生殖毒性试验和生殖发育毒性试验、毒物动力学试验。

1）90 天经口毒性试验　通过 90 天经口毒性试验，观察受试物以不同剂量水平经较长期喂养后对动物的毒作用性质和靶器官，得到 90 天经口未观察到有害作用剂量，为慢性毒性试验剂量选择和初步制定人群安全接触限量标准提供科学依据。

2）生殖毒性试验和生殖发育毒性试验　了解受试物对动物繁殖及对子代的发育毒性，如性腺功能、发情周期、交配行为、妊娠、分娩、哺乳和断乳以及子代的生长发育等。得到受试物的未观察到有害作用剂量水平，为初步制定人群安全接触限量标准提供科学依据。

3）毒物动力学试验　通过毒物动力学试验了解受试物在体内的吸收、分布和排泄速度以及蓄积性，寻找可能的靶器官；为选择慢性毒性试验的合适动物种（species）、系（strain）提供依据；了解代谢产物的形成情况。

4. 第四阶段　慢性毒性试验、致癌试验及其两者合并试验。了解经长期接触受试物后出现的毒性作用及致癌作用；确定未观察到有害作用剂量，为受试物能否应用于食品的最终评价和制定健康指导值提供依据。

三、对不同受试物选择毒性试验的原则

1. 凡属我国首创的物质，特别是化学结构提示有潜在慢性毒性、遗传毒性或致癌性或该受试物产量大、使用范围广、人体摄入量大，应进行系统的毒性试验，包括急性经口毒性试验、遗传毒性试验、90 天经口毒性试验、致畸试验、生殖发育毒性试验、毒物动力学试验、慢性毒性试验和致癌试验（或慢性毒性和致癌合并试验）。

2. 凡属与已知物质（指经过安全性评价并允许使用者）的化学结构基本相同的衍生物或

类似物，或在部分国家和地区有安全食用历史的物质，则可先进行急性经口毒性试验、遗传毒性试验、90 天经口毒性试验和致畸试验，根据试验结果判定是否需进行毒物动力学试验、生殖毒性试验、慢性毒性试验和致癌试验等。

3. 凡属已知的或在多个国家有食用历史的物质，同时申请单位又有资料证明申报受试物的质量规格与国外产品一致，则可先进行急性经口毒性试验、遗传毒性试验和 28 天经口毒性试验，根据试验结果判断是否进行进一步的毒性试验。

4. 食品添加剂、新食品原料、食品相关产品、农药残留和兽药残留的安全性毒理学评价试验的选择。

4.1 食品添加剂

4.1.1 香料

4.1.1.1 凡属世界卫生组织（WHO）已建议批准使用或已制定日容许摄入量者，以及香料生产者协会（FEMA）、欧洲理事会（COE）和国际香料工业组织（IOFI）四个国际组织中的两个或两个以上允许使用的，一般不需要进行试验。

4.1.1.2 凡属资料不全或只有一个国际组织批准的先进行急性毒性试验和遗传毒性试验组合中的一项，经初步评价后，再决定是否需进行进一步试验。

4. 1.1.3 凡属尚无资料可查、国际组织未允许使用的，先进行急性毒性试验、遗传毒性试验和 28 天经口毒性试验，经初步评价后，决定是否需进行进一步试验。

4.1.1.4 凡属用动、植物可食部分提取的单一高纯度天然香料，如其化学结构及有关资料并未提示具有不安全性的，一般不要求进行毒性试验。

4.1.2 酶制剂

4.1.2.1 由具有长期安全食用历史的传统动物和植物可食部分生产的酶制剂，世界卫生组织已公布日容许摄入量或不需规定日容许摄入量者或多个国家批准使用的，在提供相关证明材料的基础上，一般不要求进行毒理学试验。

4.1.2.2 对于其他来源的酶制剂，凡属毒理学资料比较完整，世界卫生组织已公布日容许摄入量或不需规定日容许摄入量者或多个国家批准使用，如果质量规格与国际质量规格标准一致，则要求进行急性经口毒性试验和遗传毒性试验。如果质量规格标准不一致，则需增加 28 天经口毒性试验，根据试验结果考虑是否进行其他相关毒理学试验。

4.1.2.3 对其他来源的酶制剂，凡属新品种的，需要先进行急性经口毒性试验、遗传毒性试验、90 天经口毒性试验和致畸试验，经初步评价后，决定是否需进行进一步试验。凡属一个国家批准使用，世界卫生组织未公布日容许摄入量或资料不完整的，进行急性经口毒性试验、遗传毒性试验和 28 天经口毒性试验，根据试验结果判定是否需要进一步的试验。

4.1.2.4 通过转基因方法生产的酶制剂按照国家对转基因管理的有关规定执行。

4.1.3 其他食品添加剂

4.1.3.1 凡属毒理学资料比较完整，世界卫生组织已公布日容许摄入量或不需规定日容许摄入量者或多个国家批准使用，如果质量规格与国际质量规格标准一致，则要求进行急性经口毒性试验和遗传毒性试验。如果质量规格标准不一致，则需增加 28 天经口毒性试验，根据试验结果考虑是否进行其他相关毒理学试验。

4.1.3.2 凡属一个国家批准使用，世界卫生组织未公布日容许摄入量或资料不完整的，则可先进行急性经口毒性试验、遗传毒性试验、28 天经口毒性试验和致畸试验，根据试验结果判定是否需要进一步的试验。

4.1.3.3 对于由动、植物或微生物制取的单一组分、高纯度的食品添加剂，凡属新品种的，需要先进行急性经口毒性试验、遗传毒性试验、90 天经口毒性试验和致畸试验，经初步评价后，决定是否需进行进一步试验。凡属国外有一个国际组织或国家已批准使用的，则进行急性经口毒性试验、遗传毒性试验和 28 天经口毒性试验，经初步评价后，决定是否需进行进一步试验。

4.2 新食品原料

按照《新食品原料申报与受理规定》（国卫食品发[2013]23 号）进行评价。

新食品原料及其食品原则上应进行第一、二、三个阶段毒性试验，以及必要的人群流行病学调查。必要时应进行第四阶段试验。若根据有关文献资料及成分分析，未发现有毒或毒性甚微不至构成对健康损害的物质，以及较大数量人群有长期食用历史而未发现有害作用的动、植物及微生物等（包括作为调料的动、植物及微生物的粗提制品），可以先进行第一、二阶段毒性试验，经初步评价后，决定是否需要进行进一步的毒性试验。

4.3 食品相关产品

按照《食品相关产品新品种申报与受理规定》（卫监督发[2011]49 号）进行评价。

如食品容器与包装材料：鉴于食品容器与包装材料的品种很多，所使用的原料、生产助剂、单体、残留的反应物、溶剂、塑料添加剂以及副反应和化学降解的产物等各不相同，接触食品的种类、性质，加工、储存及制备方式不同（如加热、微波烹调或辐射等），迁移到食品中的污染物的种类、性质和数量各不相同，在评价时可参考国际组织和国外的资料和规定，分别决定需要进行的试验，提出试验程序及方法，报国务院卫生行政主管部门指定的单位认可后进行试验。

4.4 农药残留

按照 GB15670 进行评价。

4.5 兽药残留

按照《兽药临床前毒理学评价试验指导原则》（中华人民共和国农业部公告第 1247）号进行评价。

四、食品安全性毒理学评价试验的结果判定

1. 急性毒性试验　　如 LD_{50} 小于人的推荐（可能）摄入量的 100 倍，则一般应放弃该受试物用于食品，不再继续进行其他毒理学试验。如大于 100 倍者，可进入下一阶段毒理学试验。

2. 遗传毒性试验

（1）如遗传毒性试验组合中两项或以上试验阳性，则表示该受试物很可能具有遗传毒性和致癌作用，一般应放弃该受试物应用于食品。

（2）如遗传毒性试验组合中一项试验为阳性，则再选两项备选试验（至少一项为体内试验）。如再选的试验均为阴性，则可继续进行下一步的毒性试验；如其中有一项试验阳性，则应放弃该受试物应用于食品。

（3）如三项试验均为阴性，则可继续进行下一步的毒性试验。

3. 28 天经口毒性试验　　对只需要进行急性毒性、遗传毒性和 28 天经口毒性试验的受

试物，若试验未发现有明显毒性作用，综合其他各项试验结果可作出初步评价；若试验中发现有明显毒性作用，尤其是有剂量-反应关系时，则考虑进行进一步的毒性试验。

4. 90天经口毒性试验　根据试验所得的未观察到有害作用剂量进行评价，原则是:

（1）未观察到有害作用剂量小于或等于人的推荐（可能）摄入量的100倍表示毒性较强，应放弃该受试物用于食品；

（2）未观察到有害作用剂量大于100倍而小于300倍者，应进行慢性毒性试验；

（3）未观察到有害作用剂量大于或等于300倍者则不必进行慢性毒性试验，可进行安全性评价。

5. 致畸试验　根据试验结果评价受试物是不是实验动物的致畸物。若致畸试验结果阳性，则不再继续进行生殖毒性试验和生殖发育毒性试验。在致畸试验中观察到的其他发育毒性，应结合28天和（或）90天经口毒性试验结果进行评价。

6. 生殖毒性试验和生殖发育毒性试验　根据试验所得的未观察到有害作用剂量进行评价，原则是:

（1）未观察到有害作用剂量小于或等于人的推荐（可能）摄入量的100倍表示毒性较强，应放弃该受试物用于食品。

（2）未观察到有害作用剂量大于100倍而小于300倍者，应进行慢性毒性试验。

（3）未观察到有害作用剂量大于或等于300倍者则不必进行慢性毒性试验，可进行安全性评价。

7. 慢性毒性和致癌试验

（1）根据慢性毒性试验所得的未观察到有害作用剂量进行评价，原则是：

a. 未观察到有害作用剂量小于或等于人的推荐（可能）摄入量的50倍者，表示毒性较强，应放弃该受试物用于食品；

b. 未观察到有害作用剂量大于50倍而小于100倍者，经安全性评价后，决定该受试物可否用于食品；

c. 未观察到有害作用剂量大于或等于100倍者，则可考虑允许使用于食品。

（2）根据致癌试验所得的肿瘤发生率、潜伏期和多发性等进行致癌试验结果判定的原则是（凡符合下列情况之一，并经统计学处理有显著性差异者，可认为致癌试验结果阳性。若存在剂量-反应关系，则判断阳性更可靠）：

a. 肿瘤只发生在试验组动物，对照组中无肿瘤发生；

b. 试验组与对照组动物均发生肿瘤，但试验组发生率高；

c. 试验组动物中多发性肿瘤明显，对照组中无多发性肿瘤，或只是少数动物有多发性肿瘤；

d. 试验组与对照组动物肿瘤发生率虽无明显差异，但试验组中发生时间较早。

8. 其他　若受试物掺入饲料的最大加入量（原则上最高不超过饲料的10%）或液体受试物经浓缩后仍达不到未观察到有害作用剂量为人的推荐（可能）摄入量的规定倍数时，综合其他的毒性试验结果和实际食用或饮用量进行安全性评价。

五、进行食品安全性评价时需要考虑的因素

1. 试验指标的统计学意义和生物学意义　对实验中某些指标的异常改变，应根据试验

组与对照组指标是否有统计学差异、其有无剂量-反应关系、同类指标横向比较、两种性别的一致性及与本实验室的历史性对照值范围等，综合考虑指标差异有无生物学意义，并进一步判断是否具毒理学意义。此外，如在受试物组发现某种在对照组没有发生的肿瘤，即使在统计学上与对照组比较差异无显著性，仍要给予关注。

2. 生理作用与毒性作用　对实验中某些指标的异常改变，在结果分析评价时要注意区分是生理学表现还是受试物的毒性作用。

3. 人的推荐（可能）摄入量较大的受试物　应考虑给予受试物量过大时，可能影响营养素摄入量及其生物利用率，从而导致动物某些毒理学表现，而非受试物的毒性作用所致。

4. 时间-毒性效应关系　对由受试物引起试验动物的毒性效应进行分析评价时，要考虑在同一剂量水平下毒性效应随时间的变化情况。

5. 特殊和易感人群　除一般人群的摄入量外，还应考虑特殊和易感人群（如儿童、孕妇及高摄入量人群）。对孕妇、乳母或儿童食用的食品，应特别注意其胚胎毒性或生殖发育毒性、神经毒性和免疫毒性。

6. 人群资料　由于存在着动物与人之间的种属差异，在评价食品的安全性时，应尽可能收集人群接触受试物后的反应资料，如职业性接触和意外事故接触等。在确保安全的条件下，可以考虑遵照有关规定进行人体试食试验，并且志愿受试者的毒物动力学或代谢资料对于将动物试验结果推论到人具有很重要的意义。

7. 动物毒性试验和体外试验资料　本程序所列的各项动物毒性试验和体外试验系统虽然仍有待完善，却是目前水平下所得到的最重要的资料，也是进行评价安全性评价的主要依据。在试验得到阳性结果，而且结果的判定涉及受试物能否应用于食品时，需要考虑结果的重复性和剂量-反应关系。

8. 不确定系数　即安全系数。由动物毒性试验结果推论到人时，鉴于动物与人的种属和个体之间的生物学差异，一般采用安全系数的方法，以确保对人的安全性。安全系数通常为 100 倍，但可根据受试物的原料来源、理化性质、毒性大小、代谢特点、蓄积性、接触的人群范围、食品中的使用量和人的可能摄入量、使用范围及功能等因素来综合考虑其安全系数的大小。

9. 毒物动力学试验的资料　毒物动力学试验是对化学物质进行毒理学评价的一个重要方面，因为不同化学物质、剂量大小，在毒物动力学或代谢方面的差别往往对毒性作用影响很大。在毒性试验中，原则上应尽量使用与人具有相同毒物动力学或代谢模式的动物种系来进行试验。研究受试物在实验动物和人体内吸收、分布、排泄和生物转化方面的差别，对于将动物试验结果比较正确地推论到人具有重要意义。

10. 综合评价　在进行最后评价时，必须综合考虑受试物的理化性质、结构、毒性大小、代谢特点、蓄积性、接触的人群范围、食品中的使用量与使用范围、人的推荐（可能）摄入量等因素，对于已在食品中应用了相当长时间的物质，对接触人群进行流行病学调查具有重大意义，但往往难以获得剂量-反应关系方面的可靠资料；对于新的受试物质，则只能依靠动物试验和其他试验研究资料。然而，即使有了完整和详尽的动物试验资料及一部分人类接触者的流行病学研究资料，由于人类的种族和个体差异，也很难作出能保证每个人都安全的评价。所谓绝对的安全实际上是不存在的。在受试物可能对人体健康造成的危害以及其可能的有益作用之间进行权衡，以食品安全为前提，安全性评价的依据不仅仅是安全性毒理学试验的结果，而且与当时的科学水平、技术条件以及社会因素有关。因此，随着时间的推移、社会经济的发展、科学技术的进步，有必要对已通过评价的化学物质进行重新评价，重新评价的结论很可能也不同。

第四节　我国保健食品安全性毒理学评价程序

目前，我国保健食品安全性毒理学评价程序需按原卫生部制定的“保健食品检验与评价技术规范（2003 版）”中的《保健食品安全性毒理学评价规范》来实施，其中评价试验的四个阶段和内容与 GB 15193.1－2014《食品安全性毒理学评价程序》基本一致，仅针对保健食品对选择毒性试验的原则要求、结果判定及需考虑的因素等方面有所补充或提高要求。具体差异如下。

一、不同保健食品选择毒性试验的原则要求

（1）以普通食品和卫生部规定的药食同源物质以及允许用作保健食品的物质以外的动植物或动植物提取物、微生物、化学合成物等为原料生产的保健食品，应对该原料和用该原料生产的保健食品分别进行安全性评价。该原料原则上按以下四种情况确定试验内容。用该原料生产的保健食品原则上须进行第一、二阶段的毒性试验，必要时进行下一阶段的毒性试验。

a. 国内外均无食用历史的原料或成分作为保健食品原料时，应对该原料或成分进行四个阶段的毒性试验。

b. 仅在国外少数国家或国内局部地区有食用历史的原料或成分，原则上应对该原料或成分进行第一、二、三阶段的毒性试验，必要时进行第四阶段毒性试验。

①若根据有关文献资料及成分分析，未发现有毒或毒性甚微不至构成对健康损害的物质，以及较大数量人群有长期食用历史而未发现有害作用的动植物及微生物等，可以先对该物质进行第一、二阶段的毒性试验，经初步评价后，决定是否需要进行下一阶段的毒性试验。

②凡以已知的化学物质为原料，国际组织已对其进行过系统的毒理学安全性评价，同时申请单位又有资料证明我国产品的质量规格与国外产品一致，则可将该化学物质先进行第一、二阶段毒性试验。若试验结果与国外产品的结果一致，一般不要求进行进一步的毒性试验，否则应进行第三阶段毒性试验。

c. 在国外多个国家广泛食用的原料，在提供安全性评价资料的基础上，进行第一、二阶段毒性试验，根据试验结果决定是否进行下一阶段毒性试验。

（2）以卫生部规定允许用于保健食品的动植物或动植物提取物或微生物（普通食品和卫生部规定的药食同源物质除外）为原料生产的保健食品，应进行急性毒性试验、三项致突变试验[Ames 试验或 V79/HGPRT 基因突变试验，骨髓细胞微核试验或哺乳动物骨髓细胞染色体畸变试验，及 TK 基因突变试验或小鼠精子畸形分析（或睾丸染色体畸变分析试验）中的任一项]和 28 天喂养试验，必要时进行传统致畸试验和第三阶段毒性试验。

（3）以普通食品和卫生部规定的药食同源物质为原料生产的保健食品，分以下情况确定试验内容：

a. 以传统工艺生产且食用方式与传统食用方式相同的保健食品，一般不要求进行毒性

实验。

b. 用水提物配制生产的保健食品，如服用量为原料的常规用量，且有关资料未提示其具有不安全性的，一般不要求进行毒性试验。如服用量大于常规用量时，需进行急性毒性试验、三项致突变试验和 28 天喂养试验，必要时进行传统致畸试验。

c. 用水提以外的其他常用工艺生产的保健食品，如服用量为原料的常规用量时，应进行急性毒性试验、三项致突变试验。如服用量大于原料的常规用量时，需增加 28 天喂养试验，必要时进行传统致畸试验和第三阶段毒性试验。

（4）用已列入营养强化剂或营养素补充剂名单的营养素的化合物为原料生产的保健食品，如其原料来源、生产工艺和产品质量均符合国家有关要求，一般不要求进行毒性试验。

（5）针对不同食用人群和（或）不同功能的保健食品，必要时应针对性地增加敏感指标及敏感试验。

二、保健食品安全性毒理学评价试验的结果判定

1. 急性毒性试验

（1）如 LD_{50} 小于人的可能摄入量的 100 倍，则放弃该受试物用于保健食品。如 LD_{50} 大于或等于 100 倍者，则可考虑进入下一阶段毒理学试验。

（2）如动物未出现死亡的剂量大于或等于 10g/kg BW（涵盖人体推荐量的 100 倍），则可进入下一阶段毒理学试验。

（3）对人体推荐量较大和其他一些特殊原料的保健食品，按最大耐受量法最大给予剂量动物未出现死亡，也可进入下一阶段毒理学试验。

2. 遗传毒性试验

（1）如遗传毒性试验组合中两项或以上试验阳性，则表示该受试物很可能具有遗传毒性和致癌作用，一般应放弃该受试物应用于食品。

（2）如遗传毒性试验组合中一项试验为阳性，则再选两项备选试验（至少一项为体内试验）。如再选的试验均为阴性，则可继续进行下一步的毒性试验；如其中有一项试验阳性，则应放弃该受试物应用于食品。

（3）如三项试验均为阴性，则可继续进行下一步的毒性试验。

3. 28 天喂养试验

（1）对只要求进行第一、二阶段毒理学试验的受试物，若 28 天喂养试验的最大未观察到有害作用剂量大于或等于人的可能摄入量的 100 倍，综合其他各项试验结果可初步做出安全性评价。

（2）对于人的可能摄入量较大的保健食品，在最大灌胃剂量组或在饲料中的最大掺入量剂量组未发现有毒性作用，综合其他各项试验结果和受试物的配方、接触人群范围及功能等有关资料可初步做出安全性评价。

（3）若最小观察到有害作用剂量小于人的可能摄入量的 100 倍，或观察到毒性反应的最小剂量组其受试物在饲料中的比例小于或等于 10%，且剂量又小于人的可能摄入量的 100 倍，原则上应放弃该受试物用于保健食品。但对某些特殊原料和功能的保健食品，在小于人的可能摄入量的 100 倍剂量组，如果个别指标实验组与对照组出现差异，要对其各项试验结

果和受试物的配方、理化性质及功能和接触人群范围等因素综合分析以判断是否为毒性反应后，决定该受试物可否用于保健食品或进入下一阶段毒性试验。

4. 传统致畸试验　以LD_{50}或28天喂养实验的最大未观察到有害作用剂量设计的受试物各剂量组，如果在任何一个剂量组观察到受试物的致畸作用，则应放弃该受试物用于保健食品，如果观察到有胚胎毒性作用，则应进行进一步的繁殖试验。

5. 90天喂养试验、繁殖试验

（1）国外少数国家或国内局部地区有食用历史的原料或成分，如最大未观察到有害作用剂量大于人的可能摄入量的100倍，可进行安全性评价。若最小观察到有害作用剂量小于或等于人的可能摄入量的100倍，或最小观察到有害作用剂量组其受试物在饲料中的比例小于或等于10%，且剂量又小于或等于人的可能摄入量的100倍，原则上应放弃该受试物用于保健食品。

（2）国内外均无食用历史的原料或成分，根据这两项试验中的最敏感指标所得最大未观察到有害作用剂量进行评价的原则是：

a. 最大未观察到有害作用剂量小于或等于人的可能摄入量的100倍者表示毒性较强，应放弃该受试物用于保健食品。

b. 最大未观察到有害作用剂量大于100倍而小于300倍者，应进行慢性毒性试验。

c. 大于或等于300倍者则不必进行慢性毒性试验，可进行安全性评价。

6. 慢性毒性和致癌试验

（1）慢性毒性试验所得的最大未观察到有害作用剂量进行评价的原则是：

a. 最大未观察到有害作用剂量小于或等于人的可能摄入量的50倍者，表示毒性较强，应放弃该受试物用于保健食品；

b. 未观察到有害作用剂量大于50倍而小于100倍者，经安全性评价后，决定该受试物是否可用于保健食品；

c. 最大未观察到有害作用剂量大于或等于100倍者，则可考虑允许用于保健食品。

（2）根据致癌试验所得的肿瘤发生率、潜伏期和多发性等进行致癌试验判定的原则是：凡符合下列情况之一，并经统计学处理有显著性差异者，可认为致癌试验结果阳性。若存在剂量反应关系，则判断阳性更可靠。

a. 肿瘤只发生在试验组动物，对照组中无肿瘤发生。

b. 试验组与对照组动物均发生肿瘤，但试验组发生率高。

c. 试验组动物中多发性肿瘤明显，对照组中无多发性肿瘤，或只是少数动物有多发性肿瘤。

d. 试验组与对照组动物肿瘤发生率虽无明显差异，但试验组中发生时间较早。

若受试物掺入饲料的最大加入量（超过5%时应补充蛋白质到与对照组相当的含量，添加的受试物原则上最高不超过饲料的10%）或液体受试物经浓缩后仍达不到最大未观察到有害作用剂量为人的可能摄入量的规定倍数时，综合其他的毒性试验结果和实际食用或饮用量进行安全性评价。

三、保健食品毒理学安全性评价时应考虑的问题

除GB 15193.1—2014《食品安全性毒理学评价程序》所列评价时应考虑的问题外，针对

保健食品还应考虑以下几点。

1. 含乙醇的保健食品　对试验中出现的某些指标的异常改变，在结果分析评价时应注意区分是乙醇本身还是其他成分的作用。

2. 动物年龄对试验结果的影响　对某些功能类型的保健食品进行安全性评价时，对试验中出现的某些指标的异常改变，要考虑是否因为动物年龄选择不当所致而非受试物的毒性作用，因为幼年动物和老年动物可能对受试物更为敏感。

3. 保健食品安全性的重新评价　安全性评价的依据不仅是科学试验的结果，与当时的科学水平、技术条件以及社会因素均密切有关。因此，随着时间的推移，很可能结论也不同。随着情况的不断改变、科学技术的进步和研究的不断进展，有必要对已通过评价的受试物进行重新评价，做出新的科学结论。

本章小结

保健食品因为加入或含有一些特有的功效成分，具有调节机体功能的作用，为特殊人群食用，因此，对保健食品安全性的要求更为严格。本章介绍了保健食品的安全性毒理学评价的原理，按照相应的法律、法规和标准所采取的评价程序，程序中规定的不同保健食品选择毒性试验的原则要求、评价结果的判定，以及评价中应考虑的问题等。

思考题

1. 制定食品安全性毒理学评价程序的意义是什么？
2. 食品安全性评价为什么要分阶段进行？
3. 保健食品安全性毒理学评价程序相对于普通食品安全性评价程序有何区别？
4. 食品安全性毒理学评价试验的四个阶段有何内在的联系？

第14章 保健食品的申报与管理

保健食品的申报、注册、管理与产品技术评审等环节不仅包括食品领域相关知识，而且涉及法律法规、企业生产与管理、经济、民众心理、社会（民俗惯性）等领域，因此是一项系统工程。本章将介绍重要法律法规与产品技术要求。

第一节 保健食品注册与备案管理办法

2016 年 2 月 26 日食药监局发布《保健食品注册与备案管理办法》并于 2016 年 7 月 1 日实施，这意味着从 2016 年 7 月 1 日起保健品的生产和销售，以及售后的监督保障有了更加规范的法律法规来规范。该《办法》规定由国家食品药品监督管理总局负责保健食品注册管理，以及规定首次进口的属于补充维生素、矿物质等营养物质的保健食品备案管理。

一、总则

第一条 为规范保健食品的注册与备案，根据《中华人民共和国食品安全法》，制定本办法。

第二条 在中华人民共和国境内保健食品的注册与备案及其监督管理适用本办法。

第三条 保健食品注册，是指食品药品监督管理部门根据注册申请人申请，依照法定程序、条件和要求，对申请注册的保健食品的安全性、保健功能和质量可控性等相关申请材料进行系统评价和审评，并决定是否准予其注册的审批过程。

保健食品备案，是指保健食品生产企业依照法定程序、条件和要求，将表明产品安全性、保健功能和质量可控性的材料提交食品药品监督管理部门进行存档、公开、备查的过程。

第四条 保健食品的注册与备案及其监督管理应当遵循科学、公开、公正、便民、高效的原则。

第五条 国家食品药品监督管理总局负责保健食品注册管理，以及首次进口的属于补充维生素、矿物质等营养物质的保健食品备案管理，并指导监督省、自治区、直辖市食品药品监督管理部门承担的保健食品注册与备案相关工作。

省、自治区、直辖市食品药品监督管理部门负责本行政区域内保健食品备案管理，并配合国家食品药品监督管理总局开展保健食品注册现场核查等工作。

市、县级食品药品监督管理部门负责本行政区域内注册和备案保健食品的监督管理，承担上级食品药品监督管理部门委托的其他工作。

第六条 国家食品药品监督管理总局行政受理机构（以下简称受理机构）负责受理保健食品注册和接收相关进口保健食品备案材料。

省、自治区、直辖市食品药品监督管理部门负责接收相关保健食品备案材料。

国家食品药品监督管理总局保健食品审评机构（以下简称审评机构）负责组织保健食品审评，管理审评专家，并依法承担相关保健食品备案工作。

国家食品药品监督管理总局审核查验机构（以下简称查验机构）负责保健食品注册现场核查工作。

第七条　保健食品注册申请人或者备案人应当具有相应的专业知识，熟悉保健食品注册管理的法律、法规、规章和技术要求。

保健食品注册申请人或者备案人应当对所提交材料的真实性、完整性、可溯源性负责，并对提交材料的真实性承担法律责任。

保健食品注册申请人或者备案人应当协助食品药品监督管理部门开展与注册或者备案相关的现场核查、样品抽样、复核检验和监督管理等工作。

第八条　省级以上食品药品监督管理部门应当加强信息化建设，提高保健食品注册与备案管理信息化水平，逐步实现电子化注册与备案。

二、注册

第九条　生产和进口下列产品应当申请保健食品注册：

（一）使用保健食品原料目录以外原料（以下简称目录外原料）的保健食品；

（二）首次进口的保健食品（属于补充维生素、矿物质等营养物质的保健食品除外）。

首次进口的保健食品，是指非同一国家、同一企业、同一配方申请中国境内上市销售的保健食品。

第十条　产品声称的保健功能应当已经列入保健食品功能目录。

第十一条　国产保健食品注册申请人应当是在中国境内登记的法人或者其他组织；进口保健食品注册申请人应当是上市保健食品的境外生产厂商。

申请进口保健食品注册的，应当由其常驻中国代表机构或者由其委托中国境内的代理机构办理。

境外生产厂商，是指产品符合所在国（地区）上市要求的法人或者其他组织。

第十二条　申请保健食品注册应当提交下列材料：

（一）保健食品注册申请表，以及申请人对申请材料真实性负责的法律责任承诺书；

（二）注册申请人主体登记证明文件复印件；

（三）产品研发报告，包括研发人、研发时间、研制过程、中试规模以上的验证数据，目录外原料及产品安全性、保健功能、质量可控性的论证报告和相关科学依据，以及根据研发结果综合确定的产品技术要求等；

（四）产品配方材料，包括原料和辅料的名称及用量、生产工艺、质量标准，必要时还应当按照规定提供原料使用依据、使用部位的说明、检验合格证明、品种鉴定报告等；

（五）产品生产工艺材料，包括生产工艺流程简图及说明，关键工艺控制点及说明；

（六）安全性和保健功能评价材料，包括目录外原料及产品的安全性、保健功能试验评价材料，人群食用评价材料；功效成分或者标志性成分、卫生学、稳定性、菌种鉴定、菌种毒力等试验报告，以及涉及兴奋剂、违禁药物成分等检测报告；

（七）直接接触保健食品的包装材料种类、名称、相关标准等；

（八）产品标签、说明书样稿；产品名称中的通用名与注册的药品名称不重名的检索材料；

（九）3 个最小销售包装样品；

（十）其他与产品注册审评相关的材料。

第十三条　申请首次进口保健食品注册，除提交本办法第十二条规定的材料外，还应当提交下列材料：

（一）产品生产国（地区）政府主管部门或者法律服务机构出具的注册申请人为上市保健食品境外生产厂商的资质证明文件；

（二）产品生产国（地区）政府主管部门或者法律服务机构出具的保健食品上市销售一年以上的证明文件，或者产品境外销售以及人群食用情况的安全性报告；

（三）产品生产国（地区）或者国际组织与保健食品相关的技术法规或者标准；

（四）产品在生产国（地区）上市的包装、标签、说明书实样。

由境外注册申请人常驻中国代表机构办理注册事务的，应当提交《外国企业常驻中国代表机构登记证》及其复印件；境外注册申请人委托境内的代理机构办理注册事项的，应当提交经过公证的委托书原件以及受委托的代理机构营业执照复印件。

第十四条　受理机构收到申请材料后，应当根据下列情况分别作出处理：

（一）申请事项依法不需要取得注册的，应当即时告知注册申请人不受理；

（二）申请事项依法不属于国家食品药品监督管理总局职权范围的，应当即时作出不予受理的决定，并告知注册申请人向有关行政机关申请；

（三）申请材料存在可以当场更正的错误的，应当允许注册申请人当场更正；

（四）申请材料不齐全或者不符合法定形式的，应当当场或者在 5 个工作日内一次告知注册申请人需要补正的全部内容，逾期不告知的，自收到申请材料之日起即为受理；

（五）申请事项属于国家食品药品监督管理总局职权范围，申请材料齐全、符合法定形式，注册申请人按照要求提交全部补正申请材料的，应当受理注册申请。

受理或者不予受理注册申请，应当出具加盖国家食品药品监督管理总局行政许可受理专用章和注明日期的书面凭证。

第十五条　受理机构应当在受理后 3 个工作日内将申请材料一并送交审评机构。

第十六条　审评机构应当组织审评专家对申请材料进行审查，并根据实际需要组织查验机构开展现场核查，组织检验机构开展复核检验，在 60 个工作日内完成审评工作，并向国家食品药品监管管理总局提交综合审评结论和建议。

特殊情况下需要延长审评时间的，经审评机构负责人同意，可以延长 20 个工作日，延长决定应当及时书面告知申请人。

第十七条　审评机构应当组织对申请材料中的下列内容进行审评，并根据科学依据的充足程度明确产品保健功能声称的限定用语：

（一）产品研发报告的完整性、合理性和科学性；

（二）产品配方的科学性，以及产品安全性和保健功能；

（三）目录外原料及产品的生产工艺合理性、可行性和质量可控性；

（四）产品技术要求和检验方法的科学性和复现性；

（五）标签、说明书样稿主要内容以及产品名称的规范性。

第十八条　审评机构在审评过程中可以调阅原始资料。

审评机构认为申请材料不真实、产品存在安全性或者质量可控性问题，或者不具备声称的保健功能的，应当终止审评，提出不予注册的建议。

第十九条　审评机构认为需要注册申请人补正材料的，应当一次告知需要补正的全部内容。注册申请人应当在 3 个月内按照补正通知的要求一次提供补充材料；审评机构收到补充材料后，审评时间重新计算。

注册申请人逾期未提交补充材料或者未完成补正，不足以证明产品安全性、保健功能和质量可控性的，审评机构应当终止审评，提出不予注册的建议。

第二十条　审评机构认为需要开展现场核查的，应当及时通知查验机构按照申请材料中的产品研发报告、配方、生产工艺等技术要求进行现场核查，并对下线产品封样送复核检验机构检验。

查验机构应当自接到通知之日起 30 个工作日内完成现场核查，并将核查报告送交审评机构。

核查报告认为申请材料不真实、无法溯源复现或者存在重大缺陷的，审评机构应当终止审评，提出不予注册的建议。

第二十一条　复核检验机构应当严格按照申请材料中的测定方法以及相关说明进行操作，对测定方法的科学性、复现性、适用性进行验证，对产品质量可控性进行复核检验，并应当自接受委托之日起 60 个工作日内完成复核检验，将复核检验报告送交审评机构。

复核检验结论认为测定方法不科学、无法复现、不适用或者产品质量不可控的，审评机构应当终止审评，提出不予注册的建议。

第二十二条　首次进口的保健食品境外现场核查和复核检验时限，根据境外生产厂商的实际情况确定。

第二十三条　保健食品审评涉及的试验和检验工作应当由国家食品药品监督管理总局选择的符合条件的食品检验机构承担。

第二十四条　审评机构认为申请材料真实，产品科学、安全、具有声称的保健功能，生产工艺合理、可行和质量可控，技术要求和检验方法科学、合理的，应当提出予以注册的建议。

审评机构提出不予注册建议的，应当同时向注册申请人发出拟不予注册的书面通知。注册申请人对通知有异议的，应当自收到通知之日起 20 个工作日内向审评机构提出书面复审申请并说明复审理由。复审的内容仅限于原申请事项及申请材料。

审评机构应当自受理复审申请之日起 30 个工作日内作出复审决定。改变不予注册建议的，应当书面通知注册申请人。

第二十五条　审评机构作出综合审评结论及建议后，应当在 5 个工作日内报送国家食品药品监督管理总局。

第二十六条　国家食品药品监督管理总局应当自受理之日起 20 个工作日内对审评程序和结论的合法性、规范性以及完整性进行审查，并作出准予注册或者不予注册的决定。

第二十七条　现场核查、复核检验、复审所需时间不计算在审评和注册决定的期限内。

第二十八条　国家食品药品监督管理总局作出准予注册或者不予注册的决定后，应当自作出决定之日起 10 个工作日内，由受理机构向注册申请人发出保健食品注册证书或者不予注册决定。

第二十九条　注册申请人对国家食品药品监督管理总局作出不予注册的决定有异议的，

可以向国家食品药品监督管理总局提出书面行政复议申请或者向法院提出行政诉讼。

第三十条　保健食品注册人转让技术的，受让方应当在转让方的指导下重新提出产品注册申请，产品技术要求等应当与原申请材料一致。

审评机构按照相关规定简化审评程序。符合要求的，国家食品药品监督管理总局应当为受让方核发新的保健食品注册证书，并对转让方保健食品注册予以注销。

受让方除提交本办法规定的注册申请材料外，还应当提交经公证的转让合同。

第三十一条　保健食品注册证书及其附件所载明内容变更的，应当由保健食品注册人申请变更并提交书面变更的理由和依据。

注册人名称变更的，应当由变更后的注册申请人申请变更。

第三十二条　已经生产销售的保健食品注册证书有效期届满需要延续的，保健食品注册人应当在有效期届满6个月前申请延续。

获得注册的保健食品原料已经列入保健食品原料目录，并符合相关技术要求，保健食品注册人申请变更注册，或者期满申请延续注册的，应当按照备案程序办理。

第三十三条　申请变更国产保健食品注册的，除提交保健食品注册变更申请表（包括申请人对申请材料真实性负责的法律责任承诺书）、注册申请人主体登记证明文件复印件、保健食品注册证书及其附件的复印件外，还应当按照下列情形分别提交材料：

（一）改变注册人名称、地址的变更申请，还应当提供该注册人名称、地址变更的证明材料；

（二）改变产品名称的变更申请，还应当提供拟变更后的产品通用名与已经注册的药品名称不重名的检索材料；

（三）增加保健食品功能项目的变更申请，还应当提供所增加功能项目的功能学试验报告；

（四）改变产品规格、保质期、生产工艺等涉及产品技术要求的变更申请，还应当提供证明变更后产品的安全性、保健功能和质量可控性与原注册内容实质等同的材料、依据及变更后3批样品符合产品技术要求的全项目检验报告；

（五）改变产品标签、说明书的变更申请，还应当提供拟变更的保健食品标签、说明书样稿。

第三十四条　申请延续国产保健食品注册的，应当提交下列材料：

（一）保健食品延续注册申请表，以及申请人对申请材料真实性负责的法律责任承诺书；

（二）注册申请人主体登记证明文件复印件；

（三）保健食品注册证书及其附件的复印件；

（四）经省级食品药品监督管理部门核实的注册证书有效期内保健食品的生产销售情况；

（五）人群食用情况分析报告、生产质量管理体系运行情况的自查报告以及符合产品技术要求的检验报告。

第三十五条　申请进口保健食品变更注册或者延续注册的，除分别提交本办法第三十三条、第三十四条规定的材料外，还应当提交本办法第十三条第一款（一）、（二）、（三）、（四）项和第二款规定的相关材料。

第三十六条　变更申请的理由依据充分合理，不影响产品安全性、保健功能和质量可控性的，予以变更注册；变更申请的理由依据不充分、不合理，或者拟变更事项影响产品安全性、保健功能和质量可控性的，不予变更注册。

第三十七条 申请延续注册的保健食品的安全性、保健功能和质量可控性符合要求的，予以延续注册。

申请延续注册的保健食品的安全性、保健功能和质量可控性依据不足或者不再符合要求，在注册证书有效期内未进行生产销售的，以及注册人未在规定时限内提交延续申请的，不予延续注册。

第三十八条 接到保健食品延续注册申请的食品药品监督管理部门应当在保健食品注册证书有效期届满前作出是否准予延续的决定。逾期未作出决定的，视为准予延续注册。

第三十九条 准予变更注册或者延续注册的，颁发新的保健食品注册证书，同时注销原保健食品注册证书。

第四十条 保健食品变更注册与延续注册的程序未作规定的，可以适用本办法关于保健食品注册的相关规定。

三、 注册证书管理

第四十一条 保健食品注册证书应当载明产品名称、注册人名称和地址、注册号、颁发日期及有效期、保健功能、功效成分或者标志性成分及含量、产品规格、保质期、适宜人群、不适宜人群、注意事项。

保健食品注册证书附件应当载明产品标签、说明书主要内容和产品技术要求等。

产品技术要求应当包括产品名称、配方、生产工艺、感官要求、鉴别、理化指标、微生物指标、功效成分或者标志性成分含量及检测方法、装量或者重量差异指标（净含量及允许负偏差指标）、原辅料质量要求等内容。

第四十二条 保健食品注册证书有效期为5年。变更注册的保健食品注册证书有效期与原保健食品注册证书有效期相同。

第四十三条 国产保健食品注册号格式为：国食健注 G+4 位年代号+4 位顺序号；进口保健食品注册号格式为：国食健注 J+4 位年代号+4 位顺序号。

第四十四条 保健食品注册有效期内，保健食品注册证书遗失或者损坏的，保健食品注册人应当向受理机构提出书面申请并说明理由。因遗失申请补发的，应当在省、自治区、直辖市食品药品监督管理部门网站上发布遗失声明；因损坏申请补发的，应当交回保健食品注册证书原件。

国家食品药品监督管理总局应当在受理后 20 个工作日内予以补发。补发的保健食品注册证书应当标注原批准日期，并注明“补发”字样。

四、备案

第四十五条 生产和进口下列保健食品应当依法备案：

（一）使用的原料已经列入保健食品原料目录的保健食品；

（二）首次进口的属于补充维生素、矿物质等营养物质的保健食品。

首次进口的属于补充维生素、矿物质等营养物质的保健食品，其营养物质应当是列入保健食品原料目录的物质。

第四十六条　国产保健食品的备案人应当是保健食品生产企业，原注册人可以作为备案人；进口保健食品的备案人，应当是上市保健食品境外生产厂商。

第四十七条　备案的产品配方、原辅料名称及用量、功效、生产工艺等应当符合法律、法规、规章、强制性标准以及保健食品原料目录技术要求的规定。

第四十八条　申请保健食品备案，除应当提交本办法第十二条第（四）、（五）、（六）、（七）、（八）项规定的材料外，还应当提交下列材料：

（一）保健食品备案登记表，以及备案人对提交材料真实性负责的法律责任承诺书；

（二）备案人主体登记证明文件复印件；

（三）产品技术要求材料；

（四）具有合法资质的检验机构出具的符合产品技术要求全项目检验报告；

（五）其他表明产品安全性和保健功能的材料。

第四十九条　申请进口保健食品备案的，除提交本办法第四十八条规定的材料外，还应当提交本办法第十三条第一款（一）、（二）、（三）、（四）项和第二款规定的相关材料。

第五十条　食品药品监督管理部门收到备案材料后，备案材料符合要求的，当场备案；不符合要求的，应当一次告知备案人补正相关材料。

第五十一条　食品药品监督管理部门应当完成备案信息的存档备查工作，并发放备案号。对备案的保健食品，食品药品监督管理部门应当按照相关要求的格式制作备案凭证，并将备案信息表中登载的信息在其网站上公布。

国产保健食品备案号格式为：食健备 G+4 位年代号+2 位省级行政区域代码+6 位顺序编号；进口保健食品备案号格式为：食健备 J+4 位年代号+00+6 位顺序编号。

第五十二条　已经备案的保健食品，需要变更备案材料的，备案人应当向原备案机关提交变更说明及相关证明文件。备案材料符合要求的，食品药品监督管理部门应当将变更情况登载于变更信息中，将备案材料存档备查。

第五十三条　保健食品备案信息应当包括产品名称、备案人名称和地址、备案登记号、登记日期以及产品标签、说明书和技术要求。

五、标签、说明书

第五十四条　申请保健食品注册或者备案的，产品标签、说明书样稿应当包括产品名称、原料、辅料、功效成分或者标志性成分及含量、适宜人群、不适宜人群、保健功能、食用量及食用方法、规格、贮藏方法、保质期、注意事项等内容及相关制定依据和说明等。

第五十五条　保健食品的标签、说明书主要内容不得涉及疾病预防、治疗功能，并声明“本品不能代替药物”。

第五十六条　保健食品的名称由商标名、通用名和属性名组成。

商标名，是指保健食品使用依法注册的商标名称或者符合《商标法》规定的未注册的商标名称，用以表明其产品是独有的、区别于其他同类产品。

通用名，是指表明产品主要原料等特性的名称。

属性名，是指表明产品剂型或者食品分类属性等的名称。

第五十七条　保健食品名称不得含有下列内容：

（一）虚假、夸大或者绝对化的词语；

（二）明示或者暗示预防、治疗功能的词语；

（三）庸俗或者带有封建迷信色彩的词语；

（四）人体组织器官等词语；

（五）除“”之外的符号；

（六）其他误导消费者的词语。

保健食品名称不得含有人名、地名、汉语拼音、字母及数字等，但注册商标作为商标名、通用名中含有符合国家规定的含字母及数字的原料名除外。

第五十八条　通用名不得含有下列内容：

（一）已经注册的药品通用名，但以原料名称命名或者保健食品注册批准在先的除外；

（二）保健功能名称或者与表述产品保健功能相关的文字；

（三）易产生误导的原料简写名称；

（四）营养素补充剂产品配方中部分维生素或者矿物质；

（五）法律法规规定禁止使用的其他词语。

第五十九条　备案保健食品通用名应当以规范的原料名称命名。

第六十条　同一企业不得使用同一配方注册或者备案不同名称的保健食品；不得使用同一名称注册或者备案不同配方的保健食品。

六、监督管理

第六十一条　国家食品药品监督管理总局应当及时制定并公布保健食品注册申请服务指南和审查细则，方便注册申请人申报。

第六十二条　承担保健食品审评、核查、检验的机构和人员应当对出具的审评意见、核查报告、检验报告负责。

保健食品审评、核查、检验机构和人员应当依照有关法律、法规、规章的规定，恪守职业道德，按照食品安全标准、技术规范等对保健食品进行审评、核查和检验，保证相关工作科学、客观和公正。

第六十三条　参与保健食品注册与备案管理工作的单位和个人，应当保守在注册或者备案中获知的商业秘密。

属于商业秘密的，注册申请人和备案人在申请注册或者备案时应当在提交的资料中明确相关内容和依据。

第六十四条　食品药品监督管理部门接到有关单位或者个人举报的保健食品注册受理、审评、核查、检验、审批等工作中的违法违规行为后，应当及时核实处理。

第六十五条　除涉及国家秘密、商业秘密外，食品药品监督管理部门应当自完成注册或者备案工作之日起 20 个工作日内根据相关职责在网站公布已经注册或者备案的保健食品目录及相关信息。

第六十六条　有下列情形之一的，国家食品药品监督管理总局根据利害关系人的请求或者依据职权，可以撤销保健食品注册证书：

（一）行政机关工作人员滥用职权、玩忽职守作出准予注册决定的；

（二）超越法定职权或者违反法定程序作出准予注册决定的；

（三）对不具备申请资格或者不符合法定条件的注册申请人准予注册的；

（四）依法可以撤销保健食品注册证书的其他情形。

注册人以欺骗、贿赂等不正当手段取得保健食品注册的，国家食品药品监督管理总局应当予以撤销。

第六十七条　有下列情形之一的，国家食品药品监督管理总局应当依法办理保健食品注册注销手续：

（一）保健食品注册有效期届满，注册人未申请延续或者国家食品药品监管总局不予延续的；

（二）保健食品注册人申请注销的；

（三）保健食品注册人依法终止的；

（四）保健食品注册依法被撤销，或者保健食品注册证书依法被吊销的；

（五）根据科学研究的发展，有证据表明保健食品可能存在安全隐患，依法被撤回的；

（六）法律、法规规定的应当注销保健食品注册的其他情形。

第六十八条　有下列情形之一的，食品药品监督管理部门取消保健食品备案：

（一）备案材料虚假的；

（二）备案产品生产工艺、产品配方等存在安全性问题的；

（三）保健食品生产企业的生产许可被依法吊销、注销的；

（四）备案人申请取消备案的；

（五）依法应当取消备案的其他情形。

七、法律责任

第六十九条　保健食品注册与备案违法行为，食品安全法等法律法规已有规定的，依照其规定。

第七十条　注册申请人隐瞒真实情况或者提供虚假材料申请注册的，国家食品药品监督管理总局不予受理或者不予注册，并给予警告；申请人在 1 年内不得再次申请注册该保健食品；构成犯罪的，依法追究刑事责任。

第七十一条　注册申请人以欺骗、贿赂等不正当手段取得保健食品注册证书的，由国家食品药品监督管理总局撤销保健食品注册证书，并处 1 万元以上 3 万元以下罚款。被许可人在 3 年内不得再次申请注册；构成犯罪的，依法追究刑事责任。

第七十二条　有下列情形之一的，由县级以上人民政府食品药品监督管理部门处以 1 万元以上 3 万元以下罚款；构成犯罪的，依法追究刑事责任。

（一）擅自转让保健食品注册证书的；

（二）伪造、涂改、倒卖、出租、出借保健食品注册证书的。

第七十三条　食品药品监督管理部门及其工作人员对不符合条件的申请人准予注册，或者超越法定职权准予注册的，依照食品安全法第一百四十四条的规定予以处理。

食品药品监督管理部门及其工作人员在注册审评过程中滥用职权、玩忽职守、徇私舞弊的，依照食品安全法第一百四十五条的规定予以处理。

八、附则

第七十四条　申请首次进口保健食品注册和办理进口保健食品备案及其变更的，应当提交中文材料，外文材料附后。中文译本应当由境内公证机构进行公证，确保与原文内容一致；申请注册的产品质量标准（中文本），必须符合中国保健食品质量标准的格式。境外机构出具的证明文件应当经生产国（地区）的公证机构公证和中国驻所在国使领馆确认。

第二节　保健食品产品技术要求规范

国家食品药品监督管理总局于 2010 年 10 月 22 日发布“保健食品产品技术要求规范”（国食药监许[2010]423 号）。

一、根据《食品安全法》及其实施条例对保健食品实行严格监管的要求，为进一步规范保健食品行政许可工作，提高保健食品质量安全控制水平，加强保健食品生产经营监督，保障消费者食用安全，制定本规范。

二、国家食品药品监督管理总局负责批准保健食品产品技术要求，并监督其执行。

三、保健食品产品技术要求应当符合国家有关法律法规、标准规范。

四、保健食品产品技术要求文本格式应当包括产品名称、配方、生产工艺、感官要求、鉴别、理化指标、微生物指标、功效或标志性成分含量测定、保健功能、适宜人群、不适宜人群、食用量及食用方法、规格、贮藏、保质期等序列（见附件 1），并按照保健食品产品技术要求编制指南（见附件 2）编制。

五、保健食品产品技术要求是产品质量安全的技术保障。生产企业应当按照保健食品产品技术要求组织生产经营，食品药品监督管理部门应当将保健食品产品技术要求作为开展监督执法的重要依据。

六、保健食品产品技术要求适用于保健食品新产品的注册申请和产品的再注册。

七、保健食品产品技术要求编号按照 BJ+G（或 J）+年份+0000 编制。“BJ”表示“保健食品”，“G（或 J）”表示国产或进口，“年份+0000”为保健食品批准文号的年份和顺序号。

八、本规范自 2011 年 2 月 1 日起施行。

附件 1：保健食品产品技术要求（文本格式）

（产品技术要求编号）

中文名称

汉语拼音名

【配方】

【生产工艺】

【感官要求】

【鉴别】

【理化指标】

【微生物指标】

【功效或标志性成分含量测定】

【保健功能】

【适宜人群】

【不适宜人群】
【食用量及食用方法】
【规格】
【贮藏】
【保质期】

附件 2：保健食品产品技术要求编制指南

一、主要内容

保健食品产品技术要求应当能够准确反映和控制产品的质量。保健食品产品技术要求的每项内容应符合以下要求，并按照保健食品产品申报资料的具体要求进行编制。

（一）产品名称

包括中文名称和汉语拼音名。产品名称应当准确、清晰，能表明产品的真实属性，符合《保健食品注册管理办法（试行）》、《保健食品命名规定（试行）》等相关规定。

（二）配方

应列出全部原辅料。原辅料名称应使用法定标准名称。用于保健食品的原料应当符合相关规定。各原料顺序按其在产品中的功效作用或用量大小排列；辅料按用量大小列于原料后。

（三）生产工艺

应用文字简要描述完整的生产工序。

（四）感官要求

分别对产品应有的外观（色泽、形态等）和内容物的色泽、形态、气味、滋味等依次进行描述，并用分号分开；如果用表提供信息更有利于项目的理解，则宜使用表。一般不对直接接触产品的包装材料的外观等进行描述。

（五）鉴别

根据产品配方及有关研究结果等可以确定产品的鉴别方法的，应予以全面、准确地阐述。

（六）理化指标

（七）微生物指标

理化指标和微生物指标应阐述根据研究结果和法规要求确定的检测项目、限度及其检测方法或执行标准；如果用表提供信息更有利于检测项目的理解，则宜使用表。

（八）功效或标志性成分含量测定

包括功效成分测定或标志性成分测定。

应阐述根据研究结果确定的测定成分、含量限度，描述检测条件、检测方法或执行标准。

（九）保健功能

保健功能在国家食品药品监督管理局公布范围内的，应当使用与公布功能相一致的描述。

（十）适宜人群

（十一）不适宜人群

适宜人群和不适宜人群的分类与表示应明确，符合国家食品药品监督管理局《保健功能及相对应的适宜人群、不适宜人群表》等相关要求。

（十二）食用量及食用方法

食用量及食用方法的表述应规范、详细，描述顺序为：食用量，食用方法。应标示每日食用次数和每次食用量。如不同的适宜人群需按不同食用量摄入时，食用量应按适宜人群分类标示。

（十三）规格

应当根据食用方法和食用量合理确定，便于定量食用；应标注最小食用单元的净含量；单剂量包装的产品应规定每个包装单位的装量。

（十四）贮藏

应根据稳定性考察研究的结果阐述产品贮存条件。

（十五）保质期

应根据稳定性考察研究的结果阐述产品保质期，保质期的格式应标注为：XX 个月，如〔保质期〕24 个月。

二、基本要求

（一）编制工作应符合国家法律、行政法规、部门规章、技术标准和规范性文件的相关规定。

（二）产品技术要求的设计、内容和数据应符合公认的科学原理，准确可靠。

（三）产品技术要求的文字、数字、公式、单位、符号、图表等应符合标准化要求，引用的标准准确、有效。术语的定义应符合国家有关规定。

1. 应使用规范汉字。使用的标点符号应符合 GB/T 15834 的规定。

2. 应使用 GB 3101、GB 3102 规定的法定计量单位。表示量值时，应写出其单位。

3. 应准确列出引用标准或文件的目录。

4. 引用的标准或文件应包括出版本号或年号以及完整的标准（文件）名称。

5. 如果引用的标准（文件）可以在线获得，应提供详细的获取和访问路径。应给出被引用标准（文件）的完整的网址。为了保证溯源性，应提供源网址。

（四）产品技术要求中所建立的检测方法应专属、准确、精密。在确保能准确控制质量的前提下，应倡导简单实用。

（五）产品技术要求中的控制技术指标应定量并使用明确的数值表示。不应仅使用定性的表述，如“适量”或“合适的温度”等。

（六）产品技术要求研究的实验记录书写应真实、完整、清晰，保持原始性并具有可追溯性。其研究方法和过程要如实记录，并在申报资料中予以充分体现。

（七）产品技术要求中使用的表均应在条文中明确提及。

1. 不准许表中有表，也不准许将表再分为次级表。

2. 每个表均应有编号。表的编号由“表”和从 1 开始的阿拉伯数字组成，例如“表 1”、“表 2”等。只有一个表时，仍应给出编号“表 1”。

3. 每个表应有表题。

4. 每个表应有表头。表栏中使用的单位一般应置于相应栏的表头中量的名称之下，表头中不准许使用斜线。

5. 如果某个表需要转页接排，则随后接排该表的各页上应重复表的编号、表题和“（续）”。

续表均应重复表头和关于单位的陈述。

（八）产品技术要求可能涉及知识产权的，国家食品药品监督管理部门不承担识别该知识产权的责任。

（九）应使用国家法定部门认可的标准物质（包括标准品和对照品）。若使用的对照物质是自行研制的，应按相关的要求提交相应的鉴定研究资料和对照物质。供研究用样品应是配方确定、生产工艺稳定后中试以上规模、具有代表性的多批产品。

（十）申请人开展产品技术要求的研究，应在能满足该产品技术要求研究条件的实验室进行，并由相应技术人员承担。

本章小结

本章主要介绍最新的保健食品的申报、注册、管理的办法，这些办法是保健食品行政审批的重要一环，产品技术评审则是从技术角度对保健食品功能性、安全性的要求，都是必须遵循的。

思考题

1. 注册和备案的保健食品有什么差异？

2. 申请保健食品注册应当提交哪些材料？

3. 在申请注册保健食品时，为什么要提交“配方、生产工艺、感官要求、鉴别、理化指标、微生物指标、功效或标志性成分含量测定、保健功能、适宜人群、不适宜人群、食用量及食用方法”这些技术内容？

主要参考文献

白长军, 邢宗, 戚桂斌, 等. 2012. 一种富含 n-3 多不饱和脂肪酸的植物调和油. CN 201210060173. 3
国家食品药品监督管理总局. 2012. 保健食品功能. http: //www. sfda. gov. cn/WS01/CL1163/76523. html
国家食品药品监督管理总局. 2011. 关于征求《保健食品功能范围调整方案(征求意见稿)》意见的函. http: //www. sfda. gov. cn/WS01/ CL0780/64433. html
曹炜, 陈卫军. 2011. 蜂产品深加工技术. 北京: 中国轻工业出版社
曹艳华, 李青海, 姚晨平, 等. 2005. 亚健康成因与调控. 中国健康教育, 20(11): 1060-1060
常耀光, 薛长湖, 王静凤, 等. 2012. 海洋食品功效成分构效关系研究进展. 生命科学, 24(9): 1012-1018
陈晨, 李建科, 张雅丽. 2012. 蚕蛹油不饱和脂肪酸微胶囊的制备及其性质研究. 食品工业科技, 33(19): 247-251
陈发河, 吴光斌, 陈志辉. 2006. 天然胡萝卜素 β-环糊精微胶囊制备工艺的研究. 中国食品学报, 6(1): 110-115
陈鹏, 邓乾春, 臧茜茜, 等. 2015. 国内辅助改善记忆功能性食品研究进展. 中国食品学报, 15(4): 116-123
陈维, 章茂顺, 王家良, 等. 2005. 槲皮素及异鼠李素对去甲肾上腺素促人血管平滑肌细胞增殖的抑制作用. 中国动脉硬化杂志, 13(6): 749
陈文, 魏涛, 秦菲, 等. 2009. 美国对功能食品的管理. 食品工业科技, 30(7): 297-301
陈燕, 钟先锋, 黄桂东, 等. 2011. 银条水苏糖提取条件研究. 天然产物研究与开发, 23(1): 123-130
陈永钧, 龙晓英, 潘素静, 等. 2013. 黄酮类化合物的药效机制及构效关系研究进展. 中国实验方剂学杂志, 19(11): 337-344
成琪, 吕世明, 李昭华, 等. 2012. 硝酸银硅胶柱层析分离血浆不饱和脂肪酸. 中国生物工程杂志, 32(1): 42-48
崔振威, 奇建华. 2014. 益生菌的研究进展. 中国医药指南, 12(32): 58-59
戴伟, 李立. 2003. 红曲调节血脂作用的研究. 上海预防医学, 15(8): 374-376
邓泽元. 2016. 食品营养学. 4 版. 北京: 中国农业出版社
丁晓雯, 严卫星. 2009. 食品毒理学. 北京: 中国农业大学出版社
董清平, 方俊, 田云, 等. 2009. 高 F 值寡肽研究进展. 现代生物医学进展, 9(2): 368-371
董顺福, 李亚新, 韩丽琴. 2013. 丹参等三种中药总黄酮含量分析及其抗氧化机制研究. 时珍国医医药, 24(5): 1107-1109
杜冬梅, 郭华. 2010. 菜籽多肽的制备及应用的研究进展. 中国食物与营养, 11: 37-39
段玉清, 周密, 张海晖, 等. 2009. 莲房原花色素对黑色素瘤 B16 细胞的抑制作用. 中国药学杂志. 44(2): 103-106
范铭, 常瑞雪, 李燕. 2012. 一种矿物质及维生素营养补充剂. CN 201210041296. 2
范青生. 2006. 保健食品原料手册. 北京: 化学工业出版社
冯雷刚, 周红梅, 胡光祥, 等. 2006. 磷脂酰丝氨酸的应用研究. 食品研究与开发. 27(9): 191-193, 197
冯丽莉, 朱宏, 罗永康, 等. 2014. 基于益生菌的肠道改善和免疫调节临床研究进展. 乳品科学与技术, 37(5): 34-37
付萍, 冉陆, 赵熙. 1999. 不同剂量异麦芽低聚糖调节人体肠道菌群的试验研究. 中国微生态学杂志, 11(4): 198-199, 210
傅剑云, 夏勇, 孟佳. 2002. 红曲对实验性高脂血症大鼠体重及血脂水平的影响. 中国临床康复, 6: 57, 59
龚涛, 王晓辉, 赵靓, 等. 2010. 枸杞多糖抗氧化作用的研究. 生物技术, 20(1): 84-86

郭飞翔, 陈大卫, 瞿恒贤, 等. 2014. 人源益生菌研究与应用开发进展. 中国乳品工业, 42(8): 27-32
国家药典委员会. 2010.《中华人民共和国药典》2010 年版. 北京: 中国医药科技出版社
韩孝清. 2013. 一种稳定多不饱和脂肪酸的加工技术及其制备的产品和应用. CN 201210459591. X
韩彦彬, 彭亮, 赵鹏, 等. 2009. 云亭牌阿胶口服液改善大鼠营养性贫血的效果评价. 中国卫生检验杂志, 19(8): 1765-1766
韩樱, 何慧, 赵宁宁, 等. 2012. 蛋清肽-钙配合物体内促钙吸收作用研究. 食品科学, 33(11): 262-265
何佳声, 黄学锋. 2010. 原花青素对人结肠癌细胞 SW620 增殖和凋亡的影响. 中国中西医结合外科杂志, 16(4): 439-442
何宁, 刘英华, 姜淑卿, 等. 2012. 当归鸡精口服液改善营养性贫血功能研究. 现代预防医学, 39(10): 2423-2425
贺兼斌, 廖慧中, 张贻秋, 等. 2012. 人参皂苷 Rg3 对小鼠肺腺癌多耐药的逆转作用. 实用肿瘤杂志, 27(4): 373-377
胡福良. 2005. 蜂胶药理作用研究. 杭州: 浙江大学出版社
胡太平. 2007. 芹菜素诱导人胃癌细胞凋亡作用及机制研究. 国际病理科学与临床杂志, (27)1: 6-10
胡彦武. 2011. 东北刺人参茎叶提取物对环磷酰胺致免疫抑制小鼠免疫功能的影响. 中国实验方剂学杂志, 17: 156-158
简捷, 刘利珍, 李小燕, 等. 2008. 人参皂苷 Rg3 对人肝癌细胞 Pim-3 及 Bad 凋亡蛋白表达的影响. 世界华人消化杂志, 16(20): 2229-2233
骞秀芳, 张雪梅, 史小四, 等. 2012. 苜蓿总皂苷对小鼠精神神经系统的影响. 实用中医药杂志, 28(12): 991-992
蒋伟清, 管姝馨, 冯东来, 等. 2012. 一种提高骨密度的复合牛初乳粉. CN 102763729 A
焦岩, 王振宇. 2010. 蓝靛果花色苷超声波辅助提取优化及其降血脂作用. 中国食品学报, 10(2): 52-59
金岩, 刘闺男. 2007. 人参皂苷 Rgl 对急性心肌梗死大鼠血管新生的作用. 中国医科大学学报, 36(5): 517
金宗濂. 2007. 功能食品教程. 北京: 中国轻工业出版社
鞠兴荣, 何荣, 袁建, 等. 2008. 菜籽肽的制备分离和化学修饰研究进展. 中国油脂, 33(12): 32-35
李广远, 陈彻, 楚惠媛. 2008. 红芪总黄酮对人白血病细胞诱导分化的影响. 中国中医药信息杂志, 15(7): 39
李建民. 2011. 新时期的老龄问题我们应该如何面对. 人口研究, 35(4): 29-43
李俊杰, 刘永琼, 祝宏, 等. 2008. 复合维生素 B 泡腾片制备工艺的研究. 制药工艺, 18(2): 42-54
李胜军, 吕昌龙, 李成, 等. 2007. 紫菜多糖对小鼠 NK 细胞活性的增强作用. 中国医科大学学报, 36(2): 133-134
李树英, 陈家畅, 苗利军, 等. 1994. 山药健脾胃作用的研究. 中药药理与临床, 10(1): 19-21, 16
李卫旗, 丁农, 袁康. 2013. 一种甜桔柚丝胶蛋白多肽果汁的制作方法. CN 201310017333. 0
李小林. 2010. 一种制取质构磷脂和卵磷脂的方法. CN 200910193982. X
李雪, 金君素, 张泽廷, 等. 2005. 用连续逆流式超临界双塔浓缩和精制维生素 K1 . 北京化工大学学报, 32(6): 9-11
李阅兵, 刘承初, 谢晶, 等. 2011. ω-3 脂肪酸及磷脂酰丝氨酸的益智作用研究进展. 中国油脂, 36(9): 51-55
李云飞. 2015. 芪血颗粒联合复方硫酸亚铁叶酸片治疗小儿缺铁性贫血临床研究. 亚太传统医药, 11(4): 124-125
梁世忠, 李兴芳, 陈静, 等. 2009. 马尾藻多糖的抗肿瘤作用及其免疫功能的研究. 海洋科学, 3: 49-52
刘代成, 马夫翠. 2011. 一种用水化乳状磷脂生产粉末磷脂的方法. CN 201110060102. 9
刘方波, 刘元法, 宗可宝, 等. 2008. 膜过滤法制备食品级浓缩磷脂. 中国油脂, 33(11): 51-53
刘美玉, 任发政. 2006. 降血糖功能因子的研究进展. 食品科学, 27(10): 636-640
刘齐, 孙美玲, 王鲁峰, 等. 2014. 益生菌的功能活性及其分子机理探究的研究进展. 中国酿造, 33(1): 14-19
刘秀娟, 欧芹, 朱贵明. 2009. 车前子多糖对衰老模型大鼠脑氧化非酶糖基化影响的实验研究. 中国老年学杂志, 29(4): 424-426
龙浩, 王桂春. 2003. MJ 血红蛋白片改善营养性贫血功能的人体试食试验效果分析. 预防医学文献信息, 9(4): 425-426
罗佳, 金锋. 2014. 肠道菌群影响宿主行为的研究进展. 科学通报, 59(22): 2169-2190

吕锋, 黄一帆, 池淑芳, 等. 2008. 薏苡仁多糖对小鼠抗氧化作用的研究. 营养学报, 30(6): 802-805
吕微, 蒋剑春, 徐俊明. 2011. 尿素包合法纯化小桐子油多不饱和脂肪酸的工艺. 化工进展, 30(6): 1213-1218
马蒂森 J S, 马蒂森 H. 2010. 含有多不饱和脂肪酸的充碳酸气的饮料. CN 200880021637. 1
马海鹰, 雷呈祥. 2012. 亚健康的定义、分类及其鉴别. 解放军预防医学杂志, 30(2): 143-146
马亚兵, 高海青, 伊永亮, 等. 2004. 葡萄籽原花青素降低动脉粥样硬化兔血清 C 反应蛋白水平. 中国动脉硬化杂志, 12(5): 549-552
潘卫三, 陈大为, 曾环想, 等. 1996. 复方活性钙片剂的制备及稳定性的研究. 中国药学杂志, 31(8): 474-477
裴迎新, 赵焕焕, 杜晓燕, 等. 2010. 大豆皂苷 Bb 对食管癌细胞凋亡的影响及其机制研究. 卫生研究, 39(4): 444-446
彭述辉, 李小林, 熊波, 等. 2012. 一种基于酶反应器的质构磷脂制备方法. CN 201210276840. 1
乔煦玮, 吴玥霖, 曾凡骏. 2011. 辅助降血糖保健食品的研制. 食品工业, 1: 85-87
任顺成. 2011. 食品营养与卫生. 北京: 中国轻工业出版社
阮秋容, 宋建欣. 2004. 人参皂甙对血管内皮细胞纤溶酶原激活物抑制剂 1 和核因子-κB 的作用. 中华心血管病杂志, 32(4): 230
阮征, 邓泽元, 伍国耀, 等. 2012. 食物营养与机体健康的关系——肠胃始动论. 食品科学, 33(11): 273-282
单黎然, 龚月桦, 贾建光, 等. 2006. 4 种重要功能性低聚糖的研究进展. 西北农林科技大学学报(自然科学版), 34(7): 96-100
宋柏捷, 赵艳, 孙玉薇. 2010. 大豆皂苷对高脂血症患者血脂水平及抗氧化作用研究. 中国全科医学, 13(12A): 3880-3881
孙亚莉, 张喜峰. 2013. 双水相萃取分离红豆蛋白质. 中国酿造, 32(6): 114-118
孙兆敏, 李金章, 丛海花, 等. 2010. 酶法制备 n-3 多不饱和脂肪酸型磷脂的工艺. 中国油脂, 35(4): 33-36
汤小军, 黄建春, 梁韬, 等. 2013. 六月青皂苷对免疫抑制小鼠免疫功能的影响. 中国免疫学杂志, 29: 486-494
唐勇, 张乾勇, 糜漫天, 等. 2011. 强化磷脂酰丝氨酸纯牛奶改善记忆力人群试食研究. 重庆医学, 40(30): 3022-3023, 3026
王超, 周勇, 杜冰. 2013. 香菇、黑木耳提取液改善大鼠营养性贫血的效果评价. 食品安全质量检测学报, 4(5): 1387-1392
王芳. 2013. 益生菌与癌症: 唾液乳杆菌脱基因毒性机制研究. 北京: 中国农业科学技术出版社
王国秀, 蔺威鸣, 王国秀, 等. 2008. 6 种多糖对小鼠免疫细胞活性作用的比较研究. 卫生研究, 37(5): 577-580
王华, 刘颖男, 宋丽晶, 等. 2013. 一种采用酶解法制取鹿茸多肽干粉的方法. CN 201210427427. 0
王辉, 沈伟哉, 黄荣春, 等. 2007. 匍扇藻多糖抗病毒活性的初步研究. 营养学报, 29(3): 271-275
王慧铭, 夏明, 夏道宗, 等. 2006. 香菇多糖抗肿瘤作用及其机制. 浙江中西医结合杂志, 16(5): 291-292
王珏, 金光明, 郑艺梅, 等. 2005. 蜂花粉对动物免疫器官发育的影响. 中国中药杂志, 30(19): 1532-1536
王涛, 任顺成, 李翠翠. 2010. 降血糖功能因子及其食物来源. 中国食物与营养, (10): 28-30
王庭欣, 王庭祥, 庞佳宏. 2007. 海带多糖降血糖、血脂作用的研究. 营养学报, 29(1): 99-100
王庭欣, 夏立娅, 吴广臣, 等. 2008. 海带多糖对小鼠 T 淋巴细胞及 NK 细胞活性的影响. 河北大学学报, 28(6): 656-658
王彦武, 覃辉艳, 傅伟忠, 等. 2011. 百邦牌盈血颗粒改善大鼠营养性贫血的实验研究. 应用预防医学, 17(2): 110-112
吴平, 安红, 何锡凤, 等. 2006. 大豆肌醇磷脂制备优化条件的研究. 中国油脂, 31(6): 87-89
吴正双, 董捷, 张红城, 等. 2010. 应用细胞模型研究蜂胶醇提物的抗氧化活性. 食品科学, 31(19): 190-193
伍曾利, 吴家强, 王琼瑶. 2009. 椰子多肽提取工艺研究. 中国热带医学, 9(5): 958-959
夏强, 王春晓. 2012. 由磷脂复配制成的空白脂质体及其制备方法. CN 201210182238. 1
夏万东, 赵文辉, 柯艳霞. 2009. 离子交换法提纯天然维生素 E 的工艺研究. 中国食品添加剂, 6: 160-162
修代明, 薛红莉. 2014. 学习与记忆神经机制研究进展. 生物学通报, 48(8): 1-3
徐世民, 刘颖, 胡晖. 2006. 分子蒸馏富集海狗油中多不饱和脂肪酸. 化学工业与工程, 23(6): 495-498
薛瑞, 王明仲, 洪学军, 等. 2013. 原花青素通过 Caspase 途径诱导乳腺癌 MCF-7 细胞凋亡. 实用药物与临床, 16(1): 15-17

薛玉玲, 朱宏, 罗永康, 等. 2014. 益生菌健康功能的研究进展. 乳业科学与技术, 37(4): 27-30
闫广, 李庆生, 尹侠. 2004. 分子蒸馏法提纯维生素 K_1 的研究. 过滤与分离, 14(2): 14-17
杨婷, 张冲, 陈清轩. 2005. 衰老机制研究进展. 中国生物工程杂志, 25(3): 6-11
杨月欣, 李宁. 2011. 营养功能成分应用指南. 北京: 北京大学医学出版社
尹建平, 于曼娜. 2003. β-胡萝卜素口服液的制备及稳定性研究. 中成药, 25(2): 158-159
余剑, 段正康, 杨运泉, 等. 2006. 吸附法精制天然维生素 E . 中国油脂, 31(10): 47-49
俞慧红, 竺巧玲, 戴飞, 等. 2008. 多糖抗氧化作用的研究现状. 食品研究与开发, 29(3): 172-175
袁秀丽, 吕嘉枥, 韩迪, 等. 2010. 益生菌制品的研究进展. 中国乳品工业, 38(4): 46-49
曾志将, 汪礼国, 饶波, 等. 2004, 蜂花粉多糖对大鼠降血脂效果研究. 江西农业大学学报, 26(3): 406-408
张厚程, 王玉萍, 李翔太. 2012. 一种微生物发酵法生产全维生素矿物质口服液的方法. CN 201210488583. 8
张瑾, 李春华, 汪凯, 等. 2010. 胰岛素在大鼠深慢波睡眠调节中的作用. 中国老年学杂志, 30(1): 51-53
张连富, 高永欣. 2010. 一种微乳化多不饱和脂肪酸产品及制备方法. CN 201010122744. 2
张世喜, 邓树海, 宋燕青, 等. 2007. 超临界 CO_2 萃取蚕蛹多不饱和脂肪酸的工艺研究. 中国生化药物杂志, 28(4): 254-256
张铁华, 李玺, 张新宇, 等. 2013. 一种林蛙油多肽冲剂及其制备方法. CN 201310010049. 0
张婷, 陈烨, 王中秋, 等. 2013. 炎症性肠病患者肠道菌群结构的变化及其与炎性指标的关系. 南方医科大学学报, 33(10): 1474-1477
张信岳, 李钦, 陈爱君, 等. 2008. 活性糖元保降血糖作用实验研究. 中国临床药理学与治疗学, 13(8): 847-851
张学武, 王晓琴. 2013. 小球藻多肽微胶囊的制备方法. CN 201210318076. X
赵超英, 姚小曼. 2000. 葡萄籽提取物原花青素的营养保健功能. 中国食品卫生杂志, 12(6): 38-41
赵瑞芹, 宋振峰. 2002. 亚健康问题的研究进展. 国外医学: 社会医学分册, 19(1): 10-13
赵余庆, 张铁军, 王慧, 等. 2010. 保健食品研制思路与方法. 北京: 人民卫生出版社
郑鹏, 嵇武. 2014. 肠道菌群与肠道疾病的研究进展. 医学综述, 20(24): 4479-4481
中国营养学会. 2013. 中国居民膳食营养素参考摄入量. 北京: 中国轻工业出版社
周素娟. 2007. 葡萄籽提取物原花青素的研究概况及其在我国保健食品中的应用. 中国食品卫生杂志, 19(3): 284-286
朱金芳, 冯崴, 马小华, 等. 2007. 阿胶铁口服液改善营养性贫血的功能研究. 新疆医科大学学报, 30(8): 797-799
朱伟. 2013. 大连市中老年人肠道菌群构成情况的调查. 中国微生态学杂志, 25(9): 1097-1098
2010 年国民体质监测公报. 2012. http: //www. gov. cn/test/2012-04/19/content_2117320. htm
Agyei D, Danquah MK. 2012. Rethinking food-derived bioactive peptides for antimicrobial and immunomodulatory activities. Trends in Food Science & Technology, 23(2): 62-69
Bachran C, Bachran S, Sutherland M, et al. 2008. Saponins in tumor therapy. Mini Reviews Inmedicinal Chemistry, 8(6): 575-584
Brown KM , Arthur JR . 2001. Selenium, selenoproteins and human health: a review. Public Health Nutrition, 4(213): 593-599
Betoret E, Betoret N, Vidal D, et al. 2011. Functional foods development: Trends and technologies. Trends in Food Science & Technology,22(9): 498-508
Bircher J. 2005. Scientific contribution towards a dynamic definition of health and disease. Medicine, Health Care and Philosophy, 8: 335-341
Bishayee A, Mbimba T, Thoppil R J, et al. 2011. "Anthocyanin-rich black currant(*Ribes nigrum* L.)extract affords chemoprevention against diethylnitrosamine-induced hepatocellular carcinogenesis in rats." J Nutr Biochem, 22(11): 1035-1046
Bollhalder L, Pfeil A M, Tomonaga Y, et al. 2013. A systematic literature review and meta-analysis of andomized clinical trials of parenteral glutamine supplementation. Clinical Nutrition, (32): 213-223
Bouckenooghe T, Remacle C, Reusens B. 2006. Is taurine a functional nutrient? Current Opinionin Clinical

Nutrition & Metabolic Care, 9(6): 728-733

Brownell KD, Farley T, Willett WC, et al. 2009. The public health and economic benefits of taxing sugar-sweetened beverages. Engl J Med, 361: 1599-605

Cani PD, Bibiloni R, Knauf C, et al. 2008. Changes in gut microbiota control metabolic endotoxemia-induced inflammation in high-fat diet-induced obesity and diabetes in mice. Diabetes, 57(6): 1470-1481

Cassidy CE, Setzer WN. 2010. Cancer-relevant biochemical targets of cytotoxic Lonchocarpus flavonoids: a molecular docking analysis. J Mol Model, 16(2): 311

Cheng Y, Shen LH, Zhang JT. 2005. Anti-amnestic and anti-aging effects of ginsenoside Rg1 and Rb1 and its mechanism of action. Acta Pharmacologica Sinica, 2(26): 143

Cheung JK, Li J, Cheung AW, et al. 2009. Cordysinocan, a polysaccharide isolated from cultured Cordyceps, activates immune responses in cultured T-lymphocytes and macrophages: signaling cascade and induction of cytokines. J Ethnopharmacol, 124(1): 61-68

Clifford MN, van der Hooft JJ, Crozier A. 2013. Human studies on the absorption, distribution, metabolism, and excretion of tea polyphenols. Am J Clin Nutr, 98(6): 1619-1630

Cvoronic J, Tramer F, Granzotto M, et al. 2010. Oxidative stress based cytotoxicity of delphinidin and cyaniding in colon cancer cells. Arch Biochem Biophys, 501(1): 151-157

Cuello S, Ramos S, Mateos R. 2007. Selenium methylselenocysteine protects human hepatoma HepG2 cells against oxidative stress induced by tert-butyl hydroperoxide. Anal Bioanal Chem, 389(7-8): 2167-2178

Ellington AA, Berhow MA, Singletary KW. 2005. Induction of macroautophagy in human colon cancer cells by soybean B-group triterpenoid saponins. Carcinogenesis, 26(1): 159-167

Feng R, Ni H, Wang SY. 2007. Cyanidin-3-rutinoside, a natural polyphenol antioxidant, selectivity kills leukemic cells by induction of oxidative stress. The Journal of Biological Chemistry, 282(18): 13468-13476

Frances Sienkiewicz Sizer, Ellie Whitney. 2011. Nutrition: Concepts and Controversies. Florence : Thomson Brooks/Cole

Gardner JM, Powell CA, Baker-Henningham H, et al. 2005. Zinc supplementation and psychosocial stimulation: effects on the development of undernourished Jamaican children. Am J Clin Nutr, 82(2): 399-405

GB 15193. 1－2014《食品安全性毒理学评价程序》

He WS, Jia CS, Yang YB, et al. 2011. Cholesterol-lowering effects of plant steryl and stanyl laurate by oral administration in mice. J Agric and Food Chem, 59(9): 5093-5099

Herrera-Martínez AD, Alhambra Expósito MR, Manzano García G, et al. 2015. Use of glutamine in total parenteral nutrition of bone marrow transplant. Patients Nutr Hosp, 31(4): 1620-1624

Holgate ST, Komaroff AL, Mangan D, et al. 2011. Chronic fatigue syndrome: understanding a complex illness. Nat Rev Neurosci, 12(9): 539

Hsu CC, Lin TW, Chang WW, et al. 2005. Soyasaponin-I-modified invasive behavior of cancer by changing cell surface sialic acids. Gynecol Oncol, 96(2): 415-422

Idrissi AEI. 2008. Taurine improves learning and retention in aged mice. Neuroscience Lettersm, 436(1): 19-22

Ismail-Beigi F. 2012. Glycemic management of type 2diabetes mellitus. N Engl J Med, 366: 1319-1327

Jeurink PV, van Esch BC, Rijnierse A, et al. 2013. Mechanisms underlying immune effects of dietary oligosaccharides. Am J Clin Nutr, 98(2): 572S-577S

Jiang JW, Chen XM, Chen XH, et al. 2011. Ginsenoside Rg3 inhibit hepatocellular carcinoma growth via intrinsic apoptotic pathway. World J Gastroenterol, 17(31): 3605-3613

Karlsen A, Retterstol L, Laake P, et al. 2007. Anthocyanins inhibit nuclear factor-kappaB activation in monocytes and reduce plasma concentrations of pro-inflammatory mediators in healthy adults. The Journey of Nutrition, 137: 1951-1954

Kim HS, Quon MJ, Kim JA. 2014. New insights into the mechanisms of polyphenols beyond antioxidant properties； lessons from the green tea polyphenol, epigallocatechin 3-gallate. Redox Biol, 10(2): 187-195

Kitamura T, Obara H, Takashima Y, et al. 2013. World Health Assembly Agendas and trends of international health issues for the last 43 years: Analysis of World Health Assembly Agendas between 1970 and 2012. Health Policy, 110: 198-206

Lee KY, Lee MH, Chang IY. 2006. Macrophage activation by polysaccharide fraction isolated from Salicornia herbacea. J Ethnopharmacol, 103(3): 372-378

Liang W, Ge SH, Yang LH, et al. 2010. Ginsenosides Rb1and Rg1promote proliferation and expression of neurotrophic factors in primary Schwann cell cultures. Brain Research, 1357: 19-25

Linman MJ, Sugerman K, Cheng Q. 2010. Detection of low levels of *Escherichia coli* in fresh spinach by surface plasmon resonance spectroscopy with a TMB-based enzymatic signal enhancement method . Sensor & Actuators B: Chemical, 145(2): 613-619

Liu R, Fingley J. 2005. Potential cell culture models for antioxidant research. Journal of agricultural and food chemistry,53(10): 4311-4314

Lustig RH, Schmidt LA, Brindis CD. 2012. The toxic truth about sugar. Nature, 482: 27-29

Malhomme de la Roche HS, Seagrove AM, et al. 2010. Using natural dietary sources of antioxidants to protect against ultravioletand visible radiation-induced DNA damage: An investigation of human green tea ingestion. Journal of Photochemistry and Photobiology B: Biology, 101(2): 169-173

Manzo LP, Defaria FM, Dunder RJ, et al. 2014. Royal Jelly and its dual role in TNBS colitis in mice. Scientific World Journal, 2015: 956235

Mayford M, Siegelbaum SA, Kandel ER. 2012. Synapses and memory storage. Cold Spring Harb PerspectBiol, 4(6): 1-18

Mellitus D. 2005. Diagnosis and classification of diabetes mellitus. Diabetes Care, 28: S37

Mingruo Guo. 2009. Functional Foods: Principles and Technology. USA: Woodhead Publishing Ltd

Morgado-Bernal I. 2011. Learning and memory consolidation: linking molecular and behavioral data. Neuroscience, 176: 12-19

Mueller S, Saunier K, Hanisch C, et al. 2006. Differences in fecal microbiota in different European study populations in relation to age, gender, and country: a cross-sectional study. Appl Environ Microbiol, 72(2): 1027-1233

Murakami S. 2015. The role of taurine in the pathogenesis of obesity. Mol Nutr Food Res, 19: 67-70

Nair CKK, Salvi VP. 2008. Protection of DNA from gammaradiation induced strand breaks by Epicatechin. Mutation Research /Genetic Toxicology and Environmental Mutagenesis, 650(1): 48-54

Nakakuki T. 2009. Present status and future of functional oligosaccharide development in Japan. Pure and Applied Chemistry, 74(7): 1245-1251

Narendran R, Frankle WG, Mason NS, et al. 2012. Improved working memory but no effect on striatal vesicular monoamine transporter type 2after omega-3polyunsaturated fatty acidsupplementation. PLoS One, 7(10): e46832

Newburg DS, Ruiz-Palacios GM, Morrow AL. 2005. Human milk glycans protect infants against enteric pathogens. Annu Rev Nutr, 25: 37-58

Nicholas C, Batra S, et al. 2007. Apigenin blocks lipopolysaccharide-induced lethality in vivo and proinflammatory cytokines expression by inactivating NF-κB through the suppression of p65phosphorylation. J Immunology, 179: 7121-7127

Nwe N, Furuike T, Tamura H. 2014. Isolation and characterization of chitin and chitosan from marine origin. Advances in Food & Nutrition Research, 72: 1-15

Piche T, Barbara G, Aubert P, et al. 2009. Impaired intestinal barrier integrity in the colon of patients with irritable bowel syndrome: involvement of soluble mediators. Gut, 58(2): 196-201

Rood BR, MacDonald TJ, Packer RJ. 2004. Current treatment of medulloblastoma: recent advances and future challenges. Seminars in Oncology, 31: 666-675

Rossi A, Caracciolo V, Russo G, et al. 2008. Medulloblastoma: from molecular pathology to therapy. Clin Cancer Res, 14: 971-976

Schroeder Jr HW, Schroeder HW, Sheikh SM. 2004. The complex genetics of commonvariable immunodeficiency. Journal of investigative medicine: the official publication of the American Federation for Clinical Research, 52(2): 90-103

Sheeja K, Kuttan G. 2006. Protective effect of Andrographis paniculata and andrographolide on cyclophosphamide-induced urothelial toxicity. Integr Cancer Ther, 5: 244-251

Stonehouse W, Conlon CA, Podd J, et al. 2013. DHA supplementation improved both memory and reaction time in healthy young adults: a randomized controlled trial. American Society for Nutrition, 97(5): 1134-1143

Suh SW, Won SJ, Hamby AM, et al. 2009. Decreased brain zinc availability reduces hippocampal neurogenesis in mice and rats. J Cereb Blood Flow Metab, 29: 1579-1588

Tsai CY, Chen YH. Chien YW, et al. 2010. Effect of soy saponin on the growth of human colon cancer cells. World J Gastroenterol, 16(27): 3371-3376

Vance JE, Vance DE. 2005. Metabolic insights into phospholipid function using gene-targeted mice. Journal of Biological Chemistry, 280(12): 10877-10880

Vandenplas Y, Zakharova I, Dmitrieva Y. 2015. Oligosaccharides in infant formula: more evidence to validate the role of prebiotics. Br J Nutr, 113(9): 1339-1344

Vijay D, Wagh VD. 2013. Propolis: A wonder bees product and its pharmacological potentials. Advances in Pharmacological Sciences, 308249-308260

Viuda-Martos M, Ruiz-Navajas Y, Fernάndez-Lόpez J, et al. 2008. Functional properties of honey, propolis, and royal jelly. J Food Sci, 73(9): 117-124

Wang J, Tong X, Li P, et al. 2012. Immuno-enhancement effects of Shenqi Fuzheng Injection on cyclophosphamide-induced immunosuppression in Balb/c mice. J Ethnopharmacol, 139: 788-795

Wang L, Zhao X, Chen J, et al. 2013. Biological indicators of sub-optimal health status. Journal of Traditional Chinese Medicine, 33: 647-650

Wang LS, Stoner GD. 2008. Anthocyanins and their role in cancer prevention. Cancer Lett, 269(2): 281-290

Wang Q, Sun LH, Jia W, et al. 2010. Comparison of ginsenoside Rg1and Rb1for their effects on improving scopolamine-induced learning and memory impairment in mice. Phytother Res, 24: 1748

Xi Y, Sun N, Chen Y, et al. 2011. Arterial function of Chinese health and sub-health population. International Journal of Cardiology, 152: S70

Xiao XY, Hao M, Yang XY, et al. 2011. Licochalcone A inhibits growth of gastric cancer cells by arresting cell cycle progression and inducing apoptosis. Cancer Lett, 302(1): 69

Yamasaki A, Shoda M, Iijima H, et al. 2009. A protein bound polysaccharide, PSK, enhances tumor suppression induced by docetaxel in a gastric cancer xenograft model. Anticancer Res, 29(3): 843-850

Yang W, Lu J, Weng J, et al. 2010. Prevalence of diabetes among men and women in China. N Engl J Med, 362: 1090-1101

Yuan HD, Quan HY, Zhang Y, et al. 2010. (S)-ginsenoside Rg3-induced apoptosis in HT-29colon cancer cells is associated with AMPK signaling pathway. Mol Med Report, 3(5): 825-831

Yun-Yeong J, Youn JL, Keun-Mi L, et al. 2009. The effects of oenanthe javanica extracts on hepatic fat accumulation and plasma biochemical profiles in a nonalcoholic fatty liver disease model. Journal of the Korean Society for Applied Biological Chemistry, 52(6): 632-637

Zareie M, Johnson-Henry K, Jury J, et al. 2006. Probiotics prevent bacterial translocation and improve intestinal barrier function in rats following chronic psychological stress. Gut, 55(11): 1553-1560

Zhang W, Popovich DG. 2008. Effect of soyasapogenol A and soyasapogenol B concentrated extracts on HEP-G2 cell proliferation and apoptosis. J Agric Food Chem, 56(8): 2603-2608

Zhao H, Xiong WH, Zhao X, et al. 2012. Development and evaluation of a Traditional Chinese Medicine syndrome questionnaire for measuring sub-optimal health status in China. J Tradit Chin Med, 32: 129-136

Zhu D, Wu L, Li CR, et al. 2009. Ginsenoside Rg1protects rat cardiomyocyte from hypoxia / reoxygenation oxidative injury via antioxidant and intracellular calcium homeostasis. Cellular Biochemistry, 108(1): 117

附录1 药食两用的动植物

原料	性味归经	主要有效成分	功效	保健相关功能和药典推荐量
丁香	辛，温。归脾、胃、肺、肾经	丁香酚、丁香油酚、乙酰丁香油酚及少量 α-与 β-丁香烃；其次为葎草、胡椒酚、α-衣兰烯等	温中降逆，补肾助阳。用于脾胃虚寒，呃逆呕吐，食少吐泻，心腹冷痛，肾虚阳痿	抗病原微生物，缓解腹部气胀、增强消化能力、减轻恶心呕吐等 《中华人民共和国药典》（以下简称《药典》）推荐每日用量：1～3g
八角茴香	辛，温。归肝、肾、脾、胃经	反式茴香脑、甲基胡椒酚、茴香酸、茴香、蒎烯、水芹烯、柠檬烯、1,8-桉叶素、黄樟醚等	温阳散寒，理气止痛。用于寒疝腹痛，肾虚腰痛，胃寒呕吐，脘腹冷痛	抗菌等 《药典》推荐每日用量：3～6g
刀豆	甘，微苦，温。归肝、胃经	尿索酶、血球凝集素、刀豆氨酸等	温中，下气，止呃。用于虚寒呃逆，呕吐	抗肿瘤等 《药典》推荐每日用量：6～9g
大枣	甘，温。归脾、胃、心经	山楂酸-3-*O*-反式-对-香豆酰酯、山楂酸-3-*O*-顺式-对-香豆酰酯、6,8-二葡萄糖基-2（*S*)-柑橘素、芦丁等	补中益气，养血安神。用于脾虚食少，乏力便溏，妇人脏躁	护肝、抗肿瘤、增强肌力作用等 《药典》推荐每日用量：6～15g
小茴香	辛，温。归肝、肾、脾、胃经	茴香醚、小茴香酮 α-蒎烯、α-水芹烯、莰烯、二戊烯、茴香醛、茴香酸、爱草脑、对聚伞花素。亦含脂肪油、豆甾醇、7-羟基香豆精等挥发油成分等	散寒止痛，理气和胃。用于寒疝腹痛，睾丸偏坠，痛经，小腹冷痛，脘腹胀痛，食少吐泻。盐小茴香暖肾散寒止痛。用于寒疝腹痛，睾丸偏坠，经寒腹痛	茴香油能降低胃的张力，随后又能刺激胃使之蠕动正常化，缩短排空时间。小茴香对胃液分泌、Shay 溃疡和应激溃疡有抑制作用，并有利胆作用，随着胆汁固体成分增加促进胆汁分泌等 《药典》推荐每日用量：3～6g
小蓟	甘、苦，凉。归心、肝经。	蒙花苷、刺槐素苷、刺槐苷、芦丁、柳川鱼苷、原儿茶酸、咖啡酸、绿原酸等	凉血止血，散瘀解毒消痈。用于衄血，吐血，尿血，血淋，便血，崩漏，外伤出血，痈肿疮毒	止血、凝血、升高血压、抗菌抗炎、脂质代谢调节、抗衰老、抗疲劳、护肝等 《药典》推荐每日用量：5～12g
山药	甘，平。归脾、肺、肾经	薯蓣皂苷、薯蓣皂苷元黏液质、糖蛋白、止杈素、多酚氧化酶、维生素 C、3,4-二羟基苯乙胺、甘露聚糖和植酸等	补脾养胃，生津益肺，补肾涩精。用于脾虚食少，久泻不止，肺虚喘咳，肾虚遗精，带下，尿频，虚热消渴。麸炒山药补脾健胃，用于脾虚食少，泄泻便溏，白带过多	增强免疫力、提高缺氧耐受力功能、促进消化功能、抗衰老、抗氧化、降血脂、降血糖。 《药典》推荐每日用量：15～30g
山楂	酸、甘，微温。归脾、胃、肝经	柠檬酸、山楂酸、绿原酸、熊果酸、齐墩果酸、槲皮素、牡荆素等	消食健胃，行气散瘀，化浊降脂。用于肉食积滞，胃脘胀满，泻痢腹痛，瘀血经闭，产后瘀阻，心腹刺痛，胸痹心痛，疝气疼痛，高脂血症。焦山楂消食导滞作用增强。用于肉食积滞，泻痢不爽	降血脂、改善营养性贫血、抗氧化、护肝、抗疲劳、促进消化等 《药典》推荐每日用量：9～12g
马齿苋	酸，寒。归肝、大肠经	去甲基肾上腺素、钾盐、二羟基苯乙胺、二羟基苯丙氨酸、苹果酸、柠檬酸、谷氨酸、天冬氨酸、丙氨酸、蔗糖、葡萄糖、果糖等	清热解毒，凉血止血，止痢。用于热毒血痢，痈肿疔疮，湿疹，丹毒，蛇虫咬伤，便血，痔血，崩漏下血	抗病原微生物等 《药典》推荐每日用量：9～15g；鲜品 30～60g

续表

原料	性味归经	主要有效成分	功效	保健相关功能和药典推荐量
乌梅	酸，涩，平。归肝、脾、肺、大肠经	柠檬酸、柠檬酸、苹果酸、琥珀酸、超氧化物歧化酶（SOD）等	敛肺，涩肠，生津，安蛔。用于肺虚久咳，久泻久痢，虚热消渴，蛔厥呕吐腹痛	抗病原微生物、抗过敏、抗肿瘤、增强免疫力、促进皮肤细胞新陈代谢、抗衰老等 《药典》推荐每日用量：6～12g
木瓜	酸，温。归肝、脾经	齐墩果酸、熊果酸、木瓜酚、皂苷、苹果酸、酒石酸、柠檬酸、维生素 C、黄酮类、单宁等	舒筋活络，和胃化湿。用于湿痹拘挛，腰膝关节酸重疼痛，暑湿吐泻，转筋挛痛，脚气水肿	护肝、抗菌、减缓细胞的生长，降低巨噬细胞的吞噬作用等 《药典》推荐每日用量：6～9g
火麻仁	甘，平。归脾、胃、大肠经	油酸、亚油酸、亚麻酸、大麻、植酸钙镁、毒蕈碱、葫芦巴碱、胆碱、葡萄糖醛酸、甾醇、卵磷脂等	润肠通便。用于血虚津亏，肠燥便秘	抗氧化、促进消化、通便、改善学习记忆、降血压、降血脂等 《药典》推荐每日用量：9～15g
代代花	苦、酸，微寒	萜品醇、柠檬烯、萜品烯等挥发油成分	行气宽中，消食，化痰	抗炎等
玉竹	甘，微寒。归肺、胃经	玉竹多糖、铃兰苦苷、铃兰苷、山柰酚苷、槲皮醇苷、白屈菜酸、玉竹苷等	养阴润燥，生津止渴。用于肺胃阴伤，燥热咳嗽，咽干口渴，内热消渴	调节血糖、增强免疫力等 《药典》推荐每日用量：6～12g
甘草	甘，平。归心、肺、脾、胃经	甘草苷、异甘草苷、新甘草苷、甘草西定、甘草利酮、甘草甜素、甘草酸、甘草次酸等	补脾益气，清热解毒，祛痰止咳，缓急止痛，调和诸药。用于脾胃虚弱，倦怠乏力，心悸气短，咳嗽痰多，脘腹、四肢挛急疼痛，痈肿疮毒，缓解药物毒性、烈性	抗炎作用、增强免疫力、护肝、抗肿瘤、解热、镇痛等 《药典》推荐每日用量：1.5～9g
白芷	辛，温。归胃、大肠、肺经	欧前胡素、3-亚甲基-6（1-甲乙基）-环己烯、十六烷酸、甲基环癸烷、1-十四碳烯等	解表散寒，祛风止痛，宣通鼻窍，燥湿止带，消肿排脓。用于感冒头痛，眉棱骨痛，鼻塞流涕，鼻鼽鼻渊，牙痛，带下，疮疡肿痛	抗菌、协助抑制脂肪合成等 《药典》推荐每日用量：3～9g
白果	甘、苦、涩，平；有毒。归肺经	山柰黄素、山柰黄素-3-鼠李葡萄糖苷、白果酸、氢化白果酸、氢化白果亚酸、白果酚、白果二酚等	敛肺定喘，止带缩尿。用于痰多喘咳，带下白浊，遗尿尿频	抗菌等 《药典》推荐每日用量：4.5～9g
白茅根	甘，寒。归肺、胃、膀胱经	葡萄糖、蔗糖、柠檬酸、草酸、苹果酸等	凉血止血，清热利尿。用于血热吐血，衄血，尿血，热病烦渴，湿热黄疸，水肿尿少，热淋涩痛	止血、利尿、抗菌等 《药典》推荐每日用量：9～30g，鲜品 30～60g
白扁豆	甘，微温。归脾、胃经	胰蛋白酶抑制物，淀粉酶抑制物，细胞凝集素 A、B，尚含豆甾醇，磷脂，蔗糖，棉子糖，水苏糖，葡萄糖，半乳糖，果糖、淀粉，氰苷，酪氨酸酶等	健脾化湿，和中消暑。用于脾胃虚弱，食欲不振，大便溏泻，白带过多，暑湿吐泻，胸闷腹胀。炒白扁豆健脾化湿，用于脾虚泄泻，白带过多	扁豆中含有对人的红细胞的非特异性凝集素，其具有某些球蛋白特性 《药典》推荐每日用量：9～15g
龙眼肉（桂圆）	甘，温。归心、脾经	葡萄糖、蔗糖、酒石酸、腺嘌呤、胆碱等。尚含少量的蛋白质、脂肪等	补益心脾，养血安神。用于气血不足，心悸怔忡，健忘失眠，血虚萎黄	抑菌、抗衰老等 《药典》推荐每日用量：9～15g
决明子	甘、苦、咸，微寒。归肝、大肠经	大黄酚、橙黄决明素、芦荟大黄素、大黄酸、大黄素葡萄糖苷、大黄素蒽酮等	清热明目，润肠通便。用于目赤涩痛，畏光多泪，头痛眩晕，目暗不明，大便秘结	降血压、抗病原微生物、调节血脂、抑制血小板凝聚抑制细胞免疫、增强巨噬细胞吞噬功能等 《药典》推荐每日用量：9～15g
百合	甘，寒。归心、肺经	秋水仙碱、顺花药黄质酯、淀粉、蛋白质、脂肪等	养阴润肺，清心安神。用于阴虚燥咳，劳嗽咯血，虚烦惊悸，失眠多梦，精神恍惚	止咳、祛痰、平喘、升高外周白细胞、增强免疫力、抗疲劳等 《药典》推荐每日用量：6～12g

续表

原料	性味归经	主要有效成分	功效	保健相关功能和药典推荐量
肉桂	辛、甘、大热。归肾、脾、心、肝经	桂皮醛、乙酸桂皮酯、乙酸苯丙酯等挥发油类成分等	补火助阳，引火归元，散寒止痛，温通经脉。用于阳痿宫冷，腰膝冷痛，肾虚作喘，虚阳上浮，眩晕目赤，心腹冷痛，虚寒吐泻，寒疝腹痛，痛经经闭	杀菌、健胃、外敷可治胃痛、胃肠胀气绞痛、抗真菌等 《药典》推荐每日用量：1～4.5g
余甘子	甘、酸、涩、凉。归肺、胃经	没食子酸、鞣花酸、葡萄糖没食子鞣酸、鞣云实素、原诃子酸、诃黎勒酸、诃子酸等	清热利咽，润肺化痰，生津止渴。用于感冒发热，咽痛口干，燥咳痰黏，烦热口渴	降血脂、抗氧化、抗炎、促进消化等 《药典》推荐每日用量：3～9g，多入丸散服
佛手	辛、苦、酸、温。归肝、脾、胃、肺经	含橙皮苷、布枯叶苷、佛手内酯、柠檬内酯、3,5,6-三羟基-4',7-二甲基氧基黄酮等	疏肝理气，和胃止痛，燥湿化痰。用于肝胃气滞，胸胁胀痛，胃脘痞满，食少呕吐，咳嗽痰多	平喘、祛痰等 《药典》推荐每日用量：3～9g
杏仁（甜，苦）	苦，微温；有小毒。归肺、大肠经	苦杏仁苷、脂肪油、蛋白质和氨基酸等	降气止咳平喘，润肠通便。用于咳嗽气喘，胸满痰多，肠燥便秘	镇咳平喘、抗肿瘤、预防和治疗抗肿瘤药阿脲引起的糖尿病、驱虫、杀菌等 《药典》推荐每日用量：4.5～9g，生品入煎剂后下
沙棘	酸、涩，温。归脾、胃、肺、心经	芦丁、异鼠李素、槲皮素、异鼠李素-3-β-D-葡萄糖苷、异鼠李素-3-β-D-芸香糖苷、多种维生素、微量元素等	健脾消食，止咳祛痰，活血散瘀。用于脾虚食少，食积腹痛，咳嗽痰多，胸痹心痛，瘀血经闭，跌扑瘀肿	祛黄褐斑、抗氧化、抗菌、对辐射危害有保护作用、增强免疫力、促进排铅、提高缺氧耐受力、降血脂等 《药典》推荐每日用量：3～9g
牡蛎	咸，微寒。归肝、胆、肾经	碳酸钙、磷酸钙及硫酸钙，并含镁、铝、硅及氧化铁、糖原，牛磺酸、氨基酸，谷胱甘肽等	重镇安神，潜阳补阴，软坚散结。用于惊悸失眠，眩晕耳鸣，瘰疬痰核，症瘕痞块。煅牡蛎收敛固涩，制酸止痛。用于自汗盗汗，遗精滑精，崩漏带下，胃痛吞酸	增加骨密度、增强免疫力、改善睡眠、缓解体力疲劳等；生用镇静、软坚、解热的效力良好；煅用则涩而带燥，收敛固涩之力较强 《药典》推荐每日用量：9～30g，先煎
芡实	甘、涩，平。归脾、肾经	淀粉、蛋白质、脂肪、碳水化合物、粗纤维、钙、磷、铁、硫胺素、核黄素、尼克酸、抗坏血酸、胡萝卜素等	益肾固精，补脾止泻，除湿止带。用于遗精滑精，遗尿尿频，脾虚久泻，白浊，带下	增强免疫力、缓解体力疲劳等 《药典》推荐每日用量：9～15g
芦根	甘，寒。归肺、胃经	对羟基苯甲醛、5-羟甲基糠醛、大黄素甲醚、胡萝卜苷、β-谷甾醇、香草醛、西米杜鹃醇、3α-*O*-β-D-吡喃葡萄糖基南烛木树脂酚等	清热泻火，生津止渴，除烦，止呕，利尿。用于热病烦渴，肺热咳嗽，肺痈吐脓，胃热呕哕，热淋涩痛	护肝、降血糖、抗氧化等 《药典》推荐每日用量：15～30g；鲜品用量加倍，或捣汁用
花椒	辛，温。归脾、胃、肾经	柠檬烯、枯醇、α-蒎烯、β-蒎烯、香桧萜、β-水芹烯、β-罗勒烯-X、α-萜品醇、樟醇、萜品烯醇-4、α-萜品醇等挥发油成分	温中止痛，杀虫止痒。用于脘腹冷痛，呕吐泄泻，虫积腹痛；外治湿疹，阴痒	抗病原微生物、抗血栓形成等 《药典》推荐每日用量：3～6g
赤小豆	甘、酸，平。归心、小肠经	蛋白质、脂肪、碳水化合物、维生素等	利水消肿，解毒排脓。用于水肿胀满，脚气水肿，黄疸尿赤，风湿热痹，痈肿疮毒，肠痈腹痛	抑菌等 《药典》推荐每日用量：9～30g
阿胶	甘，平。归肺、肝、肾经	多种氨基酸，有L-羟脯氨酸、甘氨酸、丙氨酸、L-脯氨酸等。钾、钠、钙、镁、铜、铁、铝、锰、锌等无机元素	补血滋阴，润燥，止血。用于血虚萎黄，眩晕心悸，肌痿无力，心烦不眠，虚风内动，肺燥咳嗽，劳嗽咯血，吐血尿血，便血崩漏，妊娠胎漏	改善贫血、缓解体力疲劳、增强骨密度、祛黄褐斑、增强免疫力等 《药典》推荐每日用量：烊化兑服，3～9g

续表

原料	性味归经	主要有效成分	功效	保健相关功能和药典推荐量
鸡内金	甘，平。归脾、胃、小肠、膀胱经	胃激素、角蛋白、维生素B和维生素C、氨基酸、胃蛋白酶、淀粉酶、氯化铵等	健胃消食，涩精止遗，通淋化石。用于食积不消，呕吐泻痢，小儿疳积，遗尿，遗精，石淋涩痛，胆胀胁痛	助消化等 《药典》推荐每日用量：3～9g
麦芽	甘，平。归脾、胃经	淀粉酶、转化糖酶、维生素B、脂肪、磷脂、糊精、麦芽糖、葡萄糖等	行气消食，健脾开胃，回乳消胀。用于食积不消，脘腹胀痛，脾虚食少，乳汁郁积，乳房胀痛，妇女断乳，肝郁胁痛，肝胃气痛。生麦芽健脾和胃，疏肝行气。用于脾虚食少，乳汁郁积。炒麦芽行气消食回乳。用于食积不消，妇女断乳。焦麦芽消食化滞。用于食积不消，脘腹胀痛	助消化、回乳等 《药典》推荐每日用量：9～15g；回乳炒用60g
昆布	咸，寒。归肝、胃、肾经	碘、钙、钴、多糖等	消痰软坚散结，利水消肿。用于瘿瘤，瘰疬，睾丸肿痛，痰饮水肿	降血压、调节血脂、抗肿瘤等 《药典》推荐每日用量：6～12g
罗汉果	甘，凉。归肺、大肠经	罗汉果皂苷及罗汉果素	清热润肺，利咽开音，润肠通便。用于肺热燥咳，咽痛失音，肠燥便秘	清咽、通便等 《药典》推荐每日用量：9～15g
郁李仁	辛、苦、甘，平。归脾、大肠、小肠经	苦杏仁苷、脂肪油、挥发性有机酸、粗蛋白质、纤维素、淀粉、油酸等	润肠通便，下气利水。用于津枯肠燥，食积气滞，腹胀便秘，水肿，脚气，小便不利	泻下、镇静、利尿等 《药典》推荐每日用量：6～9g
金银花	甘，寒。归肺、心、胃经	绿原酸、木犀草素、肌醇和皂苷等	清热解毒，疏散风热。用于痈肿疔疮，喉痹，丹毒，热毒血痢，风热感冒，温病发热	抗病原微生物、调节血脂、抗炎及解热、免疫调节等 《药典》推荐每日用量：6～15g
青果	甘、酸，平。归肺、胃经	油酸、己酸、辛酸、癸酸、月桂酸、肉豆蔻酸、滨蒿内酯、莨菪亭、没食子酸等	清热解毒，利咽，生津。用于咽喉肿痛，咳嗽痰黏，烦热口渴，鱼蟹中毒	清咽、护肝等 《药典》推荐每日用量：4.5～9g
鱼腥草	辛，微寒。归肺经	癸酰乙醛、月桂醛、2-十一烷酮、丁香烯、芳樟醇、乙酸龙脑酯、α-蒎烯、莰烯、月桂烯和d-柠檬烯等挥发油成分、槲皮素、槲皮苷、异槲皮苷、瑞诺苷、金丝桃苷、阿夫苷、芸香苷等	清热解毒，消痈排脓，利尿通淋。用于肺痈吐脓，痰热喘咳，热痢，热淋，痈肿疮毒	抗病原微生物、增强免疫力、抗肿瘤、抗炎等 《药典》推荐每日用量：15～25g，不宜久煎；鲜品用量加倍，水煎或捣汁服
生姜	辛，微温。归肺、脾、胃经	6-姜辣素、姜醇、姜烯水芹烯、莰烯、柠檬醛、芳樟醇、甲基庚烯酮等挥发油成分等	解表散寒，温中止呕，化痰止咳，解鱼蟹毒。用于风寒感冒，胃寒呕吐，寒痰咳嗽，鱼蟹中毒	抗病原微生物、抗氧化作用、抗肿瘤等 《药典》推荐每日用量：3～10g
干姜	辛，热。归脾、胃、肾、心、肺经	6-姜辣素、姜烯酮、姜烯、姜醇、姜烯酚、姜酚等	温中散寒，回阳通脉，温肺化饮。用于脘腹冷痛，呕吐泄泻，肢冷脉微，寒饮喘咳	助消化、抗溃疡、护肝、利胆、抗缺氧、镇痛、抗炎、抗过敏等 《药典》推荐每日用量：3～10g
枳椇子	甘，平。归胃经	枳椇子皂苷、黑麦草碱、洋芹素、山萘酚、槲皮素、杨梅黄素等	通利二便，解酒毒，止渴除烦。用于二便不利，酒醉，烦热口渴，呕吐	解酒、护肝、抗突变、抗肿瘤、抗溃疡、降血压、利尿、缓解体力疲劳等 《药典》推荐每日用量：4.5～9g
枸杞子	甘，平。归肝、肾经	枸杞多糖、甜菜碱、莨菪亭等	滋补肝肾，益精明目。用于虚劳精亏，腰膝酸痛，眩晕耳鸣，阳痿遗精，内热消渴，血虚萎黄，目昏不明	抗疲劳、增强免疫力、对辐射危害有保护功能、降血脂等 《药典》推荐每日用量：6～12g

续表

原料	性味归经	主要有效成分	功效	保健相关功能和药典推荐量
栀子	苦，寒。归心、肺、三焦经	栀子苷、黄酮类栀子素、藏红花素、藏红花酸、异栀子苷等	泻火除烦，清热利湿，凉血解毒；外用消肿止痛。用于热病心烦，湿热黄疸，淋证涩痛，血热吐衄，目赤肿痛，火毒疮疡；外治扭挫伤痛	镇静、抗病原微生物、护肝等 《药典》推荐每日用量：6～9g
砂仁	辛，温。归脾、胃、肾经	挥发油，如乙酸龙脑酯、d-樟脑、d-龙脑、芳樟醇、橙花椒醇等	化湿开胃，温脾止泻，理气安胎。用于湿浊中阻，脘痞不饥，脾胃虚寒，呕吐泄泻，妊娠恶阻，胎动不安	保护胃黏膜、促进消化、增强免疫力等 《药典》推荐每日用量：3～6g，后下
胖大海	甘，寒。归肺、大肠经	西黄芪胶黏素、半乳糖和戊糖等	清热润肺，利咽开音，润肠通便。用于肺热声哑，干咳无痰，咽喉干痛，热结便闭，头痛目赤	降压作用、利尿、镇痛等 《药典》推荐每日用量：2～3 枚，沸水泡服或煎服
胡椒	辛，热。归胃、大肠经	胡椒碱、胡椒脂碱、胡椒新碱、向日葵素、二氢葛缕醇、氧化石竹烯、隐品酮等	温中散寒，下气，消痰。用于胃寒呕吐，腹痛泄泻，食欲不振，癫痫痰多	抗惊厥、镇静、升高血压等 《药典》推荐每日用量：0.6～1.5g，研粉吞服
茯苓	甘、淡，平。归心、肺、脾、肾经	β-茯苓聚糖、茯苓酸、土牧酸、三萜羧酸、齿孔酸、松苓酸等	利水渗湿，健脾，宁心。用于水肿尿少，痰饮眩悸，脾虚食少，便溏泄泻，心神不安，惊悸失眠	抗肿瘤、护肝、免疫调节、抗病原微生物等 《药典》推荐每日用量：9～15g
香橼	辛、苦、酸，温。归肝、脾、肺经	柚皮苷、8-(3,8-二甲基-2,7-辛二烯)-香豆素、β-谷甾醇、β-胡萝卜素等	疏肝理气，宽中，化痰。用于肝胃气滞，胸胁胀痛，脘腹痞满，呕吐噫气，痰多咳嗽	助消化等 《药典》推荐每日用量：3～9g
香薷	辛，微温。归肺、胃经	麝香草酚、香荆芥酚等挥发油成分，还含甾醇、酚性物质和黄酮苷等	发汗解表，化湿和中，利水消肿。用于暑湿感冒，恶寒发热，头痛无汗，腹痛吐泻，水肿，小便不利	抗病原微生物、免疫调节等 《药典》推荐每日用量：3～9g
桃仁	苦、甘，平。归心、肝、大肠经	苦杏仁苷、苦杏仁酶、尿囊素酶、乳糖酶、维生素 B_1、挥发油、脂肪油等	活血祛瘀，润肠通便，止咳平喘。用于经闭痛经，癥瘕痞块，肺痈肠痈，跌扑损伤，肠燥便秘，咳嗽气喘	抗炎、抗肿瘤等 《药典》推荐每日用量：4.5～9g
桑叶	甘、苦，寒。归肺、肝经	芦丁、芸香苷、槲皮素、异槲皮苷、槲皮素-3-三葡糖苷、β-谷甾醇、菜油甾醇等	疏散风热，清肺润燥，清肝明目。用于风热感冒，肺热燥咳，头晕头痛，目赤昏花	降血糖、抗病原微生物等 《药典》推荐每日用量：5～9g
桑葚	甘、酸，寒。归心、肝、肾经	芦丁，胡萝卜素，维生素 A、B、C，蛋白质，芸香苷，花色苷	滋阴补血，生津润燥。用于肝肾阴虚，眩晕耳鸣，心悸失眠，须发早白，津伤口渴，内热消渴，肠燥便秘	增强免疫力、护肝等 《药典》推荐每日用量：9～15g
桔梗	苦、辛，平。归肺经	桔梗皂苷，远志酸，桔梗皂苷元，桔梗酸 A、B 及 C，菊糖，桔梗聚糖，葡萄糖及植物甾醇等	宣肺，利咽，祛痰，排脓。用于咳嗽痰多，胸闷不畅，咽痛音哑，肺痈吐脓	抗炎、降血糖、降血脂、抗组胺、抗过敏等 《药典》推荐每日用量：3～9g
益智	辛，温。归脾、肾经	β-蒎烯、α-侧柏烯、柠檬烯、对伞花烃、γ-松油烯、芳樟醇、4-松香醇、樟脑等挥发油成分，多种微量元素、B 族维生素、氨基酸等	暖肾固精缩尿，温脾止泻摄唾。用于肾虚遗尿，小便频数，遗精白浊，脾寒泄泻，腹中冷痛，口多唾涎	改善学习记忆记忆、增强免疫力等 《药典》推荐每日用量：3～9g
荷叶	苦，平。归肝、脾、胃经	亚美罂粟碱、*N*-甲基异衡州乌药碱、*N*-甲基衡州乌药碱、*N*-去甲基荷叶碱、番荔枝碱、鹅掌楸碱、去氢荷叶碱、去氢莲碱等生物碱	清暑化湿，升发清阳，凉血止血。用于暑热烦渴，暑湿泄泻，脾虚泄泻，血热吐衄，便血崩漏。荷叶炭收涩化瘀止血，用于出血症及产后血晕	降血脂、减肥、抗氧化、抗衰老、抑菌等 《药典》推荐每日用量：3～9g；鲜品 15～30g；荷叶炭 3～6g

续表

原料	性味归经	主要有效成分	功效	保健相关功能和药典推荐量
莱菔子	辛、甘，平。归肺、脾、胃经	芥子碱、甲硫醇、芥酸、亚油酸、亚麻酸、芥子酸甘油酯、莱菔素、β-谷甾醇等	消食除胀，降气化痰。用于饮食停滞，脘腹胀痛，大便秘结，积滞泻痢，痰壅喘咳	抗病原微生物、降压、降胆固醇、防止冠状动脉粥样硬化等 《药典》推荐每日用量：4.5～9g
莲子	甘、涩，平。归脾、肾、心经	淀粉、蛋白质、脂肪、碳水化合物、钙、磷、铁、β-谷甾醇、β-谷甾醇脂肪酸酯、维生素C、葡萄糖、叶绿素、棕榈酸及谷胱甘肽等	补脾止泻，止带，益肾涩精，养心安神。用于脾虚泄泻，带下，遗精，心悸失眠	改善睡眠、抗衰老、镇静等 《药典》推荐每日用量：6～15g
高良姜	辛、热。归脾、胃经	高良姜素、山柰素、山柰酚、槲皮素、异鼠李素、1,8-桉叶素、桂皮酸甲酯、丁香油酚等	温胃止呕，散寒止痛。用于脘腹冷痛，胃寒呕吐，嗳气吞酸	抗菌、抗血栓等 《药典》推荐每日用量：3～6g
淡竹叶	甘、淡，寒。归心、胃、小肠经	芦竹素、白毛素、无羁萜、β-谷甾醇、豆甾醇、菜油甾醇、蒲公英甾醇等	清热泻火，除烦止渴，利尿通淋。用于热病烦渴，小便短赤涩痛，口舌生疮	解热、抑菌、升高血糖等 《药典》推荐每日用量：6～9g
淡豆豉	辛、苦，凉。归肺、胃经	大豆异黄酮、淡豆豉多糖等	解表，除烦，宣发郁热。用于感冒，寒热头痛，烦躁胸闷，虚烦不眠	降血糖、降血脂、抗肿瘤、增加骨密度、雌激素样作用、抗炎、心血管保护作用、抗早老年性痴呆等 《药典》推荐每日用量：6～12g
菊花	甘、苦，微寒。归肺、肝经	绿原酸、木犀草苷、3,5-*O*-双咖啡酰基奎宁酸、黄酮苷、菊苷、水苏碱、龙脑、醋酸龙脑酯、樟脑等	疏散风热，平肝明目，清热解毒。用于风热感冒，头痛眩晕，目赤肿痛，目暗昏花，疮痈肿毒	抗病原微生物、解热作用等 《药典》推荐每日用量：5～9g
菊苣	微苦、咸，凉。归肝、胆、胃经	马栗树皮素、马栗树皮苷、野莴苣苷、山莴苣素、山莴苣苦素、单宁、单咖啡酒石酸、菊苣酸等	清肝利胆，健胃消食，生津止渴，利尿消肿。用于湿热黄疸，胃痛食少，内热消渴，水肿尿少	降血糖、降血脂、降尿酸等 《药典》推荐每日用量：9～18g
黄芥子	辛，温。归肺经	芥子碱硫氰酸盐、异硫氰酸丙烯酯、甲基糖醛、3-氯丙腈、2-丁烯腈等	温肺豁痰利气，散结通络止痛。用于寒痰咳嗽，胸胁胀痛，痰滞经络，关节麻木、疼痛，痰湿流注，阴疽肿毒	祛痰、止咳等 《药典》推荐每日用量：3～9g
黄精	甘，平。归脾、肺、肾经	甘露糖，葡萄糖，黄精多糖甲、乙、丙，黄精低聚糖甲、乙、丙等	补气养阴，健脾，润肺，益肾。用于脾胃气虚，体倦乏力，胃阴不足，口干食少，肺虚燥咳，劳嗽咯血，精血不足，腰膝酸软，须发早白，内热消渴	抗病原微生物、调节血脂、提高免疫力、降血压等 《药典》推荐每日用量：9～15g
紫苏叶	辛，温。归肺、脾经	紫苏醛、左旋柠檬烯 α-蒎烯、异戊基-3-呋喃甲酮、紫苏醛、β-蒎烯等挥发油成分	解表散寒，行气和胃。用于风寒感冒，咳嗽呕恶，妊娠呕吐，鱼蟹中毒	抗菌、抗氧化、对放射性皮肤损害有保护作用等 《药典》推荐每日用量：5～9g
紫苏籽	辛，温。归肺经	迷迭香酸、α-亚麻酸、亚油酸、油酸等	降气化痰，止咳平喘，润肠通便。用于痰壅气逆，咳嗽气喘，肠燥便秘	降血脂、预防脑血栓和心肌梗死、降血压、促进神经系统、脑和视网膜的发育，改善学习记忆、预防老年痴呆症、过敏症、抗肿瘤等 《药典》推荐每日用量：3～10g
葛根	甘、辛，凉。归脾、胃、肺经	葛根素、葛根素木糖苷、大豆黄酮、大豆黄酮苷及尿囊素、β-谷甾醇、异黄酮苷和多量淀粉等	解肌退热，生津止渴，透疹，升阳止泻，通经活络，解酒毒。用于外感发热头痛，项背强痛，口渴，消渴，麻疹不透，热痢，泄泻，眩晕头痛，中风偏瘫，胸痹心痛，酒毒伤中	降血压、降血糖、降低血清胆固醇等 《药典》推荐每日用量：9～15g

续表

原料	性味归经	主要有效成分	功效	保健相关功能和药典推荐量
黑芝麻	甘，平。归肝、肾、大肠经	油酸、亚油酸、棕榈酸、花生酸、甾醇、芝麻素、芝麻酚等	补肝肾，益精血，润肠燥。用于精血亏虚，头晕眼花，耳鸣耳聋，须发早白，病后脱发，肠燥便秘	降血糖、抗炎、降低血中胆固醇、防治动脉硬化作用等 《药典》推荐每日用量：9～15g
槐花	苦，微寒。归肝、大肠经	芦丁、绿色素、树脂、缩合单宁、色素、蛋白质（或黏液质）、氨基酸（或肽）、糖和维生素 A 等	凉血止血，清肝泻火。用于便血，痔血，血痢，崩漏，吐血，衄血，肝热目赤，头痛眩晕	降血脂、抗病原微生物、抗辐射等 《药典》推荐每日用量：5～10g
槐米		芦丁，槲皮素，槐花米甲、乙和丙素等		抗氧化、降尿酸、镇痛、改善学习记忆等
蒲公英	苦、甘，寒。归肝、胃经	咖啡酸、蒲公英甾醇、胆碱、菊糖、果胶、蒲公英醇、豆甾醇、β-香树脂醇、β-谷甾醇、蒲公英赛醇、蒲公英素、蒲公英苦素等	清热解毒，消肿散结，利尿通淋。用于疔疮肿毒，乳痈，瘰疬，目赤，咽痛，肺痈，肠痈，湿热黄疸，热淋涩痛	抗病原微生物、保肝、利胆、提高免疫力等 《药典》推荐每日用量：9～15g。外用鲜品适量捣敷或煎汤熏洗患处
蜂蜜	甘，平。归肺、脾、大肠经	果糖、葡萄糖、维生素、蛋白质、氨基酸等	补中，润燥，止痛，解毒；外用生肌敛疮。用于脘腹虚痛，肺燥干咳，肠燥便秘，解乌头类药毒；外治疮疡不敛，水火烫伤	抗菌、升高血糖、润滑性祛痰、轻泻等 《药典》推荐每日用量：15～30g
榧子	甘，平。归肺、胃、大肠经	棕榈酸、硬脂酸、油酸、亚油酸的甘油酯、甾醇、草酸、葡萄糖、多糖等	杀虫消积，润肺止咳，润肠通便。用于钩虫病，蛔虫病，绦虫病，虫积腹痛，小儿疳积，肺燥咳嗽，大便秘结	降血脂、增强免疫力、促进消化、抗菌等 《药典》推荐每日用量：9～15g
酸枣仁	甘、酸，平。归肝、胆、心经	酸枣仁皂苷、胡萝卜苷、白桦脂酸、白桦脂醇、当药素、脂肪油、蛋白质、cGMP 样活性物质、维生素 C 等	补肝，宁心，敛汗，生津。用于虚烦不眠，惊悸多梦，体虚多汗，津伤口渴	调节血脂、提高抗缺氧能力、增强体力、改善学习和记忆能力等 《药典》推荐每日用量：9～15g
橘红	辛、苦，温。归肺、脾经	橙皮苷等黄酮类、柠檬烯、B-香叶烯、C-萜品烯、橙花叔醇、A-蒎烯、B-蒎烯等挥发油类成分	理气宽中，燥湿化痰。用于咳嗽痰多，食积伤酒，呕恶痞闷	祛痰、镇咳等 《药典》推荐每日用量：3～9g
薄荷	辛，凉。归肺、肝经	薄荷脑、薄荷酮、乙酸薄荷酯、异端叶灵、木犀草素-7-葡萄糖苷、薄荷糖苷、迷迭香酸、咖啡酸等	疏散风热，清利头目，利咽，透疹，疏肝行气。用于风热感冒，风温初起，头痛，目赤，喉痹，口疮，风疹，麻疹，胸胁胀闷	护肝、利胆、抗病原微生物等 《药典》推荐每日用量：3～6g
薏苡仁	甘、淡，凉。归脾、胃、肺经	甘油三油酸酯、氨基酸、薏苡素、薏苡酯、蛋白质、脂肪、碳水化合物、维生素 B_1 等	利水渗湿，健脾止泻，除痹，排脓，解毒散结。用于水肿，脚气，小便不利，脾虚泄泻，湿痹拘挛，肺痈，肠痈，赘疣，癌肿	镇静、镇痛及解热、降血压、降血糖等 《药典》推荐每日用量：9～30g
薤白	辛、苦，温。归心、肺、胃、大肠经	甲基丙烯基三硫化物、蒜氨酸、甲基蒜氨酸等	通阳散结，行气导滞。用于胸痹心痛，脘腹痞满胀痛，泻痢后重	抑菌、抗氧化、降血脂、提高缺氧耐受力、增强免疫力等 《药典》推荐每日用量：5～9g
覆盆子	甘、酸，温。归肝、肾、膀胱经	有机酸、糖类及少量维生素 C 等	益肾固精缩尿，养肝明目。用于遗精滑精，遗尿尿频，阳痿早泄，目暗昏花	改善学习记忆、抗衰老、抗氧化等 《药典》推荐每日用量：6～12g
藿香	辛，微温。归脾、胃、肺经	百秋李醇、广藿香酮、广藿香醇、苯甲醛、丁香油酚、桂皮醛等	芳香化浊，和中止呕，发表解暑。用于湿浊中阻，脘痞呕吐，暑湿表证，湿温初起，发热倦怠，胸闷不舒，寒湿闭暑，腹痛吐泻，鼻渊头痛	抗真菌、抗病毒等 《药典》推荐每日用量：3～10g

附录 2 可用于保健食品的动植物

原料名称	性味归经	有效成分	功效	保健相关功能和药典推荐量
人参	甘、微苦，微温。归脾、肺、心、肾经	人参皂苷 Rg_1、Re、Rb_1 等为主的人参皂苷	大补元气，复脉固脱，补脾益肺，生津养血，安神益智。用于体虚欲脱，肢冷脉微，脾虚食少，肺虚喘咳，津伤口渴，内热消渴，气血亏虚，久病虚羸，惊悸失眠，阳痿宫冷	缓解体力疲劳、调节血压、提高耐缺氧能力、调节血脂、抗动脉粥样硬化、护肝、抗衰老、增强免疫力、抗肿瘤、抗病原微生物等 《药典》推荐每日用量：3～9g；研粉吞服，一次 2g，一日 2 次
人参叶	辛，温。归肝、肾、脾、胃经	与人参类似，也似人参皂苷 Rg_1、人参皂苷 Re 等皂苷类	温阳散寒，理气止痛。用于寒疝腹痛，肾虚腰痛，胃寒呕吐，脘腹冷痛	缓解体力疲劳、调节血脂、抗氧化、降血糖等 《药典》推荐每日用量：3～6g
三七	甘、微苦，温。归肝、胃经	人参皂苷 Rg_1、Rb_1，三七皂苷 R_1 等皂苷	散瘀止血，消肿定痛。用于咯血，吐血，衄血，便血，崩漏，外伤出血，胸腹刺痛，跌扑肿痛	调节血糖、免疫调节、护肝、促进生长发育等 《药典》推荐每日用量：3～9g；研粉吞服，一次 1～3g。外用适量
土茯苓	甘，淡，平。归肝、胃经	落新妇苷、黄杞苷、3-*O*-咖啡酰莽草酸、莽草酸、阿魏酸等	解毒，除湿，通利关节。用于梅毒及汞中毒所致的肢体拘挛，筋骨疼痛；湿热淋浊，带下，痈肿，瘰疬，疥癣	增强免疫力、抗菌、改善学习记忆、对胃黏膜损伤有保护功能、降血脂等 《药典》推荐每日用量：15～60g
大蓟	苦、涩，凉。归心、肝经	柳穿鱼叶苷、乙酸蒲公英甾醇、豆甾醇、α-香树脂醇、β-香树脂醇、β-谷甾醇等	凉血止血。用于衄血，吐血，尿血，便血，崩漏，外伤出血	抗菌、降血压等 《药典》推荐每日用量：5～10g，多入丸散服
女贞子	甘、苦，凉。归肝、肾经	特女贞苷、齐墩果酸、熊果酸、甘露醇、葡萄糖、棕榈酸、硬脂酸、油酸及亚麻酸等	滋补肝肾，明目乌发。用于肝肾阴虚，眩晕耳鸣，腰膝酸软，须发早白，目暗不明，内热消渴，骨蒸潮热	增强免疫力、降血脂、抗动脉粥样硬化、抗炎、抑菌、抗肿瘤 《药典》推荐每日用量：6～12g
山茱萸	酸、涩，微温。归肝、肾经	马钱苷、山茱萸苷、莫诺苷、獐牙菜苷、马钱子苷、熊果酸、没食子酸、苹果酸、酒石酸等	补益肝肾，收涩固脱。用于眩晕耳鸣，腰膝酸痛，阳痿遗精，遗尿尿频，崩漏带下，大汗虚脱，内热消渴	降血糖、抗菌、免疫抑制、抗肿瘤、护肝、升高放、化疗后的白细胞等 《药典》推荐每日用量：6～12g
川牛膝	甘、微苦，平。归肝、肾经	杯苋甾酮、苋菜甾醇酮 A 和 B、头花杯苋甾酮等	逐瘀通经，通利关节，利尿通淋。用于经闭症瘕，胞衣不下，跌扑损伤，风湿痹痛，足痿筋挛，尿血血淋	抗炎等 《药典》推荐每日用量：4.5～9g
川贝母	苦、甘，微寒。归肺、心经	西贝母碱、川贝碱、青贝碱、白炉贝碱、炉贝碱、松贝碱甲和乙、岷贝碱甲等多种生物碱	清热润肺，化痰止咳，散结消痈。用于肺热燥咳，干咳少痰，阴虚劳嗽，痰中带血，瘰疬，乳痈，肺痈	降血压、降血糖、提高耐缺氧能力、抗菌等 《药典》推荐每日用量：3～9g；研粉冲服，一次 1～2g
川芎	辛，温。归肝、胆、心包经	阿魏酸、川芎嗪、亮氨酰苯丙酸内酰胺、腺嘧啶、L-缬氨酰-L-缬氨酸酐、三甲胺等	活血行气，祛风止痛。用于胸痹心痛，胸胁刺痛，跌扑肿痛，月经不调，经闭痛经，症瘕腹痛，头痛，风湿痹痛	降血压、抗病原微生物、抗肿瘤 《药典》推荐每日用量 3～10g

续表

原料名称	性味归经	有效成分	功效	保健相关功能和药典推荐量
马鹿胎		多种氨基酸、雌激素、维生素等		性激素样作用、祛褐斑、增强免疫力等
马鹿茸	甘、咸，温。归肾、肝经	雌二醇、胆固醇、维生素 A、雌酮、卵磷脂、糖脂和神经磷脂葡萄糖胺、半乳糖胺、酸性黏多糖等	壮肾阳，益精血，强筋骨，调冲任，托疮毒。用于肾阳不足，精血亏虚，阳痿滑精，宫冷不孕，羸瘦，神疲，畏寒，眩晕，耳鸣，耳聋，腰脊冷痛，筋骨痿软，崩漏带下，阴疽不敛	心缩振幅变小，心率减慢、外周血管扩张，血压降低、增强免疫力、良好的全身强壮剂、抗氧化、抗肿瘤、促进学习记忆等 《药典》推荐每日用量：1～2g，研末冲服
丹参	苦，微寒。归心、肝经	丹酚酸 B，丹参酸 D，丹参酮Ⅰ、ⅡA、ⅡB、B，丹参酮，隐丹参酮，异隐丹参酮，羟基丹参酮，降丹参，异丹参酮等	活血祛瘀，通经止痛，清心除烦，凉血消痈。用于胸痹心痛，脘腹胁痛，癥瘕积聚，热痹疼痛，心烦不眠，月经不调，痛经经闭，疮疡肿痛	抗氧化、改善学习记忆、缓解体力疲劳、提高缺氧耐受力、改善生长发育、护肝、祛痤疮、对胃黏膜损伤有辅助保护功能等 《药典》推荐每日用量：9～15g
五加皮	辛、苦，温。归肝、肾经	4-甲基水杨醛等挥发油成分、单宁、棕榈酸、亚麻酸及维生素 A 和维生素 B_1 等	祛风除湿，补益肝肾，强筋壮骨，利水消肿。用于风湿痹病，筋骨痿软，小儿行迟，体虚乏力，水肿，脚气	镇痛、解热、抗炎、增强机体对非特异性刺激的抵抗和适应能力、缓解体力疲劳、抗病原微生物、抗肿瘤、增强肠道免疫等 《药典》推荐每日用量：4.5～9g
五味子	辛、苦，温。归肝、肾经	五味子醇甲、五味子醇乙、五味子甲素、五味子乙素和五味子丙素等木脂素成分	祛风除湿，补益肝肾，强筋壮骨，利水消肿。用于风湿痹病，筋骨痿软，小儿行迟，体虚乏力，水肿，脚气	镇咳、祛痰、抗氧化、护肝、抗病原微生物等 《药典》推荐每日用量：4.5～9g
升麻	辛、微甘，微寒。归肺、脾、胃、大肠经	异阿魏酸、阿魏酸、水杨酸、咖啡酸、升麻苷、升麻醇木糖苷、升麻醇、兴安醇等	发表透疹，清热解毒，升举阳气。用于风热头痛，齿痛，口疮，咽喉肿痛，麻疹不透，阳毒发斑，脱肛，子宫脱垂	改善学习记忆、镇痛、抗炎等 《药典》推荐每日用量：3～9g
天门冬	甘、苦，寒。归肺、肾经	天门冬素（天冬酰胺）、β-谷甾醇、5-甲氧基-甲基糠醛、甾体皂苷等	养阴润燥，清肺生津。用于肺燥干咳，顿咳痰黏，腰膝酸痛，骨蒸潮热，内热消渴，热病津伤，咽干口渴，肠燥便秘	抗菌、抗肿瘤等 《药典》推荐每日用量：6～12g
天麻	甘，平。归肝经	天麻素、对羟基苯甲醇、β-谷甾醇、胡萝卜苷、柠檬酸、柠檬酸单甲酯、棕榈酸、对羟基苯甲醛、琥珀酸等	息风止痉，平抑肝阳，祛风通络。用于小儿惊风，癫痫抽搐，破伤风，头痛眩晕，手足不遂，肢体麻木，风湿痹痛	改善学习记忆、抗氧化、延缓衰老等 《药典》推荐每日用量：3～9g
太子参	甘、微苦，平。归脾、肺经	太子参环肽 A、B 和 C，太子参多糖 A 和 B，太子参皂苷 A 等	益气健脾，生津润肺。用于脾虚体倦，食欲不振，病后虚弱，气阴不足，自汗口渴，肺燥干咳	增强免疫力、缓解体力疲劳、提高缺氧耐受力等 《药典》推荐每日用量：9～30g
巴戟天	甘、辛，微温。归肾、肝经	耐斯糖、氨基酸、甲基异茜草素、大黄甲醚、水晶兰苷、四乙酰车叶草苷等	补肾阳，强筋骨，祛风湿。用于阳痿遗精，宫冷不孕，月经不调，小腹冷痛，风湿痹痛，筋骨痿软	提高免疫力、对抗γ射线引起的白细胞下降、抑制肉芽肿形成、抑菌等 《药典》推荐每日用量：3～9g
木香	辛、苦，温。归脾、胃、大肠、三焦、胆经	香烃内酯、去氢木香内酯、α-木香醇、木香酸、风毛菊内酯、去氢木香内酯等	行气止痛，健脾消食。用于胸胁脘腹胀痛，泻痢后重，食积不消，不思饮食。煨木香实肠止泻。用于泄泻腹痛	胃肠道有兴奋或抑制的双向作用、利尿、促进纤维蛋白溶解、促进消化液分泌、松弛气管平滑肌、抗病原微生物等 《药典》推荐每日用量：1.5～6g
木贼	甘、苦，平。归肺、肝经	山柰素、山柰酚-3,7-双葡萄糖苷、山柰酚-3-双葡萄糖等	疏散风热，明目退翳。用于风热目赤，迎风流泪，目生云翳	降血压、镇痛、抗菌、调节肠道收缩频率与张力等 《药典》推荐每日用量：3～9g

续表

原料名称	性味归经	有效成分	功效	保健相关功能和药典推荐量
牛蒡子	辛、苦，寒。归肺、胃经	牛蒡苷、异牛蒡酚、花生酸、硬脂酸、棕榈酸，油酸及α-亚油酸、牛蒡甾醇等	疏散风热，宣肺透疹，解毒利咽。用于风热感冒，咳嗽痰多，麻疹，风疹，咽喉肿痛，痄腮，丹毒，痈肿疮毒	抗菌、降血糖、短暂地降低血压等 《药典》推荐每日用量：6～12g
牛蒡根		牛蒡苷、菊糖、氨基酸、去氢木香内酯等		降血压、降血糖、促进生长发育、抗菌、抗肿瘤等
车前子	甘，寒。归肝、肾、肺、小肠经。	京尼平苷酸、车前子酸、毛蕊花糖苷、车前子苷、车前烯醇酸、琥珀酸、梓醇等	清热利尿通淋，渗湿止泻，明目，祛痰。用于热淋涩痛，水肿胀满，暑湿泄泻，目赤肿痛，痰热咳嗽	利尿、祛痰、镇咳等 《药典》推荐每日用量：9～15g，包煎
车前草	甘，寒。归肝、肾、肺、小肠经	大车前苷、含桃叶珊瑚苷、高车前苷、熊果酸、正卅一烷、β-谷甾醇等	清热利尿通淋，祛痰，凉血，解毒。用于热淋涩痛，水肿尿少，暑湿泄泻，痰热咳嗽，吐血衄血，痈肿疮毒	祛痰、镇咳、平喘、抗病原微生物等 《药典》推荐每日用量：9～30g；鲜品30～60g
北沙参	甘、微苦，微寒。归肺、胃经	补骨酯素、佛手柑内酯、欧前胡素、异欧前胡素等	养阴清肺，益胃生津。用于肺热燥咳，劳嗽痰血，胃阴不足，热病津伤，咽干口渴	镇咳祛痰、抗氧化、抗肿瘤、抗突变、抑菌等 《药典》推荐每日用量：4.5～9g
平贝母	苦、甘，微寒。归肺、心经	西贝母素、贝母辛、平贝母碱甲、贝母素乙、平贝母碱乙（同一个）、西贝母素-3-β-D葡萄糖苷等	清热润肺，化痰止咳。用于肺热燥咳，干咳少痰，阴虚劳嗽，咳痰带血	提高缺氧耐受力、降血压、消炎抗菌等 《药典》推荐每日用量：3～9g；研粉冲服，一次1～2g
玄参	甘、苦、咸，微寒。归肺、胃、肾经	哈巴苷、哈巴俄苷、6-对甲基梓醇、桃叶珊瑚苷、浙元参苷A和B、安哥拉苷C等	清热凉血，滋阴降火，解毒散结。用于热入营血，温毒发斑，热病伤阴，舌绛烦渴，津伤便秘，骨蒸劳嗽，目赤，咽痛，白喉，瘰疬，痈肿疮毒	抗菌、抗氧化、降血压、降血糖等 《药典》推荐每日用量：9～15g
生地黄	鲜地黄甘、苦，寒。归心、肝、肾经。生地黄甘，寒。归心、肝、肾经	梓醇、二氢梓醇、乙酰梓醇单密力特苷、毛蕊花糖苷、密力特苷、去羟栀子苷、筋骨草苷、胡萝卜苷、1-乙基-β-D-半乳糖苷、地黄苷等	鲜地黄清热生津，凉血，止血。用于热病伤阴，舌绛烦渴，温毒发斑，吐血衄血，咽喉肿痛。生地黄清热凉血，养阴生津。用于热入营血，温毒发斑，吐血衄血，热病伤阴，舌绛烦渴，津伤便秘，阴虚发热，骨蒸劳热，内热消渴	降血压、抗炎、抗过敏、抗真菌、抗肿瘤等 《药典》推荐每日用量：鲜地黄12～30g；生地黄9～15g
生何首乌	苦、甘、涩，微温。归肝、心、肾经	2,3,5,4′-四羟基二苯乙烯-2-*O*-β-D-葡萄糖苷、大黄素、大黄素甲醚、大黄酚、大黄酸等	解毒，消痈，截疟，润肠通便。用于疮痈，瘰疬，风疹瘙痒，久疟体虚，肠燥便秘	抗衰老、调节血脂、抗动脉粥样硬化、调节血糖与肝糖原、护肝、提高免疫、抗病原微生物等 《药典》推荐每日用量：6～12g
白芨	苦、甘、涩，微寒。归肺、肝、胃经	白芨甘露聚糖、淀粉、葡萄糖、大黄素甲醚等	收敛止血，消肿生肌。用于咯血，吐血，外伤出血，疮疡肿毒，皮肤皲裂	抗病原微生物、抗肿瘤等 《药典》推荐每日用量：6～15g；研末吞服3～6g。外用适量
白术	苦、甘，温。归脾、胃经	苍术酮、苍术醇、苍术醚、杜松脑、苍术内酯、羟基苍术内酯、脱水苍术内酯、棕榈酸、白术内酯8-β-乙氧基白术内酯Ⅲ等	健脾益气，燥湿利水，止汗，安胎。用于脾虚食少，腹胀泄泻，痰饮眩悸、水肿，自汗，胎动不安。土白术健脾，和胃，安胎，用于脾虚食少，泄泻便溏，胎动不安	降血糖、抗菌、提高免疫、抗肿瘤等 《药典》推荐每日用量：6～12g

续表

原料名称	性味归经	有效成分	功效	保健相关功能和药典推荐量
白芍	苦、酸，微寒。归肝、脾经	芍药苷、牡丹酚、芍药花苷、苯甲酰芍药苷、芍药内酯苷、氧化芍药苷、芍药吉酮。尚含有苯甲酸、β-谷甾醇、没食子单宁等	养血调经，敛阴止汗，柔肝止痛，平抑肝阳。用于血虚萎黄，月经不调，自汗，盗汗，胁痛，腹痛，四肢挛痛，头痛眩晕	抗菌、免疫调节、护肝、降血脂等 《药典》推荐每日用量：6～15g
白豆蔻	味辛，性温。入肺、脾经	D-龙脑、D-樟脑、草烯及其环氧化物、1,8-桉叶素、α-及 δ-松油烯、α-及 β-蒎烯、石竹烯、月桂烯、桃金娘醛、葛缕酮、松油烯-4-醇、香桧烯等	化湿行气，温中止呕，开胃消食	促进胃液分泌、兴奋肠管蠕动、抑菌、平喘等 《药典》推荐每日用量：3～6g
石决明	咸，寒。归肝经	碳酸钙等	平肝潜阳，清肝明目。用于头痛眩晕，目赤翳障，视物昏花，青盲雀目	降血压、抗感染、护肝等 《药典》推荐每日用量：3～15g，先煎
石斛	甘，微寒。归胃、肾经	石斛碱、毛兰素、石斛胺、石斛次碱、石斛星碱、石斛因碱、6-羟基石斛星碱等	益胃生津，滋阴清热。用于热病津伤，口干烦渴，胃阴不足，食少干呕，病后虚热不退，阴虚火旺，骨蒸劳热，目暗不明，筋骨痿软	抗氧化、降血糖、增强免疫力 《药典》推荐每日用量：6～12g，鲜品 15～30g
地骨皮	甘，寒。归肺、肝、肾经	甜菜碱、β-谷甾醇、蜂花酸、亚油酸、桂皮酸等	凉血除蒸，清肺降火。用于阴虚潮热，骨蒸盗汗，肺热咳嗽，咯血，衄血，内热消渴	解热、降血糖、降血脂、降血压、抗菌等 《药典》推荐每日用量：9～15g
当归	甘、辛，温。归肝、心、脾经	藁本内酯等挥发油成分、阿魏酸、丁二酸、烟酸、香草酸、二十四烷酸、棕榈酸等	补血活血，调经止痛，润肠通便。用于血虚萎黄，眩晕心悸，月经不调，经闭痛经，虚寒腹痛，风湿痹痛，跌扑损伤，痈疽疮疡，肠燥便秘。酒当归活血通经，用于经闭痛经，风湿痹痛，跌扑损伤	降血脂、防动脉粥样硬化、抗氧化和清除自由基、提高免疫力、护肝、抗菌、对辐射危害有保护功能等 《药典》推荐每日用量：6～12g
竹茹	甘、微寒。归肺、胃、心、胆经	芦竹素、白茅素、谷甾醇等	清热化痰，除烦，止呕。用于痰热咳嗽，胆火挟痰，惊悸不宁，心烦失眠，中风痰迷，舌强不语，胃热呕吐，妊娠恶阻，胎动不安	抗菌等 《药典》推荐每日用量：4.5～9g
红花	辛，温。归心、肝经	羟基红花黄色素 A、山柰素、红花醌苷、新红花苷、红花苷、棕榈酸、肉豆蔻酸、月桂酸等	活血通经，散瘀止痛。用于经闭，痛经，恶露不行，症瘕痞块，胸痹心痛，瘀滞腹痛，胁肋刺痛，跌扑损伤，疮疡肿痛	降血脂、提高耐缺氧能力、对缺血缺氧性脑病有保护作用、镇静、镇痛和抗惊、抗炎、免疫抑制等 《药典》推荐每日用量：3～9g
红景天	甘、苦，平。归肺、心经	红景天苷及其苷元洛醇、红景天素等	益气活血，通脉平喘。用于气虚血瘀，胸痹心痛，中风偏瘫，倦怠气喘	抗氧化、提高缺氧耐受力、增强免疫力、对辐射危害有保护功能、缓解体力疲劳等 《药典》推荐每日用量：3～6g
西洋参	甘、微苦，凉。归心、肺、肾经	人参皂苷 Rg_1、Re、Rb_1 等人参皂苷，人参三糖等多糖，胡萝卜苷、豆甾烯醇、豆甾-3,5-二烯-7-酮等	补气养阴，清热生津。用于气虚阴亏，虚热烦倦，咳喘痰血，内热消渴，口燥咽干	提高缺氧耐受力、缓解体力疲劳、降血脂、抗脂质过氧化、促进生长发育等 《药典》推荐每日用量：3～6g，另煎兑服
吴茱萸	甘、微苦，凉。归心、肺、肾经	吴茱萸碱、吴茱萸次碱、柠檬苦素、吴茱萸内酯、羟基吴茱萸碱等	散寒止痛，降逆止呕，助阳止泻。用于厥阴头痛，寒疝腹痛，寒湿脚气，经行腹痛，脘腹胁痛，呕吐吞酸，五更泄泻	镇痛抗炎、抗胃溃疡，利胆、抗胃溃疡，抗血栓等 《药典》推荐每日用量：1.5～4.5g

续表

原料名称	性味归经	有效成分	功效	保健相关功能和药典推荐量
牛膝	辛、苦、热。有小毒。归肝、脾、胃、肾经	牛膝甾醇、β-蜕皮甾醇、齐墩果酸、牛膝多糖等	活血化瘀	增强免疫力、抗肿瘤、降血压等 《药典》推荐每日用量：6～15g
杜仲	甘、温。归肝、肾经	松脂醇二葡萄糖苷、紫丁香苷（syringin）、松柏苷（coniferin）、苏式-二羟基脱氢二松柏醇、杜仲醇、杜仲醇苷、1-脱氧杜仲醇、绿原酸、咖啡酸、酒石酸、白桦脂酸、熊果酸、香草酸等	补肝肾，强筋骨，安胎。用于肝肾不足，腰膝酸痛，筋骨无力，头晕目眩，妊娠漏血，胎动不安	增加骨密度、降血糖、降血压、抗氧化、缓解体力疲劳、减肥、降血脂等 《药典》推荐每日用量：6～9g
杜仲叶	微辛，温。归肝、肾经	绿原酸、松脂醇二葡萄糖苷等	补肝肾，强筋骨。用于肝肾不足，头晕目眩，腰膝酸痛，筋骨痿软	降血脂、缓解体力疲劳等 《药典》推荐每日用量：10～15g
沙苑子	甘，温。归肝、肾经	沙苑子苷、沙苑子新苷、沙苑子杨梅苷、紫云英苷，山柰素、杨梅树皮素、β-谷甾醇等	补肾助阳，固精缩尿，养肝明目。用于肾虚腰痛，遗精早泄，遗尿尿频，白浊带下，眩晕，目暗昏花	护肝、增强免疫力、抗炎、降血压、减慢心率、增加脑血流量等 《药典》推荐每日用量：9～15g
牡丹皮	苦、辛，微寒。归心、肝、肾经	丹皮酚、牡丹酚苷、牡丹酚原苷、牡丹酚新苷、芍药苷、氧化芍药苷、苯甲酰芍药苷、苯甲酰氧化芍药苷、没食子酸等	清热凉血，活血化瘀。用于热入营血，温毒发斑，吐血衄血，夜热早凉，无汗骨蒸，经闭痛经，跌扑伤痛，痈肿疮毒	镇静、降温、解热、镇痛、解痉、抗炎、抗病原微生物等 《药典》推荐每日用量：6～12g
芦荟	苦，寒。归肝、胃、大肠经	芦荟苷、芦荟大黄素、异芦荟大黄素苷、高塔尔芦荟素、大黄酚、蒽酚、槲皮素、芦丁等黄酮类	泻下通便，清肝泻火，杀虫疗疳。用于热结便秘，惊痫抽搐，小儿疳积；外治癣疮	抗菌、抗炎、免疫调节、抗肿瘤等 《药典》推荐每日用量：2～5g，宜入丸散
苍术	辛，苦，温。归脾、胃、肝经	苍术素、苍术醇、茅术醇、β-桉叶醇、榄香醇、苍术酮、茅术醇、桉油醇及α-没药醇、苍术定醇、乙酰苍术定醇等	燥湿健脾，祛风散寒，明目。用于湿阻中焦，脘腹胀满，泄泻，水肿，脚气痿躄，风湿痹痛，风寒感冒，夜盲，眼目昏涩	抗病原微生物、抗肿瘤、降血糖等 《药典》推荐每日用量：3～9g
补骨脂	辛、苦，温。归肾、脾经	补骨脂素、异补骨脂素、白芷素、双羟异补骨脂定、补骨脂定、补骨脂黄酮、补骨脂宁、新补骨脂异黄酮、补骨脂查耳酮、异补骨脂查耳酮、新补骨脂查耳酮等	温肾助阳，纳气平喘，温脾止泻；外用消风祛斑。用于肾阳不足，阳痿遗精，遗尿尿频，腰膝冷痛，肾虚作喘，五更泄泻；外用治白癜风，斑秃	抗衰老、抗菌等 《药典》推荐每日用量：6～9g
诃子	苦、酸、涩，平。归肺、大肠经	诃黎勒酸、诃子酸、原诃子酸、鞣云实精、葡萄糖没食子鞣苷、没食子酸、1,3,6-三没食子酰葡萄糖、1,2,3,4,6-五没食子酰葡萄糖等	涩肠止泻，敛肺止咳，降火利咽。用于久泻久痢，便血脱肛，肺虚喘咳，久嗽不止，咽痛音哑	抗氧化等 《药典》推荐每日用量：3～9g

续表

原料名称	性味归经	有效成分	功效	保健相关功能和药典推荐量
赤芍	苦，微寒。归肝经	含芍药苷、芍药内酯苷、氧化芍药苷、苯甲酰芍药苷、芍药吉酮、芍药新苷、胡萝卜苷等	清热凉血，散瘀止痛。用于热入营血，温毒发斑，吐血衄血，目赤肿痛，肝郁胁痛，经闭痛经，症瘕腹痛，跌扑损伤，痈肿疮疡	抗肿瘤、抗病原微生物、抗炎等 《药典》推荐每日用量： 6～12g
远志	苦、辛，温。归心、肾、肺经	6'-二芥子酰基蔗糖、细叶远志皂苷、远志山酮III、3,5-脱水-D-山梨糖醇、皂苷细叶远志素、远志醇、细叶远志定碱等	安神益智，交通心肾，祛痰，消肿。用于心肾不交引起的失眠多梦、健忘惊悸、神志恍惚，咳痰不爽，疮疡肿毒，乳房肿痛	抗肿瘤、抗病原微生物、祛痰、镇静、降血压等 《药典》推荐每日用量：3～9g
麦门冬	甘、微苦、微寒。归心、肺、胃经	鲁斯可皂苷元、β-谷甾醇、豆甾醇等	养阴生津，润肺清心。用于肺燥干咳，阴虚痨嗽，喉痹咽痛，津伤口渴，内热消渴，心烦失眠，肠燥便秘	提高缺氧耐受力、调节血糖、抗菌、增强免疫力等 《药典》推荐每日用量：6～12g
龟甲	咸、甘，微寒。归肝、肾、心经	动物胶、角蛋白、多种氨基酸、脂肪、钙、磷等	滋阴潜阳，益肾强骨，养血补心，固经止崩。用于阴虚潮热，骨蒸盗汗，头晕目眩，虚风内动，筋骨痿软，心虚健忘，崩漏经多	增强免疫功能、抗肿瘤、提高耐缺氧能力等 《药典》推荐每日用量：9～24g，先煎
佩兰	辛，平。归脾、胃、肺经	β-蒎烯、β-月桂烯、反式和顺式-可西门、对-聚花伞素、α-松油烯、α-雪松油烯等挥发油成分	芳香化湿，醒脾开胃，发表解暑。用于湿浊中阻，脘痞呕恶，口中甜腻，口臭，多涎，暑湿表证，湿温初起，发热倦怠，胸闷不舒	抗病毒、祛痰、抗炎等 《药典》推荐每日用量：3～9g
侧柏叶	苦、涩，寒。归肺、肝、脾经	槲皮苷、茴香酮、樟脑、乙酸龙脑酯、萜醇、槲皮素、杨黄黄素、山柰素、扁柏双黄酮等	凉血止血，化痰止咳，生发乌发。用于吐血，衄血，咯血，便血，崩漏下血，肺热咳嗽，血热脱发，须发早白	血热妄行引起的吐血、咯血、鼻衄、尿血、崩漏、祛痰止咳等 《药典》推荐每日用量：6～12g
制大黄		大黄酚苷，大黄素-6-葡萄糖苷，芦荟大黄素-8-葡萄糖苷，大黄素甲醚葡萄糖苷，大黄酸-8-葡萄糖苷，番泻苷A、B、C、D、E、F，大黄酚，大黄素，大黄素甲醚，芦荟大黄素，大黄酸，没食子酸，儿茶精，大黄四聚素等	活血化瘀，泻下	降血脂、抗氧化、增强免疫力、抗菌等 《药典》推荐每日用量：5～10g
制何首乌	苦、甘、涩，微温。归肝、心、肾经	2,3,5,4'-四羟基二苯乙烯-2-*O*-β-D-葡萄糖苷、大黄素、大黄素甲醚等	补肝肾，益精血，乌须发，强筋骨，化浊降脂。用于血虚萎黄，眩晕耳鸣，须发早白，腰膝酸软，肢体麻木，崩漏带下，高脂血症	增强免疫力、护肝、降血脂等 《药典》推荐每日用量：6～12g
刺五加	辛、微苦，温。归脾、肺、肾、心经	紫丁香苷、刺五加苷A、刺五加苷B、刺五加苷B1、刺五加苷、刺五加苷D和E、1-芝麻脂素等	益气健脾，补肾安神。用于脾肺气虚，体虚乏力，食欲不振，肺肾两虚，久咳虚喘，肾虚腰膝酸痛，心脾不足，失眠多梦	对辐射危害有保护功能、抗氧化、缓解体力疲劳、增强免疫力、降血糖、抗衰老、抗菌等 《药典》推荐每日用量：9～27g
刺玫果	酸、温。归脾、肝、胃、膀胱经	齐墩果酸、刺玫果素、仙鹤草素、花白素、花色精等	健脾消食，活血调经、敛肺止咳	降血脂、抗氧化、对辐射危害有保护功能、抗衰老、抗肿瘤等

续表

原料名称	性味归经	有效成分	功效	保健相关功能和药典推荐量
泽兰	苦、辛，微温。归肝、脾经	月桂烯、反式丁香烯、α-蒎烯、泽兰素、齐墩果酸等	活血调经，祛瘀消痈，利水消肿。用于月经不调，经闭，痛经，产后瘀血腹痛，疮痈肿毒，水肿腹水	抗凝血、增强子宫收缩、促进胃肠蠕动等 《药典》推荐每日用量：6～12g
泽泻	甘、淡，寒。归肾、膀胱经	2，3-乙酰泽泻醇B、泽泻醇A、泽泻醇B、乙酰泽泻醇A酯、表泽泻醇A、乙酰泽泻醇B酯、植物甾醇、植物甾醇苷、天门冬素等	利水渗湿，泄热，化浊降脂。用于小便不利，水肿胀满，泄泻尿少，痰饮眩晕，热淋涩痛，高脂血症	降胆固醇、抗动脉粥样硬化、抗脂肪肝、抗炎、增强免疫力 《药典》推荐每日用量：6～9g
玫瑰花	甘、微苦，温。归肝、脾经	左旋香茅醇、香叶醇、丁香油酚、橙花醇、芳樟醇等	行气解郁，和血，止痛。用于肝胃气痛，食少呕恶，月经不调，跌扑伤痛	解毒、促进胆汁分泌、降血脂、抗衰老、抗氧化等 《药典》推荐每日用量：1.5～6g
玫瑰茄	酸、凉。归肾经	花青素、花色苷、柠檬酸等	敛肺止咳，降血压	缓解体力疲劳、增强免疫力、抗肿瘤、保护心血管、护肝、降血压、通便、利尿等
知母	苦、甘，寒。归肺、胃、肾经	知母皂苷BⅡ、A-Ⅰ、A-Ⅱ、A-Ⅲ、A-Ⅳ，B-Ⅰ，芒果苷，异芒果苷等	清热泻火，滋阴润燥。用于外感热病，高热烦渴，肺热燥咳，骨蒸潮热，内热消渴，肠燥便秘	抗病原微生物、调节血糖等 《药典》推荐每日用量：6～12g
罗布麻	甘、苦，凉。归肝经	金丝桃苷、上芸香苷、槲皮素、异槲皮素、新异芸香苷、延胡索酸、琥珀酸、绿原酸D-(-)-婆罗醇、β-谷甾醇、羽扇豆醇、棕榈酸蜂花醇酯、棕榈酸十六醇酯、羽扇醇棕榈酸酯等	平肝安神，清热利水。用于肝阳眩晕，心悸失眠，浮肿尿少	降血脂、镇静、抗衰老、对辐射危害有保护功能、提高免疫、抗病毒等 《药典》推荐每日用量：6～12g
苦丁茶	微苷、性寒。入肝胆胃经	熊果酸、β-香树脂醇、羽扇醇、蒲公英萜醇等	散风热，清头目，除烦渴	降血脂、增强免疫力、抗氧化等
金荞麦	微辛、涩，凉。归肺经。	表儿茶素、野荞麦苷、双聚原矢车菊苷元等	清热解毒，排脓祛瘀。用于肺痈吐脓，肺热喘咳，乳蛾肿痛	解热、抗炎、祛痰、镇咳、抑制血小板聚集、抗病原微生物等 《药典》推荐每日用量：15～45g，用水或黄酒隔水密闭炖服
金樱子	酸、甘，涩，平。归肾、膀胱、大肠经。	金樱子多糖、逆没食子酸、β-谷甾醇、柠檬酸、苹果酸、单宁、树脂、维生素C等	固精缩尿，固崩止带，涩肠止泻。用于遗精滑精，遗尿尿频，崩漏带下，久泻久痢	增强免疫力、抑菌、降血脂、抗氧化等 《药典》推荐每日用量：6～12g
青皮	苦、辛，温。归肝、胆、胃经	橙皮苷、枸橘苷、柚皮苷、柠檬烯、枸橼酫、对羟福林等	疏肝破气，消积化滞。用于胸胁胀痛，疝气疼痛，乳癖，乳痈，食积气滞，脘腹胀痛	升高血压、松弛胃肠与子宫平滑肌、利胆、祛痰、平喘等 《药典》推荐每日用量：3～9g
厚朴	苦、辛，温。归脾、胃、肺、大肠经	厚朴酚、和厚朴酚、异厚朴酚等	燥湿消痰，下气除满。用于湿滞伤中，脘痞吐泻，食积气滞，腹胀便秘，痰饮喘咳	肌肉松弛、抗溃疡、抗菌、抗病毒、抗肿瘤、抗过敏、降压、抗血小板凝聚、拮抗钙调素等 《药典》推荐每日用量：3～9g
厚朴花	苦，微温。归脾、胃经	厚朴酚、和厚朴酚、α-桉油醇、β-桉油醇等	芳香化湿，理气宽中。用于脾胃湿阻气滞，胸脘痞闷胀满，纳谷不香	降血压、松弛肌肉、抗菌、抗溃疡等 《药典》推荐每日用量：3～9g

续表

原料名称	性味归经	有效成分	功效	保健相关功能和药典推荐量
姜黄	辛、苦，温。归脾、肝经	姜黄素和姜黄酮、姜油烯、水芹烯、1,8-桉叶素、香桧烯、龙脑等挥发油成分	破血行气，通经止痛。用于胸胁刺痛，胸痹心痛，痛经经闭，症瘕，风湿肩臂疼痛，跌扑肿痛	降血脂、抗病原微生物、抗炎、抗肿瘤等 《药典》推荐每日用量：3～9g，外用适量
枳壳	苦、辛、酸，微寒。归脾、胃经	柚皮苷、新橙皮苷、橙皮苷、苦橙素、枳黄苷	理气宽中，行滞消胀。用于胸胁气滞，胀满疼痛，食积不化，痰饮内停，脏器下垂	通便等 《药典》推荐每日用量：3～9g
枳实	苦、辛、酸，微寒。归脾、胃经	辛弗林、橙皮苷、新橙皮苷、*N*-甲基酪胺等	破气消积，化痰散痞。用于积滞内停，痞满胀痛，泻痢后重，大便不通，痰滞气阻，胸痹，结胸，脏器下垂	镇静、抗炎等 《药典》推荐每日用量：3～9g
柏子仁	甘，平。归心、肾、大肠经	软脂酸、棕榈酸、亚油酸、亚麻酸、油酸、花生四烯酸等	养心安神，润肠通便，止汗。用于阴血不足，虚烦失眠，心悸怔忡，肠燥便秘，阴虚盗汗	改善睡眠、降血脂、改善记忆、增强免疫力等 《药典》推荐每日用量：3～9g
珍珠	甘，咸，寒。归心、肝经	碳酸钙、微量元素等	安神定惊，明目退翳，解毒生肌，润肤祛斑。用于惊悸失眠，惊风癫痫，目赤翳障，疮疡不敛，皮肤色斑	增强免疫力、促进泌乳、改善记忆、抗氧化、降血糖、提高缺氧耐受力、对辐射危害有保护功能、抗衰老等 《药典》推荐每日用量：0.1～0.3g，多入丸散用
绞股蓝	甘、苦，微寒。归脾、肺经	绞股蓝皂苷，人参皂苷Rb1、人参皂苷Rb3、人参皂苷Rd、人参二醇、2α-羟基人参二醇、2α,19-二羟基-12-脱氧人参二醇、芦丁、α-菠甾醇、商陆黄素等	益气健脾，化痰止咳，清热解毒，化浊降脂。用于脾胃气虚，倦怠食少，肺虚燥咳，咽喉疼痛，高脂血症	调节血脂、免疫调节、调节血压、提高耐缺氧功能、抗肿瘤、延缓衰老、缓解体力疲劳、抑制血栓形成、提高性腺重量、改善脂肪肝、抑制胆结石生成、减肥、促进生长等 《药典》推荐每日用量：3～5g
胡芦巴	苦，温。归肾经	胡芦巴碱，薯蓣皂苷元葡萄糖苷，牡荆素，异牡荆素，异荭草素，牡荆素-7-葡萄糖苷，胡芦巴苷Ⅰ、Ⅱ等	温肾助阳，祛寒止痛。用于肾阳不足，下元虚冷，小腹冷痛，寒疝腹痛，寒湿脚气	对胃黏膜损伤有辅助保护功能、护肝、降血糖、降血脂、改善学习记忆等 《药典》推荐每日用量：4.5～9g
茜草	苦，寒。归肝经	大叶茜草素、羟基茜草素等	凉血，祛瘀，止血，通经。用于吐血、衄血、崩漏、外伤出血，瘀阻经闭，关节痹痛，跌扑肿痛	抗氧化、对辐射危害有辅助保护功能、抗炎等 《药典》推荐每日用量：6～9g
荜茇	辛，热。归胃、大肠经	胡椒碱、棕榈酸、四氢胡椒酸、1-十一碳烯基-3,4-甲撑二氧苯、派啶、*N*-异丁基癸二烯、芝麻素、*N*-异丁基-反-2-反-4二烯癸酰胺、荜茇宁酰胺、荜茇亭碱等	温中散寒，下气止痛。用于脘腹冷痛，呕吐，泄泻，寒凝气滞，胸痹心痛，头痛，牙痛	抗菌、抗病毒、抗溃疡、降压、降血脂、松弛平滑肌、提高耐缺氧功能等 《药典》推荐每日用量：1.5～3g
韭菜子	辛、甘，温。归肝、肾经	尿苷、腺苷、氨基酸、微量元素等	温补肝肾，壮阳固精。用于肝肾亏虚，腰膝酸痛，阳痿遗精，遗尿尿频，白浊带下	祛痰、抗菌等 《药典》推荐每日用量：3～9g
首乌藤	甘，平。归心、肝经	2,3,5,4′-四羟基二苯乙烯-2-*O*-β-D-葡萄糖苷、大黄素、儿茶素等	养血安神，祛风通络。用于失眠多梦，血虚身痛，风湿痹痛，皮肤瘙痒	降血脂、镇静、改善睡眠、抗菌、镇咳、抗肿瘤等 《药典》推荐每日用量：9～15g
香附	辛、微苦、微甘，平。归肝、脾、三焦经	香附子烯、α-香附酮、香附子醇、异香附醇、柠檬烯等挥发油成分	疏肝解郁，理气宽中，调经止痛。用于肝郁气滞，胸胁胀痛，疝气疼痛，乳房胀痛，脾胃气滞，脘腹痞闷，胀满疼痛，月经不调，经闭痛经	松弛子宫及雌激素样作用、松弛胃肠、支气管平滑肌、利胆、解热、镇痛、抗炎等 《药典》推荐每日用量：6～9g

续表

原料名称	性味归经	有效成分	功效	保健相关功能和药典推荐量
骨碎补	苦，温。归肝、肾经	柚皮苷、淀粉、葡萄糖、石莲姜素、4-*O*-β-D-吡喃葡萄糖基咖啡酸、胡萝卜苷、蔗糖	疗伤止痛，补肾强骨；外用消风祛斑。用于跌扑闪挫，筋骨折伤，肾虚腰痛，筋骨萎软，耳鸣耳聋，牙齿松动；外治斑秃，白癜风	抗病原微生物、调节血脂、抗动脉粥样硬化等 《药典》推荐每日用量：3～9g；鲜品6～15g
党参	甘，平。归脾、肺经	α-菠菜甾醇、豆甾醇、α-菠菜甾醇-β-D-葡萄糖苷、豆甾醇-β-D-葡萄糖苷、α-菠菜甾酮、豆甾酮、胆碱、党参酸、党参内酯等	健脾益肺，养血生津。用于脾肺气虚，食少倦怠，咳嗽虚喘，气血不足，面色萎黄，心悸气短，津伤口渴，内热消渴	抗氧化、延缓衰老、降血脂、护肝、增强免疫力、抗氧化、改善学习记忆等 《药典》推荐每日用量：9～30g
桑白皮	甘，寒。归肺经	桑根皮素、桑素、桑色烯、环桑素、环桑色烯、桑皮呋喃等	泻肺平喘，利水消肿。用于肺热咳喘，水肿胀满尿少，面目肌肤浮肿	利尿、降血压、镇静、安定、降温、镇痛、抗菌等 《药典》推荐每日用量：6～12g
桑枝	微苦，平。归肝经	花内酯、东莨菪素、桑根皮素、桑素、桑色烯、环桑素、环桑色烯等	祛风湿，利关节。用于风湿痹病，肩臂、关节酸痛麻木	降压、镇静等 《药典》推荐每日用量：9～15g
浙贝母	苦，寒。归肺、心经	贝母素甲、贝母素乙、异浙贝母碱、浙贝母苷、贝母醇等	清热化痰止咳，解毒散结消痈。用于风热咳嗽，痰火咳嗽，肺痈，乳痈，瘰疬，疮毒	祛痰、镇咳、松弛支气管平滑肌、抗炎、镇静、镇痛等 《药典》推荐每日用量：4.5～9g
益母草	苦、辛，微寒。归肝、心包、膀胱经	盐酸水苏碱、盐酸益母草碱、益母草定、益母草宁、亚麻酸、β-亚麻酸、月桂酸、油酸、苯甲酸、芸香苷、延胡索酸、甾醇、维生素A等。此外亦含精氨酸、4-胍基-1-丁醇、4-胍基-丁酸、水苏糖	活血调经，利尿消肿，清热解毒。用于月经不调，痛经经闭，恶露不尽，水肿尿少，疮疡肿毒	抗真菌等 《药典》推荐每日用量：9～30g；鲜品12～40g
积雪草	苦、辛，寒。归肝、脾、肾经	积雪草苷、羟基积雪草苷、积雪草酸、羟基积雪草酸、马塔积雪酸、β-谷甾醇、单宁、桦木酸、玻热米酸、异玻热米酸、玻热模苷、玻热米苷、参枯酸甲酯、异参枯酸甲酯等	清热利湿，解毒消肿。用于湿热黄疸，中暑腹泻，石淋血淋，痈肿疮毒，跌扑损伤	对胃黏膜损伤有辅助保护功能等 《药典》推荐每日用量：15～30g；鲜品加倍
淫羊藿	辛、甘，温。归肝、肾经	淫羊藿苷，宝藿苷，淫羊藿次苷，去氧甲基淫羊藿苷，β-去水淫羊藿素，淫羊藿糖苷A、B、C、D、E等	补肾阳，强筋骨，祛风湿。用于肾阳虚衰，阳痿遗精，筋骨痿软，风湿痹痛，麻木拘挛	抗氧化、缓解体力疲劳、增强骨密度等 《药典》推荐每日用量：3～9g
菟丝子	辛、甘，平。归肝、肾、脾经	金丝桃苷、槲皮素、紫云英苷、胆甾醇、菜油甾醇、β-谷甾醇、豆甾醇、β-香树脂醇等	补益肝肾，固精缩尿，安胎，明目，止泻；外用消风祛斑。用于肝肾不足，腰膝酸软，阳痿遗精，遗尿尿频，肾虚胎漏，胎动不安，目昏耳鸣，脾肾虚泻；外治白癜风	降血压、延缓白内障形成等 《药典》推荐每日用量：6～12g

续表

原料名称	性味归经	有效成分	功效	保健相关功能和药典推荐量
野菊花	苦、辛，微寒。归肝、心经	蒙花苷、刺槐苷、蒙花苷、菊苷、菊醇、菊酮、α-蒎烯、樟脑、龙脑、樟烯、野菊花内酯、野菊花素 A、木犀草素等	清热解毒，泻火平肝。用于疔疮痈肿，目赤肿痛，头痛眩晕	抗菌、抗氧化、降血压、增强免疫力等 《药典》推荐每日用量：9～15g
银杏叶	甘、苦、涩，平。归心、肺经	槲皮黄酮等总黄酮醇苷、银杏内酯 A、银杏内酯 B、银杏内酯 C、白果内酯等	活血化瘀，通络止痛，敛肺平喘，化浊降脂。用于瘀血阻络，胸痹心痛，中风偏瘫，肺虚咳喘，高脂血症	抗氧化、对辐照危害有辅助保护功能、抗菌、增强免疫力、改善学习记忆、缓解体力疲劳、护肝、降血脂、降血压等 《药典》推荐每日用量：9～12g
黄芪	甘，微温。归肺、脾经	黄芪甲苷，毛蕊异黄酮葡萄糖苷，黄芪苷Ⅰ、Ⅱ；胡萝卜苷，β-谷甾醇，棕榈酸，蔗糖膜荚黄芪皂苷 A、B、C 等	补气升阳，固表止汗，利水消肿，生津养血，行滞通痹，托毒排脓，敛疮生肌。于气虚乏力，食少便溏，中气下陷，久泻脱肛，便血崩漏，表虚自汗，气虚水肿，内热消渴，血虚萎黄，半身不遂，痹痛麻木，痈疽难溃，久溃不敛	降压、镇痛、镇静、安定、缓解体力疲劳、提高缺氧耐受力、抗衰老、对辐射危害有保护功能、增强细胞生理代谢、抗病原微生物、护肝、增强免疫力等 《药典》推荐每日用量：9～30g
湖北贝母	微苦，凉。归肺、心经	贝母素乙、贝母碱、贝母新碱、贝母芬碱、贝母定碱等	清热化痰，止咳，散结。用于痰热咳嗽，瘰疬痰核，痈肿疮毒	镇咳、平喘、祛痰等 《药典》推荐每日用量：3～9g。研粉冲服
番泻叶	甘、苦，寒。归大肠经	番泻苷 A、B、C、D，大黄酸，芦荟大黄素，大黄酚等	泻热行滞，通便，利水。用于热结积滞，便秘腹痛，水肿胀满	抗病原微生物、泻下等 《药典》推荐每日用量：2～6g，后下，或开水泡服
蛤蚧	咸，平。归肺、肾经	胆固醇、胆固醇酯、甘油酯、糖脂、磷脂、脂肪酸、氨基酸、多肽、无机元素、微量元素	补肺益肾，纳气定喘，助阳益精。用于肺肾不足，虚喘气促，劳嗽咯血，阳痿，遗精	增强免疫力、降血糖、抗氧化、提高缺氧耐受力等 《药典》推荐每日用量：3～6g，多入丸散或酒剂
槐实	苦，寒。归肝、大肠经	槐角苷、染料木素、槲皮素、山柰酚葡萄糖苷 C、槐属黄酮苷等	清热泻火，凉血止血。用于肠热便血，痔肿出血，肝热头痛，眩晕目赤	提高缺氧耐受力、降胆固醇、升高血糖等 《药典》推荐每日用量：6～9g
蒲黄	甘，平。归肝、心包经	异鼠李素-3-*O*-新橙皮苷、香蒲新苷、柚皮素、异鼠李素、槲皮素等	止血，化瘀，通淋。用于吐血、衄血、咯血，崩漏、外伤出血，经闭痛经，胸腹刺痛，跌扑肿痛，血淋涩痛	抗病原微生物、降低血脂、防治动脉粥样硬化、抗炎等 《药典》推荐每日用量：5～9g，包煎
蒺藜	辛、苦，微温；有小毒。归肝经	山柰酚、山柰酚-3-葡萄糖苷、山柰酚-3-芸香糖、刺蒺藜苷等	平肝解郁，活血祛风，明目，止痒。用于头痛眩晕，胸胁胀痛，乳闭乳痈，目赤翳障，风疹瘙痒	降血压、抗动脉粥样硬化、抗衰老、抗病原微生物等 《药典》推荐每日用量：6～9g
蜂胶	苦、辛，寒。归脾、胃经	白杨素、高良姜素、山柰黄素、高良姜精、栎精 10-羟基-α-癸烯酸、维生素、胰蛋白酶等	内服补虚弱，化浊脂，止消渴；外用解毒消肿，收敛生肌。内服用于体虚早衰，高脂血症，消渴；外治用于皮肤皲裂，烧烫伤	增强免疫力、抗氧化、护肝、抗菌、降血脂、缓解体力疲劳等 《药典》推荐每日用量：0.2～0.6g。多入丸散用，或加蜂蜜适量冲服
酸角	味酸、性寒	糖、有机酸、氨基酸等	清暑热，化积滞	轻泻等，《药典》未列出用量
墨旱莲	甘、酸，寒。归肾、肝经	蟛蜞菊内酯、去甲基蟛蜞菊内酯、去甲基蟛蜞菊内酯-7-葡萄糖苷等	滋补肝肾，凉血止血。用于肝肾阴虚，牙齿松动，须发早白，眩晕耳鸣，腰膝酸软，阴虚血热吐血，衄血，尿血，血痢，崩漏下血，外伤出血	护肝、提高缺氧耐受力等 《药典》推荐每日用量：6～12g

续表

原料名称	性味归经	有效成分	功效	保健相关功能和药典推荐量
熟大黄	苦，寒。归脾、胃、大肠、肝、心包经	芦荟大黄素、大黄酸、大黄素、大黄酚、大黄素甲醚等	熟大黄泻下力缓，泻火解毒。用于火毒疮疡	通便、降血脂、护肝、止血等 《药典》推荐每日用量：3～15g
熟地黄	甘，微温。归肝、肾经	毛蕊花糖苷、胡萝卜苷、梓醇、地黄苷A和D等	补血滋阴，益精填髓。用于血虚萎黄，心悸怔忡，月经不调，崩漏下血，肝肾阴虚，腰膝酸软，骨蒸潮热，盗汗遗精，内热消渴，眩晕，耳鸣，须发早白	缓解体力疲劳、提高免疫力、改善睡眠、抗肿瘤等 《药典》推荐每日用量：9～15g
鳖甲	咸，微寒。归肝、肾经	动物胶、骨胶原、角蛋白、碘、维生素D、碳酸钙、磷酸钙	滋阴潜阳，退热除蒸，软坚散结。用于阴虚发热，骨蒸劳热，阴虚阳亢，头晕目眩，虚风内动，手足瘈疭，经闭，症瘕，久疟疟母	耐寒、耐缺氧、缓解体力疲劳、提高免疫力等 《药典》推荐每日用量：9～24g，捣碎，先煎

附录3

新食品原料

名称	基本情况	功能作用	生产工艺	质量标准
植物、藻类及其提取物				
显齿蛇葡萄叶	食用方式：冲泡 来源：葡萄科、蛇葡萄属、显齿蛇葡萄 食用部位：叶	抗高血压、止咳、祛痰、降脂、保肝等		卫生安全指标应当符合我国相关标准
裸藻	种属：裸藻门、裸藻目、裸藻属 使用范围：不包括婴幼儿食品	抗氧化、抗病原微生物、清除自由基、抗癌等		卫生安全指标应当符合我国相关标准
丹凤牡丹花	来源：丹凤牡丹	可镇痛、止咳、止泄、补肝、促进血液循环、防止高血压等、美容养颜、减轻月经疼痛		卫生安全指标应当符合我国相关标准
狭基线纹香茶菜	来源：人工种植的狭基线纹香茶菜 种属：唇形科、香茶菜属 食用量：≤8g/天 使用范围：为茶饮料类。婴幼儿、少年儿童及孕妇不宜食用	护肝、对急性黄疸型肝炎和急性胆囊炎有功效等		卫生安全指标应当符合我国相关标准
青钱柳叶	来源：胡桃科植物青钱柳 食用部位：叶 食用方式：冲泡	增强免疫力、抗氧化、抗衰老、降血压、降血糖、降血脂、护肝等		卫生安全指标应当符合我国相关标准 性状：乳白色或淡黄色粉末（或黏稠液体）
茶树花	来源：山茶科、山茶属、茶树 食用部位：花	解毒、抑菌、降血糖、抗衰老、抗癌和增强免疫力等		卫生安全指标应当符合我国相关标准
阿萨伊果	来源：棕榈科植物阿萨伊棕榈树的果实	抗氧化等		卫生安全指标应符合应我国相关标准
蛋白核小球藻	种属：绿藻目、小球藻属 食用量：≤20g/天 使用范围：不包括婴幼儿食品	排除体内重金属等毒素、增强免疫力等	人工养殖的蛋白核小球藻经离心、洗涤、分离、干燥等工艺制成	卫生安全指标应符合我国相关标准 性状：深绿至黑绿色粉末 成分(g/100g)： 蛋白质≥58; 水分≤5; 灰分≤5
乌药叶	来源：樟科植物乌药 食用部位：嫩叶 食用量：≤5g/天 使用范围：婴幼儿、儿童、孕期及哺乳期妇女不宜食用	抗菌、抗炎、止痛等		卫生安全指标应符合我国相关标准
辣木叶	来源：辣木 食用部位：带柄的羽状复叶	降血糖、降血脂、降血压、抗肿瘤、抗氧化、通便、利尿、改善睡眠、增强免疫力、抗衰老等		卫生安全指标应符合我国相关标准

续表

名称	基本情况	功能作用	生产工艺	质量标准
人参（人工种植）	来源：5年及5年以下人工种植的人参 种属：五加科、人参属 食用部位：根及根茎 食用量：≤3g/天 使用范围：孕妇、哺乳期妇女及14周岁以下儿童不宜食用	抗疲劳、调节血压、提高耐缺氧能力、调节血脂、抗动脉粥样硬化、护肝、抗衰老、增强免疫力、抗肿瘤、抗病原微生物等		卫生安全指标应当符合我国相关标准要求
玛咖粉	种属：人工种植的玛咖（十字花科独行菜属） 食用部位：根茎 食用量：≤25g/天 使用范围：婴幼儿、哺乳期妇女、孕妇不宜食用	抗疲劳、增强免疫力、改善性功能	以玛咖为原料，经切片、干燥、粉碎、灭菌等步骤制成	性状：淡黄色粉末 蛋白质含量≥10%； 膳食纤维含量≥10%； 水分≤10%
雨生红球藻	种属：绿藻门、团藻目、红球藻属 食用量：≤0.8g/天 使用范围：不包括婴幼儿食品	抗氧化、抗衰老、保护皮肤等	选育优良雨生红球藻藻种进行人工养殖，采收雨生红球藻孢子，经破壁、干燥等工艺制成	性状：红色或深红色粉末 蛋白质含量≥15%； 总虾青素含量（以全反式虾青素计）≥1.5%； 全反式虾青素含量≥ 0.8%； 水分≤10%； 灰分≤15%
金花茶	来源：人工种植的金花茶 种属：山茶科、山茶属 食用部位：叶 食用量：≤20g/天 使用范围：不适宜人群：婴幼儿、孕妇	降血糖、降血压、降血脂、缓解糖尿病		卫生安全指标应符合应我国相关标准
显脉旋覆花（小黑药）	来源：人工种植的显脉旋覆花 种属：菊科、旋覆花属 食用部位：根茎 食用量：≤5g/天 本品作为调味品使用 不适宜人群：婴幼儿	祛痰、平喘、抗炎、抑菌等	以显脉旋覆花的干燥根茎为原料，经精选、清洗、干燥、机械粉碎等步骤生产而成	性状：褐色粉末 8,9-二异丁酰基百里香酚≥4.0mg /g； 水分≤13%； 灰分≤0.4%
诺丽果浆	来源：海巴戟天的果实	调节人体的肠胃和消化系统、抗氧化等	优选的诺丽果放置后熟、洗净、打浆、去皮籽、杀菌后，灌装密封	性状：含果肉的混浊液体 可溶性固形物（20℃折光计法）7.0%～9.0%； pH3.5～4.2%； 水分90%～93%
白子菜	来源：人工种植的白子菜，俗称白背三七 种属：菊科、土三七属 食用部位：茎、叶	降血糖、降血脂、降血压等		卫生安全指标应符合应我国相关标准
菊粉	来源：菊苣根 食用量：≤15g/天 使用范围：各类食品，但不包括婴幼儿食品	降血脂、降血糖、促进排便、护肝、调节肠道菌群等	以菊苣根为原料，去除蛋白质和矿物质后，经喷雾干燥等步骤获得菊粉	性状：白色粉末 菊粉（果糖聚合体的混合体，聚合度范围 2～60）>86.0%； 其他糖类（葡萄糖+果糖+蔗糖）<14.0%； 水分≤4.5%； 灰分≤0.2%

续表

名称	基本情况	功能作用	生产工艺	质量标准
短梗五加	来源：人工种植 食用部位：茎、叶、果 食用量：≤4.5g/天 使用范围：饮料类、酒类 不适宜人群：哺乳期妇女、孕妇、婴幼儿及儿童	抗氧化、抗癌、护肝等	以短梗五加全株鲜品为原料，经清洗、切片、干燥、杀菌、粉碎等步骤制成	性状：灰褐色固体干燥粉末 短梗五加全株干粉100.0%； 总皂苷（以人参皂苷Re计）≥1.0%； 总黄酮（以芦丁计）≥0.1%； 灰分≤10.0%； 水分≤8.0%
盐藻及提取物	种属：绿藻门、团藻目、盐藻属 食用量：≤15mg/天（以β-胡萝卜素计） 产品的胡萝卜素含量2%～8%，其标签、说明书标注为盐藻；产品的胡萝卜素含量≥8%，其标签、说明书标注为盐藻提取物 使用范围：不包括婴幼儿食品	调节血压、降血糖、降血脂、护肝、抗肿瘤	盐藻藻种经养殖、藻液净化、离心分离、洗盐脱水、提纯等工艺而制成的半流体或粉状产品	1.盐藻 性状：棕褐色粉末 胡萝卜素含量（以β-胡萝卜素计）≥2% 2.盐藻提取物 性状：棕黑色半流体 胡萝卜素含量（以β-胡萝卜素计）≥8%
油脂类				
磷虾油	来源：磷虾科磷虾属南极大磷虾 食用量：≤3g/天 注意事项：婴幼儿、孕妇、哺乳期妇女及海鲜过敏者不宜食用	调节血脂、益智、抗衰老等	以磷虾为原料，经水洗、破碎、提取、浓缩、过滤等步骤制得	性状：暗红色或红褐色透明油状液体 成分（g/100g）： 总磷脂≥38； DHA≥3； EPA≥6
长柄扁桃油	来源：蔷薇科桃属扁桃亚属长柄扁桃的种仁 使用范围：不包括婴幼儿食品	调节血脂、益智、抗氧化、抗衰老等	以长柄扁桃种仁为原料，经炒制、冷榨、过滤等工艺而制成	卫生安全指标应当符合我国相关标准 性状：黄色透明油状液体
光皮梾木果油	来源：山茱萸科梾木属光皮梾木果实 使用范围：不包括婴幼儿食品	提供不饱和脂肪酸	以光皮梾木果实为原料，经压榨、过滤、脱色、脱臭等工艺而制成	卫生安全指标应当符合我国相关标准 性状：黄色透明油状液体
盐地碱蓬籽油	来源：藜科碱蓬属盐地碱蓬种子 使用范围：不包括婴幼儿食品	提供必需脂肪酸	以盐地碱蓬种子为原料，经萃取、脱色、过滤等工艺而制成	卫生安全指标应符合我国相关标准 性状：淡黄色至金黄色透明油状液体 脂肪酸组成（占总脂肪酸含量比）：亚油酸≥50%；油酸≥10%；亚麻酸≥5%
美藤果油	来源：大戟科美藤果 使用范围：不包括婴幼儿食品	提供必需脂肪酸	以美藤果种籽为原料，经脱壳、粉碎、压榨、过滤等工艺而制成	卫生安全指标应符合我国相关标准 性状：淡黄色透明油状液体 脂肪酸组成（占总脂肪酸含量比）：亚麻酸≥35%；亚油酸 ≥30%；油酸≥5%
盐肤木果油	来源：漆树科盐肤木属盐肤木果实 使用范围：不包括婴幼儿食品	提供必需脂肪酸	以盐肤木果实为原料，经气爆、压榨、浸提、过滤等工艺而制成	卫生安全指标应符合我国相关标准 性状：黄色透明油状液体 脂肪酸组成（占总脂肪酸含量比）：油酸≥52%；亚油酸 ≥14%；棕榈酸≥5%

续表

名称	基本情况	功能作用	生产工艺	质量标准
中长链脂肪酸食用油	来源：食用植物油、中链甘油三酯（来源于食用椰子油、棕榈仁油） 食用量：≤30g/天	减肥、调节血脂	以食用植物油和中链甘油三酯为原料，通过脂肪酶进行酯交换反应，经蒸馏分离、脱色、脱臭等工艺而制成	卫生安全指标应符合食用植物油卫生标准 性状：淡黄色透明状液体 成分（g/100g）： 中长链脂肪酸甘油三酯≥18；长链脂肪酸甘油三酯≤77；中链甘油三酯＜3；中链脂肪酸≥11
元宝枫籽油	来源：元宝枫树种仁 食用量：≤3g/天 使用范围：不包括婴幼儿食品	抗菌、抗肿瘤、抗氧化、抗衰老等	以元宝枫种仁为原料，经压榨、脱色、脱臭等工艺制成	性状：金黄色透明油状液体 脂肪酸组成（占总脂肪酸含量比）：亚油酸≥30.0%；油酸≥15.0%；神经酸≥3.0%
牡丹籽油	来源：丹凤牡丹和紫斑牡丹的籽仁 食用量：≤10g/天 使用范围：不包括婴幼儿食品	提供必需脂肪酸、延缓皮肤衰老、祛黄褐斑等	以牡丹籽仁为原料，经压榨、脱色、脱臭等工艺制成	性状：金黄色透明油状液体 脂肪酸组成（占总脂肪酸含量比）：亚麻酸≥38.0%；亚油酸≥25.0%；油酸≥21.0%
翅果油	来源：翅果油树种仁 食用量：≤15g/天 使用范围：不包括婴幼儿食品。食品的标签、说明书中应当标注食用限量	增强免疫力、降血糖、降血脂等	以翅果仁为原料，经粉碎、萃取、过滤等工艺而制成	性状：淡黄色透明油状液体 脂肪酸组成（占总脂肪酸含量比）：油酸≥28%；亚油酸≥42%；亚麻酸≥5%
磷脂酰丝氨酸	来源：大豆 食用量：≤600mg/天 使用范围：不包括婴幼儿食品	改善学习记忆	以大豆卵磷脂和 L-丝氨酸为原料，采用磷脂酶转化反应后，纯化浓缩，再经过二次纯化，干燥后包装制得	性状：淡黄色粉末 磷脂酰丝氨酸 50.0%～60.0%； 丙酮不溶物≥95%； 水分≤2%； 溶剂残留（正己烷）≤25×10^{-6}
DHA 藻油	来源：裂壶藻、吾肯氏壶藻、寇氏隐甲藻 食用量：≤300mg/天（以纯 DHA 计） 在婴幼儿食品中使用应符合相关标准的要求	促进大脑、视力的发育等	以裂壶藻（或吾肯氏壶藻或寇氏隐甲藻）种为原料，通过发酵、分离、提纯等工艺生产 DHA	性状：淡黄色到橙色油状液体 DHA 含量≥35g/100g； 反式脂肪酸＜1%； 水分及可挥发物＜0.05%
花生四烯酸油脂	来源：高山被孢霉 食用量：≤600mg/天（以纯花生四烯酸计）	促进视力和智力的发育、降血脂、抗肿瘤等	以高山被孢霉为菌种，经发酵培养制得菌丝体，菌丝体经过滤、压榨、干燥、萃取及精制后得到花生四烯酸油脂	在婴幼儿食品中使用应符合相关标准的要求 性状：无色至浅黄色油状液体 花生四烯酸含量≥38g/100g； 反式脂肪酸≤1%
御米油	来源：罂粟的种子 食用量：≤25g/天 生产经营御米油应符合《关于加强罂粟籽食品监督管理工作的通知》（卫监督发[2005]349 号）的要求；仅限用于食用油。不得再生产加工其他食品、食品添加剂 不适宜人群：婴幼儿	降血脂、护肝、抗衰老、抗癌、改善痛风、改善糖尿病症状等	罂粟籽经清理、去壳，采用压榨等方法制油，并经脱水、脱色、脱臭、精滤等工艺精制而成	性状：淡黄色半透明油状液体 脂肪酸组成（占总脂肪酸含量比）：棕榈酸 8.9%～10.2%；硬脂酸 1.5%～2.7%；油酸 15.1%～23.5%；亚油酸 60.0%～81.0%；亚麻酸 0.42%～0.90%

续表

名称	基本情况	功能作用	生产工艺	质量标准
茶叶籽油	来源：山茶科、植物茶的种子 食用量：≤15g/天 使用范围：不包括婴幼儿食品	抗氧化、抗衰老、抗辐射、美容护肤、预防动脉硬化、降血脂	以茶叶籽为原料，经烘干、脱壳、脱色、脱臭等步骤而制成	性状：黄色透明油状液体 脂肪酸组成(占总脂肪酸含量比)：油酸 40%～60%；亚油酸 15%～35%；棕榈酸 13%～20%；硬脂酸（C18:0）2%～6%
鱼油及提取物	来源：可食用海洋鱼 食用量：≤3g/天 DHA 含量 36～125mg/g，标签及说明书中标注鱼油；DHA 含量≥125mg/g，标签及说明书中标注鱼油提取物 在婴幼儿食品中使用应符合相关标准的要求	改善学习记忆能力	可食用海洋鱼经加热烹煮、压榨、离心、提纯、脱色、除臭等工艺而制成的油状液体或粉状产品	1.鱼油 性状：淡黄色液体或粉末 DHA 含量≥36mg/g; EPA 含量≥27mg/g; EPA+DHA 含量≥144mg/g; 水分≤3.0% 2.鱼油提取物 性状：淡黄色液体或粉末 DHA 含量≥125mg/g; EPA 含量≥80mg/g; EPA+DHA 含量≥230mg/g; 水分≤1.0%
甘油二酯油	主要成分：甘油二酯 来源：大豆油、菜籽油、花生油、玉米油。 食用量：≤30g/天	降血脂等	以大豆油、菜籽油等为原料，以脂肪酶制剂、水、甘油等为主要辅料，通过脂肪酶催化，经蒸馏分离、脱色、脱臭等工艺而制成	性状：透明状液体 甘油二酯含量≥40%； 甘油三酯含量≤58%； 单干酯含量≤1.5%； 游离脂肪酸含量≤0.5%
共轭亚油酸	主要成分：共轭亚油酸（C18:2），（主要的异构体为 9c,11t 和 10t,12c 的异构体） 来源：红花籽油 食用量：< 6g/天 使用范围：①直接食用；②脂肪、食用油和乳化脂肪制品，但不包括婴幼儿食品	抗肿瘤、抗氧化、抗动脉粥样硬化、提高免疫力、提高骨骼密度、防治糖尿病、降血脂、减肥等	以食品级的红花籽油为原料，通过共轭化反应将其中的亚油酸转化成共轭亚油酸	性状：无色至淡黄色清澈、透明油状液体 共轭亚油酸含量 700～800mg/g（*m/m*）。 脂肪酸面积百分比(气相)：共轭亚油酸（9c,11t 和 10t,12c 异构体）78%～84%；油酸 C18:1c9 10%～20%；棕榈酸<4%；硬脂酸<4%；亚油酸 C18:2c9,c12 <3% 共轭亚油酸异构体的组成：9c,11t 异构体 37.5%～42.0%；10t,12c 异构体 37.5%～42.0%；10c,12c 异构体 0～3.0%；9t,11t 和 10t,12t 异构体<1%
共轭亚油酸甘油酯	主要成分：共轭亚油酸甘油三酯 来源：红花籽油 食用量：< 6g/天 使用范围：①直接食用；②乳及乳制品（纯乳除外）；脂肪、食用油和乳化脂肪制品；饮料类；冷冻饮品；可可制品、巧克力和巧克力制品及糖果；杂粮粉及其制品；即食谷物、焙烤食品、咖啡，但不包括婴幼儿食品	抗癌、减肥、免疫调节、抗动脉硬化等	以食品级的红花籽油为原料，通过共轭化反应将其中的亚油酸转化成共轭亚油酸，然后以食品级脂肪酶为催化剂，将共轭亚油酸脂肪酸与甘油进行酯化，生成共轭亚油酸甘油酯	性状：无色至淡黄色清澈、透明油状液体 共轭亚油酸甘油三酯含量 77%～83%；共轭亚油酸甘油二酯含量 17%～23%；共轭亚油酸单甘酯含量<1% 脂肪酸组成：共轭亚油酸含量 700～800mg/g（*m/m*） 脂肪酸面积百分比（气相）：共轭亚油酸 C18:2（9c,11t 和 10t,12c 异构体）78%～84%；油酸 C18:1c9 10%～20%；棕榈酸< 4%；硬脂酸< 4%；亚油酸< 3%

续表

名称	基本情况	功能作用	生产工艺	质量标准
				共轭亚油酸异构体的组成：9c,11t 异构体 37.5%～42.0%；10t,12c 异构体 37.5%～42.0%；10c,12c 异构体 0～3.0%；9t,11t 和 10t,12t 异构体 <1%
杜仲籽油	来源：杜仲籽 食用量：≤3mL/天	降血脂、降血压、免疫调节、抗疲劳、抗衰老等	以杜仲籽为原料，经去杂、分离壳仁，对籽仁进行物理压榨、过滤等工艺而制成	性状：黄棕色透明油状液体 脂肪酸组成（占总脂肪酸含量比）：α-亚麻酸≥45%；油酸≥13%；亚油酸≥10%；棕榈酸≥6%；硬脂酸（C18:0）≥2%
微生物类				
马克斯克鲁维酵母	批准为可食用菌种 功能：发酵生产用			卫生安全指标应当符合我国相关标准
广东虫草子实体	来源：人工培养的广东虫草子实体 种属：子囊菌亚纲、麦角菌科、虫草属 食用量：≤3g/天 使用范围：婴幼儿、儿童及食用真菌过敏者不宜食用	增强免疫力、抗肿瘤、抗氧化、抗病毒、镇静助眠、抗疲劳、抗衰老、降血糖、降血脂、保肝、化痰、平喘等	广东虫草菌种经接种、培养，采收子实体后烘干制成	卫生安全指标应符合应我国相关标准
茶藨子叶状层菌发酵菌丝体	来源：茶藨子叶状层菌，也称金银花菌 食用量：≤50g/天 使用范围：婴幼儿、儿童及食用真菌过敏者不宜食用	抗炎、抗病毒、抗肿瘤、降血糖等	茶藨子叶状层菌（从金银花植株上分离）经接种培养、发酵、干燥、粉碎等步骤制得	卫生安全指标应当符合我国相关标准要求
植物乳杆菌	来源：泡菜 种属：植物乳杆菌 菌株号：ST-Ⅲ 使用范围：乳制品、乳酸菌饮料，但不包括婴幼儿食品	调节肠道菌群	植物乳杆菌经发酵培养、膜浓缩、冷冻干燥等步骤生产而成	性状：冷冻干燥粉末 植物乳杆菌活菌数≥1.0×10^{11}CFU/g 水分≤5%
蛹虫草	来源：人工培养的蛹虫草子实体 种属：子囊菌亚纲、麦角菌科、虫草属 食用量：≤2g/天 使用范围：直接食用、酒类、罐头、调味品、饮料	抗衰老、抗肿瘤、抗氧化、增强免疫力等	接种蛹虫草菌种到培养基上进行人工培养，采收蛹虫草子实体，经烘干等步骤而制成	性状：金黄色子实体 蛹虫草子实体 100.0%；腺苷≥0.055%；多糖≥2.5%
副干酪乳杆菌	来源：健康人体胃肠道 种属：副干酪乳杆菌 菌株号：GM080、GMNL-33 使用范围：乳制品、保健食品、饮料、饼干、糖果、冰淇淋，但不包括婴幼儿食品	调节肠道菌群等	副干酪乳杆菌经发酵培养、离心、急速冷冻、干燥、包装等步骤生产而成	性状：冷冻干燥粉末 副干酪乳杆菌活菌数≥2.0×10^{9}CFU/g；水分≤8.0%
嗜酸乳杆菌	来源：乳品培养物 种属：嗜酸乳杆菌 菌株号：R0052 使用范围：保健食品原料	调节肠道菌群等	嗜酸乳杆菌经发酵培养、离心、冻干等步骤生产而成	性状：冷冻干燥粉末 嗜酸乳杆菌活菌数≥100×10^{9} CFU/g；水分≤5%
鼠李糖乳杆菌	来源：脱水的发酵牛乳 种属：鼠李糖乳杆菌 菌株号：R0011 使用范围：保健食品原料	调节肠道菌群等	鼠李糖乳杆菌经发酵培养、离心、冻干等步骤生产而成	性状：冷冻干燥粉末或颗粒 鼠李糖乳杆菌活菌数≥100×10^{9} CFU/g；水分≤5%

续表

名称	基本情况	功能作用	生产工艺	质量标准
植物乳杆菌	来源：脱水的发酵牛乳 种属：植物乳杆菌 菌株号：299v 使用范围：乳制品、保健食品，但不包括婴幼儿食品	调节肠道菌群等	植物乳杆菌经发酵培养、离心、冻干等步骤生产而成	性状：冷冻干燥粉末 植物乳杆菌活菌数≥100×10^9CFU/g；水分≤5%
植物乳杆菌	来源：健康婴儿粪便 种属：植物乳杆菌 菌株号：CGMCC NO.1258 使用范围：饮料类、冷冻饮料、保健食品	调节肠道菌群等	植物乳杆菌经发酵培养、离心、冷冻、干燥等步骤生产而成	性状：冷冻干燥粉末 植物乳杆菌活菌数≥5.0×10^9cfu/g；水分≤6.0%
嗜酸乳杆菌	来源：乳品发酵剂 种属：嗜酸乳杆菌 菌株号：DSM13241 使用范围：乳制品、保健食品，但不包括婴幼儿食品	调节肠道菌群等	嗜酸乳杆菌经发酵培养、离心、干燥等步骤生产而成	性状：冷冻干燥粉末 嗜酸乳杆菌活菌数≥3.0×10^{10}cfu/g；水分≤4.0%；如为菌液，则水分>80%
雪莲培养物	来源：菊科植物天山雪莲的愈伤组织 食用量：鲜品≤80g/天、干品≤4g/天 不适宜人群：婴幼儿、孕妇	镇痛、抗炎、抗风湿；抑制血小板聚集、降血脂、改善血液循环、免疫调节、抗氧化、抗辐射、抗疲劳	选取雪莲离体组织，经脱分化形成的愈伤组织作为继代种子，给予一定条件进行继代培养而获得的团块状颗粒，或该颗粒经干燥粉碎得到的粉末	1.鲜品 性状：紫红色团状颗粒；蛋白质≥1%；总黄酮≥0.4%；水分≤96%；灰分≤1% 2.干品 性状：紫灰色粉末；蛋白质≥20%；总黄酮≥7%；水分≤10%；灰分≤10%
功能性糖类				
低聚甘露糖	食用量：≤1.5g/天 使用范围：不包括婴幼儿食品	调节肠道菌群	以魔芋粉为原料，经半纤维素酶酶解、分离、提纯生产而成	卫生安全指标应当符合我国相关标准
蚌肉多糖	食用量：≤2.5g/天 使用范围：调味品、汤料、饮料、冷冻食品	抗癌、护肝、改善皮肤水分、抗氧化等	以三角帆蚌肉为原料，经提取、酶解、超滤、醇沉、干燥、粉碎等步骤制成	性状：白色粉末 粗多糖（以葡萄糖计）≥70g/100g；蛋白质≤8.0%；水分≤9.0%；灰分≤5.0%；铅（以铅计）≤0.5mg/kg；砷（以砷计）≤0.5mg/kg
酵母β-葡聚糖	来源：酿酒酵母 食用量：≤250mg/天	增强免疫功能、抗辐射、调节血脂	以酿酒酵母为原料，经提取、酸碱处理、喷雾干燥等步骤生产而成	性状：浅黄色或黄褐色粉末 β-葡聚糖≥70%；蛋白质≤3.5%；脂肪≤10%；水分≤8%；灰分≤3%
棉子低聚糖	来源：棉花的种子（棉籽） 主要成分：棉子糖 食用量：≤5g/天 使用范围：不包括婴幼儿食品	调节肠内菌群、增强免疫力、护肝、促进钙吸收、调节血脂、降低血压、抗龋齿	以棉籽为原料，经浸油、脱酚、提糖、脱色、快速降温、干燥粉碎等步骤获得棉子低聚糖	性状：淡黄色或白色粉末 总糖≥70.0%；棉子糖≥45.0%；水分≤5.0%；灰分≤5.0%；游离棉酚≤10mg/kg 溶剂残留：正己烷≤1mg/kg；乙醇≤10mg/kg
多聚果糖	主要成分：多聚果糖 来源：菊苣根 食用量：≤8.4g/天 使用范围：儿童奶粉、孕产妇奶粉	促进排便、降血脂、降血糖等	以菊苣根为原料，经提取过滤，去除蛋白质、矿物质及短链果聚糖，喷雾干燥等步骤制成多聚果糖	性状：白色粉末 多聚果糖≥94.5%；平均聚合度（DP）≥23；水分≤4.5%；灰分≤0.2%；pH（10%在普通水中）5.0～7.0

续表

名称	基本情况	功能作用	生产工艺	质量标准
低聚半乳糖	来源：牛乳中的乳糖 食用量：≤15g/天 使用范围：婴幼儿食品、乳制品、饮料、焙烤食品、糖果	调节肠道菌群等	以牛乳中的乳糖为原料，经β-半乳糖苷酶催化水解半乳糖苷键，生成半乳糖和葡萄糖，并通过转半乳糖苷的作用，将水解下来的半乳糖苷转移到乳糖分子，生成低聚半乳糖	性状：无色透明或淡黄色糖浆 低聚半乳糖含量（半乳低聚二糖到半乳低聚八糖）（以干基计）≥57.0%；无水乳糖含量（以干基计）≤23.0%；无水葡萄糖含量（以干基计）≤22.0%；干物质 74.0%～76.0%；pH 2.8～3.8
异麦芽酮糖醇	主要成分：α-D-吡喃葡萄糖基-1,1-甘露醇（GPM）以大致相同的比例组成的混合物 来源：白砂糖 食用量：≤100g/天 使用范围：各类食品。但不包括婴幼儿食品	不升高血糖、非致龋齿性等	以白砂糖为原料，经蔗糖异构酶转化产生异麦芽酮糖，异麦芽酮糖溶液经催化生成异麦芽酮糖醇溶液；然后经过脱色、过滤、离子交换工艺去杂质，得到澄清透明的异麦芽酮糖醇溶液；再经浓缩、固化、结晶造粒、分筛工艺，即得到固体异麦芽酮糖醇	异麦芽酮糖醇≥85%；还原糖≤0.3%（以葡萄糖计）；总糖≤0.5%（以葡萄糖计）；山梨醇+甘露醇≤15%
低聚木糖	主要成分：木二糖-木七糖 来源：小麦秸秆 食用量：≤1.2g/天（以木二糖-木七糖计） 使用范围：各类食品。但不包括婴幼儿食品	调节肠道菌群等	以小麦秸秆为原料采用蒸汽爆破法，经木聚糖酶酶解生产而成	性状：浅黄色黏稠状液体 低聚木糖（木二糖-木七糖）含量（以干基计）≥70.0%；木二糖-木四糖含量（以干基计）≥50.0%；干物质（固形物）70.0%±1.0%；pH 3.5～6.5；灰分≤0.3%
透明质酸钠	来源：马链球菌兽疫亚种 食用量：≤200mg/天 使用范围：保健食品原料		以葡萄糖、酵母粉、蛋白胨等为培养基，由马链球菌兽疫亚种经发酵生产而成	性状：白色颗粒或粉末 透明质酸钠含量≥87.0%；水分≤10.0%；pH6.0～8.0；灰分≤13.0%
L-阿拉伯糖	来源：玉米芯、玉米皮等禾本科植物纤维 使用范围：各类食品，但不包括婴幼儿食品	减肥、降血糖、降血脂、促进排便	以玉米芯、玉米皮等禾本科植物纤维为原料经稀酸水解、脱色、脱酸、生物发酵、分离净化、结晶、干燥得到	性状：白色结晶粉末 L-阿拉伯糖含量≥99.0%；水分≤1.0%；灰分≤0.1%；熔点 154～158℃；比旋光度[α]20D（C=5，H_2O，24h）+100～+104
库拉索芦荟凝胶	来源：库拉索芦荟叶片 食用部位：凝胶肉 食用量：≤30g/天 使用范围：各类食品。不适宜孕妇、婴幼儿	改善皮肤水分、祛痤疮、祛黄褐斑、抗炎、增强免疫力、抗氧化、清除自由基等	以库拉索芦荟叶片为原料，经沥醌清洗、去皮、漂烫、杀菌等步骤制成	性状：无色透明至乳白色凝胶 芦荟苷（mg/kg）≤7.0；多糖（mg/kg）≥200.0；*O*-乙酰基（mg/kg）≥175.0；pH4.0～5.5
牛奶碱性蛋白	来源：鲜牛乳 食用量：≤200mg/天	增强骨密度	以鲜牛乳为原料，经脱脂、过滤、浓缩、去除酪蛋白等酸性蛋白、阳离子层析、冷冻干燥等工艺制成	性状：深褐色或乳黄色粉末 蛋白质含量≥90%；牛奶碱性蛋白含量≥70%；碳水化合物≤5%；水分≤5%；灰分≤5%

续表

名称	基本情况	功能作用	生产工艺	质量标准
蛋白质肽类				
小麦低聚肽	来源：小麦谷朊粉 食用量：≤6g/天 婴幼儿不宜食用	降血糖、降血压、降血脂、免疫调节、抗氧化	以小麦谷朊粉为原料，经调浆、蛋白酶酶解、分离、过滤、喷雾干燥等工艺制成	卫生安全指标应符合我国相关标准要求 性状：白色或浅灰色粉末 蛋白质（以干基计）/(g/100g) ≥90；低聚肽（以干基计）/（g/100g）≥75；总谷氨酸/（g/100g）≥25 相对分子量质量小于1000的蛋白质水解物所占比例（%）≥85；水分（g/100g）≤7；灰分（g/100g）≤7
玉米低聚肽粉	来源：玉米蛋白粉 食用量：≤4.5g/天	抗氧化、抗高血压、增强免疫力、抗疲劳、保护肝脏等	以玉米蛋白粉为原料，经调浆、蛋白酶酶解、分离、过滤、喷雾干燥等工艺生产而成的	性状：黄色或棕黄色粉末 蛋白质（以干基计≥80.0%；低聚肽（以干基计）≥75.0%；AY（丙氨酸-酪氨酸）≥0.6%；相对分子质量小于1000≥90.0%；水分≤7.0%；灰分≤8.0%
地龙蛋白	来源：赤子爱胜蚓 食用量：≤10g/天 不适宜婴幼儿、少年儿童、孕产妇、过敏体质者等人群食用	改善微循环、有助于溶解血栓、软化血管、降低血黏度、调节血压、抗肿瘤	以地龙（蚯蚓）经挑选洗涤、水解自溶、离心分离、微滤、喷雾干燥、包装等工艺制成	性状：浅黄色粉末 蛋白质含量≥65%；水分≤8.0%；灰分≤9.0%；蚓激酶不得检出
γ-氨基丁酸	来源：L-谷氨酸钠 食用量：≤500mg/天 使用范围：饮料、可可制品、巧克力和巧克力制品、糖果、焙烤食品、膨化食品。但不包括婴幼儿食品	镇静助眠、降血压等	以L-谷氨酸钠为原料经希氏乳杆菌发酵、加热杀菌、冷却、活性炭处理、过滤、加入调配辅料（淀粉）、喷雾干燥等步骤生产而成	性状：白色或淡黄色粉末 γ-氨基丁酸≥20%；水分≤10%；灰分≤18%
乳碱性蛋白粉	来源：牛初乳 食用量：≤100mg/天 使用范围：乳制品、含乳饮料、糖果、糕点、冰淇淋。但不包括婴幼儿食品	增加骨密度	以牛初乳为原料，经杀菌、脱脂、离心分离、去除酪蛋白、α-乳白蛋白、β-乳球蛋白，微滤、超滤、冷冻干燥等工艺而制成的	性状：乳白色粉末 蛋白质含量≥80%；1～30kDa分子质量比例≥50%；水分≤7%；灰分≤3%
水解蛋黄粉	来源：鸡蛋蛋黄 食用量：≤1g/天 使用范围：乳制品、冷冻饮品、豆类制品、可可制品，巧克力及其制品（包括类巧克力和代巧克力），以及糖果、焙烤食品、饮料类、果冻、油炸食品、膨化食品。但不包括婴幼儿食品	增强骨密度等	以鸡蛋蛋黄为原料，经蛋白酶处理、加热、离心分离、喷雾干燥等步骤生产而成	性状：白色至淡黄色粉末 蛋白质含量≥60%；相对分子质量100～5000的比例≥75%；粗脂肪≤5%；水分≤8%；灰分≤10%
珠肽粉	来源：猪血红细胞 食用量：≤3g/天 使用范围：保健食品原料 由缬氨酸-缬氨酸-酪氨酸-脯氨酸（VVYP）组成的肽；分子式为$C_{24}H_{36}O_6N_4$，相对分子质量为476.6		以检疫合格猪的血红细胞为原料，经黑曲霉蛋白酶酶解猪血红蛋白得到的寡肽混合物	性状：白色或淡黄色粉末 蛋白质含量≥85.0%；相对分子质量100～1500的比例≥85.0%；VVYP含量≥0.5%；粗脂肪≤1.0%；碳水化合物≤10.0%；水分≤5.0%；灰分≤6.0%

续表

名称	基本情况	功能作用	生产工艺	质量标准
其他类				
1,6-二磷酸果糖三钠盐	来源：葡萄糖。 食用量：≤300mg/天 使用范围：运动饮料。婴幼儿、孕妇不宜食用		以葡萄糖为原料，经酿酒酵母发酵后，经过离子交换、分离、浓缩、喷干等步骤而制成	卫生安全指标应当符合我国相关标准
β-羟基-β-甲基丁酸钙	食用量：≤3g/天 使用范围：运动营养食品、特殊医学用途配方食品。孕妇、哺乳期妇女、婴幼儿及儿童不宜食用	减肥等	以次氯酸钠、二丙酮醇、盐酸、乙酸乙酯、乙醇、氢氧化钙为主要原料，经氧化合成、酸化、萃取、中和反应、离心、干燥等步骤生产而成	性状：白色粉末 β-羟基-β-甲基丁酸 77%～82%；钙 12%～16%；水分 5%～7.5%
表没食子儿茶素没食子酸酯	食用量：≤300mg/天（以 EGCG 计） 使用范围：不包括婴幼儿食品	抗菌、抗病毒、抗氧化、抗动脉硬化、抗血栓形成、抗血管增生、抗炎、抗肿瘤作用等	绿茶叶经提取、层析分离、蒸发浓缩、真空蒸馏、冷却、结晶、干燥等工艺而制成	性状：灰白色至浅粉色粉末 表没食子儿茶素没食子酸酯≥94%（以干基计）；咖啡因≤0.1%；干燥失重≤5%
植物甾醇酯	来源：大豆油、菜籽油、玉米油、葵花籽油、塔罗油 β-谷甾醇酯 食用量：≤3.9g/天 使用范围：不包括婴幼儿食品	降血脂	利用大豆油等植物油馏分或塔罗油为原料，通过皂化、萃取、结晶等工艺得到植物甾醇，然后将植物甾醇和葵花籽油脂肪酸进行酯化生产得到植物甾醇酯	性状：淡黄色黏稠油糊状 植物甾醇酯和植物甾醇（合计）≥97%；植物甾醇酯≥90%；游离植物甾醇≤6%；总植物甾醇≥59%（*m/m*）；酸价≤1mg KOH/g；过氧化物价≤5meq/kg
植物甾醇	来源：大豆油、菜籽油、玉米油、葵花籽油、塔罗油 食用量：≤2.4g/天 使用范围：不包括婴幼儿食品	降血脂	利用大豆油等植物油馏分或者塔罗油为原料，通过皂化、萃取、结晶等工艺生产制得	性状：白色粉末或颗粒 植物甾醇≥90% 植物甾醇的组成比例：β-谷甾醇≥30.0%；菜油甾醇≥15.0%；豆甾醇≥12.0%
乳矿物盐	来源：乳清 食用量：≤5g/天 使用范围：不包括婴幼儿食品	补钙	以乳清为原料，经去除蛋白质、乳糖等成分而制成	性状：白色粉末 钙 23.0%～28.0%；磷 10.0%～14.0%；蛋白质≤5.0%；脂肪≤1.0%；乳糖 6.0%～10.0%；灰分 70.0%～78.0%；水分≤6.0%；pH（10%溶液）6.4～7.3
植物甾烷醇酯	来源：大豆油提取的甾醇和食用低芥酸菜籽油制取的脂肪酸甲酯 食用量：<5g/天 使用范围：植物油、植物黄油、人造黄油、乳制品、植物蛋白饮料、调味品、沙拉酱、蛋黄酱、果汁、通心粉、面条和速食麦片 不适宜人群：孕妇和 5 岁以下儿童	不升高血糖、非致龋齿性等	植物油甾醇经饱和工艺转化为植物甾烷醇，植物甾烷醇与脂肪酸甲酯进行酯化反应生成植物甾烷醇酯后再进行清洗、漂白和脱臭处理生产而成	性状：淡黄色黏稠油糊状 植物甾醇酯和植物甾醇（合计）≥97%；植物甾醇酯 ≥90%；游离植物甾醇 ≤6%；总植物甾醇≥59%（*m/m*）；酸价≤1mg KOH/g；过氧化物价≤5meq/kg
叶黄素酯	主要成分：叶黄素二棕榈酸酯 来源：万寿菊花 食用量：≤12mg/天 使用范围：焙烤食品、乳制品、饮料、即食谷物、冷冻饮品、调味品和糖果。但不包括婴幼儿食品	促进视力发育、增强免疫等	以万寿菊花为原料，经过脱水粉碎、溶剂提取、低分子量醇纯化和真空浓缩等步骤生产而成	性状：深红棕色细小颗粒 叶黄素二棕榈酸酯含量>55.8%；玉米黄质酯含量<4.2 %；溶剂残留：正己烷<10ppm；乙醇<10ppm
蔗糖聚酯	来源：大豆油 主要成分：蔗糖聚酯（6、7、8 酯） 食用量：≤10.6g/天 使用范围：婴幼儿不宜食用	低能量或无能量、具有与脂肪类似或完全相同的物理化学特性、对人体无不良副作用，是脂肪的替代品	大豆油经精炼、氢化，与甲醇反应生成甲酯，甲酯和蔗糖在一定条件下再发生反应，生成蔗糖聚酯粗品；然后经精炼、水洗涤、干燥、蒸发等过程精制而成	性状：凝胶状 蔗糖聚酯（6、7、8 酯）≥97%

附录4 有关营养、保健与功能食品网站

1. 国家食品药品监督管理总局　http://www.sda.gov.cn
2. 中国保健食品网　http://www.zgbjspw.roboo.com
3. 医药网　http://www.pharmnet.com.cn
4. 中国功能性食品网　http://www.gnxsp.com
5. 中国功能食品配料网　http://www.gongnengfood.com/
6. 功能食品产业网　http://www.functionalfood.org.cn
7. **Food & Function**　http://www.rsc.org/journals-books-databases/about-journals/food-function/
8. **Journal of Functional Foods**　https://www.journals.elsevier.com/journal-of-functional-foods/
9. **Diet**　https://www.diet.com/g/functional-foods?get=functional-foods
10. **The International Society for Nutraceuticals and Functional Foods (ISNFF)**　http://www.isnff.com
11. **Functional Foods in Health and Disease (FFHD)**　http://www.ffhdj.com/index.php/ffhd
12. **Functional Food Center**　http://www.functionalfoodscenter.net/
13. **Nutra Ingredients**　http://www.nutraingredients.com/
14. **Functioanl Foods**　http://functionalfoodsblog.com/
15. 美国农业部营养数据库　https://ndb.nal.usda.gov/ndb/
16. 美国农业部食品与营养信息中心　https://www.nal.usda.gov/fnic
17. 美国食品药品监督管理局　https://www.fda.gov
18. 美国心脏病协会　http://www.americanheart.org
19. 美国癌症协会　https://www.cancer.org
20. 中国食品营养网　http://www.neasiafoods.org
21. 中国营养学会　http://www.cnsoc.org/
22. 美国营养　https://www.nutrition.gov
23. 美国疾病控制与预防中心　https://www.cdc.gov/
24. 营养数据　http://nutritiondata.self.com/